U0386794

**教育部高等学校电子信息类专业教学指导委员会规划教材**

高等学校电子信息类专业系列教材

# 移动通信

主　编　穆维新

副主编　申云峰　李奕彤　陈攀攀

参　编　侯艳阳　詹文

清华大学出版社

北京

## 内容简介

本书围绕移动通信系统的发展脉络,对第二代至第五代移动通信系统的基础理论、网络结构、基本功能、关键技术及网络规划做了详细的介绍。其中LTE、5G系统是本书的重点,其内容占据较大篇幅。本书各章节的构建力求结合我国移动网络建设现状和技术发展趋势,兼顾理论性、实践性、方向性,内容新颖、系统、实用且通俗易懂。本书是一本专业性较强的书籍。

本书可作为高等院校和各类相关培训机构的专业课教材,也可供移动通信工作人员、通信爱好者学习和参考。

本书封面贴有清华大学出版社防伪标签,无标签者不得销售。

版权所有,侵权必究。举报:010-62782989,beiqinquan@tup.tsinghua.edu.cn。

**图书在版编目(CIP)数据**

移动通信/穆维新主编.—北京:清华大学出版社,2022.4(2024.2重印)
高等学校电子信息类专业系列教材
ISBN 978-7-302-60086-2

Ⅰ.①移…　Ⅱ.①穆…　Ⅲ.①移动通信－通信技术－高等学校－教材　Ⅳ.①TN929.5

中国版本图书馆 CIP 数据核字(2022)第 017231 号

责任编辑:王　芳　李　晔
封面设计:李召霞
责任校对:李建庄
责任印制:丛怀宇

出版发行:清华大学出版社
　　　　网　　址:https://www.tup.com.cn,https://www.wqxuetang.com
　　　　地　　址:北京清华大学学研大厦 A 座　　邮　　编:100084
　　　　社 总 机:010-83470000　　邮　　购:010-62786544
　　　　投稿与读者服务:010-62776969,c-service@tup.tsinghua.edu.cn
　　　　质量反馈:010-62772015,zhiliang@tup.tsinghua.edu.cn
　　　　课件下载:https://www.tup.com.cn,010-83470236
印 装 者:大厂回族自治县彩虹印刷有限公司
经　　销:全国新华书店
开　　本:185mm×260mm　　印　张:22　　字　数:535 千字
版　　次:2022 年 6 月第 1 版　　印　次:2024 年 2 月第 2 次印刷
印　　数:1501~2000
定　　价:69.00 元

产品编号:091443-01

# 高等学校电子信息类专业系列教材

## 顾问委员会

| | | | | |
|---|---|---|---|---|
| 谈振辉 | 北京交通大学（教指委高级顾问） | | 郁道银 | 天津大学（教指委高级顾问） |
| 廖延彪 | 清华大学 （特约高级顾问） | | 胡广书 | 清华大学（特约高级顾问） |
| 华成英 | 清华大学 （国家级教学名师） | | 于洪珍 | 中国矿业大学（国家级教学名师） |
| 彭启琮 | 电子科技大学（国家级教学名师） | | 孙肖子 | 西安电子科技大学（国家级教学名师） |
| 邹逢兴 | 国防科技大学（国家级教学名师） | | 严国萍 | 华中科技大学（国家级教学名师） |

## 编审委员会

| | | | | | |
|---|---|---|---|---|---|
| 主　任 | 吕志伟 | 哈尔滨工业大学 | | | |
| 副主任 | 刘　旭 | 浙江大学 | | 王志军 | 北京大学 |
| | 隆克平 | 北京科技大学 | | 葛宝臻 | 天津大学 |
| | 秦石乔 | 国防科技大学 | | 何伟明 | 哈尔滨工业大学 |
| | 刘向东 | 浙江大学 | | | |
| 委　员 | 王志华 | 清华大学 | | 宋　梅 | 北京邮电大学 |
| | 韩　焱 | 中北大学 | | 张雪英 | 太原理工大学 |
| | 殷福亮 | 大连理工大学 | | 赵晓晖 | 吉林大学 |
| | 张朝柱 | 哈尔滨工程大学 | | 刘兴钊 | 上海交通大学 |
| | 洪　伟 | 东南大学 | | 陈鹤鸣 | 南京邮电大学 |
| | 杨明武 | 合肥工业大学 | | 袁东风 | 山东大学 |
| | 王忠勇 | 郑州大学 | | 程文青 | 华中科技大学 |
| | 曾　云 | 湖南大学 | | 李思敏 | 桂林电子科技大学 |
| | 陈前斌 | 重庆邮电大学 | | 张怀武 | 电子科技大学 |
| | 谢　泉 | 贵州大学 | | 卞树檀 | 火箭军工程大学 |
| | 吴　瑛 | 战略支援部队信息工程大学 | | 刘纯亮 | 西安交通大学 |
| | 金伟其 | 北京理工大学 | | 毕卫红 | 燕山大学 |
| | 胡秀珍 | 内蒙古工业大学 | | 付跃刚 | 长春理工大学 |
| | 贾宏志 | 上海理工大学 | | 顾济华 | 苏州大学 |
| | 李振华 | 南京理工大学 | | 韩正甫 | 中国科学技术大学 |
| | 李　晖 | 福建师范大学 | | 何兴道 | 南昌航空大学 |
| | 何平安 | 武汉大学 | | 张新亮 | 华中科技大学 |
| | 郭永彩 | 重庆大学 | | 曹益平 | 四川大学 |
| | 刘缠牢 | 西安工业大学 | | 李儒新 | 中国科学院上海光学精密机械研究所 |
| | 赵尚弘 | 空军工程大学 | | 董友梅 | 京东方科技集团股份有限公司 |
| | 蒋晓瑜 | 陆军装甲兵学院 | | 蔡　毅 | 中国兵器科学研究院 |
| | 仲顺安 | 北京理工大学 | | 冯其波 | 北京交通大学 |
| | 黄翊东 | 清华大学 | | 张有光 | 北京航空航天大学 |
| | 李勇朝 | 西安电子科技大学 | | 江　毅 | 北京理工大学 |
| | 章毓晋 | 清华大学 | | 张伟刚 | 南开大学 |
| | 刘铁根 | 天津大学 | | 宋　峰 | 南开大学 |
| | 王艳芬 | 中国矿业大学 | | 靳　伟 | 香港理工大学 |
| | 苑立波 | 哈尔滨工程大学 | | | |
| 丛书责任编辑 | 盛东亮 | 清华大学出版社 | | | |

# 序
## FOREWORD

我国电子信息产业销售收入总规模在 2013 年已经突破 12 万亿元,行业收入占工业总体比重已经超过 9%。电子信息产业在工业经济中的支撑作用凸显,更加促进了信息化和工业化的高层次深度融合。随着移动互联网、云计算、物联网、大数据和石墨烯等新兴产业的爆发式增长,电子信息产业的发展呈现了新的特点,电子信息产业的人才培养面临着新的挑战。

(1) 随着控制、通信、人机交互和网络互联等新兴电子信息技术的不断发展,传统工业设备融合了大量最新的电子信息技术,它们一起构成了庞大而复杂的系统,派生出大量新兴的电子信息技术应用需求。这些"系统级"的应用需求,迫切要求具有系统级设计能力的电子信息技术人才。

(2) 电子信息系统设备的功能越来越复杂,系统的集成度越来越高。因此,要求未来的设计者应该具备更扎实的理论基础知识和更宽广的专业视野。未来电子信息系统的设计越来越要求软件和硬件的协同规划、协同设计和协同调试。

(3) 新兴电子信息技术的发展依赖于半导体产业的不断推动,半导体厂商为设计者提供了越来越丰富的生态资源,系统集成厂商的全方位配合又加速了这种生态资源的进一步完善。半导体厂商和系统集成厂商所建立的这种生态系统,为未来的设计者提供了更加便捷却又必须依赖的设计资源。

教育部 2012 年颁布了新版《高等学校本科专业目录》,将电子信息类专业进行了整合,为各高校建立系统化的人才培养体系,培养具有扎实理论基础和宽广专业技能的、兼顾"基础"和"系统"的高层次电子信息人才给出了指引。

传统的电子信息学科专业课程体系呈现"自底向上"的特点,这种课程体系偏重对底层元器件的分析与设计,较少涉及系统级的集成与设计。近年来,国内很多高校对电子信息类专业课程体系进行了大力度的改革,这些改革顺应时代潮流,从系统集成的角度,更加科学合理地构建了课程体系。

为了进一步提高普通高校电子信息类专业教育与教学质量,贯彻落实《国家中长期教育改革和发展规划纲要(2010—2020 年)》和《教育部关于全面提高高等教育质量若干意见》(教高〔2012〕4 号)的精神,教育部高等学校电子信息类专业教学指导委员会开展了"高等学校电子信息类专业课程体系"的立项研究工作,并于 2014 年 5 月启动了《高等学校电子信息类专业系列教材》(教育部高等学校电子信息类专业教学指导委员会规划教材)的建设工作。其目的是为推进高等教育内涵式发展,提高教学水平,满足高等学校对电子信息类专业人才培养、教学改革与课程改革的需要。

本系列教材定位于高等学校电子信息类专业的专业课程,适用于电子信息类的电子信息工程、电子科学与技术、通信工程、微电子科学与工程、光电信息科学与工程、信息工程及其相近专业。经过编审委员会与众多高校多次沟通,初步拟定分批次(2014—2017 年)建设约 100 门课程教材。本系列教材将力求在保证基础的前提下,突出技术的先进性和科学的前沿性,体现创新教学和工程实践教学;将重视系统集成思想在教学中的体现,鼓励推陈出新,采用"自顶向下"的方法编写教材;将注重反映优秀的教学改革成果,推广优秀的教学经验与理念。

为了保证本系列教材的科学性、系统性及编写质量,本系列教材设立顾问委员会及编审委员会。顾问委员会由教指委高级顾问、特约高级顾问和国家级教学名师担任,编审委员会由教育部高等学校电子信息类专业教学指导委员会委员和一线教学名师组成。同时,清华大学出版社为本系列教材配置优秀的编辑团队,力求高水准出版。本系列教材的建设,不仅有众多高校教师参与,也有大量知名的电子信息类企业支持。在此,谨向参与本系列教材策划、组织、编写与出版的广大教师、企业代表及出版人员致以诚挚的感谢,并殷切希望本系列教材在我国高等学校电子信息类专业人才培养与课程体系建设中发挥切实的作用。

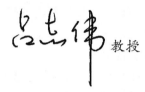 教授

# 前 言
PREFACE

移动通信的出现深刻地影响了人类的生活方式,进入 21 世纪以来,移动通信更是成为促进人类社会飞速发展的最重要技术之一。目前移动通信已从 1G 发展到 5G,人们的生活方式、工作方式和社会经济结构体系都因此发生了巨大的变化。当前移动网络所提供的高速无线连接,如同水、电一样成为人们生活中的必需品。另一方面,随着人类社会的进步、工业体系的升级,以及新兴应用场景的不断出现,对移动通信性能提出了更多、更严苛的要求,因此,今后移动通信的快速发展空间仍然不可限量。

本书对移动通信的基础理论、原理、网络结构、功能与接口以及网络规划进行了全面、系统的讲解。从无线信道数字信号处理到分集接收;从无线信道技术的物理层、数据链路层到 MIMO、大规模 MIMO;从移动核心网的电路交换技术到软交换、路由交换、MPLS、IMS等分组交换技术;从传统的 SDH、MSTP、PTN 传输网到基于 IP 的移动承载网;从电路域、分组域到全扁平化 IP 及虚拟化网络架构;从耦合的控制平面和用户平面到控制平面集中、用户平面分散布署及云控制方式的网络架构;从话务理论到移动网络规划等。

本书用较大篇幅介绍了 4G、5G 无线接入网的相关信道、协议和时频域结构,以及新空口技术,宗旨是使读者通过学习,能够理解和掌握移动通信系统的精髓,把握移动通信技术未来的发展方向。编者也希望初学者通过对本书各章节内容的系统学习,弄清楚移动通信的有关概念和定义、结构和组成、交换和路由、信令和协议、传输和承载、业务和应用等相关专业知识,并能融会贯通其他相关的专业知识,为从事移动通信相关工作奠定扎实的基础。

全书共分 10 章。第 1 章主要介绍了移动通信的概念和分类,移动通信的发展趋势及5G 新技术动向;第 2 章介绍了移动通信中用到的调制、扩频、编码等基础理论;第 3 章主要介绍了无线信道、传播模型、抗衰落和分集接收等无线接入网技术;第 4 章围绕移动核心网,重点介绍了路由交换、标签交换、软交换和 IMS 等技术及其相关的信令、协议,还介绍了移动核心网里面典型的控制、业务流程;第 5 章详细介绍了移动承载网技术,从基于时分复用的传输网 SDH、基于分组交换的 PTN 到基于 IP 宽带的 RAN 承载,以及不同网络架构的各种承载方式;第 6 章以 GSM、GPRS 网络为代表,介绍了传统移动网(PLMN)的基本概念,以及基于 TDMA 的 GSM、GPRS 网络技术及规划;第 7 章是关于第三代移动通信的内容,从 3 个标准的不同侧重面介绍了 WCDMA、TD-SCDMA 和 CDMA2000 网络的组成和主要技术;第 8 章介绍了全 IP 化架构的第四代移动通信,包含 LTE 总体结构、OFDMA 原理、无线接口协议及 MIMO、VoLTE 等技术;第 9 章是对 5G 系统的全面介绍,并重点讲解了 5G 技术网络新技术,包括 LTE/NR 频谱共存、大规模 MIMO 技术、毫米波射频技术、网络切片、软件定义网络(SDN)、C-RAN 等;第 10 章主要介绍了移动通信的有关工程计算,以及 3G、4G 和 5G 无线网络规划。

　　本书第1、2章由郑州工业应用技术学院侯艳阳博士编写；第3、6章由解放军战略支援部队信息工程大学陈攀攀博士（在读）编写；第4、7章由郑州工业应用技术学院申云峰高级工程师编写；第8、9章由郑州大学李奕彤博士、中山大学詹文博士共同编写；郑州工业应用技术学院穆维新副教授完成了其余章节的编写和全书的统稿。在本书的编写过程中，得到了各编者所在单位师生的热情支持，参考并引用了大量的国内外文献和书籍，以及互联网资料等，在此一并向有关作者致谢。

　　由于编者水平有限，书中的疏漏与不当之处在所难免，恳请广大读者批评指正。

编　者

2022 年 4 月

# 目 录
## CONTENTS

# 概　　述

　　移动通信自诞生以来,在社会经济发展中的作用和地位就得到不断提升,其快捷方便的通信方式有力地促进了人们跨地区、跨地域乃至跨全球的信息交流,它不仅改变了人们的生活习惯,还促进了日益深刻的社会变化。本章主要介绍移动通信的定义、特点、发展历程,以及第五代移动通信(5G)的主要新技术。

## 1.1　引言

### 1.1.1　移动通信定义

　　移动通信指通信双方(或多方)中,至少有一方是可以在通信过程中自由移动的通信方式。例如,运动着的车辆、船舶、飞机或行走着的人,通过移动终端与固定终端进行信息交流,或者移动物体之间的通信都属于移动通信。这里所说的信息交流,不仅指语音业务,同时也包括数据、图像等多媒体业务。

　　为了实现移动通信,我们需要借助无线信号连接相关设备,但移动通信和无线通信是不同的概念。按传输介质的不同,通信系统可以分为有线通信和无线通信,无线通信以开放方式传播信息,打破了有线通信一定以全封闭线路传递信息的限制,并将通信方式从静态推广至终端可有限移动的准动态。而移动通信则是在无线通信的基础上,引入了用户的移动性管理,从而使终端从准动态进一步发展到真正的全动态。

　　在移动通信中,终端是移动的,传输线路是随终端移动而分配的动态无线链路,无线接入网络则是适应动态用户、动态信道的动态型网络,其具有用户和信道二重动态特性,随着移动通信技术的不断发展,又引入了业务类型可以动态选择的第三重动态特性。移动通信技术就是围绕着如何适应信道、用户和业务需求的动态性而不断发展的。

### 1.1.2　移动通信系统组成

　　公共陆地移动通信系统由核心网、无线接入网及终端组成。核心网是移动网络中完成用户位置信息管理、网络功能、业务控制、信令及数据的交换和传送的物理实体的集合。无线接入网负责将用户终端接入移动核心网,负责无线信号编解码、加密解密、无线信道复用、功率控制等功能。用户终端实现用户侧的无线信号编解码、加密解密、无线信道接入、功率控制、鉴权,并实现用户语音编解码、压缩与解压、用户界面等功能。

站在移动用户的角度,核心网与无线接入网统称为移动网络,并且可以分为归属网络和访问网络,分别指用户签约的运营商的移动网络和正在为该用户提供实时接入的移动网络,该移动网络也可能是其他运营商管辖的。

从网络的结构看,移动通信网络属于有线网、无线网组成的一种混合网,其中核心网是有线网,接入网是无线网,而核心网和无线接入网的连接也基本属于有线网。

### 1.1.3 移动通信特点

**1. 无线电波传播环境复杂**

与封闭空间中的有线信号相比,无线电波的传播环境要复杂得多。因移动台可能在各种地理、气象等环境中运动,电磁波在传播时会产生反射、折射、绕射、多普勒效应等多种现象,产生多径干扰、信号传播延迟展宽等效应。如何在复杂的传播环境中实现传输信号的正确判决,是移动通信要解决的重要问题。

**2. 噪声和干扰严重**

在移动通信中,电磁波传播空间开放的特征决定了其面临的噪声及干扰众多,如城市环境中的汽车火花噪声、各种工业噪声,移动用户之间的互调干扰、同频干扰、邻道干扰等。

互调干扰是系统设备中的非线性效应引起的,如混频选择不恰当,使噪声信号混入而造成干扰;同频干扰是指相同载频之间的干扰;邻道干扰是指相邻或相近波道之间的干扰。

移动系统深受噪声、干扰的危害,需要根据噪声、干扰水平进行功率控制,改变信号传播速率等。

**3. 无线电频谱有限**

蜂窝移动通信使用无线电磁波作为用户终端和通信网络之间信号的载体,但无线电频谱资源是有限的,并且有相当多的无线频谱被其他行业占用,分配给移动通信系统使用的频谱资源极为紧张。有限的频率资源决定了有限的信道数目,这和日益增长的用户量、用户带宽需求形成了一对矛盾。为了解决这一矛盾,除了开辟新的频段,缩小频道间隔之外,研究各种有效利用频率的技术和新的通信体制是移动通信面临的重要课题。

**4. 网络覆盖与系统复杂度高**

移动通信对蜂窝无线信号的覆盖要求高,频率控制复杂。移动网络必须使用户之间、不同系统之间互不干扰,能协调一致地工作,能够随时随地完成终端接入、认证、寻呼、切换等操作,实现用户注册和登记、鉴权和计费、安全和保密、频率和功率控制等功能;此外,移动通信系统与市话网、卫星网、数据网等互连,实现各类用户的接入和融合通信功能。这些都决定了移动通信网络与多种技术高度融合的特性,包括无线技术、加密技术、SDN(软件定义网络)、NFV(网络功能虚拟化技术)、IC(集成电路)技术等。学习、研究移动通信具有较强的挑战性,但也可以使人感受和了解到精深的思想、巧妙的构思,并受益匪浅。

## 1.2 移动通信发展历程

移动通信的发展经历了模拟移动通信和数字移动通信两个阶段,短短几十年时间,移动通信网络已经从第一代(1G)演进到第五代(5G),未来第六代(6G)的移动网络标准也在逐步清晰。图 1.1 给出了从 2G 到 5G 移动网络的演进概况。

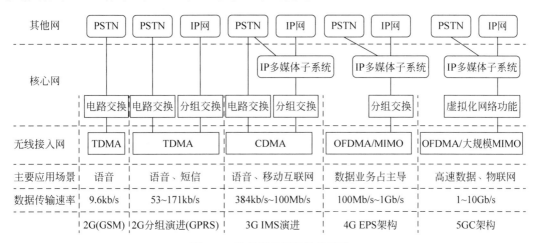

图 1.1 移动通信网络结构演进

## 1.2.1 第一代移动通信

在 20 世纪 80 年代,蜂窝移动通信系统诞生,包括美国的高级移动电话系统(Advanced Mobile Phone System,AMPS)和北欧移动电话系统(Nordic Mobile Telephone,NMT)等。现在,人们将这种采用模拟调频技术的系统称为第一代移动通信系统。移动通信的出现是革命性的,但 1G 移动通信缺陷非常明显:一是系统容量太小,模拟技术对频谱的利用率偏低,当时的交换技术发展也相对落后,无法使系统接入大量的用户,1G 只是少数人的奢侈品;二是保密性差,信号非常容易被截取;三是各种系统都有相对独立的标准,网络之间不能漫游。

## 1.2.2 第二代移动通信

20 世纪 90 年代,移动通信技术实现了从模拟调制到数字调制的跨域,移动通信系统进入 2G 时代。有代表性的 2G 技术体制包括全球移动通信系统(Global System for Mobile Communications,GSM)和码分多址接入(Code Division Multiple Access,CDMA)系统。CDMA 系统也称 IS-95。

欧洲电信标准化协会(ETSI)制定的 GSM 体制占据了 2G 移动通信系统的大部分市场份额。其使用了混合的多址方式,即时分多址(TDMA)和频分多址(FDMA)技术,语音调制方式为高斯型最小键控(GMSK),采用纠错编码和交织技术;核心网为电路交换;主要业务为语音通信(含短消息),速率为 13kb/s;提供的数据传输速率为 9.6kb/s。

与 GSM 系统不同,CDMA 采用码分多址的接入技术,单基站可以支持更多的用户,并且在语音质量、数据传输速率、系统功率控制等方面都有优势,但因为技术实现复杂、专利授权价格高及推向市场较晚等因素,CDMA 只在美国、亚太、拉美等国家和地区有部署,我国的联通公司最初也进行了一定的部署。

为了提高数据传输速率,在 GSM 系统的基础上,通过增加有限设备的方法,实现了

GPRS(通用无线分组业务)服务。GPRS 采用新的信道编码方式,一个信道的速率可以达到 21.4kb/s,如果把原来 GSM 系统中分配给 8 个用户的无线资源分配给一个用户使用,理论最高数据传输速率可以达到 171.2kb/s。增加了 GPRS 功能的 GSM 系统也被称为 2.5G 移动通信系统。增强型数据速率 GSM 演进技术(Enhanced Data Rate for GSM Evolution, EDGE)是 GPRS 的进一步发展,理论峰值传输速率可以达到 384kb/s。

## 1.2.3 第三代移动通信

第三代移动通信系统的全称是 IMT-2000(国际移动通信系统-2000),主要包括 TD-SCDMA、WCDMA 和 CDMA2000 三大技术标准。其中,WCDMA 是 3GPP(第三代合作伙伴计划)提交的由欧洲国家主导的 3G 标准,也称通用移动通信系统(Universal Mobile Telecommunications System,UMTS);时分同步码分多址(Time Division-Synchronous Code Division Multiple Access,TD-SCDMA)是中国主导的 3G 标准;CDMA2000 是 3GPP2 组织提交的、主要有美国、日本等国家支持的 3G 标准,其由 IS-95 发展而来,包括演进数据和语音(Evolution Data and Voice,1xEV-DV)、演进数据优化(Evolution Data Optimized,1xEV-DO)等。

3 种 3G 标准的主要指标如表 1.1 所示。虽然 3 种网络各有不同,但都以 CDMA 为核心技术。我们看到,在 2G 时代不受重视的 CDMA 技术在 3G 时代大放异彩。3G 与 2G 相比具有更快的速率(WCDMA、CDMA2000 的上下行理论速率都可达数十兆比特每秒)、更高的带宽、更好的用户上网体验,启动了人类移动互联时代的大门。

表 1.1　3G 主要体制比较

| 制　式 | WCDMA | TD-SCDMA | CDMA2000 |
|---|---|---|---|
| 信号带宽 | 5MHz | 1.6MHz | $N\times1.25$MHz |
| 码片速率 | 3.84Mcps | 1.28Mcps | $N\times1.2288$Mcps |
| 空中接口 | WCMDA | TD-SCDMA | CDMA2000 |
| 同步方式 | 异步 | 异步 | 同步 |
| 继承基础 | GSM | GSM | 窄带 CDMA |

全球微波接入互操作性(World Interoperability for Microwave Access,WiMAX)是继 WCDMA、CDMA2000、TD-SCDMA 后的第四个 3G 标准。该标准起源于计算机领域,是基于 IEEE 802.16 标准的宽带无线接入城域网(BWA-MAN)技术,也称为 IEEE Wireless MAN。虽然 WiMAX 制式实际建网很少,但该标准使用的正交频分复用(OFDM)却成为 4G 的核心技术。

## 1.2.4 第四代移动通信

4G 即国际电信联盟的 ITU IMT-Advanced(高级国际移动通信),主要技术标准由 3GPP 制定,包括长期演进(Long Term Evolution,LTE)和长期演进升级版(Long Term Evolution-Advanced,LTE-A)。

2008 年,3GPP 提出了 LTE 标准,2009 年底全球第一个 LTE 商用网络就开始部署。

LTE-Advanced 是 LTE 的增强版本，其下行峰值速率为 1Gb/s，上行峰值速率为 500Mb/s。LTE 的传输与多址技术使用了正交频分复用多址（OFDMA）、单载波正交频分复用多址（DS-OFDM）；调制方式为 QPSK、16QAM、64QAM；编码方式以 Turbo 码为主，LDPC 译码器；多天线技术采用 MIMO 模式，上行 2×4，下行 4×4，还有 8×8 配置；网络结构为全 IP 网，支持数据通信；语音业务走 VoIP 或回落到 2G、3G 网络。

## 1.2.5　第五代移动通信

第五代移动通信（5G）也称为 IMT-2020。5G 传输技术与多址技术使用了 OFDMA，单载波、滤波的 OFDM（F-OFDMA）；调制编码采用多元低密度奇偶校验码（M-ary LDPC），极化码等；核心网采用 SBI（基于服务的接口）结构、网元功能（NF）虚拟化以及 IP 媒体子系统等；多天线技术采用大规模 MIMO 模式、集中式/分布式布置，天线数及端口数可支持配置上百根天线和数十个天线端口的大规模天线。5G 以其超低时延、超高带宽及超大容量的特性，将开启新的万物互联时代。

5G 的网络切片功能，可以为用户提供个性化的服务，达到用户价值增值的目的；而 5G 系统的网络虚拟化特性，则能为运营商节省成本和快速升级部署提供保障。随着每个人平均拥有的移动设备的不断增多，越来越多的设备接入云端，5G 通过加大传输带宽、利用毫米波、大规模 MIMO、3D 波束成形、小基站等技术，实现比 4G 更快的用户体验速度。

作为 4G 的延续和增强，无论是提升速率、网络切片，还是开放性支持虚拟化部署，5G 都考虑到稳定、可靠、安全等因素。按照 3GPP 规划，5G 分为独立组网（Stand Alone，SA）和非独立组网（Non-Stand Alone，NSA）两种标准。NSA 组网主要以提升热点区域带宽为主要目标，没有独立信令面，依托原 4G 基站和核心网工作，是一种过渡方案。SA 标准具有完整的用户平面和控制平面功能，并采用了下一代核心网络架构。NSA 架构无法充分发挥 5G 低时延的特点，也无法通过网络切片实现对多样化业务需求的灵活支持，只有基于 SA 架构的 5G 系统才能真正实现 5G 的各种业务承诺。

## 1.2.6　第六代移动通信

目前，有关组织已经进入 6G 标准的研制，其目标是实现海陆空通信一体化。展望 6G 网络，它能够使用比 5G 网络更高的频率，迈向太赫兹通信，并提供更高的容量和更低的延迟。6G 网络的目标之一就是支持 1μs 甚至亚微秒的延迟通信。6G 的传输能力可能比 5G 提升百倍以上，有望支持 1Tb/s 的速度，这种级别的容量和延迟将是空前的，它将提升 5G 应用的性能，并扩展功能范围。6G 网络将致力于打造一个集地面通信、卫星通信、海洋通信于一体的全连接通信世界，沙漠、无人区、海洋等当今移动通信系统无法实现连续覆盖的"盲区"，将有望实现信号全覆盖。6G 将会被应用于空间通信、智能交互、触觉互联网、情感和触觉交流、多感官混合现实、机器间协同和全自动交通等领域。

6G 移动通信系统频段将进入太赫兹，如图 1.2 所示。6G 通信将支持 5 种应用场景：增强型移动宽带 Plus（eMBB-Plus）、大通信（BigCom）、安全的超可靠低延迟通信（SURLLC）、三维集成通信（3D-InteCom）和非常规的数据通信（UCDC）。

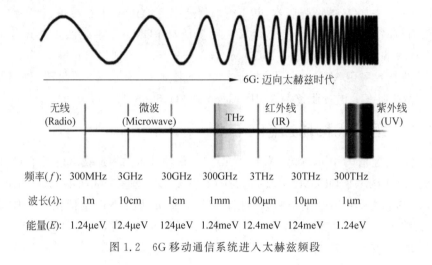

图 1.2  6G 移动通信系统进入太赫兹频段

## 1.3  移动通信新技术

目前,5G 网络建设在正全球范围内如火如荼地展开,相关技术日益成熟完善。本节对 5G 移动通信新技术作简要概述。

### 1.3.1  关键技术指标

5G 的三大应用场景:增强移动宽带(eMBB),让人们体验到了极致的网速,峰值可以达到 10Gb/s;超高可靠低时延通信(uRLLC),连接时延要达到 1ms 级别,而且要支持高速移动(500km/h)情况下的高可靠性(99%)连接;海量机器通信(mMTC),能够覆盖人们生活的方方面面,终端成本相对更低,电池寿命更长且可靠性更高,真正能实现万物互联。为了支持新型的业务和应用场景,与 4G 相比较,5G 需满足以下关键技术指标。

(1) 传输速率提高 10~100 倍,用户体验速率 0.1~1Gb/s,用户峰值速率可达 10Gb/s。

(2) 时延降低到 4G 的 1/5~1/10,达到毫秒量级。

(3) 连接设备密度提升 10~100 倍,达到每平方千米数百万个。

(4) 流量密度提升 100~1000 倍,达到每平方千米每秒数十太比特。

(5) 移动性达到 500km/h 以上,实现高铁环境下的良好用户体验。

(6) 其他指标,如能耗效率、频谱效率及峰值速率等,在系统设计时考虑。

### 1.3.2  新空口技术

5G 移动通信系统在 OFDM 的基础上,能够结合灵活的参数集以实现空口切片,通过新型多址接入方式和编码方式进一步提升可靠性和频谱效率。此外,多天线用于更高的谱效、毫米波拥有更宽的带宽、灵活的信道状态信息(Channel State Information,CSI)可以自由获取连接点和波束。5G 空口通过对帧结构、双工、波形、多址、调制、编码、天线、协议等,进行最大可能的技术整合,从而达到"灵活但不复杂"的目的。

**1. 新波形技术**

除传统的 OFDM 和 DS-OFDM 外,5G 还支持基于优化滤波器设计的 FBMC(滤波器组多载波）、基于滤波的 F-OFDM 和广义频分复用（GFDM）等。这类新波形技术的特点就是具有极低的带外泄漏、频谱使用效率高、可有效利用零散频谱并与其他波形实现共存。能为不同业务提供不同的子载波间隔和其他参数集，以满足不同业务的时频资源需求。F-OFDM 在不同带宽的子载波之间本身不再具备正交特性，因此需要引入更大的保护间隔，但是 F-OFDM 可以通过优化滤波器的设计来降低带外泄漏；F-OFDM 继承了 OFDM 的频谱利用率高、适配 MIMO 等优点，进一步提升了灵活性和频谱利用效率，是实现 5G 空口切片的基础技术。GFDM 技术使用新型滤波器，提高了频谱利用率。新波形技术已实现了在频域和时域的资源灵活复用，并把保护带宽降到了最小。

**2. 新多址技术**

5G 除支持传统的 OFDMA 技术外，还支持稀疏码分多址（Sparse Code Multiple Access，SCMA）、图样分割多址、多用户共享接入等新型多址技术。SCMA 通过引入稀疏码域的非正交，在可接受的复杂度前提下，相比 OFDMA，上行可以提升 3 倍连接数，下行若采用码域和功率域的非正交复用，可显著提升下行用户的吞吐率。码域资源的利用是 5G 提高频谱效率的一个重要内容。SCMA 允许用户存在一定的冲突域，还可以结合免调度技术大幅降低数据传输时延，以满足 1ms 的空口时延要求。

**3. 帧结构参数的灵活配置**

针对不同频段、场景和信道环境，可以选择不同的帧结构参数配置，具体包括带宽、子载波间隔、循环前缀（CP）、传输时间间隔（TTI）和上下行配比等。面对多样化的应用场景，5G 帧结构的参数可灵活配置，以服务不同类型的业务。控制信道可灵活配置以支持大规模天线、新型多址等新技术的应用。

**4. 新编码技术**

5G 既有高速率，也有低速率和低时延、高可靠业务需求。对于高速率业务，采用多元DPC、极化码、新的星座映射以及 FTN（超奈奎斯特调制）等，比传统的二元 Turbo＋QAM方式可提升链路的频谱效率；对于低速率小包业务，可使用极化码（Polar 码）和低码率的卷积码；需要选择适当的编译码处理时延较低的编码方式；对于高可靠业务，可以通过网络编码提升系统容量。

极化码是一种能够被严格证明达到香农极限的信道编码方法，极化码所能达到的纠错性能，超过了目前广泛使用的 Turbo 码和 LDPC 码。在相同译码复杂度情况下，相比 Turbo 码可以使功耗降低到原来的 1/20 以下，对于功耗十分敏感的物联网传感器而言，可以大幅度延长电池寿命。

**5. 多天线传输**

5G 基站通过大规模 MIMO 技术，支持更多用户的空间复用传输，数倍提升系统频谱效率。大规模天线还可用于高频段，通过自适应波束赋形补偿高的路径损耗。5G 新空口对于较低频段，可采用少量或中等数量的有源天线，最高 32 副发射天线，并采用频分双工方式。由于低频段的可用带宽有限，在 5G 新空口网络中，需要通过 MU-MIMO（多用户 MIMO）以及更高阶的空间复用来提高频谱效率。5G 通过上行信道测量可以获得高精度的信道状态信息，基站可以采用复杂的预编码算法，加强对于多用户干扰的抑制。

**6. 毫米波技术**

5G 新空口还制定了毫米波波段的传输规范。针对模拟波束成形在无线链路内传输能力容易受限等问题,毫米波传输常采用结合模拟和数字波束成形的混合波束赋形技术。为了补偿路径数值很大的损耗,需要同时在发射端和接收端部署波束赋型来保证覆盖效果。在波束管理方面,5G 新基站及时扫描无线发射机波束,而用户终端需要通过维持一个合适的无线接收机波束,以便实现对于基站所选定发射机波束的接收。

### 7. 同时同频全双工技术

5G 支持传统的 FDD 和 TDD 及其增强技术,还支持灵活双工和全双工等新型双工技术。低频段将采用 FDD 和 TDD,高频段更适宜采用 TDD,此外,灵活双工技术可以灵活分配上下行时间和频率资源,更好地适应非均匀、动态变化的业务分布。全双工技术支持相同频率上同时收发,即同时同频全双工技术(Co-time Co-frequency Full Duplex,CCFD)。CCFD 技术采用干扰消除的方法,减少传统双工模式中频率或时隙资源的开销,从而达到提高频谱效率的目的,能够将无线资源的使用效率比现有的方式提升近一倍,从而显著提高系统吞吐量和容量。

### 8. 灵活的信道状态信息结构

5G 新空口采取了高度灵活且统一的信道状态信息。与 LTE 相比,5G 的信道状态信息(CSI)测量、CSI 上报以及实际的下行传输之间的耦合有所减少。可以将信道及干扰测量的不同 CSI 上报设置,以及信道状态信息参考信号(CSI Reference Signal,CSI-RS)资源设置混合并匹配,以便与天线部署及传输机制相对应,且其中不同波束的 CSI 报告可以得到动态触发。从而,随着终端在 5G 新空口网络中移动,网络就可无缝地改变传输点或波束。

### 9. 底层协议配置灵活

5G 的空口协议需要支持各种先进的调度、链路自适应和多连接等方案,并可灵活配置,以满足不同场景的业务需求。5G 空口协议还支持 5G 新空口、4G 演进空口及 WLAN 等多种接入方式。为减少海量小包业务造成的资源和信令开销,应尽量减少基站和用户之间的信令交互,降低接入时延,5G 的自适应 HARQ(混合自动重传请求)协议能够满足不同时延和可靠性的业务需求。

## 习题

1. 简要说明移动通信系统的演进。
2. 简要说明移动通信系统的组成和特点。
3. 5G 空口用到了哪些新技术?

# 第 2 章

# 数字信号频带传输

数字基带信号只适合在低通信道上传输,移动通信所使用的无线信道需要将数字基带信号的频谱搬移到合适的频带上进行传输。通常数字基带信号通过载波进行调制,即用基带数字信号控制高频载波,把基带数字信号变成频带数字信号,再将已调信号通过射频发送到接收端,接收端再将频带数字信号解调成数字基带信号,这个过程就称为移动数字信号的频带传输。本章将针对移动信道信号处理所涉及的一些基本数字调制解调、编译码方式,以及相关原理和频谱特性进行介绍。

## 2.1 数字幅度和频率调制

本节将对数字频率调制 FSK、MSK、GMSK 等技术进行介绍。

### 2.1.1 FSK

频移键控(Frequency Shift Keying,FSK)是利用载波的频率变化来传递数字信息。用两个不同频率($f_1$ 和 $f_2$)的正弦信号分别表示二进制数字 1 和 0。

**1. FSK 信号的调制**

在 2FSK 中,二进制数字基带信号可以用两种不同频率的载波进行表示。2FSK 信号表示为:

$$e_{2FSK}(t) = \begin{cases} A\cos(\omega_1 t + \varphi_n) & \text{发送 1 时} \\ A\cos(\omega_2 t + \theta_n) & \text{发送 0 时} \end{cases} \tag{2.1}$$

典型波形如图 2.1 所示,2FSK 信号的波形(a)可以分解为波形(b)和波形(c),一个 2FSK 信号就是两个不同载频的 2ASK 信号的叠加。如果信号序列为$\{a_n\}$,则 2FSK 又可写为:

$$e_{2FSK}(t) = \left[\sum_n a_n g(t - nT_s)\right]\cos(\omega_1 t + \varphi_n) +$$
$$\left[\sum_n \overline{a_n} g(t - nT_s)\right]\cos(\omega_2 t + \theta_n) \tag{2.2}$$

其中,$g(t)$为矩形脉冲高度为 1、$T_s$ 为矩形脉冲宽度;$a_n$ 为第 $n$ 个符号的取值,设有:

$a_n$
1 0 1 1 0 0 1
(a) 2FSK信号
(b) $s_1(t)\cos\omega_1 t$
(c) $s_2(t)\cos\omega_2 t$
t

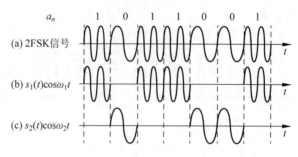

图 2.1 2FSK 信号的时间波形

$$a_n=\begin{cases}1, & \text{概率为 } P\\ 0, & \text{概率为 } 1-P\end{cases},\quad \overline{a_n}=\begin{cases}0, & \text{概率为 } P\\ 1, & \text{概率为 } 1-P\end{cases} \tag{2.3}$$

在频移键控中，$\phi_n$ 和 $\theta_n$ 分别是第 $n$ 个信号码元(1 或 0)的初始相位，不携带信息，通常可令 $\phi_n$ 和 $\theta_n$ 为零。2FSK 键控法原理如图 2.2 所示，因此 2FSK 信号的表达式可简化为：

$$e_{2FSK}(t)=s_1(t)\cos\omega_1 t+s_2(t)\cos\omega_2 t \tag{2.4}$$

其中，

$$s_1(t)=\sum_n a_n g(t-nT_s),\quad s_2(t)=\sum_n \overline{a_n} g(t-nT_s)$$

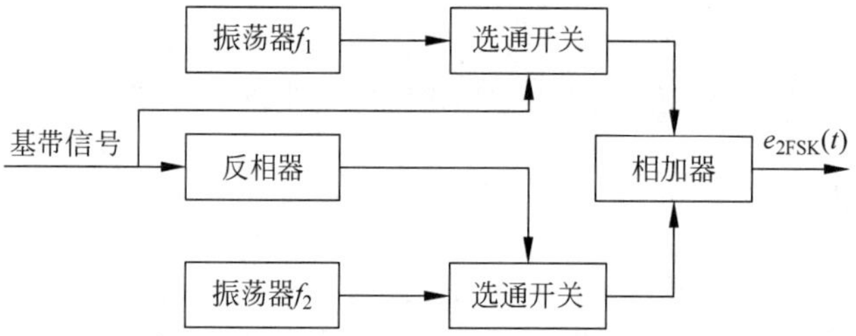

振荡器$f_1$
选通开关
基带信号
反相器
相加器
$e_{2FSK}(t)$
振荡器$f_2$
选通开关

图 2.2 2FSK 键控法原理框图

**2. FSK 信号的功率谱**

根据式(2.4)可以写出 2FSK 信号功率谱密度的表达式为：

$$P_{2FSK}(f)=\frac{1}{4}[P_{s_1}(f+f_1)+P_{s_1}(f-f_1)]+\frac{1}{4}[P_{s_2}(f+f_2)+P_{s_2}(f-f_2)] \tag{2.5}$$

式中，$P_{s_1}$ 和 $P_{s_2}$ 分别是信号 $s_1(t)$ 和 $s_2(t)$ 的功率谱密度。用 $T_s$ 表示码元间隔，设 0、1 码概率相等，则

$$\begin{aligned}P_{2FSK}(f)=&\frac{T_s}{16}S_a^2[\pi(f-f_1)T_s]+\frac{T_s}{16}S_a^2[\pi(f+f_1)T_s]+\\&\frac{T_s}{16}S_a^2[\pi(f-f_2)T_s]+\frac{T_s}{16}S_a^2[\pi(f+f_2)T_s]+\\&\frac{1}{16}\delta(f-f_1)+\frac{1}{16}\delta(f+f_1)+\frac{1}{16}\delta(f-f_2)+\frac{1}{16}\delta(f+f_2)\end{aligned} \tag{2.6}$$

其典型功率谱密度如图 2.3 所示,可以看出以下几点。

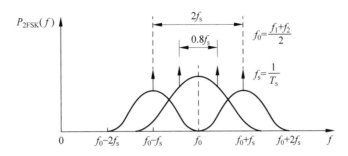

图 2.3　相位不连续 2FSK 信号的功率谱密度示意图

(1) 相位不连续 2FSK 信号的功率谱密度由连续谱和离散谱组成。其中,连续谱由两个中心位于 $f_1$ 和 $f_2$ 的双边谱叠加而成,离散谱是位于 $f_1$ 和 $f_2$ 处的两对冲激信号,表明 2FSK 信号中含有载频 $f_1$ 和 $f_2$ 的分量,相干解调时可以用滤波法从已调信号中直接提取本地载波。

(2) 连续谱的形状随着 $|f_2-f_1|$ 的大小而变化。$|f_1-f_2|>f_s$ 时出现双峰,$|f_1-f_2|\leqslant f_s$ 时出现单峰。

若以功率谱第一零点之间的频率间隔计算 2FSK 信号的带宽,则带宽近似为:

$$B_{2FSK} = |f_2-f_1| + 2f_s \tag{2.7}$$

其中,$f_s = \dfrac{1}{T_s}$ 为基带信号带宽,2FSK 系统的频带利用率为:

$$\eta_{2FSK} = \frac{R_B}{B_{2FSK}} = \frac{f_s}{|f_2-f_1|+2f_s} \quad (b/s/Hz) \tag{2.8}$$

**3. FSK 信号的解调**

数字调频信号的解调方法很多,这里主要介绍非相干解调。2FSK 信号非相干解调 2FSK 信号的两个载波频率 $f_1$ 和 $f_2$ 之间有足够的间隔,利用带通滤波器进行分路滤波的特点,滤波后的信号经过包络检波得到矩形脉冲序列,然后对该矩形脉冲序列进行抽样判决。抽样判决规则如下:

$$\begin{cases} V_1(t) > V_2(t), & \text{判决为 1} \\ V_1(t) < V_2(t), & \text{判决为 0} \end{cases} \tag{2.9}$$

2FSK 信号非相干解调的原理方框如图 2.4 所示,各点时间波形如图 2.5 所示。

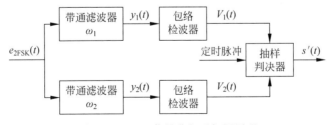

图 2.4　2FSK 信号非相干解调原理

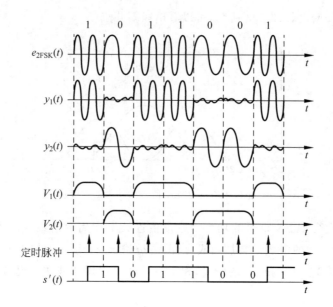

图 2.5  2FSK 信号非相干解调各点时间波形

## 2.1.2  MSK

MSK(最小频移键控)是连续相位频移键控的一种特殊调制方式,克服了 FSK 相位的连续性不足的问题。MSK 满足两个频率相互正交的最小频差,能以最小的调制指数获得正交信号,MSK 比 2PSK 的数据传输速率高。MSK 信号表达式为:

$$S(t)=\cos[\omega_c t+\theta_n(t)]=\cos\left[\omega_c t+\frac{\pi a_n}{2T_b}t+\varphi_n\right], \quad nT_b \leqslant t \leqslant (n+1)T_b$$

$$(2.10)$$

式中,$\omega_c$ 表示载波角频率,$\frac{\pi a_n}{2T_b}$ 表示相对载频的频偏,$T_b$ 为输入信号序列 $\{a_n\}$ 的每比特时间长度,$\varphi_n$ 是为了保证 $t=nT_b$ 时相位的连续性而加入的相位常量,$a_n$ 表示 $\{a_n\}$ 中第 $n$ 个比特,其中,$+1$ 表示比特 1;$-1$ 表示比特 0。令

$$\psi_n(t)=\omega_c t+\theta_n(t), \quad nT_b \leqslant t \leqslant (n+1)T_b \qquad (2.11)$$

其中,$\theta_n(t)=\frac{\pi a_n}{2T_b}t+\varphi_n$ 称为附加相位函数。

当 $a_n=+1$ 时,信号的频率为:

$$f_1=\omega_c+\frac{\pi}{2T_b}=2\pi f_c+\frac{\pi}{2T_b}=2\pi\left(f_c+\frac{1}{4T_b}\right)=f_c+\frac{1}{4T_b}(模\,2\pi)$$

当 $a_n=-1$ 时,信号的频率为:

$$f_2=f_c-\frac{1}{4T_b}$$

所以当连续比特信号发生转变时(从 0 变到 1 或从 1 变到 0)的频差为:

$$\Delta f = |f_2 - f_1| = \frac{1}{2T_b} \tag{2.12}$$

则对应的调制指数为：

$$h = \frac{\Delta f}{f_b} = \frac{1/2T_b}{1/T_b} = 0.5 \tag{2.13}$$

为了保持相位连续，在 $t = nT_b$ 时应有下式成立（即本比特结尾和下一个比特开始的相位相等）：

$$\psi_n(nT_b) = \psi_{n-1}(nT_b) \tag{2.14}$$

将式(2.11)代入式(2.14)可得：

$$\varphi_n = \varphi_{n-1} + (a_{n-1} - a_n)\frac{n\pi}{2} = \begin{cases} \varphi_{n-1}, & a_n = a_{n-1} \\ \varphi_{n-1} \pm n\pi, & a_n \neq a_{n-1} \end{cases} \tag{2.15}$$

若令 $\varphi_0 = 0$，则 $\varphi_n = 0$ 或 $\pm\pi$（模 $2\pi$），$n = 1, 2, 3, \cdots$ 反映了 MSK 信号前后码元区间的相位约束关系，表明单位比特内的相位常数不仅与该比特区间的输入有关，还与前一个比特区间内的输入及相位常数有关。

由式(2.11)可以看出，$\theta_n(t)$ 是一元线性方程，其斜率为 $\frac{\pi a_n}{2T_b}$，截距为 $\varphi_n$。由于 $a_n$ 的取值为 $\pm1$，故 $\theta_n(t)$ 是分段线性的相位函数。因此，MSK 的整个相位路径是由间隔为 $T_b$ 的一系列直线段所连成的折线。对于给定的输入信号序号 $\{a_n\}$，MSK 相位轨迹如图 2.6 所示，图中相位线段对应于输入序列 $\{a_n\}$，在任一个码元周期间 $T_b$ 内，若 $a_n = +1$，则 $\theta_n(t)$ 线性增大 $\pi/2$；若 $a_n = -1$，则 $\theta_n(t)$ 线性减小 $\pi/2$。总之，在一个码元间隔内，$\theta_n(t)$ 的变化始终是 $\pm\pi/2$。对于各类输入信号序列，$\theta_n(t)$ 的所有可能的相位轨迹如图 2.7 所示。

$$\{a_n\} = -1, -1, +1, -1, +1, +1, +1, -1, +1$$

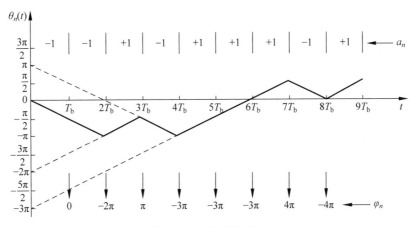

图 2.6　MSK 相位轨迹

从图 2.6、图 2.7 可以看出，当 $t = 2lT_b$，$l = 0, 1, \cdots$ 时，相位取值为 0 或 $\pm\pi$；$t = (2l+1)T_b$，$l = 0, 1, \cdots$ 时，相位为 $\pm\pi/2$。

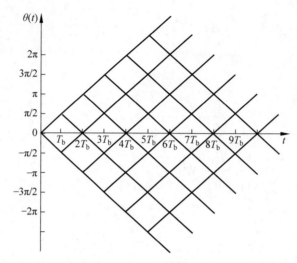

图 2.7　MSK 可能的相位轨迹

MSK 信号表达式可正交展开为：

$$S(t) = \cos\left(\omega_c t + \frac{\pi}{2T_b} a_n t + \varphi_n\right)$$

$$= \cos\left(\frac{\pi}{2T_b} a_n t + \varphi_n\right)\cos\omega_c t - \sin\left(\frac{\pi}{2T_b} a_n t + \varphi_n\right)\sin\omega_c t$$

$$= \cos\varphi_n \cos\left(\frac{\pi}{2T_b} t\right)\cos\omega_c t - a_n \cos\varphi_n \sin\left(\frac{\pi}{2T_b} t\right)\sin\omega_c t \tag{2.16}$$

式(2.16)即为 MSK 信号的正交表示形式。其同相分量即 I 支路为：

$$I_n(t) = \cos\phi_n \cos\left(\frac{\pi}{2T_b} t\right) \tag{2.17}$$

其正交分量即 Q 支路为：

$$Q_n(t) = a_n \cos\phi_n \sin\left(\frac{\pi}{2T_b} t\right) \tag{2.18}$$

由式(2.15)可得：

$$\cos\varphi_n = \cos\left[\varphi_{n-1} + (a_{n-1} - a_n)\left(\frac{n\pi}{2}\right)\right]$$

$$= \cos\varphi_{n-1}\cos\left[(a_{n-1} - a_n)\left(\frac{n\pi}{2}\right)\right] - \sin\varphi_{n-1}\sin\left[(a_{n-1} - a_n)\left(\frac{n\pi}{2}\right)\right] \tag{2.19}$$

由图 2.6，可以得知 $\varphi_n = 0, -2\pi, \pi, -3\pi, \cdots$ 所以有：

$$\sin\varphi_{n-1} = 0$$

再由于 $a_{n-1} - a_n = 0, \pm 2$，所以

$$\sin\left[(a_{n-1} - a_n)\left(\frac{n\pi}{2}\right)\right] = 0$$

$$\cos\left[(a_{n-1} - a_n)\left(\frac{n\pi}{2}\right)\right] = \begin{cases} +1, & a_n = a_{n-1} \\ -1, & a_n \neq a_{n-1} \text{ 且 } n \text{ 为奇数} \\ +1, & a_n \neq a_{n-1} \text{ 且 } n \text{ 为偶数} \end{cases}$$

式(2.19)可以写成（令 $n = 2l, l = 0, 1, 2, \cdots$）：

$$\begin{cases} \cos\varphi_{2l} = \cos\varphi_{2l-1}, & a_n = a_{n-1} \text{ 或 } a_n \neq a_{n-1} \text{ 且 } n \text{ 为偶数} \\ a_{2l}\cos\varphi_{2l} = a_{2l+1}\cos\varphi_{2l+1}, & a_n \neq a_{n-1} \text{ 且 } n \text{ 为奇数} \end{cases} \tag{2.20}$$

MSK 的各支路信号及基带的波形关系,如图 2.8 所示。图中(1)为脉冲序列,间隔为 $T_b$ 秒;(2)为输入信号序列 $\{a_n\}$;(3)为差分编码 $\{d_n\}$,即 $d_n = a_n \cdot a_{n-1}$;(4)为相位常量 $\varphi_n$,可取模 $2\pi$;(5)、(6)为 $d_n$ 进行 MSK 调制后的 I 支路数据($\cos\varphi_n$)和 Q 支路数据 ($d_n\cos\varphi_n$),可以发现其波形不是每隔 $T_b$ 秒就能改变符号,而是每隔 $2T_b$ 秒才有可能改变符号。I 支路和 Q 支路的码元在时间上错开 $T_b$ 秒,从式(2.17)、式(2.20)也能看出这一点;(7)、(8)是将 $t = nT_b$($n$ 取 $0,1,\cdots$)代入给定式子,即为 $\cos\varphi_n$ 和 $d_n\cos\varphi_n$ 对应各支路的输出信号。

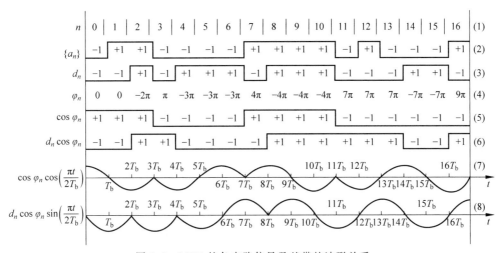

图 2.8　MSK 的各支路信号及基带的波形关系

由式(2.15)、式(2.16)和式(2.20)可以得到 MSK 信号调制器框图,如图 2.9 所示。图中,输入二进制双极性不归零脉冲序列信号 $\{a_n\}$ 经过差分编码 $d_n$ 和串/并变换后,得到速率减半的同相及正交支路的二进制序列,且正交支路的双极性不归零脉冲序列比同相支路双极性不归零脉冲序列在时间上滞后 $T_b$ 秒,二者的波形分别被 $\cos\left(\dfrac{\pi}{2T_b}t\right)$ 和 $\sin\left(\dfrac{\pi}{2T_b}t\right)$ 加权,得到 $I_n(t)$ 和 $Q_n(t)$ 的基带波形,再将 $I_n(t)$ 和 $Q_n(t)$ 分别与两个正交载波进行相乘调制,两支路的已调信号相加后即可得到 MSK 信号。

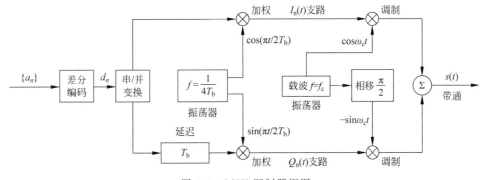

图 2.9　MSK 调制器框图

针对 MSK 信号的特点可总结如下：

（1）MSK 信号是恒定包络信号。

（2）在信号转换时刻的相位是连续的。

（3）在一个比特区域内,相位线性增减 $\pi/2$。

（4）第 $n$ 个码元的起始相位 $0$、$\pm\pi$。

（5）在一个码源内,信号的频率偏移等于 $1/4T_b$,相位调制指数为 $0.5$。

（6）MSK 信号一个比特的结束和下一个比特的开始,相位相同。

（7）$\varphi_n$ 不仅与本比特内的输入有关,还与上一个比特位的输入及 $\varphi_{n-1}$ 有关。

## 2.1.3　GMSK

人们希望有一种调制方式既能够保持 MSK 相位连续、恒定包络的优点,又能够满足移动通信旁瓣功率的快速衰减的要求。高斯最小频移键控(GMSK)就是针对上述要求提出来的。

**1. GMSK 产生原理**

尽管 MSK 信号具有较好的频谱和误码率性能,但仍不能满足功率谱在相邻信道取值(即邻道辐射)低于主瓣峰值 60dB 以上的要求。我们需要对 MSK 的带外频谱特性进行改进,使其衰减速度更快。GMSK 信号就是通过在 FM 调制器前加入高斯低通滤波器而产生的,如图 2.10 所示。

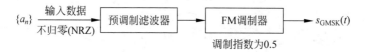

图 2.10　GMSK 信号的产生原理

高斯低通滤波器的冲击为:

$$h(t) = \sqrt{\pi}\,\alpha \exp(-\pi^2 \alpha^2 t^2) \tag{2.21}$$

$$\alpha = \sqrt{\frac{2}{\ln 2}} B_b$$

其中,$B_b$ 为高斯滤波器的 3dB 带宽。

高斯滤波器对单个宽度为 $T_b$ 的矩形脉冲的响应为:

$$g(t) = Q\left[\sqrt{2}\,\pi a\left(t - \frac{T_b}{2}\right)\right] - Q\left[\sqrt{2}\,\pi a\left(t + \frac{T_b}{2}\right)\right] \tag{2.22}$$

其中,$Q(t) = \int_\tau^\infty \frac{1}{\sqrt{2\pi}} \exp(-\tau^2/2)\mathrm{d}\tau$。当 $B_b T_b$ 取不同值时,$g(t)$ 波形如图 2.11 所示。

GMSK 的信号表达式为:

$$s_{GMSK}(t) = \cos\left\{\omega_c t + \frac{\pi}{2T_b}\int_{-\infty}^t \left[\sum a_n g\left(\tau - nT_b - \frac{T_b}{2}\right)\mathrm{d}\tau\right]\right\} \tag{2.23}$$

高斯滤波器的输出脉冲经 MSK 调制得到 GMSK 信号,其相位路径由脉冲的形状决定。由于高斯滤波后的脉冲无陡峭沿,也无拐点,因此,相位路径得到进一步平滑,GMSK 的相位轨迹如图 2.12 所示。

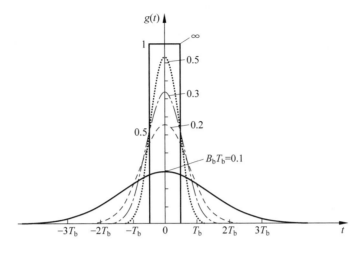

图 2.11 高斯滤波器的矩形脉冲响应

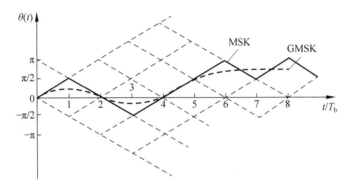

图 2.12 GMSK 的相位轨迹

从图 2.11 和图 2.12 可以看出,GMSK 通过引入可控的码间干扰(即部分响应波形)来达到平滑相位路径的目的,它消除了 MSK 相位路径在码元转换时刻的相位转折点。从图中还可以看出,GMSK 信号在一个码元周期内的相位增量,不像 MSK 那样固定为 $\pm\pi/2$,而是随着输入序列的不同而不同。

**2. GMSK 调制及功率谱密度**

由式(2.23)可得:

$$s_{\mathrm{GMSK}}(t)=\cos(\omega_{\mathrm{c}}t+\theta(t))=\cos\theta(t)\cos\omega_{\mathrm{c}}t-\sin\theta(t)\sin\omega_{\mathrm{c}}t \tag{2.24}$$

其中,

$$\theta(t)=\frac{\pi}{2T_{\mathrm{b}}}\int_{-\infty}^{t}\left[\sum a_{n}g\left(\tau-nT_{\mathrm{b}}-\frac{T_{\mathrm{b}}}{2}\right)\right]\mathrm{d}\tau,\quad kT_{\mathrm{b}}\leqslant t<(k+1)T_{\mathrm{b}}$$

尽管 $g(t)$ 在理论上是在 $-\infty<t<+\infty$ 范围内取值的,但实际中需要对 $g(t)$ 进行截断,仅取 $(2N+1)T_{\mathrm{b}}$ 区间,可以证明 $\theta(t)$ 在码元转换时刻的取值 $\theta(kT_{\mathrm{b}})$ 是有限的,在当前码元内的相位增量 $\Delta\theta(t)$ 仅与 $(2N+1)$ 个比特有关,因此 $\theta(t)$ 的状态是有限的。

根据不同的 $B_{\mathrm{b}}T_{\mathrm{b}}$ 值,计算得到 $\theta(t)$ 之后,即可算出 $\cos\theta(t)$ 和 $\sin\theta(t)$ 值,离散化后形

成两个表格,根据输入数据$\{a_n\}$读出相应的值,然后利用 D/A 将其变换成模拟信号 $\cos\theta(t)$ 和 $\sin\theta(t)$ 值,再进行正交调制就得到 GMSK 信号,如图 2.13 所示。这种调制方法称为波形存储正交调制,其优点是避免了复杂的滤波器设计和实现,可以产生具有任何特性的基带脉冲波形和已调信号。

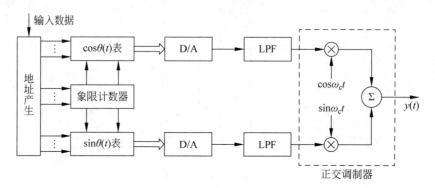

图 2.13    波形存储正交调制法产生 GMSK 信号

GMSK 信号的基本特性与 MSK 信号完全相同,其主要差别是 GMSK 信号的相位轨迹比 MSK 信号的相位轨迹平滑。因此,MSK 信号的相干解调器完全适用于 GMSK 信号的相干解调。

GMSK 信号频谱特性的改善是通过降低误比特率性能换来的,预滤波器的带宽越窄,输出功率谱就越紧凑,但误比特率会增加,如图 2.14 所示。所以,从频谱利用率和误码率综合考虑,对 $B_bT_b$ 应该折中选择。研究表明,$B_bT_b=0.25$ 对于无线蜂窝系统是一个很好的选择。

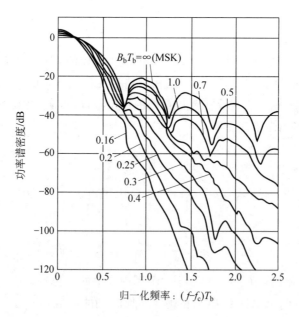

图 2.14   GMSK 的功率谱密度

## 2.2 数字相位调制

### 2.2.1 PSK

数字调相分为绝对相移(PSK)和相对相移(DPSK)两类。由于相移键控信号在抗噪声性能上优于 ASK 和 FSK,而且信道频带利用率较高,因此得到了广泛应用。

**1. PSK 信号的调制**

相移键控是利用载波的相位变化来传递数字信息,而载波的振幅和频率保持不变。在 2PSK 中,通常用初始相位 0 和 π 分别表示二进制信息 0 和 1。因此,2PSK 信号的时域表达式可写为:

$$e_{2\text{PSK}}(t) = A\cos(\omega_c t + \varphi_n) \tag{2.25}$$

其中,$\varphi_n$ 表示第 $n$ 个符号的绝对相位:

$$\varphi_n = \begin{cases} 0, & \text{发送 0 时} \\ \pi, & \text{发送 1 时} \end{cases} \tag{2.26}$$

因此,式(2.25)可以改写为:

$$e_{2\text{PSK}}(t) = \begin{cases} A\cos\omega_c t & \text{发送 0,概率为 } P \\ -A\cos\omega_c t & \text{发送 1,概率为 } 1-P \end{cases} \tag{2.27}$$

2PSK 信号的典型波形如图 2.15 所示。

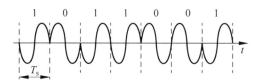

图 2.15　2PSK 信号的时间波形图

由于表示信号的两种码元的波形相同、极性相反,故 2PSK 信号一般可以表述为一个双极性全占空矩形脉冲序列与一个正弦载波的相乘,即

$$e_{2\text{PSK}}(t) = s(t)\cos\omega_c t \tag{2.28}$$

其中

$$s(t) = \sum_n a_n g(t - nT_s)$$

这里,$g(t)$ 是脉宽为 $T_s$ 的单个矩形脉冲,而 $a_n$ 的统计特性为:

$$a_n = \begin{cases} 1, & \text{概率为 } P \\ -1, & \text{概率为 } 1-P \end{cases} \tag{2.29}$$

即发送二进制符号 0 时($a_n$ 取 $+1$),$e_{2\text{PSK}}(t)$ 取 0 相位;发送二进制符号 1 时($a_n$ 取 $-1$),$e_{2\text{PSK}}(t)$ 取 π 相位。这种以载波的不同相位直接去表示相应二进制数字信号的调制方式,称为二进制绝对相移方式。2PSK 信号的产生方法通常有两种:模拟调制法(相乘器法)和键控法,相应的调制器如图 2.16 所示。

如图 2.16(a)所示为一般的模拟调制的方法,用乘法器实现。其中的码型变化器把数

字序列 $\{a_n\}$ 转换成所需的双极性不归零矩形脉冲序列 $s(t)$，$s(t)$ 与载波 $\cos\omega_c t$ 相乘，即把 $s(t)$ 的频谱搬移到 $\pm f_c$ 附近，实现了 2PSK。

如图 2.16(b)所示为数字键控法，当输入序列为 $+1$ 时，对应的信号附加相位为 0；当输入为 $-1$ 时，对应的信号附加相位为 $\pi$。

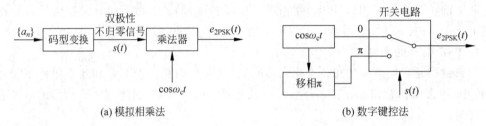

(a) 模拟相乘法　　　　　　　　　　　(b) 数字键控法

图 2.16　2PSK 信号的调制原理

## 2. PSK 信号的功率谱及带宽

2PSK 功率谱密度可以写为：

$$P_{2PSK}(f) = \frac{1}{4}\big[P_s(f+f_c) + P_s(f-f_c)\big] \tag{2.30}$$

由于 2PSK 基带信号是双极性（NRZ）的，当 0、1 等概率出现时，无直流分量，即：

$$P_s(f) = T_s S_a^2(\pi f T_s)$$

所以，PSK 信号的功率谱密度为：

$$P_{2PSK}(f) = \frac{T_s}{4}S_a^2\big[\pi(f-f_c)T_s\big] + \frac{T_s}{4}S_a^2\big[\pi(f+f_c)T_s\big] \tag{2.31}$$

相应的图形如图 2.17 所示。当 $P=1/2$ 时，2PSK 信号的功率谱中只有连续谱，没有离散谱成分，即不存在离散的载频分量，实际上相当于抑制载波的双边带信号。

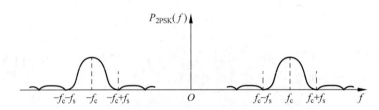

图 2.17　2PSK 信号的功率谱密度

2PSK 信号的带宽 $B_{2PSK}$ 是基带信号带宽的 2 倍，若只考虑基带脉冲频谱的主瓣（第一个谱零点位置），则 2PSK 信号的带宽为：

$$B_{2PSK} = 2f_s \tag{2.32}$$

其中，$f_s = 1/T_s$，可见，2PSK 信号的带宽是码元速率的 2 倍，频带利用率为：

$$\eta_{2PSK} = \frac{R_B}{B_{2PSK}} = \frac{f_s}{2f_s} = 0.5\text{b/s/Hz} \tag{2.33}$$

## 3. PSK 信号的解调

2PSK 信号以相位传输信息，其振幅、频率恒定，因而只能采用相干解调法，如图 2.18 所示。

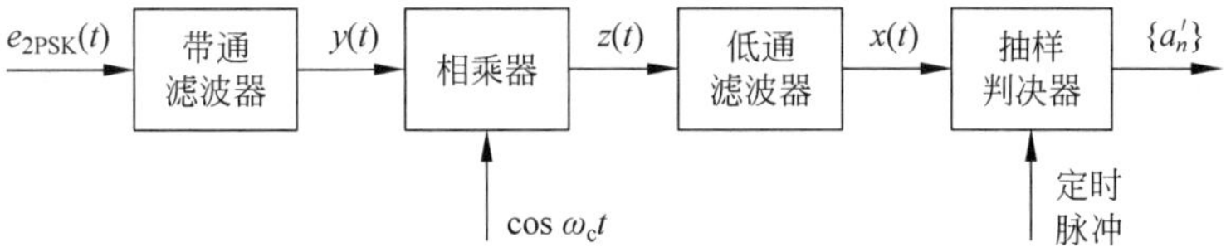

图 2.18　2PSK 信号的解调原理框图

不考虑噪声时,带通滤波器的输出可以表示为:

$$y(t) = \cos(\omega_c t + \varphi_n) \tag{2.34}$$

其中,$\varphi_n$ 为 2PSK 信号某一码元的初相。$\varphi_n = 0$ 时,代表数字信息 0;$\varphi_n = \pi$ 时,代表数字信息 1。

$y(t)$ 与同步载波相乘后,输出为:

$$z(t) = \cos(\omega_c t + \varphi_n)\cos\omega_c t = \frac{1}{2}\cos\varphi_n + \frac{1}{2}\cos(2\omega_c t + \varphi_n) \tag{2.35}$$

低通滤波器输出为:

$$x(t) = \frac{1}{2}\cos\phi_n = \begin{cases} \dfrac{1}{2}, & \phi_n = 0 \text{ 时} \\ -\dfrac{1}{2}, & \phi_n = \pi \text{ 时} \end{cases} \tag{2.36}$$

设 $x$ 为抽样时刻的值,根据发送端产生 2PSK 信号时 $\varphi_n$(0 或 $\pi$)代表数字信息(0 或 1)的规定,以及接收端 $x(t)$ 与 $\varphi_n$ 关系的特性,确定抽样判决器的准则为:

$$\begin{cases} x > 0, & \text{判为 0} \\ x < 0, & \text{判为 1} \end{cases} \tag{2.37}$$

2PSK 信号解调的各点时间波形如图 2.19 所示。

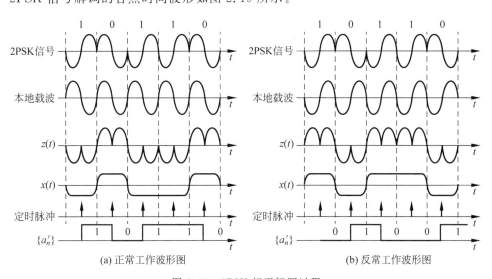

(a) 正常工作波形图　　　　　　　(b) 反常工作波形图

图 2.19　2PSK 相干解调过程

在如图 2.19(a)所示正常工作波形图中,经电路提取的相干载波的基准相位与 2PSK 信号的调制载波的基准相位一致(通常默认为 0 相位),解调器输出端能够正确还原出发送的数字基带信号。但是,由于在 2PSK 信号的载波恢复过程中存在着 180°的相位模糊现象,如图 2.19(b)反向工作波形图中所示,恢复的本地载波与所需的相干载波反相,解调出的数字基带信号与发送的数字基带信号正好相反,即 1 变为 0、0 变为 1,判决器输出数字信号全部出错。

### 2.2.2 QPSK

**1. QPSK 信号的调制**

四相移键控(QPSK)信号利用载波的 4 种不同相位来表征数字信息。因此,对输入的二进制数字序列先进行分组,将每两个比特编为一组,然后用 4 种不同的载波相位去表征它们,即每个载波相位携带 2($n=2$)个二进制符号,其信号表示为:

$$e_{QPSK}(t) = A\cos(\omega_c t + \theta_k) \quad k=1,2,3,4, \quad kT_s \leqslant t < (k+1)T_s \quad (2.38)$$

其中,$T_s = 2T_b$ 为符号间隔;$2^n = 2^2 = 4$,即载波有 4 种相位状态,每种状态为 2bit。

若 $\theta_k = (k-1)\dfrac{\pi}{2}$,则 $\theta_k$ 取值为 $0$、$\dfrac{\pi}{2}$、$\pi$、$\dfrac{3\pi}{2}$,即初始相位为 0,QPSK 信号的向量图如图 2.20(a)所示,对应的 4 种状态分别为 $11$、$-11$、$-1-1$、$1-1$。

若 $\theta_k = (2k-1)\dfrac{\pi}{2}$,则 $\theta_k$ 为 $\dfrac{\pi}{4}$、$\dfrac{3\pi}{4}$、$\dfrac{5\pi}{4}$、$\dfrac{7\pi}{4}$,即初始相位为 $\dfrac{\pi}{4}$ 的 QPSK 信号的向量图如图 2.20(b),对应的 4 种状态分别为 $11$、$-11$、$-1-1$、$1-1$。

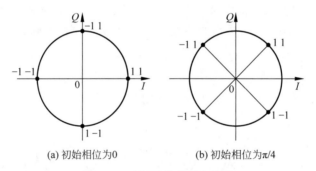

(a) 初始相位为0  (b) 初始相位为π/4

图 2.20　QPSK 的信号向量图

下面将以图 2.20(b)为例,介绍 QPSK 信号产生及其解调。由式(2.38)可得:

$$e_{QPSK}(t) = A\cos(\omega_c t + \theta_k) = A(\cos\theta_k \cos\omega_c t - \sin\theta_k \sin\omega_c t) \quad (2.39)$$

其中,$kT_s \leqslant t < (k+1)T_s$。因为 $\theta_k$ 为 $\pi/4$、$3\pi/4$、$5\pi/4$、$7\pi/4$,所以:

$$\cos\theta_k = \pm\frac{1}{\sqrt{2}}, \quad \sin\theta_k = \pm\frac{1}{\sqrt{2}}$$

于是,式(2.39)可以写成:

$$e_{QPSK}(t) = \frac{A}{\sqrt{2}}(I(t)\cos\omega_c t - Q(t)\sin\omega_c t) \quad (2.40)$$

其中,$I(t) = \pm1, Q(t) = \pm1, kT_s \leqslant t < (k+1)T_s$。

由式(2.40)可得到如图 2.21 所示的 QPSK 正交调制框图,QPSK 调制器可以看作由两个 2PSK 调制器构成。输入信息速率为 $R_b$ 的串行二进制信息序列 $\{a_n\}(a_n = \pm1)$ 经过串并变换,分成两路速率减半的二进制序列,电平发生器分别产生双极性的二电平信号 $I(t)$ 和 $Q(t)$;这两个码元在时间上是对齐的,其中 I 支路称为同相支路,Q 支路称为正交支路。将它们分别对应正交载波 $\cos\omega_c t$ 及 $\sin\omega_c t$。进行 2PSK 调制,再将这两支路信号相加,即得到 QPSK 信号。

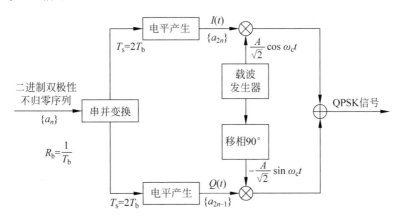

图 2.21　QPSK 调制器框图

【例 2.1】　待传送二元数字序列 $\{a_n\}=1011010011$,要求:

(1) 试画出 QPSK 信号波形。假定 $f_c=R_b=1/T_s$,4 种双比特码 00、10、11、01 分别用相位偏移 $0、\pi/2、\pi、3\pi/2$ 的振荡波形表示。

(2) 写出 QPSK 信号表达式,画出 $\{a_n\}$ 进入 QPSK 调制器中的原理图。

**解**:(1) QPSK 信号波形如图 2.22 所示。

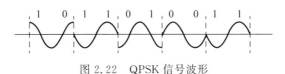

图 2.22　QPSK 信号波形

(2) QPSK 信号的表达式为:
$$e_{\mathrm{QPSK}}(t)=A\cos(\omega_c t+\theta_k)=A(\cos\theta_k\cos\omega_c t-\sin\theta_k\sin\omega_c t)$$

QPSK 调制器原理框图如图 2.23 所示,$x$ 与 $i(t)$ 的对应关系为:$x$ 为 1 码时,$i(t)$ 为负脉冲;$x$ 为 0 码时,$i(t)$ 为正脉冲;$y$ 与 $q(t)$ 的对应关系为:$y$ 为 1 码时,$q(t)$ 为负脉冲;$y$ 为 0 码时,$q(t)$ 为正脉冲。

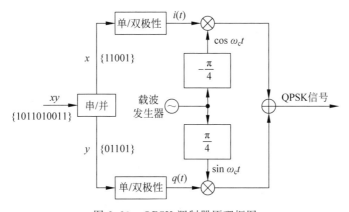

图 2.23　QPSK 调制器原理框图

**2. QPSK 信号的功率谱和带宽**

由于 QPSK 信号是由两正交载波调制的 2PSK 信号线性叠加而成,所以,QPSK 信号的平均功率谱密度是同相支路及正交支路 2PSK 信号平均功率谱密度的线性叠加。设 $w(t)$ 是宽度为 $2T_b$ 的矩形脉冲,其频谱为 $W(\omega)$,设 $+1$ 和 $-1$ 等概率出现,则 QPSK 信号的功率谱为:

$$P_{QPSK}(f) = \frac{1}{2} f_b \big[ |W(f-f_c)|^2 + |W(f+f_c)|^2 \big] \qquad (2.41)$$

式中频谱是指原信号经过傅立叶变换后的频域表达式。由图 2.24 可见,在二进制信息速率相同时,QPSK 信号的平均功率谱密度的主瓣宽度是 2PSK 平均功率谱主瓣宽度的一半。

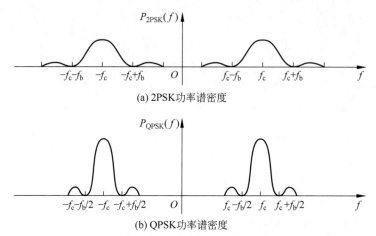

(a) 2PSK功率谱密度

(b) QPSK功率谱密度

图 2.24　在相同信息速率下 2PSK 与 QPSK 信号的功率谱密度

QPSK 信号的带宽 $B_{QPSK}$、频谱利用率 $\eta_{QPSK}$:

$$B_{QPSK} = \frac{1}{2} B_{2PSK} = \frac{1}{T_b} = f_b \qquad (2.42)$$

$$\eta_{QPSK} = 2\eta_{2PSK} = 1b/s/Hz \qquad (2.43)$$

**3. QPSK 信号解调**

QPSK 解调器框图如图 2.25 所示。由于 QPSK 信号可看作是同相及正交支路 2PSK 信号的叠加,所以在解调时可对两路信号分别进行 2PSK 解调,然后进行并/串变换,得到所传输的信号。

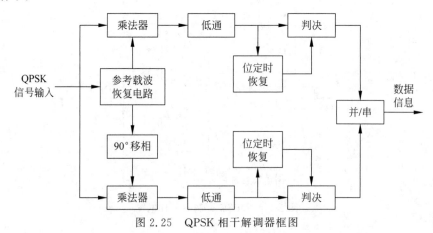

图 2.25　QPSK 相干解调器框图

在 QPSK 与 2PSK 的输入二进制信息速率相同、发送功率相同、加性噪声的功率谱密度相同的条件下,QPSK 与 2PSK 的平均误比特率是相同的。

### 2.2.3　OQPSK

偏移四相相移键控(OQPSK)是在 QPSK 基础上发展起来的。随着输入数据的不同,QPSK 信号会发生相位跳变,跳变量可能为 $\pm\pi/2$ 或 $\pm\pi$,如图 2.26(a)中的箭头所示。当发生对角过渡,即产生 $\pm\pi$ 的相移时,经过带通滤波器之后所形成的包络起伏必然达到最大。为了减小包络起伏,在对 QPSK 做正交调制时,将正交支路的基带信号相对于同相支路的基带信号延迟半个码元间隔 $T_s/2$,这种调制方法称为偏移四相相移键控(OQPSK),其表达式为:

$$s_{\mathrm{OQPSK}}(t)=I(t)\cos(\omega_c t)-Q\!\left(t-\frac{T_s}{2}\right)\sin(\omega_c t) \tag{2.44}$$

其中,$I(t)$ 表示同相分量;$Q\!\left(t-\dfrac{T_s}{2}\right)$ 表示正交分量,它相对于同相分量偏移 $T_s/2$。

由于同相分量和正交分量不能同时发生变化,相邻 1 个比特信号的相位只可能发生 $\pm\pi/2$ 的变化,因而星座图中的信号点只能沿正方形的四边移动,不再沿对角线移动,消除了已调信号中相位突变 $\pm\pi$ 的现象,如图 2.26(b)所示。OQPSK 的调制框图如图 2.27 所示。

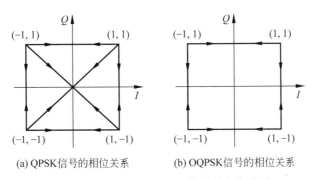

(a) QPSK信号的相位关系　　(b) OQPSK信号的相位关系

图 2.26　QPSK 和 OQPSK 信号的相位关系

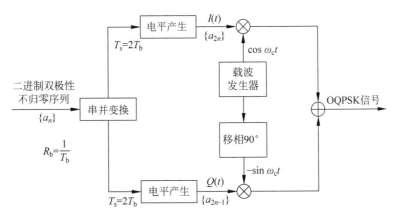

图 2.27　OQPSK 信号的产生框图

由于 OQPSK 与 QPSK 相比，只是正交支路相对同相支路延迟了一个比特，因此，OQPSK 的功率谱、带宽、频谱利用率皆与 QPSK 相同。

## 2.3　扩频通信

在移动通信中，2G 的 IS-95、3G 均采用码分多址(CDMA)，因此它已成为移动通信中最主要的多址技术，扩频通信其实被扩展的是信号频谱带宽，习惯上称其为扩频。扩频通信属于宽带通信系统，其主要特征是扩频前信源提供的消息码元带宽(或速率)远远小于扩频后进入信道的扩频序列(chip)信号带宽(或速率)。

### 2.3.1　扩频调制

**1. 理论基础**

香农定理：在高斯白噪声信道中，通信系统的最大传信率(或称信道容量)为：

$$C = B \log_2 \left(1 + \frac{S}{N}\right) \ (\text{b/s}) \tag{2.45}$$

其中，$B$ 为信号带宽，$S$ 为信号的平均功率，$N$ 为噪声功率。

若白噪声的功率谱密度为 $n_0$，噪声功率为 $N = n_0 B$，则信道容量 $C$ 为：

$$C = B \log_2 \left(1 + \frac{S}{n_0 B}\right) \ (\text{b/s})$$

在 $B$、$n_0$、$S$ 确定后，信道容量 $C$ 就确定了。为使信源产生的信息以尽可能高的信息速率通过信道，以提高信道容量，由香农公式可以看出：

(1) 增加信道容量的方法，可以通过增大 $B$，或增大 $S/N$ 来实现，而增大 $B$ 比增大 $S/N$ 更有效。

(2) 若 $C$ 为常数时，$B$ 与 $S/N$ 可以互换，即可以通过增大 $B$ 来降低系统对 $S/N$ 的要求，也可通过增大信号功率，降低信号的带宽，这就为那些要求小的信号带宽的系统或对信号功率要求严格的系统找到了一个减小带宽或降低功率的有效途径。

(3) 当 $B$ 增加到一定程度后，信道容量 $C$ 就不可能无限地增加了。考虑极限情况，令 $B \to \infty$，$C$ 的极限为：

$$\lim_{B \to \infty} C = \lim_{B \to \infty} B \log_2 \left(1 + \frac{S}{n_0 B}\right)$$

$$= \lim_{B \to \infty} B \cdot \frac{S}{n_0 B} \log_2 \left(1 + \frac{S}{n_0 B}\right)^{n_0 B / S} \tag{2.46}$$

$$\lim_{x \to \infty} \log_2 \left(1 + \frac{1}{x}\right)^x = \log_2 e = 1.44 \Rightarrow \lim_{B \to \infty} C = 1.44 \frac{S}{n_0}$$

由式(2.46)可见，在信号功率 $S$ 和噪声功率谱密度 $n_0$ 一定时，信道容量 $C$ 是有限的。由上面结论可以推出，信息速率 $R$ 达到最大传输速率时，即 $R = R_{\max} = C$，且带宽 $B \to \infty$ 时，则信道要求的最小信噪比为 $E_b / n_0$，其中 $E_b$ 表示传输每比特信号用了多少发射功率，即码元的能量，$S = E_b R_{\max}$。因为 $B \to \infty$ 时，$C = 1.44 \dfrac{S}{n_0}$，所以

$$\frac{E_b}{n_0} = \frac{S}{n_0 R_{max}} = \frac{1}{1.44}$$

用 $N_0$ 表示单位赫兹内的噪声功率，$E_b/N_0$ 表示在单位赫兹内传输 1 比特信息量所需要付出的信噪比，则信道要求的最小信噪比为：

$$\left(\frac{E_b}{N_0}\right)_{min} = \frac{1}{1.44} = -1.6\text{dB}$$

当带宽无限的时候，信息速率 $R$ 以极限信息速率进行传输信息，这时候所付出的最小信噪比为 $-1.6\text{dB}$，若最小信噪比低于 $-1.6\text{dB}$，则传输过程中必然出错。

可以看出 WCDMA 就是通过扩频(增大 $B$)来增大信道容量($C$)，这时如果 $N = n_0 B$ 保持不变，就允许 $n_0$ 适当增大，也可进一步提高系统的抗干扰能力。

**2. 扩频处理增益与干扰容限**

1) 窄带与宽带通信系统

设 $R$ 为待传送的信源码元速率，$T$ 为码元的持续时间，$F$ 为传送至信道的扩频序列(chip)信号带宽，若 $R \cdot T = F \cdot T \approx 1$，即当 $R = F$ 或 $F = 2R$(带宽)时，称该系统为窄带通信系统。

若 $F \gg R$，$\frac{F}{R} = 10 \sim 10^6$(dB)，则称该系统为宽带通信系统，宽带通信系统是窄带通信系统通过扩频方式来实现的，CDMA 就是一类最典型的扩频通信系统。扩频技术可以分为直扩式和非直扩式两类。

本节重点介绍直扩式扩频(DS-CDMA)。所谓直接序列扩频，就是直接用具有高速率的扩频码序列在发送端扩展信号的频谱；而在接收端，用相同的扩频码序列进行解扩，把展宽的扩频信号还原成原始信息。直扩式扩频实现较简单，其主要技术指标为扩频处理增益 $G$ 与干扰容限 $M$。

2) 处理增益

处理增益表示扩频系统通过扩频与解扩以后信噪比的改善程度。它另有两个等效定义：表示发送端信息码元(速率)扩展的倍数或表示发送端信号带宽扩展的倍数，可表示为：

$$N = \frac{(S/N)_{out}}{(S/N)_{in}} = \frac{R_{PN}}{R} = \frac{NR}{R} = \frac{F_{PN}}{B} = \frac{NB}{B} \tag{2.47}$$

其中，$R_{PN}$、$R$ 分别表示伪码速率和信息码元速率；$F_{PN}$、$B$ 分别表示伪码带宽和信息码元带宽。因此，处理增益 $G$ 可表示为：

$$G = 10\lg N \text{(dB)} \tag{2.48}$$

3) 干扰容限

干扰容限表示在正常工作的条件下，接收机输入端所允许干扰的最大强度值(分贝)。其表达式为：

$$M = G - [L_s + 10\lg(S/N)_{门限}] \tag{2.49}$$

其中，$G$ 为处理增益；$L_s$ 为实际传输路径损耗(dB)；$10\lg(S/N)_{门限}$ 为接收机门限信噪比(dB)。

**【例 2.2】** 某扩频通信系统已知：$G = 15\text{dB}, L_s = 4\text{dB}, 10\lg(S/N)_{门限} = 6\text{dB}$，则可求得 $M$ 门限：

$$M = G - [L_s + 10\lg(S/N)_{门限}] = 15 - (4+6) = 5\text{dB}$$

说明该扩频通信系统最大允许承受的干扰容限为 5dB，即干扰允许比信号强 3 倍。

**3. 扩频通信的特点**

扩频通信的主要特点如下。

（1）抗干扰性强，对于数字通信系统，误码率 $P_b$ 与归一化信噪比 $E_b/n_0$ 成反比：

$$P_b \approx f\left(\frac{E_b}{n_0}\right)^{-1} = f\left(\frac{E_b/T}{n_0 F_{PN}} \times F_{PN} \cdot T\right)^{-1} = f\left(\frac{S}{N} \times F_{PN} \cdot T\right)^{-1} \tag{2.50}$$

当 $P_b$ 不变时，$\dfrac{S}{N} \propto \dfrac{1}{F_{PN}T}$，即当 $F_{PN}T$ 很大时，可以实现在极低的 $\dfrac{S}{N}$ 下进行通信。$T$ 为信息码元持续时间（周期），$B$ 为信息码元带宽，则可以得到：

$$F_{PN}T = F_{PN}/B = N \tag{2.51}$$

所以当 $P_b$ 不变时，$\dfrac{S}{N} \propto \dfrac{1}{F_{PN}T} = \dfrac{1}{N}$，而 $G(\text{dB}) = \lg N$，可见 $G$ 越大，$\dfrac{S}{N}$ 越低，抗干扰性能越强。关于抗干扰能力从如图 2.28 所示的定性表示中也可以看得出来。

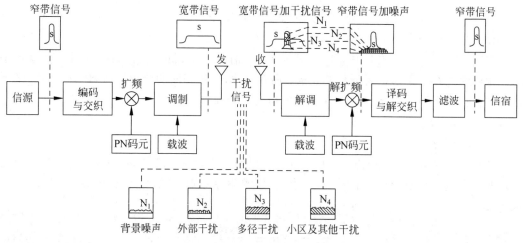

图 2.28　DS-CDMA 系统示意

（2）低功率谱密度，由于扩频属于宽带通信系统，扩频增益越大，占用频带越宽，相应的功率谱密度越低，因此它具有良好的隐蔽性能，对其他通信方式与设备干扰小，特别是对人体及大脑干扰小、影响小等特点。

（3）保密性能好，扩频后其频谱近似白噪声，因此具有良好的保密性能。即使有可能被解扩，还可以进一步采用编译码数字功能对用户数据再加密。

（4）地址多，由于码分扩频决定于时、频二维特性，相对于仅采用单一的 TDMA 和 FDMA 而言，潜在地址数要多得多。

（5）容量大，由于码分扩频通信属于信噪比受限系统，较强的抗干扰性能就意味着将允许接纳更多的用户，以增大容量。码分扩频体制更适合于变参信道的无线通信，因为扩频系统易于实现多种形式的分集接收,并能提高抗干扰性能。

(6) 主要缺点有:占用信号频带宽,扩频后的伪码序列带宽远远大于扩频前的信源信息码元带宽,这对于频率资源极宝贵的无线通信是一个主要弱点;系统实现复杂;存在多址干扰现象等。

**4. 扩频通信系统**

图 2.29(a)是一个 DS-CDMA 扩频通信系统框图,由发送端、接收端和无线信道组成。发送端和接收端分别对应信源和信宿、编码和译码、扩频和解扩以及调制和解调。

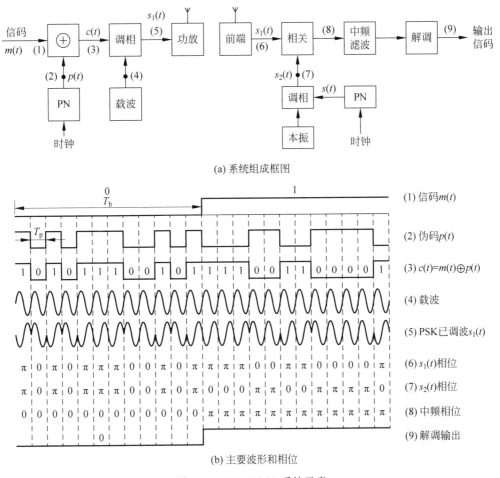

(a) 系统组成框图

(b) 主要波形和相位

图 2.29　DS-CDMA 系统示意

图 2.29(b)给出了主要波形和相位,这里假设发射的信号经过无线信道传输不受影响,相干器完成相干解调和解扩。接收机中的本振信号频率与载频相差为一个固定的中频。假定接收端与发端的 PN 码相同且同步。接收端本地调相情况与发端相类似,这里的调制信号是 $p(t)$,亦即调相器输出信号 $s_2(t)$ 的相位仅决定于 $p(t)$,在图 2.29(b)中(7)可以看到:当 $p(t)=1$ 时,$s_2(t)$ 的相位为 $\pi$;当 $p(t)=0$ 时,$s_2(t)$ 的相位为 0。中频滤波器可以滤除相关的干扰,然后再通过解调恢复原信号。

### 2.3.2 伪随机序列

**1. 伪随机码的主要性质**

伪随机码又称为伪噪声码,简称 PN 码。伪噪声码是一种具有白噪声性质的码。白噪声是服从正态分布、功率谱在很宽的频带内均匀的随机过程。多数的伪随机码是周期性码,通常由二进制移位寄存器产生,易于产生和复制。伪随机码的主要性质如下。

(1)平衡特性。在每一个周期内,伪随机序列中 0 和 1 的个数接近相等。

(2)游程特性。把伪随机序列中连续出现 0 或 1 的子序列称为游程。连续的 0 或 1 的个数称为游程长度。

(3)相关特性。伪随机序列的自相关函数具有类似于白噪声自相关函数的性质。

**2. m 序列**

伪随机码广泛应用于扩展频谱通信,二进制的 m 序列是一种重要的伪随机序列,有时称为伪噪声序列。m 序列是由 $n$ 级移位寄存器产生的周期最长的序列,又称最大长度序列,在 CDMA 系统中作为扩频码使用。

m 序列是由带线性反馈的移位寄存器产生的周期最长的一种序列,$n$ 级移位寄存器的组成机构如图 2.30 所示。可以看出,m 序列发生器由移位寄存器、反馈抽头及模 2 加法器组成。$n$ 级线性移位寄存器的反馈逻辑可表示为:

$$a_n = c_1 a_{i-1} + c_2 a_{i-2} + \cdots + c_n a_{i-n} \qquad c_i \in \{0,1\} \tag{2.52}$$

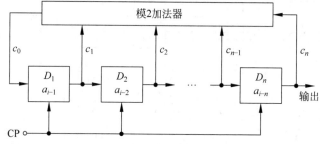

图 2.30　$n$ 级移位寄存器组成结构

其中,$c_i = 1$ 表示第 $i$ 级移位寄存器的输出与反馈网络的连线存在;$c_i = 0$ 表明连线不存在。如 $c_0 = 1$ 表示反馈网络的输出与第 1 级移位寄存器的输入的连线存在。在二进制移位寄存器中,$n$ 级移位寄存器共有 $2^n$ 个状态,减去全 0 状态外还剩 $2^n - 1$ 种状态,因此它能产生的最大长度的码序列为 $2^n - 1$ 位。产生 m 序列的移位寄存器的反馈线连接不是随意的,m 序列的周期 $P$ 也不能取任意值,而必须满足:

$$P = 2^n - 1$$

其中,$n$ 是移位寄存器的级数。例如,$n=4$,$P=2^4-1=15$。在 CDMA 系统中,使用了两种 m 序列:一种是 $n=15$,称作短码 m 序列;另一种是 $n=42$,称作长码 m 序列。

一个线性反馈移位寄存器是否能产生 m 序列,决定于它的反馈系数 $c_i$,m 序列反馈系数表如表 2.1 所示,如当级数 $n=3$,反馈系数为八进制的 13,二进制则为 1011,表示 $c_0 = c_2 = c_3 = 1$; $c_1 = 0$。

表 2.1　m 序列反馈系数表(部分)

| 级数 $n$ | 周期 $P$ | 反馈系数 $c_i$(八进制) |
| --- | --- | --- |
| 3 | 7 | 13 |
| 4 | 15 | 23 |
| 5 | 31 | 45,67,75 |
| 6 | 63 | 103,147,155 |
| 7 | 127 | 203,211,217,235,277,313,325,345,367 |

【例 2.3】　设计一个 4 级移位寄组成的 m 序列发生器,求输出码序列和周期。

已知级数 $n=4$,查表 2.1,反馈系数为八进制的 23,二进制则为 10011,表示:$c_0=c_3=c_4=1$;$c_1=c_2=0$,因此,可设计出图 2.31 所示的 4 级 m 序列发生器。

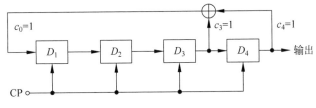

图 2.31　4 级 m 序列发生器

假设初始状态为 1111,在脉冲(CP)作用下,由左向右逐级移位 $D_3 \oplus D_4$ 作为 $D_1$ 输入,则 $n=4$ 时码序列产生过程如表 2.2 所示。由表可见码序列产生的输出序列 $\{a_i\}=$ 111100010011010,可以看出码序列的周期为 15。

表 2.2　m 序列发生器输入输出关系

| CP | $D_3 \oplus D_4$ | $D_1$ | $D_2$ | $D_3$ | $D_4$(输出) |
| --- | --- | --- | --- | --- | --- |
| 0 | 0 | 1 | 1 | 1 | 1 |
| 1 | 0 | 0 | 1 | 1 | 1 |
| 2 | 0 | 0 | 0 | 1 | 1 |
| 3 | 1 | 0 | 0 | 0 | 1 |
| 4 | 0 | 1 | 0 | 0 | 0 |
| 5 | 0 | 0 | 1 | 0 | 0 |
| 6 | 1 | 0 | 0 | 1 | 0 |
| 7 | 1 | 1 | 0 | 0 | 1 |
| 8 | 0 | 1 | 1 | 0 | 0 |
| 9 | 1 | 0 | 1 | 1 | 0 |
| 10 | 0 | 1 | 0 | 1 | 1 |
| 11 | 1 | 0 | 1 | 0 | 1 |
| 12 | 1 | 1 | 0 | 1 | 0 |
| 13 | 1 | 1 | 1 | 0 | 1 |
| 14 | 1 | 1 | 1 | 1 | 0 |
| 15 | 0 | 1 | 1 | 1 | 1 |

## 2.4 多载波调制

多载波调制(Multi Carrier Modulation)采用了多个载波信号。它是将高速率的信息数据流经串/并变换,分解为若干个子数据流,从而使子数据流具有低得多的比特传输速率,然后每路低速率数据采用一个独立的载波调制并叠加在一起构成发送信号,这种系统称为多载波传输系统。在多载波调制信道中,数据传输速率相对较低,码元周期加长,只要时延扩展与码元周期小于一定的比值,就不会造成码间干扰。下面主要介绍正交频分复用(OFDM)技术。

### 2.4.1 OFDM 的基本原理

在多载波传输技术中,对每一路载波频率(子载波)的选取可以有多种方案。

第 1 种方案:各子载波间的间隔足够大,信号的频谱不重叠,如图 2.32(a)所示。该方案就是将整个频带划分成 $N$ 个不重叠的子带,每个子带传输一路子载波信号,在接收端可用滤波器组进行分离。

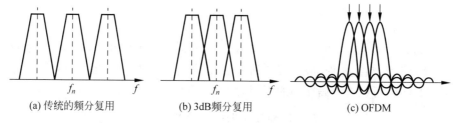

(a) 传统的频分复用    (b) 3dB频分复用    (c) OFDM

图 2.32　子载波频率设置

第 2 种方案:各子载波间的间隔选取使得已调信号的频谱部分重叠,使复合谱是平坦的,如图 2.32(b)所示。重叠的谱的交点在信号功率比峰值功率低 3dB 处。子载波之间的正交性通过交错同相和正交子带的数据得到。

第 3 种方案:各子载波是互相正交的,且各子载波的频谱有 1/2 的重叠。如图 2.32(c)所示,正交频分复用(OFDM)就属于这种调制方式。

OFDM 将系统带宽 $B$ 分为 $N$ 个窄带的信道,输入比特流经串并变换分为 $N$ 个比特流,然后分配在 $N$ 个子信道上传输。作为一种多载波传输技术,OFDM 要求各子载波保持相互正交。为了保证 $N$ 个子载波相互正交,要求子载波频率间隔为:

$$\Delta f = f_n - f_{n-1} = \frac{1}{T_b}, \quad n = 1, 2, \cdots, N-1 \tag{2.53}$$

OFDM 信号可以用复数表示为:

$$s_{\text{OFDM}}(t) = \sum_{m=0}^{M-1} d_m(t) e^{j2\pi(f_c + m\Delta f)t} \tag{2.54}$$

其中,$f_c + m\Delta f$ 为第 $m$ 个子载波频率,$\Delta f$ 为载波间隔,$d_m(t)$ 为第 $m$ 个子载波上的复数信号。一般 $d_m(t)$ 在一个符号期间 $T_s$ 上为常数,即:

$$d_m(t) = d_m$$

若对信号 $s_{\text{OFDM}}(t)$ 进行采样,采样间隔为 $T_{\text{b}}$,则有:

$$s_{\text{OFDM}}(kT_{\text{b}}) = \sum_{m=0}^{M-1} d_m \mathrm{e}^{\mathrm{j}2\pi(f_c + m\Delta f)kT_{\text{b}}} \tag{2.55}$$

假设一个符号周期 $T_{\text{s}}$ 内含有 $N$ 个采样值,即:

$$T_{\text{s}} = NT_{\text{b}}$$

OFDM 信号的产生首先是在基带实现,然后通过上变频产生输出信号。因此,基带处理时可令 $f_{\text{c}} = 0$,则式(2.55)可简化为:

$$s_{\text{OFDM}}(kT_{\text{b}}) = \sum_{m=0}^{M-1} d_m \mathrm{e}^{\mathrm{j}2\pi(m\Delta f)kT_{\text{b}}} = \sum_{m=0}^{M-1} d_m \mathrm{e}^{\mathrm{j}2\pi(m\Delta f)kT_{\text{s}}/N} \tag{2.56}$$

令 $X[i]$,$0 \leqslant i \leqslant N-1$ 表示一个离散频域序列,其 $N$ 点离散傅里叶逆变换(IDFT):

$$\text{IDFT}\{X[i]\} = \frac{1}{\sqrt{N}} \sum_{i=0}^{N-1} X(i) \mathrm{e}^{\mathrm{j}2\pi ni/N}, \quad 0 \leqslant n \leqslant N-1 \tag{2.57}$$

比较式(2.56)和式(2.57)可知,若将 $d_m(t)$ 看作频率采样信号,则 $s_{\text{OFDM}}(kT_{\text{b}})$ 为其对应的时域信号。若令 $\Delta f = 1/T_{\text{s}} = \dfrac{1}{NT_{\text{b}}}$,则式(2.56)和式(2.57)完全相等。

由此可见,若选择载波频率间隔 $\Delta f = 1/T_{\text{s}}$,则 OFDM 信号不但保持各子载波相互正交,且可以用 IDFT 表示,而 IDFT 可由逆快速傅里叶变换(IFFT)高效实现。OFDM 系统中引入 IDFT 对并行数据进行调制和解调,相关的处理都能在带通部分完成,降低了系统实现的复杂度。

## 2.4.2　OFDM 调制与解调

OFDM 信号的产生是基于快速离散傅里叶变换 IFFT 实现的,其产生原理如图 2.33(a)所示。图中,输入信息速率为 $R_{\text{b}}$ 的二进制数据序列 $\{b_k\}$,根据 OFDM 符号间隔 $T_{\text{s}}$,将其分成 $R_{\text{b}}T_{\text{s}}$ 个比特为一组。这 $R_{\text{b}}T_{\text{s}}$ 个比特经过串/并变换分配到 $N$ 个子信道上,经过编码后映射为 $N$ 个复数子符号 $X[0], X[1], \cdots, X[N-1]$,其中子信道 $k$ 对应的字符代表第 $b_k$ 个比特。这 $N$ 个频率分量经过 IFFT 变换后产生长度为 $N$ 的序列 $x[n] = x[0], x[1], \cdots, x[N-1]$。

$$x[n] = \frac{1}{\sqrt{N}} \sum_{i=0}^{N-1} X[i] \mathrm{e}^{\mathrm{j}2\pi ni/N}, \quad 0 \leqslant n \leqslant N-1 \tag{2.58}$$

假设离散时间信道的有限冲激响应长度为 $\mu$,则 $x[n]$ 再加上长度为 $\mu$ 的全零循环前缀(cyclic prefix),形成时域样值序列为:

$$\tilde{x}[n] = x[-\mu], \cdots, x[N-1] = x[-\mu], \cdots, x[0], \cdots, x[N-1] \tag{2.59}$$

经过并/串变换后按顺序通过 D/A 转换器,得到 OFDM 基带信号 $\tilde{x}(t)$,再上变频到频率 $f_{\text{c}}$。发送信号经信道冲激响应滤波后叠加了噪声,形成接收信号 $r(t)$。接收信号经下变频至基带,通过滤波器滤除高频成分,再通过 A/D 转换器得到样值序列 $y(n) = \tilde{x}(n) * h(n) + v(n)$,$-\mu \leqslant n \leqslant N-1$,其中,$h(n)$ 是信道的离散时间等效低通冲激响应,$v(n)$ 是离散噪声。再去除前 $\mu$ 个样值组成的前缀。对所得到的 $N$ 个样值经过串/并变换、FFT、均衡、译码判决、并/串变换后得到原始序列。

OFDM 系统由于降低了各子载波的信号速率,使符号周期比多径时延长,从而能够减弱

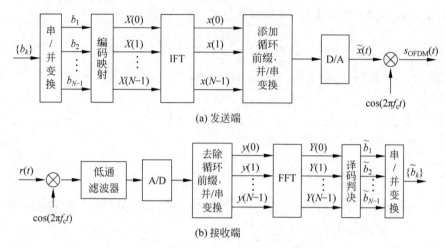

(a) 发送端

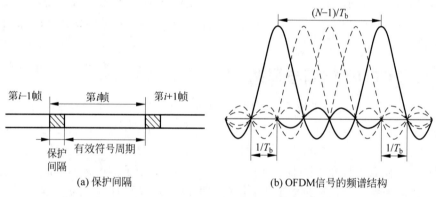

(b) 接收端

图 2.33　用 IFFT/FFT 实现 OFDM 原理图

多径传播的影响。若再采用保护间隔就可以有效降低符号间干扰。保护间隔如图 2.34(a)所示,在每个 OFDM 符号之间插入保护间隔,而且该保护间隔的时间长度 $T_g$ 一般要大于无线信道的最大时延扩展,这样一个符号的多径分量就不会对下一个符号造成干扰。

第 $i-1$ 帧　第 $i$ 帧　第 $i+1$ 帧

保护间隔　有效符号周期

(a) 保护间隔

$(N-1)/T_b$

$1/T_b$　$1/T_b$

(b) OFDM 信号的频谱结构

图 2.34　OFDM 系统保护隔离和信号频谱结构

OFDM 信号由 $N$ 个信号叠加而成,每个信号频谱为 $S_a\left(\dfrac{\omega T_b}{2}\right)$ 函数(中心频率为子载波频率),相邻信号频谱之间有 1/2 重叠。OFDM 信号的频谱结构如图 2.34(b)所示。

若忽略旁瓣的功率,OFDM 的频谱宽度为:

$$B = (N-1)\frac{1}{T_b} + \frac{2}{T_b} = \frac{N+1}{T_b} \tag{2.60}$$

由于信道中每 $T_b$ 内传 $N$ 个并行的码元,所以码元速率和频带利用率分别为:

$$R_B = \frac{N}{T_b} \tag{2.61}$$

$$\frac{R_B}{B} = \frac{N}{N+1}(b/s/Hz) \tag{2.62}$$

与用单个载波的串行体制相比,正交频分复用频带利用率提高了近一倍。

## 2.5　信道编码

### 2.5.1　信道编码的基本概念

**1. 信道编码**

考查由 3 位二进制数字构成的码组,其共有 $2^3=8$ 种不同的可能组合,将其表示 8 种不同的天气情况,如:000(晴)、001(云)、010(阴)、011(雨)、100(雪)、101(霜)、110(雾)、111(雹)。其中任一码组在传输中若发生错码,则可能会变成另一信息码组。如果只使用上述 8 种码组中的 4 种来传送消息,譬如:000(晴)、011(云)、101(阴)、110(雨),如表 2.3 所示。这样每种码组就可以用 2 位作为信息位,另 1 位作为监督位。这样改变后,虽然 3 位二进制数字只能传送 4 种天气情况,但接收端却可以检测出码组中的错误。例如,如果码组 000(晴)错了 1 位,接收端收到的码组将变成 001 或 010 或 100。这 3 个码组都是不允许使用的,称为禁止码组。因此,如果接收端收到了禁止码组,就可以判断出现了错误。

表 2.3　分组码例子

| 天 气 情 况 | 信　息　位 | 监　督　位 |
|:---:|:---:|:---:|
| 晴 | 00 | 0 |
| 云 | 01 | 1 |
| 阴 | 10 | 1 |
| 雨 | 11 | 0 |

上面这种编码能够检测错码,但不能纠正错码。例如,当接收码组为禁止码组 100 时,无法判断是哪一位码发生了错误,因为 000(晴)、101(阴)、110(雨)都可能错了 1 位,变成为 100。为了纠正错码,需要重新设计信道编码,只使用 000(晴)、111(雨)2 个码组,其他码组都作为禁止码组。这样,每个码组中有 1 个信息位,2 个监督位,能够纠正 1 位错码。例如,当收到禁止码组 100 时,假定错码数目只有 1 个,则可以判断错误发生在第一个码元位置,从而纠正为 000(晴)。

信息码附加若干监督码的码组称为分组码,一般分组码用符号 $(n,k)$ 表示,其中 $k$ 是每个码组比特信息(也称码元)的数目,$n$ 是码组的总位数,又称为码组的长度(码长)。$n-k=r$ 为每个码组中的监督码元数目,或称为监督位数目。一般分组码结构如图 3.35 所示。图中前面 $k$ 位($a_{N-1}a_{N-2}\cdots a_r$)为信息位,后面附加 $r$ 个监督位 $a_{r-1}a_{r-1}\cdots a_0$,如在表 2.3 所示的分组码中,$n=3,k=2,r=1$。

图 2.35　分组码结构

在分组码中,把码组中 1 的码元位数称为码组的重量,简称码重,通常用 $W$ 表示。例如,码组 10001,它的码重 $W=2$。把两个码组中对应位上码元取值不同的位数称为这两个

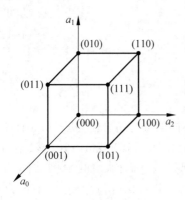

图 2.36　码距的几何意义

码组之间的距离,简称码距。码距又称汉明(Hamming)距离,通常用 $d$ 表示。如码组 10001 和 01101,有 3 个位置的码元不同,所以码距 $d=3$。把某种编码中各个码组之间距离的最小值称为最小码距。如图 2.36 所示,对于 3 个二进制位的码组,可以在三维空间中说明码距的几何意义。3 位二进制数字构成的所有可能码组分别位于单位立方体的各个顶点。每个码组的 3 个码元的值构成单位立方体各顶点的坐标。两个码组之间的码距为其对应的顶点之间,沿单位立方体各边测量的距离。

码组之间的最小码距用 $d_0$ 表示。它决定了一个编解码系统的纠错和检错能力。$d_0$ 越大,说明码组间的差别越大,编码系统的检错和纠错能力越强,或者说,系统的抗干扰能力越强。

再回到前面天气情况例子:当 $d_0=1$ 时,没有检、纠错能力;当 $d_0=2$ 时,具有检查一个差错的能力;当 $d_0=3$ 时,用于检错时具有检查两个差错的能力,用于纠错时具有纠正一个差错的能力。一般情况下,码组的检错和纠错能力与最小码距 $d_0$ 的关系可分为以下 3 种情况。

(1) 为检测 $e$ 个错码,要求最小码距为:

$$d_0 \geqslant e+1 \tag{2.63}$$

这可以用图 2.37(a)加以证明。设一码组 $A$ 中发生一位错码,则可以认为 $A$ 的位置将移动至以 0 点为圆心、以 1 为半径的圆周上某点。若码组 $A$ 中发生两位错码,则其位置不会超出以 2 为半径的圆。

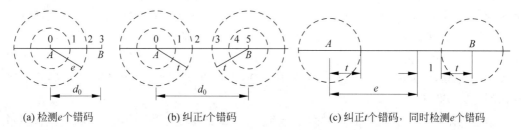

(a) 检测 $e$ 个错码　　　　(b) 纠正 $t$ 个错码　　　　(c) 纠正 $t$ 个错码,同时检测 $e$ 个错码

图 2.37　码距与检、纠错能力的关系

(2) 为纠正 $t$ 个错码,要求最小码距为:

$$d_0 \geqslant 2t+1 \tag{2.64}$$

此式可用图 2.37(b)加以说明,图中画出码组 $A$ 和 $B$ 的距离为 5。若码组 $A$ 或 $B$ 发生不多于两位错码,则其位置不会超出半径为 2 的圆。这两个圆是不相交的。

(3) 如图 2.37(c)所示,为纠正 $t$ 个错码,同时检测 $e$ 个错码,要求最小码距:

$$d_0 \geqslant e+t+1, \quad e>t \tag{2.65}$$

在简要讨论了编码的纠(检)错能力后,再来分析一下差错控制编码的效用。假设在信道中发送 0 时的错误概率和发送 1 时的错误概率相等,都等于 $P$,且 $P \ll 1$,则容易证明,在码长为 $N$ 的码组中恰好发生 $r$ 个错码的概率为:

$$P_n(r) = C_n^r P^r (1-P)^{n-r} \approx \frac{n!}{r!(n-r)!} P^r \qquad (2.66)$$

假设 $P = 10^{-3}$，当 $N = 7$ 时，$P_7(1) \approx 7 \times 10^{-3}$；$P_7(2) \approx 2.1 \times 10^{-5}$；$P_7(3) \approx 3.5 \times 10^{-8}$。可见，分组码可以使误码率下降几个数量级。

**2. 编码效率**

在分组码中，加入的监督位越多，检错、纠错能力越强，但这会使码长增加，使编码的效率降低。编码效率 $\eta$ 定义为码组的信息码元个数 $k$ 与码长 $n$ 的比值，即

$$\eta = R_c = \frac{k}{n} = \frac{n-r}{n} = 1 - \frac{r}{n} \qquad (2.67)$$

编码效率是衡量编码性能的一个重要参数。码率 $R_c$ 越大，表明编码效率越高；但对纠错编码来说，每个码组中所加入的监督码元越多，码组内的相关性越强，码组的纠错能力越强。一般来说，码率越高，纠错和检错能力会越差，当 $\eta = 1$ 时就没有纠错和检错能力了。

**3. 信道编码的检错、纠错原理**

最小码距 $d_0$ 决定了编解码系统的检纠错能力。这里举例说明给定最小码距时，编解码系统的检错和纠错机制是如何工作的。以发送消息"是""否"为例，假定用码组 1111 代表"是"，用码组 0000 代表"否"，每个码组中的第一个码元是信息码，另 3 个码元是监督码。由于只使用了 1111 和 0000 两个码组，两个码组间的距离就是最小码距，即 $d_0 = 4$。当码组只用于检错目的时，那么根据式(2.63)，$d_0 \geqslant 3+1$，所以系统最多可检测出 3 个错误。如发送码组 1111，传输中发生 3 位错误，变成了 0001、0010、0100 或 1000，由于这 4 个码组为禁用码组，所以接收端能检测出错误。但它无法检测大于 3 个错误，如发生 4 个错误时，发送 1111 时会收到 0000，由于 0000 也是许用码组，接收端收到 0000 时会认为没有错误，从而将接收错误的信息。

当码组只用于纠错时，那么根据式(2.64)，得到 $t = 1$，即 $d_0 \geqslant 2 \times 1 + 1$，所以系统最多能纠正 1 位错误。如发送 1111，传输中发生一位错误，变成 1110、1101、1011 或 0111，由于这些码组与 1111 的距离小，接收端将它们还原为 1111，这样，接收码组中只要有 1 位错误就可以得到纠正。

当上述码组用于既能检错又能纠错时，根据式(2.65)得到 $t = 1, e = 2$，即 $d_0 \geqslant 1+2+1$，所以系统能纠正 1 位错误，同时又能检测 2 位错误。若发送 1111，传输中发生 1 位错误，错成 1110，则接收端将纠正成 1111，这 1 位错误得到纠正。若码组发生 2 位错误，错成 1100，则接收端能发现错误，但无法纠正。若码组发生 3 位错误，错成 1000，由于系统有纠错功能，因此这种情况发生时，系统将把 1000 纠正成 0000，而将无法发现 3 位错误。可见，码距为 4 的码组同时用于纠错和检错，将无法检测 3 位错误，这与只用于检错的情况是不一样的。

## 2.5.2 常用编码

**1. 奇偶校验码**

奇偶校验码是一种最简单也是最基本的检错码。其编码方法是把信息码元先分组，然后在每组的最后加 1 位监督码元，使该码字中 1 的个数为奇数或偶数，为奇数时称为奇校验码，为偶数时称为偶校验码。它的码字可以表示为 $C = (m_{n-1} m_{n-2} \cdots m_0 b)$，其中 $C =$

$(m_{n-1}m_{n-2}\cdots m_0)$ 为信息组，而 $b$ 是监督码元。

如果是偶校验码，监督码元和信息码元的关系为：

$$b = m_{n-1} \oplus m_{n-2} \oplus \cdots \oplus m_0 \tag{2.68}$$

例如，$m=(0101)$ 时，监督码元 $b=0\oplus1\oplus0\oplus1=0$，码字为 $(01010)$；$m=(0111)$ 时，监督码元 $b=0\oplus1\oplus1\oplus1=1$，码字为 $(01111)$ 等。

如果是奇校验码，监督码元和信息码元的关系为：

$$b = m_{n-1} \oplus m_{n-2} \oplus \cdots \oplus m_0 + 1 \tag{2.69}$$

例如，$m=(0101)$ 时，监督码元 $b=0\oplus1\oplus0\oplus1+1=1$，码字为 $C(01011)$；$m=(0111)$ 时，监督码元 $b=0\oplus1\oplus1\oplus1+1=0$，码字为 $C(01110)$ 等。

因为码字 $C=(c_{n-1}c_{n-2}\cdots c_1 c_0)=(m_{n-1}m_{n-2}\cdots m_0 b)$，因此由式(2.68)可得偶校验方程：

$$c_{n-1} \oplus c_{n-2} \oplus \cdots \oplus c_1 \oplus c_0 = 0 \tag{2.70}$$

由式(2.69)可得奇校验方程：

$$c_{n-1} \oplus c_{n-2} \oplus \cdots \oplus c_1 \oplus c_0 = 1 \tag{2.71}$$

在传输过程中，若码字的一位或奇数位发生错误，则式(2.70)和式(2.71)的监督关系将受到破坏。在接收端利用这一关系对接收的码字用校验方程进行验算，可以发现这种错误。奇偶校验的编码效率为 $(n-1)/n$，当 $n$ 比较大时，接近于 1。这种编码效率比较高。但它只能发现一位或奇数位错误，而不能纠正错误。

**【例 2.4】** 奇偶校验码的例子如表 2.4 所示。其中信息序列长 $K=3$，校验序列长 $L=4$；输入信息比特为 $\{S_1, S_2, S_3\}$，校验比特为 $\{C_1, C_2, C_3, C_4\}$；校验的规则为 $C_1=S_1\oplus S_3$，$C_2=S_1\oplus S_2\oplus S_3$，$C_3=S_1\oplus S_2$，$C_4=S_2\oplus S_3$。

表 2.4 奇偶校验码

| $S_1$ | $S_2$ | $S_3$ | $C_1$ | $C_2$ | $C_3$ | $C_4$ | 校 验 规 则 |
|-------|-------|-------|-------|-------|-------|-------|------------|
| 1 | 0 | 0 | 1 | 1 | 1 | 0 | $C_1=S_1\oplus S_3$ |
| 0 | 1 | 0 | 0 | 1 | 1 | 1 | $C_2=S_1\oplus S_2\oplus S_3$ |
| 0 | 0 | 1 | 1 | 1 | 0 | 1 | $C_3=S_1\oplus S_2$ |
| 1 | 1 | 0 | 1 | 0 | 0 | 1 | $C_4=S_2\oplus S_3$ |
| 1 | 0 | 1 | 0 | 0 | 1 | 1 | |
| 1 | 1 | 1 | 0 | 1 | 0 | 0 | |
| 0 | 0 | 0 | 0 | 0 | 0 | 0 | |
| 0 | 1 | 1 | 1 | 0 | 1 | 0 | |

假如，发送的信息比特序列为 $\{100\}$，生成的奇偶校验码序列为 $\{1110\}$，发送的码字则为 $\{1001110\}$。经过物理信道传输后，如果接收的码字为 $\{1011110\}$，那么其中的信息比特序列为 $\{101\}$。对于此信息比特序列，接收端根据奇偶校验规则生成的校验码序列为 $\{0011\}$。显然，该校验码序列与接收到的校验码序列 $\{1110\}$ 不同，表明接收到的信息比特有错误。

**2. 线性分组码**

线性分组码拓展了奇偶检验码的思想，为了能够检测分组中的多个错码，或者能够纠正一个或多个错误,它使用了更多的校验比特。

二进制分组码$(n,k)$是由$k$个信息比特生成$n$个编码比特,编码比特也称为码字符号。对应所有$n$比特的各种组合,$n$个编码比特有$2^n$个可能的取值。从中选出$2^k$个作为码字,将每$k$比特的信息组与这$2^k$个码字一一对应,就形成了二进制分组码。该码的码率为$R_c=k/n$。若码字符号以每秒$R_s$个符号的速率传输,那么$(n,k)$分组码的信息速率就是$R_b=R_sR_c=(k/n)R_s\mathrm{b/s}$。可见分组码使数据率降低为无编码时的$R_c$倍。当$k$个信息比特到$n$个码字符号的对应关系符合线性的规则时,此分组码即称为线性分组码。

下面以$(7,3)$分组码为例,讨论线性分组码的编码方法。$(7,3)$分组码码字长度为7,一个码字内信息码元数为3,用$m=[m_2 m_1 m_0]$表示,监督码元数为4,用$b=[b_3 b_2 b_1 b_0]$表示。编码器的工作是根据收到的信息码元,按编码规则计算监督码元,然后将信息码元和监督码元构成码字输出。假定编码规则为:

$$
\begin{aligned}
b_3 &= m_2 + m_0 \\
b_2 &= m_2 + m_1 + m_0 \\
b_1 &= m_2 + m_1 \\
b_0 &= m_1 + m_0
\end{aligned}
\tag{2.72}
$$

其中,＋是模2加。当3位信息码元$m_2 m_1 m_0$给定后,根据式(2.72)即可计算出4位监督码元$b_3 b_2 b_1 b_0$,然后由这7位构成一个码字输出。将式(2.72)改写成矩阵的形式:

$$
\begin{bmatrix} b_3 \\ b_2 \\ b_1 \\ b_0 \end{bmatrix} = \begin{bmatrix} 1 & 0 & 1 \\ 1 & 1 & 1 \\ 1 & 1 & 0 \\ 0 & 1 & 1 \end{bmatrix} \begin{bmatrix} m_2 \\ m_1 \\ m_0 \end{bmatrix} \xrightarrow{\text{或}} b^{\mathrm{T}} = Q^{\mathrm{T}} m^{\mathrm{T}} \xrightarrow{\text{或}} b = mQ
\tag{2.73}
$$

其中,上标 T 表示矩阵的转置,$Q$或$QT$为方程的系数矩阵:

$$
Q^{\mathrm{T}} = \begin{bmatrix} 1 & 0 & 1 \\ 1 & 1 & 1 \\ 1 & 1 & 0 \\ 0 & 1 & 1 \end{bmatrix}, \quad Q = \begin{bmatrix} 1 & 1 & 1 & 0 \\ 0 & 1 & 1 & 1 \\ 1 & 1 & 0 & 1 \end{bmatrix}
\tag{2.74}
$$

可以把信息码元置于监督码元的前面,也可以置于后面,以下是置于前面的表达式。

$$
C = [m_2 m_1 m_0 \vdots b_3 b_2 b_1 b_0] = [m \vdots b] = [m \vdots mQ] = m[I_3 \vdots Q]
$$

其中,$I_3$为三阶单位矩阵,令:

$$
G = [I_3 \vdots Q] = \begin{bmatrix} 1 & 0 & 0 \vdots 1 & 1 & 1 & 0 \\ 0 & 1 & 0 \vdots 0 & 1 & 1 & 1 \\ 0 & 0 & 1 \vdots 1 & 1 & 0 & 1 \end{bmatrix}
\tag{2.75}
$$

式(2.75)可表示为:

$$
C = m[I_3 \vdots Q] = mG
\tag{2.76}
$$

其中,$G$称为生成矩阵。当给定$G$,对应一个输入的信息组$m$,编码器即可输出一个码字。利用式(2.76)可以计算出$2^3=8$个信息组的$(7,3)$分组码码字,如表 2.5 所示。

表 2.5　(7,3)分组码示例

| 序号 | 信 息 码 | | | 码 字 | | | | | | |
|---|---|---|---|---|---|---|---|---|---|---|
| | $m_2$ | $m_1$ | $m_0$ | $m_2$ | $m_1$ | $m_0$ | $b_3$ | $b_2$ | $b_1$ | $b_0$ |
| 0 | 0 | 0 | 0 | 0 | 0 | 0 | 0 | 0 | 0 | 0 |
| 1 | 0 | 0 | 1 | 0 | 0 | 1 | 1 | 1 | 0 | 1 |
| 2 | 0 | 1 | 0 | 0 | 1 | 0 | 0 | 1 | 1 | 1 |
| 3 | 0 | 1 | 1 | 0 | 1 | 1 | 1 | 0 | 1 | 0 |
| 4 | 1 | 0 | 0 | 1 | 0 | 0 | 1 | 1 | 1 | 0 |
| 5 | 1 | 0 | 1 | 1 | 0 | 1 | 0 | 0 | 1 | 1 |
| 6 | 1 | 1 | 0 | 1 | 1 | 0 | 1 | 0 | 0 | 1 |
| 7 | 1 | 1 | 1 | 1 | 1 | 1 | 0 | 1 | 0 | 0 |

线性分组码的另一个重要的特点是封闭性,即码组中任意两个码字对应位模 2 加后,得到的码字仍然是该码组中的一个码字。

**3. 循环冗余编码**

一个线性$(n,k)$分组码,如果它的任一码字经过循环移位(左移或右移)后,仍然是该码的一个码字,则称该码为循环码。表 2.5 所示的$(7,3)$分组码就是一个循环码。为了便于观察,将$(7,3)$分组码重新排列,如表 2.6 所示。

表 2.6　循环码的循环移位

| 循环次数 | 码 字 | 码 多 项 式 |
|---|---|---|
| | 0000000 | |
| 0 | 0011101 | $x^4+x^3+x^2+1$ |
| 1 | 0111010 | $x(x^4+x^3+x^2+1)\mathrm{mod}(x^7+1)=x^5+x^4+x^3+x$ |
| 2 | 1110100 | $x^2(x^4+x^3+x^2+1)\mathrm{mod}(x^7+1)=x^6+x^5+x^4+x^2$ |
| 3 | 1101001 | $x^3(x^4+x^3+x^2+1)\mathrm{mod}(x^7+1)=x^6+x^5+x^3+1$ |
| 4 | 1010011 | $x^4(x^4+x^3+x^2+1)\mathrm{mod}(x^7+1)=x^6+x^4+x+1$ |
| 5 | 0100111 | $x^5(x^4+x^3+x^2+1)\mathrm{mod}(x^7+1)=x^5+x^2+x+1$ |
| 6 | 1001110 | $x^6(x^4+x^3+x^2+1)\mathrm{mod}(x^7+1)=x^6+x^3+x^3+x$ |

在代数编码理论中,常用多项式

$$C(x)=c_{n-1}x^{n-1}+c_{n-2}x^{n-2}+\cdots+c_1x+c_0 \tag{2.77}$$

来描述一个码字,表 2.6 中任意码组可以表示为:

$$C(x)=c_6x^6+c_5x^5+c_4x^4+c_3x^3+c_2x^2+c_1x+c_0 \tag{2.78}$$

在式(2.78)中,$x$ 仅是码元位置的标记,因此并不关心 $x$ 的取值,这种多项式称为码多项式。例如,码字(1110100)可以表示为:

$$C(x)=1\cdot x^6+1\cdot x^5+1\cdot x^4+0\cdot x^3+1\cdot x^2+0\cdot x+0\cdot c_0=x^6+x^5+x^4+x^2 \tag{2.79}$$

左移一位后 $C$ 为(1101001),其码字多项式为:

$$C(x)=1\cdot x^6+1\cdot x^5+0\cdot x^4+1\cdot x^3+0\cdot x^2+0\cdot x+1\cdot c_0=x^6+x^5+x^3+1 \tag{2.80}$$

需要注意的是,码字多项式和一般实数域或复数域的多项式有所不同,码字多项式的运算是基于模 2 运算的。

(1) 码多项式相加,是同幂次的系数模 2 加。不难理解,两个相同的多项式相加,结果系数全为 0。例如$(x^6+x^5+x^4+x^2)+(x^4+x^3+x^2+1)=x^6+x^5+x^3+1$。

(2) 码多项式相乘,对相乘结果多项式作模 2 加运算。例如,$(x^3+x^2+1)\times(x+1)=(x^4+x^3+x)+(x^3+x^2+1)=x^4+x^3+x+1$。

循环冗余编码是一种通过多项式除法检测错误的编码方法。其核心思想是将待传输的数据位串看成系数为 0 或 1 的多项式,如位串 10011 可表示为 $f(x)=x^4+x+1$。发送前收发双方约定一个生成多项式 $G(x)$(其最高阶和最低阶系数必须为 1),发送方在数据位串的末尾加上校验和,使带校验和的位串多项式能被 $G(x)$ 整除。接收方收到后,用 $G(x)$ 除多项式,若有余数,则表明传输有错。

【例 2.5】 若生成多项式为 1011,请将 4 位有效信息 1100 编成 7 位循环冗余校验码。

**解:** $K(x)=x^3+x^2$ 即 1100,冗余位数 $r=7-4=3$。

$K(x)\cdot x^r=x^6+x^5$,即 1100000,则有:

$$\frac{K(x)\cdot x^3}{G(x)}=\frac{1100000}{1011}=1110+\frac{010}{1011}$$

所以 7 位循环冗余校验码为:

$$T(x)=K(x)\cdot x^3+R(x)=1100000+010=1100010$$

这个编好的循环校验码就称为$(7,4)$码。循环冗余编码检错能力强,实现容易,是目前应用最广泛的检错码编码方法。

## 习题

1. 设发送数字信息为 01101110,试分别画出 2FSK、2PSK 信号的波形图。
2. 概述调制、解调、编码、译码在移动通信中的作用。
3. 扩频通信的主要特点有哪些?
4. 简单说明 OFDM 原理。

# 第 3 章

# 无线信道技术

无线信道的特性参数受外界各种因素的影响而变化,是一种"变参信道"。衰落是影响无线信道通信质量的主要因素,分集接收等技术是抗衰落的有效措施。目前移动系统使用不同的信道编码、自动功率控制等技术,就是为了提高无线信道传输可靠性和安全性。本章重点论述无线信道的特征、传播损耗模型、自适应均衡技术、路径分集接收技术、多天线技术等,并对 5G 的毫米波技术进行必要介绍。

## 3.1 无线信道基本理论

### 3.1.1 无线信道

由于移动通信的特点,需要利用无线电磁波作为信息的载体并在无线信道中传输。电磁波的传播特性与传播环境密切相关,如地形、建筑物、气候特征、移动终端速度等,具有很强的随机性。电磁波的传播主要有 4 种方式:直射、反射、绕射和散射。

直射是指发射天线和接收天线之间没有障碍物,无线电磁波信号可以从发射天线直接传输到接收天线,如图 3.1 中的传播路径①所示。

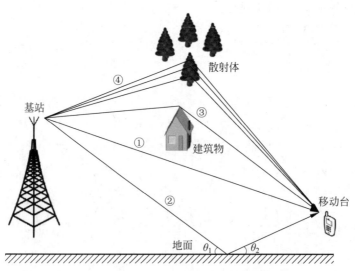

图 3.1 无线移动通信电磁波信号传播方式

　　反射是指电磁波在传播过程中遇到一个比其波长大得多的光滑表面物体(如光滑的地球表面),然后根据几何光学原理改变其传播方向并返回原介质的现象,如图3.1中的传播路径②所示。

　　绕射是指当发射机和接收机之间存在尖锐不规则的物体表面时,电磁波被尖锐物体表面阻挡而产生二次谐波,从而绕过障碍物继续传播的现象,如图3.1中的传播路径③所示。

　　散射是指电磁波在传播过程中遇到树木、路标、灯柱、建筑物墙壁等粗糙不规则物体时,偏离原有传播方向的现象,如图3.1的传播路径④所示。引起电磁波信号散射的物体称为散射体。一般情况下,为了更好地覆盖小区,基站位于高层建筑的顶部或高耸的基站塔楼上,因此基站周围散射体较少,处于弱散射环境。

　　无线移动信道的衰落可分为大尺度衰落(large scale fading)和小尺度衰落(small scale fading)。其中,大尺度衰落是指电磁波信号在长距离传播时,信号平均场强出现的平缓变化,其主要原因是路径损耗和阴影衰落;小尺度衰落是指电磁信号在短距离(通常是几个波长)内传播时,信号场强在短时间内迅速波动。小尺度衰落主要原因是多径效应和多普勒效应。图3.2显示了大尺度衰落与小尺度衰落的关系。

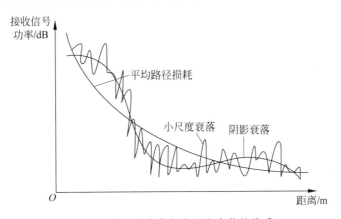

图3.2　大尺度衰落与小尺度衰落的关系

## 3.1.2　大尺度衰落

　　无线信道大尺度衰落是指电磁波在远距离传播时,由于电磁波的路径损耗和大物体的遮挡而引起的衰减。大尺度衰落可以细分为平均路径损耗和阴影衰落。

**1. 路径损耗**

　　路径损耗是指信号的接收功率与信号的发射功率之间的比值,通常用来描述平均功率的衰减值。与低频段相比较,信号在毫米波频段进行传播时,其路径损耗更加严重。

　　路径损耗可以表示为一个与距离 $d$ 相关的函数:

$$L_d(\mathrm{dB}) = L_{d_0}(\mathrm{dB}) + 10n\lg(d/d_0) \tag{3.1}$$

其中,$d$ 表示基站到终端的传播的距离;$d_0$ 表示参考距离,通常宏蜂窝取 1km,微蜂窝取 100m 或 1m;$n$ 表示路径损耗因子;$L_{d_0}(\mathrm{dB})$ 表示参考距离时的路径损耗;$L_d(\mathrm{dB})$ 表示距离为 $d$ 时的路径损耗。

路径损耗因子与下面 3 个因素有关。

（1）在同一环境中，天线种类的不同，环境中障碍物分布的不同，或收发两端天线高度的不同，都会造成路径损耗因子很大的差别。

（2）移动通信系统中收发两端设备天线的高度对路径损耗因子有特别大的影响。随着天线高度增大，发送端和接收端之间更容易形成直射路径（Line of Sight，LoS），而这将会使得路径损耗因子值急剧下降。

（3）在同样的测量环境中，交叉极化在信号传输时的路径损耗比同极化信号更大。在毫米波无线信道中传输同极化信号时的路径损耗很低，其近似等于信号在自由空间传输时的路径损耗。

**2. 阴影衰落**

无线电波在传播路径上遇到起伏地形、建筑物和树木等障碍物的阻挡，在障碍物的后面会形成电波的阴影区。阴影区的信号场强较弱，当移动台在运动中穿过阴影区时，就会造成接收信号场强中值的缓慢变化，通常把这种现象称为阴影衰落。根据对实测数据的统计结果分析表明，阴影衰落的接收信号包络（幅值）$r$ 近似服从对数正态分布，其概率密度函数为：

$$p(r) = \frac{1}{\sqrt{2\pi}\sigma} e^{-\frac{1}{2\sigma^2}\left(\ln\frac{r}{r_m}\right)^2} \tag{3.2}$$

其中，$r_m$ 是测试区的平均值，取决于收发机功率、天线高度及收发天线距离；$\sigma$ 为标准差，取决于地形、工作频率等因素。

由于阴影衰落是叠加在路径损耗之上的，且阴影衰落服从对数正态分布，因此，对于距离发射机特定距离的某一点的路径损耗来说，也是一个服从正态分布的随机变量。

## 3.1.3 小尺度衰落

小尺度衰落主要是由多径效应和多普勒效应引起的。

**1. 多径效应**

电磁波信号在空间中多径传播，到达接收天线的信号是多个路径分量信号的叠加。各路径的信号分量到达时间和到达相位不同，当它们相互叠加时会出现同相增强和反相衰减现象，使信号在短时间内会快速波动，这种现象被称为多径效应。由于多径效应的影响，同一信号通过不同的传播路径到达接收天线，因此，到达接收天线的多径信号具有不同的时延，这使得接收信号波形在时间上扩展，称为时延扩展。时延扩展是一个统计变量，是对多径信道时延特性的统计描述。

一般描述多径时延扩展的参数有最大时延扩展 $\tau_{max}$、平均时延扩展 $\bar{\tau}$ 和均方根（Root Mean Square，RMS）时延扩展 $\sigma_\tau$。最大时延扩展定义为到达接收机天线的第一个信号分量与最后一个信号分量之间的时间差。平均时延扩展 $\bar{\tau}$ 定义为：

$$\bar{\tau} = \frac{\sum\limits_k a_k^2 \tau_k}{\sum\limits_k a_k^2} = \frac{\sum\limits_k p(\tau_k)\tau_k}{\sum\limits_k p(\tau_k)} \tag{3.3}$$

其中，$\tau_k$、$a_k$ 和 $P(\tau)$ 分别为第 $k$ 条路径的时延、幅值和功率时延谱（Power Delay Profile，

PDP)。均方根时延扩展 $\sigma_\tau$ 定义为：

$$\sigma_\tau = \sqrt{E(\tau^2) - (\bar{\tau})^2} \tag{3.4}$$

其中，

$$E(\tau^2) = \frac{\sum\limits_k P(\tau_k)\tau_k^2}{\sum\limits_k P(\tau_k)}$$

一般将均方根时延扩展 $\sigma_\tau$ 看作该多径信道的时延扩展。$\sigma_\tau$ 越大时延扩展越严重；反之 $\sigma_\tau$ 越小时延扩展越轻微。从时域上来看，时延扩展的发生会使得接收信号中一个符号的波形扩展到下一个符号的波形当中，从而造成符号间干扰(ISI)。为了避免产生符号间干扰，通常将符号周期 $T_s$ 设定为大于无线移动信道的时延扩展，即

$$T_s > \sigma_\tau$$

从频域上来看，时延扩展会导致频率选择性衰落，即信号通过多径信道后某些频率成分的幅值被增强而另外一些频率成分的幅值被削弱。为此可以定义一个相干带宽 $B_c$，相干带宽是指某一特定的频率范围，在该频率范围内的各频率分量都具有很强的相关性，各分量都能保持一致衰落。在相干带宽范围内，多径信道具有恒定的增益和线性相位。通常，相干带宽近似等于：

$$B_c = \frac{1}{2\pi\sigma_\tau} \tag{3.5}$$

当发送信号的带宽 $B_s$ 小于无线移动信道的相干带宽 $B_c$ 时，信号的各频率分量经历相同程度的衰落，不会发生符号间串扰。此时认为信号经历的是非频率选择性衰落或平坦衰落。反之，当发送信号的带宽 $B_s$ 大于相干带宽 $B_c$ 时，信号通过无线移动信道后各频率分量会发生不同程度的变化，从而引起符号间干扰，发生频率选择性衰落。

**2. 多普勒效应**

发射机和接收机之间的相对运动会使接收的电磁波信号的频率发生扩展，这种由相对运动引起的接收信号频率的偏移称为多普勒效应(Doppler effect)，亦称多普勒频移(Doppler shift)。多普勒效应反映无线移动信道的时变特性在时域上会对不同信号有选择性。多普勒频移 $f_d$ 定义为：

$$f_d = \frac{\nu}{\lambda}\cos\theta \tag{3.6}$$

其中，$\nu$ 是移动端的速度，$\lambda$ 是载波信号的波长，$\theta$ 是移动端前进方向与来波信号方向的夹角，如图 3.3 所示。当移动端沿信号来波方向移动时($\theta = 0$)，多普勒频移最大，定义最大多普勒频移为 $f_m = \nu/\lambda$。

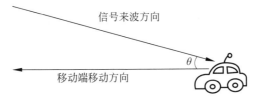

信号来波方向

移动端移动方向

$\theta$

图 3.3　多普勒效应

图 3.4 为一个典型的 U 形多普勒频移的功率谱 $S(f)$。假设发射信号具有单一频率
$f_c$，当它到达接收端时，由于发射机和接收机之间相对运动的
存在使得接收信号的频率不再是位于频率轴 $f_c$ 处的单函数，
而变为分布在 $(f_c - f_m, f_c + f_m)$ 内的具有一定宽度的频谱。
在频域，为了描述多普勒频移的程度，可以定义平均多普勒频
移 $\bar{B}$ 和多普勒频谱带宽 $B_d$：

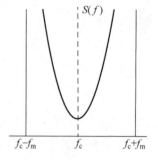

图 3.4 多普勒频移功率谱

$$\bar{B} = \frac{\int_{-\infty}^{\infty} f S(f) \mathrm{d}f}{\int_{-\infty}^{\infty} S(f) \mathrm{d}f} \tag{3.7}$$

$$B_d = \sqrt{\frac{\int_{-\infty}^{\infty} (f - \bar{B})^2 S(f) \mathrm{d}f}{\int_{-\infty}^{\infty} S(f) \mathrm{d}f}} \tag{3.8}$$

当所发送信号的带宽 $B_s$ 大于 $B_d$ 时，接收端可以忽略多普勒效应的影响，称之为慢衰
落；当所发信号带宽 $B_s$ 小于 $B_d$ 时，称之为快衰落。从时域上看，与多普勒频移相关的另
一个概念就是相干时间 $T_c$，可定义为：

$$T_c = \sqrt{\frac{9}{16\pi f_m^2}} \tag{3.9}$$

相干时间是指在一段时间内信道保持相对恒定，如果符号周期大于相干时间就会发生
时间选择性衰落，从而导致信号失真。

### 3. 空间角度扩展

多径效应除了会造成信号的时延，也会使得信号在接收端在空间的不同方向上被天线
接收，从而造成信号的空间角度扩展。一般用角度功率谱 $P(\theta)$ 来描述多径信号功率在空间
的分布情况。常用的角度功率谱函数有均匀分布、截断高斯分布以及截断拉普拉斯分布等。
然后将角度功率谱的二阶中心矩的平方根定义为角度扩展 $\sigma_{AS}$：

$$\sigma_{AS} = \sqrt{\frac{\int_{-\pi}^{\pi} (\theta - \bar{\theta})^2 P(\theta) \mathrm{d}\theta}{\int_{-\pi}^{\pi} P(\theta) \mathrm{d}\theta}} \tag{3.10}$$

其中，

$$\bar{\theta} = \frac{\int_{-\pi}^{\pi} \theta P(\theta) \mathrm{d}\theta}{\int_{-\pi}^{\pi} P(\theta) \mathrm{d}\theta}$$

角度扩展 $\sigma_{AS}$ 描述了功率谱在空间上的扩展程度。$\sigma_{AS}$ 越大表明散射环境越强，散射
越丰富，信号在空间的扩展程度越大；反之，角度扩展越小表明散射环境越弱，信号在空间
扩展程度越低。对于 MIMO 系统而言，角度功率谱及角度扩展对天线间相关性影响很大。
不同的环境下的角度扩展及角度功率谱也不同，如在室内环境中，散射丰富，角度扩展大，角
度功率谱更接近均匀分布，天线相关性小。而对于室外宏小区基站，散射很弱，角度扩展小，
角度功率谱更近似于截断拉普拉斯分布，天线具有很高的相关性。表 3.1 总结了小尺度衰

落的类型。表 3.1 中的参数在前面均有介绍。

表 3.1　小尺度衰落类型

| 多 径 效 应 | | 多普勒效应 | |
|---|---|---|---|
| 平坦衰落 | 频率选择性衰落 | 慢衰落 | 时间选择性衰落(快衰落) |
| $B_s < B_c$ | $B_s > B_c$ | $B_s > B_d$ | $B_s < B_d$ |
| $T_s > \sigma_\tau$ | $T_s < \sigma_\tau$ | $T_s > T_c$ | $T_s > T_c$ |

**4. 信道的包络统计特性**

由于无线移动信道的多径效应,使得无线电磁波信号到达接收机的包络呈现随机变化的特性。因此,无线移动信道的包络统计特性成为一个重要的信道参数。众多的实际测量表明,当发射机(如基站)与接收机(如移动台)之间只有非视距分量(也称散射分量)时,如图 3.5(a)所示,接收信号包络服从瑞利(Rayleigh)分布。当发射机与接收机之间存在视距分量时如图 3.5(b)所示,接收信号包络服从莱斯(Ricean)分布。

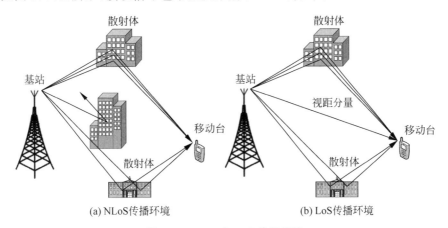

(a) NLoS传播环境　　　　　　　　(b) LoS传播环境

图 3.5　NLoS 和 LoS 传播环境

假设基站发射的信号为:

$$S_0(t) = a_0 \mathrm{e}^{\mathrm{j}(\omega_0 t + \varphi_0)} \tag{3.11}$$

其中,$a_0$ 为信号幅值,$\omega_0$ 为信号角频率,$\varphi_0$ 为信号初始相位。到达移动端接收天线的第 $i$ 个信号为 $S_i(t)$,$S_i(t)$ 与移动端的运动方向之间的夹角为 $\theta_i$。信号 $S_i(t)$ 可表示为:

$$S_i(t) = a_i \mathrm{e}^{\mathrm{j}\left(\frac{2\pi v t}{\lambda}\cos\theta_i + \varphi_i\right)} \mathrm{e}^{\mathrm{j}(\omega_0 t + \varphi_0)} \tag{3.12}$$

其中,$v$ 为移动端的速度,$\lambda$ 为信号波长,到达移动端的第 $i$ 个信号 $S_i(t)$ 的振幅为 $a_i$,相移为 $\varphi_i$。

假设信号通过 $N$ 条路径到达接收天线,$N$ 个信号的幅度值和到达方位角是随机的且满足统计独立,则接收信号可表示为:

$$S(t) = \sum_{i=1}^{N} S_i(t) \tag{3.13}$$

令:

$$\psi_i = \frac{2\pi vt}{\lambda}\cos\theta_i + \sigma_i$$

$$x = \sum_{i=1}^{N} a_i \cos\psi_i = \sum_{i=1}^{N} x_i$$

$$y = \sum_{i=1}^{N} a_i \sin\psi_i = \sum_{i=1}^{N} y_i$$

因此,式(3.13)可以改写为:

$$S(t) = (x + \mathrm{j}y)\mathrm{e}^{\mathrm{j}(\omega_0 t + \varphi_0)} \tag{3.14}$$

由于 $x$ 和 $y$ 都是独立随机变量之和,所以根据中心极限定理,当 $N$ 足够大时大量独立随机变量之和的分布趋近于正态分布,假设其均值都为 0,则有以下概率密度函数:

$$p(x) = \frac{1}{\sqrt{2\pi}\sigma_x}\mathrm{e}^{-\frac{x^2}{2\sigma_x^2}} \tag{3.15}$$

$$p(y) = \frac{1}{\sqrt{2\pi}\sigma_y}\mathrm{e}^{-\frac{y^2}{2\sigma_y^2}} \tag{3.16}$$

其中,$\delta_x$ 和 $\delta_y$ 为随机变量 $x$ 和 $y$ 的标准差,令 $\delta_x = \delta_y = \delta$,则得到 $x$ 和 $y$ 的联合概率密度函数:

$$p(x,y) = \frac{1}{2\pi\sigma^2}\mathrm{e}^{-\frac{x^2+y^2}{2\sigma^2}} \tag{3.17}$$

为了得到信号的包络和相位分布,可将二维分布的概率密度函数转换到极坐标系 $(r, \theta)$ 中。此时接收天线的信号振幅 $r$,相位 $\theta$ 表示为:

$$\begin{cases} r^2 = x^2 + y^2 \\ \theta = \arctan\dfrac{y}{x} \end{cases} \tag{3.18}$$

极坐标形式的联合概率密度函数为:

$$p(r,\theta) = \frac{r}{2\pi\sigma^2}\mathrm{e}^{-\frac{r^2}{2\sigma^2}} \tag{3.19}$$

对 $\theta$ 积分可得包络概率密度函数 $p(r)$ 为:

$$p(r) = \frac{1}{2\pi\sigma^2}\int_0^{2\pi} r\mathrm{e}^{-\frac{r^2}{2\sigma^2}}\mathrm{d}\theta = \frac{r}{\sigma^2}\mathrm{e}^{-\frac{r^2}{2\sigma^2}}, \quad r \geqslant 0 \tag{3.20}$$

同理,对 $r$ 积分可得相位的概率密度函数 $p(\theta)$ 为:

$$p(\theta) = \frac{1}{2\pi\sigma^2}\int_0^{\infty} r\mathrm{e}^{-\frac{r^2}{2\sigma^2}}\mathrm{d}r = \frac{1}{2\pi}, \quad 0 \leqslant \theta \leqslant 2\pi \tag{3.21}$$

由式(3.20)可知,无视距分量的多径效应信号包络服从瑞利分布,因此无直射分量的多径信道(衰落)也称为瑞利信道(衰落),其概率密度函数如图 3.6 所示。

当接收信号有很强的直射视距分量时,其他的多径分量会叠加到这个直射信号分量上,接收信号包络将会呈现莱斯分布。莱斯信道的概率密度函数为:

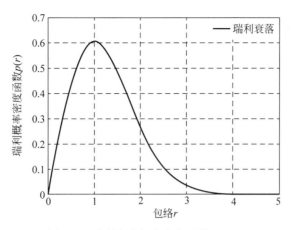

图 3.6 瑞利衰落概率密度函数($\sigma=1$)

$$p(r)=\begin{cases}\dfrac{r}{\sigma^2}\mathrm{e}^{-\frac{(r^2+A^2)}{2\sigma^2}}I_0\left(\dfrac{rA}{\sigma^2}\right), & A\geqslant 0,r\geqslant 0\\[2mm]0, & r<0\end{cases} \tag{3.22}$$

其中，$A$ 是直射信号的幅度峰值，$r$ 是多径衰落信号的包络，$\sigma^2$ 为 $r$ 的方差，$I_0(\cdot)$是零阶第一类修正贝塞尔函数。另外，定义 $K$ 为直射分量与多径分量功率之比为：

$$K=A^2/2\sigma^2$$

参数 $K$ 被称为莱斯因子，当 $A=0$ 时 $K=0$，莱斯分布(信道)退化为瑞利分布(信道)。

## 3.2 传播模型

无线信道通常可以概括为大规模传播效应(大尺度衰落)和小规模传播效应(小尺度衰落)。远距离传输是大尺度衰落的主要产生因素，例如路径损耗和阴影效应等。相反，小规模衰落源于短距离的变化，例如来自不同路径的相互干扰。由于无线传播具有以上特性，因此无线传播本质可分为 3 种不同的类型：空间波传播模型、天波传播模型和地波模型，其中空间波传播模型也称为视距(LoS)传播模型，如图 3.7 所示。

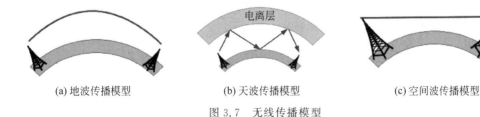

(a) 地波传播模型　　　　　　　(b) 天波传播模型　　　　　　　(c) 空间波传播模型

图 3.7 无线传播模型

在蜂窝通信中，不同于有线传播环境，其属于空间自由传播环境。通常会受反射、折射及绕射影响，而且在不同的传播信道还要考虑阴影效应。但在实际的研究分析中经常采用空间波传播模型。采用视距传播模型另一方面的原因是，地波传播模型通常用于低频和中频无线电通信，而天波传播模型则主要用于需要数千千米传输的卫星和类似通信。

### 3.2.1 自由空间传播路径损耗模型

自由空间的传播模型一般适用于直射视距传播环境,在这种环境下发射机天线与接收机天线之间没有障碍物,电磁波也不存在反射、绕射和散射等现象。假设发射机天线和接收机天线都是各向同性天线,发射天线辐射功率为 $P_t$(单位: W),发射机天线与接收机天线之间的距离为 $d$(单位: m),发射天线增益为 $G_t$,那么以发射天线为球心收发天线间距为半径的球面上电磁波功率密度为:

$$S = \frac{P_t}{4\pi d^2} G_t \qquad (3.23)$$

接收天线获得的功率就等于该位置电磁波功率密度与接收天线有效面积的乘积:

$$P_r = S A_r \qquad (3.24)$$

其中,$A_r$ 是接收天线的有效面积,它满足:

$$A_r = \frac{\lambda^2}{4\pi} G_r \qquad (3.25)$$

其中,$G_r$ 是接收天线的增益,$\lambda$ 为载波波长(单位: m)。由式(3.23)、式(3.24)和式(3.25)可得接收天线功率为:

$$P_r = P_t \left(\frac{\lambda}{4\pi d}\right)^2 G_t G_r \qquad (3.26)$$

式(3.26)是著名的 Friis 公式。路径传输损耗定义为发射天线功率与接收天线功率之比:

$$L_f = \frac{P_t}{P_r} = \left(\frac{4\pi d}{\lambda}\right)^2 \frac{1}{G_t G_r} \qquad (3.27)$$

一般表示为对数形式,当收发天线为理想天线,且增益都为 1 时,自由空间路径传输损耗可表示为:

$$L_f(\text{dB}) = 10\log\left(\frac{P_t}{P_r}\right) = 32.44 + 20\log_{10} f + 20\log_{10} d \qquad (3.28)$$

其中,$d$ 的单位为 km,频率 $f$ 的单位为 MHz。式(3.28)即为自由空间传播的路径损耗模型,路径损耗只与工作频率和传播距离有关。

**【例 3.1】** 对于自由空间路径损耗模型,假设载波频率为 $f = 5\text{GHz}$,使用全向天线($G_r = G_t = 1$),计算距离 $d$ 变化时传播损耗的大小。

**解**: 假设距离 $d$ 为 1km,2km 和 10km,由于 $G_r = G_t = 1$,所以

$$L_f(\text{dB}) = 10\log\left(\frac{P_t}{P_r}\right) = 32.44 + 20\log_{10} f + 20\log_{10} d$$

当 $f = 5\text{GHz} = 5 \times 1024\text{MHz}$,$d = 1\text{km}$ 时,代入计算得: $L_1 = 106.64$。

当 $f = 5\text{GHz} = 5 \times 1024\text{MHz}$,$d = 2\text{km}$ 时,代入计算得: $L_2 = 112.66$。

当 $f = 5\text{GHz} = 5 \times 1024\text{MHz}$,$d = 10\text{km}$ 时,代入计算得: $L_3 = 126.18$。

### 3.2.2 Okumura 路径损耗模型

在现实中传播环境复杂多变,所以有较多的无线电传播模型。其中 Okumura 模型是

最常见且广泛采用的模型,它适用于 $1\sim100\mathrm{km}$ 范围内城市宏蜂窝、$150\sim1500\mathrm{MHz}$ 频率范围及发射基站(BS)高度 $30\sim100\mathrm{m}$ 的无线电传播。在这些条件下,根据 Okumura 模型,在传输距离 $d$ 后的路径损耗为:

$$P_{\mathrm{Okumura}}(\mathrm{dB})=L(f,d)+A_\mu(f,d)-G(h_\mathrm{t})-G(h_\mathrm{r})-G_{\mathrm{AREA}} \qquad (3.29)$$

其中,$L(f,d)$ 为自由空间路径损耗,$A_\mu(f,d)$ 表示为距离 $d$ 和频率 $f$ 处的中值衰减,$G(h_\mathrm{t})$ 为基站端通过改变天线高度获得的增益,$G(h_\mathrm{r})$ 为接收端通过改变天线高度获得的增益,$G_{\mathrm{AREA}}$ 为信号传输过程中获得的增益。

### 3.2.3　Hata 路径损耗模型

Hata 模型是无线通信中除自由空间传播模型外的另一种经典传播模型,该模型也适用于频率在 $150\sim1500\mathrm{MHz}$ 区间上的移动通信,并提供了一种更简单的城市无线传播环境表达方式。Hata 模型的路径损耗表达式为:

$$P_{\mathrm{Hata}}(\mathrm{dB})=69.55+26.16\lg(f)-13.82\lg(h_\mathrm{t})-\alpha(h_\mathrm{r})+$$
$$(44.9-6.55\lg(h_\mathrm{t}))\lg(d) \qquad (3.30)$$

此表达式的参数与 Okumura 传播模型中的参数相同,不同的是 Hata 模型可在不同的环境中采用不同的移动台天线修正系数 $\alpha(h_\mathrm{r})$,更具有广泛性。但是,随着 BS 覆盖区域变得越来越小,使用的载波频率越来越高,Hata 模型将不再适应。因此,毫米波大规模 MIMO 系统需要新的传播模型。

### 3.2.4　瑞利和莱斯信道模型

瑞利和莱斯两种信道模型均在无线通信系统中得到广泛的应用。莱斯信道假定从发射机到接收机的传输路径由主要的 LoS 路径和其他散射路径组成,而瑞利信道由从发射机到接收机的散射信道组成。假设每条路径上的相位 $i$ 为 $2\pi ft_i$ 模 $2\pi$,其中 $ft_i=d_i/\lambda$,在蜂窝通信中,总是有 $d_i\gg\lambda$。在这种情况下,可以说每条路径上的相位在 0 和 $2\pi$ 之间均匀变化,而不同的相位是独立的。在将所有路径加在一起时,用 $\alpha_i(t)$、$t_i(t)$ 分别表示时间 $t$ 内路径 $i$ 上的衰减和传播延迟,抽头增益为:

$$h_1[m]=\alpha\left(\frac{m}{W}\right)\mathrm{e}^{-\mathrm{j}2\pi ft_i(m/W)}\sin\left[l-t_i\left(\frac{m}{W}\right)W\right] \qquad (3.31)$$

这里可以使用圆对称复数随机变量建模,其中每个抽头是大量小的独立圆对称复数随机变量的总和。通常,我们使用抽头增益的实部来对零均值高斯随机变量建模。而这种循环、对称、复杂、随机、可变的假设非常符合 MIMO 系统特性。在大规模 MIMO 系统中,在采用随机矩阵理论对频谱效率(SE)或能量效率(EE)进行分析时也采用了这一假设,其中抽头增益被假定为遵循 $\mathrm{CN}(0,\sigma_1^2)$ 分布,这就称为瑞利衰落。瑞利随机变量的密度为:

$$\frac{1}{\sigma_1^2}\exp\left(\frac{-x^2}{2\sigma_1^2}\right) \qquad (3.32)$$

相反,莱斯信道使用视距路径和几个散射路径对信道进行建模,其中镜面反射路径较大且幅度已知。考虑两个随机高斯变量 $X$ 和 $Y$。其中 $X$ 均值不为零,$Y$ 均值为零,$X$ 和 $Y$ 方差相等,均为 $\eta^2$。然后转化为莱斯分布:

$$Z=\sqrt{X^2+Y^2} \qquad (3.33)$$

则莱斯通道的抽头增益可以表示为：

$$h_1[m] = \sqrt{\frac{k}{k+1}} \sigma_1 e^{j\theta} + \sqrt{\frac{k}{k+1}} CN(0, \sigma_1^2) \tag{3.34}$$

其中，$k$ 表示 LoS 路径和分散路径中的能量之比，可以表示为 $k = m^2/2\eta^2$，式(3.34)中的第一项式子产生具有均匀相位的 LoS 路径，第二项产生独立于 $\theta$ 的散射路径。

上述两种信道模型在大规模 MIMO 系统中也得到了广泛应用。

## 3.3 抗衰落技术

移动信道的多径传播、时延扩展以及伴随接收机移动过程产生的多普勒频移，会使接收信号产生严重衰落；阴影效应会使接收的信号过弱而造成通信中断；信道存在的噪声和干扰也会使接收信号失真而造成误码；为了改善和提高接收信号的质量，在移动通信中就必然使用到抗衰落技术。

衰落主要由多径干涉和非正常衰减引起。多径干涉，即多条射线的相互干涉，是最常见的也是最重要的衰落成因。多条射线的产生，可能是由于地面、大气不均匀层或天线附近的地形、地物的反射，也可能是由于电离层多次反射、电离层中的寻常波和非常波或天波和地波的同时出现。多径干涉形成的衰落通常称为多径衰落或干涉型衰落。非正常衰减发生时，接收信号电平低于正常值，从而形成衰落，通常称为衰减型衰落。

常用的抗衰落技术包括分集接收技术、均衡技术、信道编码技术和扩频技术。这里主要介绍分集接收技术和均衡接收技术。

### 3.3.1 分集接收技术

所谓分集接收技术，是指在若干个支路上接收相互间相关性很小的载有同一消息的信号，然后通过合并技术再将各个支路信号合并输出，这样可以在接收终端上有效降低深衰落的影响。图 3.8 给出了一种利用"选择式"合并法进行分集的示意图。在图 3.8 中，A 与 B 代表两个同一来源的独立衰落信号，C 为合成信号，明显要好于 A 或 B。

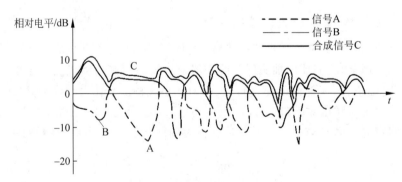

图 3.8　选择式分集合并示意图

**1. 分集接收技术的基本原理**

分集接收是通过多个信道（时间、频率或者空间）接收到承载相同信息的多个副本，由于多个信道的传输特性不同，信号多个副本的衰落就不会相同。接收机使用多个副本包含的信息能比较正确地恢复出原发送信号。即将接收到的信号分成多路的独立不相关信号,然后将这些不同能量的信号按不同的规则合并起来。

**2. 分集技术的适用范围**

(1) 在平坦性信道上接收信号的衰落深度和衰落持续时间大的信号。

(2) 来自地形地物造成的阴影衰落(宏观信号衰落)。

(3) 在微波信号的传播过程中,由于受地面或水面反射和大气折射的影响,会产生多个经过不同路径到达接收机的信号,造成多径衰落(微观衰落)。

**3. 分集方式**

移动通信系统可能用到的两类分集方式:宏分集和微分集。

(1) 宏分集主要用于蜂窝通信系统中,也称为"多基站"分集。这是一种减小慢衰落影响的分集技术,其做法是把多个基站设置在不同的地理位置上(如蜂窝小区的对角上)和不同方向上,同时和小区内的一个移动台进行通信。显然,只要在各个方向上的信号传播不是同时受到阴影效应或地形的影响而出现严重的慢衰落,这种办法就能保持通信不会中断。

(2) 微分集是一种减小快衰落影响的分集技术,在各种无线通信系统中都经常使用。理论和实践都表明,在空间、频率、极化、场分量、角度及时间等方面分离的无线信号,会呈现互相独立的衰落特性。

由于分集技术接收的信号涉及时间、空间和频率,所以根据所涉及的资源的不同可划分为时间分集、空间分集和频率分集。

**4. 各分集技术的优缺点**

空间分集接收的优点是分集增益高,缺点是还需另外单独的接收天线。

时间分集与空间分集相比较,优点是减少了接收天线及相应设备的数目,缺点是占用时隙资源增大了开销,降低了传输效率。

频率分集与空间分集相比较,其优点是在接收端可以减少接收天线及相应设备的数量,缺点是要占用更多的频带资源,所以,一般又称它为带内(频带内)分集,并且在发送端可能需要采用多个发射机。

## 3.3.2　合并技术

分集在获得多个独立衰落的信号后,需要对信号进行合并处理。利用合并器把经过相位调整和延时后的各分集支路相加。接收端收到 $M(M \geqslant 2)$ 个分集信号后,如何利用这些信号以减小衰落的影响,这就是合并问题。

一般均使用线性合并器,把输入的 $M$ 个独立衰落信号相加后合并输出。

假设 $M$ 个输入信号电压为 $r_1(t),r_2(t),\cdots,r_M(t)$,则合并器输出电压 $r(t)$ 为:

$$r(t) = a_1 r_1(t) + a_2 r_2(t) + \cdots + a_M r_M(t) = \sum_{k=1}^{M} a_k r_k(t) \qquad (3.35)$$

其中,$a_k$ 为第 $k$ 个信号的加权系数。

选择不同的加权系数,就可构成不同的合并方式,常用合并方式有以下 3 种。

**1. 选择式合并**

选择式合并是指检测所有分集支路的信号,以选择其中信噪比最高的那一个支路的信号作为合并器的输出。由式(3.35)可见,在选择式合并器中,加权系数只有一项为1,其余均为0。图3.9所示为二重分集选择式合并的示意图。两个支路的中频信号分别经过解调,然后进行信噪比比较,选择其中有较高信噪比的支路接到接收机的共用部分。

**2. 最大比值合并**

最大比值合并是一种最佳合并方式,其方框图如图3.10所示。为了书写简单,每一支路信号包络 $r_k(t)$ 用 $r_k$ 表示。每一支路的加权系数 $a_k$ 与信号包络 $r_k$ 成正比而与噪声功率 $N_k$ 成反比,即

$$a_k = \frac{r_k}{N_k} \tag{3.36}$$

由此可得最大比值合并器输出的信号包络为:

$$r_R = \sum_{k=1}^{M} a_k r_k = \sum_{k=1}^{M} \frac{r_k^2}{N_k} \tag{3.37}$$

其中,下标 $k$ 表征最大比值合并。

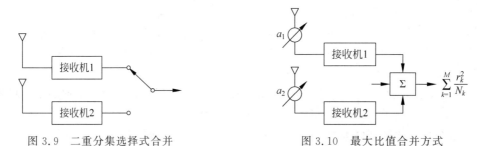

图 3.9　二重分集选择式合并　　　　图 3.10　最大比值合并方式

**3. 等增益合并**

等增益合并无须对信号加权,各支路的信号是等增益相加的,其方框图如图3.11所示。等增益合并方式实现比较简单,其性能接近于最大比值合并。

等增益合并器输出的信号包络为:

$$r_E = \sum_{k=1}^{M} r_k \tag{3.38}$$

其中,下标 E 表征等增益合并。

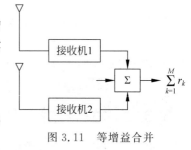

图 3.11　等增益合并

### 3.3.3　RAKE 接收

所谓 RAKE 接收机,就是利用多个并行相关器检测多径信号,按照一定的准则合成一路信号供解调用的接收机。需要特别指出的是,一般的分集技术把多径信号作为干扰来处理,而 RAKE 接收机采取变害为利的方法,即利用多径现象来增强信号。图3.12所示为简化的 RAKE 接收机组成。

假设发端从发射天线 $T_x$ 发出的信号经 $N$ 条路径到达接收天线 $R_x$。路径1距离最短,传输时延也最小,依次是第二条路径、第三条路径等,时延最长的是第 $N$ 条路径。通过电路测定各条路径的相对时延差,以第一条路径为基准时,第二条路径相对于第一条路径的相对时延差为 $\Delta_2$,第三条路径相对于第一条路径的相对时延差为 $\Delta_3$,……,第 $N$ 条路径相对于

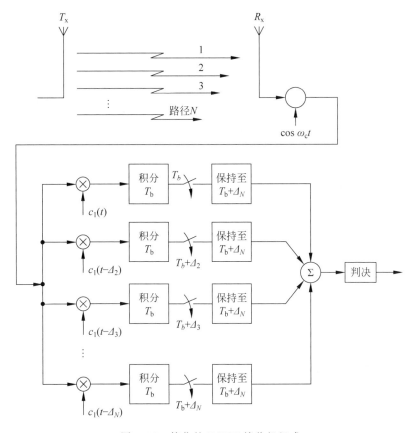

图 3.12 简化的 RAKE 接收机组成

第一条路径的相对时延差为 $\Delta_N$,且有 $\Delta_N > \Delta_{N-1} > \cdots > \Delta_3 > \Delta_2 (\Delta_1 = 0)$。在图 3.12 中,由于各条路径加权系数为 1,因此为等增益合并方式。在实际系统中还可以采用最大比合并或最佳样点合并方式,利用多个并行相关器,获得各多径信号能量,即 RAKE 接收机利用多径信号,提高了通信质量。

在实际系统中,每条多径信号都经受着不同的衰落,具有不同的振幅、相位和到达时间。由于相位的随机性,其最佳非相干接收机的结构由匹配滤波器和包络检波器组成。如图 3.13 所示,图中匹配滤波器用于对 $c_1(t)\cos\omega t$ 匹配。

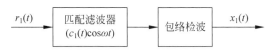

图 3.13 最佳非相干接收机

如果 $r(t)$ 中包括多条路径,则图 3.13 的输出如图 3.14 所示。图中 $W$ 为信号带宽,每一个峰值对应一条多径。图中每个峰值的幅度的不同是由每条路径的传输损耗不同引起的。为了将这些多径信号进行有效的合并,可将每一条多径通过延迟的方法使它们在同一时刻达到最大,并按最大比的方式合并,这样就可以得到最佳的输出信号。然后再进行判决恢复,发送数据。我们可采用横向滤波器来实现上述时延和最大比合并,如图 3.15 所示。

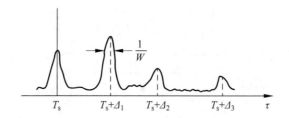

图 3.14 最佳非相干接收机的输出波形

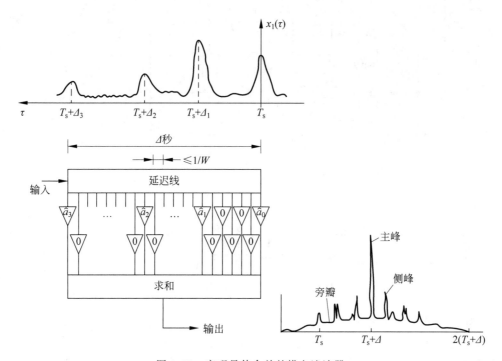

图 3.15 实现最佳合并的横向滤波器

### 3.3.4 纠错编码技术

基于第 2 章介绍的纠错编码基本原理,本节重点介绍卷积码和交织码。卷积码既能纠正随机差错,也具有一定的纠正突发差错的能力。纠正突发差错主要靠交织码来解决。因此,在下面主要讨论这两种码的编码原理及纠错原理。

**1. 卷积码**

1)卷积码的定义

在$(n,k)$线性分组码中,每个码字的 $n$ 个码元只与本码字中的 $k$ 个信息码元有关,或者说,各码字中的监督码元只对本码字中的信息码元起监督作用。卷积码则不同,每个$(n,k)$码字(常称子码)内的 $n$ 个码元不仅与该码字内的信息码元有关,而且与前面 $m$ 个码字内的信息码元有关。或者说,各子码内的监督码元不仅对本子码起监督作用,而且对前面 $m$ 个子码内的信息码元起监督作用。所以,卷积码常用$(n,k,m)$表示。通常称 $m$ 为编码存储,它反映了输入信息码元在编码器中需要存储的时间长短。

2) 卷积码的编码

卷积码也是分组的,但它的监督元不仅与本组的信息元有关,而且与前若干组的信息元有关。这种码的纠错能力强,不仅可纠正随机差错,而且可纠正突发差错。卷积码根据需要,有不同的结构及相应的纠错能力,但都有类似的编码规律。图 3.16 为(3,1)卷积码编码器,它由 3 个移位寄存器($D$)和两个模 2 加法器组成。每输入一个信息元 $m_j$,就编出两个监督元 $p_{j1}$、$p_{j2}$,顺次输出成为 $m_j$、$p_{j1}$、$p_{j2}$,码长为 3,其中信息元只占 1 位,构成卷积码的一个分组(即 1 个码字),称作(3,1)卷积码。

由图 3.16 可知,监督元 $p_{j1}$、$p_{j2}$ 不仅与本组输入的信息元 $m_j$ 有关,还与前几组的信息元已存入到寄存器的 $m_{j-1}$、$m_{j-2}$ 和 $m_{j-3}$ 有关,其关系式为:

$$p_{j1} = m_j \oplus m_{j-1} \oplus m_{j-3}$$
$$p_{j2} = m_j \oplus m_{j-1} \oplus m_{j-2}$$

(3.39)

式(3.39)称作该卷积码的监督方程。

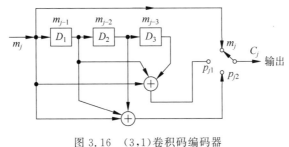

图 3.16 (3,1)卷积码编码器

【例 3.2】 在如图 3.16 所示的卷积码编码电路中,当输入信息为 11001 时,求输出码字序列。

解:编码器工作时移位寄存器的初始状态为 00(清 0)。当输入信息为 11001 时,每个时刻的信息码元、移位寄存器状态、子码中的码元及整个子码序列见表 3.2。

表 3.2 编码过程

| 时间($j$) | $m_j$ | $D_1$ | $D_2$ | $D_3$ | $p_{j1}$ | $p_{j2}$ | 子码序列($c_j$) |
|---|---|---|---|---|---|---|---|
| $-2$ | 0 | | | | | | |
| $-1$ | 0 | | | | | | |
| 0 | 1 | 0 | 0 | 0 | 1+0+0=1 | 1+0+0=1 | 111 |
| 1 | 1 | 1 | 0 | 0 | 1+1+0=0 | 1+1+0=0 | 100 |
| 2 | 0 | 1 | 1 | 0 | 0+1+0=1 | 0+1+1=0 | 010 |
| 3 | 0 | 0 | 1 | 1 | 0+0+1=1 | 0+0+1=1 | 011 |
| 4 | 1 | 0 | 0 | 1 | 1+0+1=0 | 1+0+0=1 | 101 |

3) 卷积码的状态图

卷积码编码过程常用 3 种等效图形描述:状态图、码树图和格状图。图 3.17 所示的(2,1)卷积码编码器是状态图。编码器的输出子码是由当前输入比特和当前状态所决定的。每当编码器移入一个信息比特,编码器的状态就发生一次变化。用来表示输入信息比特所引起的编码器状态的转移和输出码字的图形就是编码器的状态图。

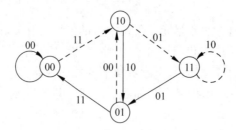

图 3.17 (2,1)卷积码的状态图

图 3.17 中小圆内的数字表示编码器的状态,共有 4 个不同的状态:00、01、10、11。连接圆的连线箭头表示状态转移的方向,若输入信息比特为 1,连线为虚线;若为 0,则为实线。连线旁的两位数字表示相应的输出子码。箭头所指的状态即为该信息码元移入编码器后的状态。

**2. 交织码**

交织码主要用来纠正突发差错,即使突发差错分散成为随机差错而得到纠正。通常,交织码与各种纠正随机差错的编码(如卷积码或其他分组码)结合使用,从而具有较强的既能纠正随机差错又能纠正突发差错的能力。在突发错误中,错误之间存在相关性,交织码的指导思想就是通过对所传输符号的交织,减小错误的相关性,使突发错误变为随机错误,从而可以采用纠正随机错误的纠错编码进行纠错,所以交织码也可被看作是一种信道改造技术,即把一个突发信道改造为一个随机信道。

使用交织码的通信系统原理如图 3.18 所示。其中交织器和去交织器的作用就是要使整个编码信道成为随机信道。

图 3.18 使用交织码通信系统框图

交织器有不同的结构,这里仅介绍分组交织器。一个分组交织器可以看作是一个 $m \times n$ 的缓存器。例如,图 3.19 是一个 $5 \times 7$ 的交织器,把经过纠错编码的二进制码序列以 35 比特为单位进行分组,每组可表示为:

$$C = (c_1 c_2 c_3 c_4 \cdots c_{33} c_{34} c_{35}) \tag{3.40}$$

把它们按行写入交织器。在 35 个比特全部写入交织器后,按列读出各比特,如图 3.19 所示。从交织器读出的序列为:

$$C' = (c_1 c_8 c_{15} c_{22} c_{29} c_2 c_9 c_{16} \boxed{c_{23} c_{30} c_3 c_{10} c_{17}} c_{24} c_{31} c_4 c_{11} c_{18} c_{25} c_{32}$$
$$c_5 c_{12} c_{19} c_{26} c_{33} c_6 c_{13} c_{20} c_{27} c_{34} c_7 c_{14} c_{21} c_{28} c_{35}) \tag{3.41}$$

此序列通过突发信道传输到接收端。在接收端,去交织器按列写入接收的 $C'$,按行读出,如图 3.20 所示。这样即可恢复为原比特序列:

$$C'' = (c_1 c_2 \boxed{c_3} c_4 c_5 c_6 c_7 c_8 c_9 \boxed{c_{10}} c_{11} c_{12} c_{13} c_{14} c_{15} c_{16} \boxed{c_{17}} c_{18} c_{19} c_{20} c_{21}$$
$$c_{22} \boxed{c_{23}} c_{24} c_{25} c_{26} c_{27} c_{28} c_{29} \boxed{c_{30}} c_{31} c_{32} c_{33} c_{34} c_{35}) \tag{3.42}$$

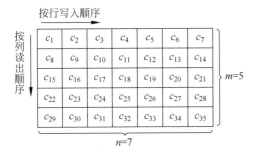

图 3.19 发送端交织器的写入读出顺序

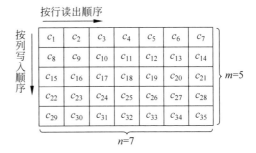

图 3.20 接收端交织器的写入读出顺序

现假设传输过程中一连发生 5 个比特的错误：$c_{23}c_{30}c_3c_{10}c_{17}$，即式(3.41)中方框所围的码元，这是典型的突发错误。但在去交织后，由式(3.42)可以看出，输出的突发错误被分散了，变为独立的随机错误，见式(3.42)中方框所围的码元。

一般地，一个 $m$ 行 $n$ 列的交织器一次交织 $m \times n$ 个比特。当突发错误的长度为 $b$ 时，若 $b \leqslant m$，则突发错误就被分隔开 $n-1$ 位，实际上，通常输入到交织器的每一行，就是一个编码码字，所以若 $b \leqslant m$，在去交织后，输出的码字也仅有一个错误；若 $b > m$，则突发错误的长度也将被减小。显然，$m$ 越大，纠正突发长度 $b$ 就越长，通常称 $m$ 为交织深度。从抗突发错误的角度看，$m$ 越大越好，但是交织与去交织的读写过程需要时间，因此将产生延时，在实时系统中对 $m$ 就有所限制。

## 3.3.5 均衡技术

在信道特性 $C(\omega)$ 确知的条件下，人们可以精心设计接收和发送滤波器以达到消除码间串扰和尽量减小噪声影响的目的。但在实际实现时，由于存在滤波器的设计误差和信道特性的变化，所以产生码间干扰。在基带系统中插入一种可调（或不可调）滤波器可以校正或补偿系统特性，减小码间串扰的影响，这种起补偿作用的滤波器称为均衡器。

均衡可分为频域均衡和时域均衡。所谓频域均衡，是从校正系统的频率特性出发，使包括均衡器在内的基带系统的总特性满足无失真传输条件；所谓时域均衡，是利用均衡器产生的时间波形去直接校正已畸变的波形，使包括均衡器在内的整个系统的冲击响应满足无码间串扰条件。

频域均衡在信道特性不变，且传输低速数据时是适用的。而时域均衡可以根据信道特性的变化进行调整，能够有效地减小码间串扰，故在高速数据传输中得到了广泛应用。

时域均衡的方法是在基带系统接收滤波器与取样判决器之间插入一个具有 $2N+1$ 个抽头的横向滤波器。它是由带抽头的延迟线，加权系数为 $\{c_n\}$ 的相乘器和相加器组成的，如图 3.21(a)所示。送到均衡器输入端的信号 $x(t)$ 是接收滤波器的输出，如图 3.20(b)所示。由于系统特性的不理想，$x(t)$ 在其他码元取样时刻的值 $x_1$、$x_2$、$x_{-1}$、$x_{-2}$ 等不为零，所以会对其他码元的判决产生干扰。增加均衡器的目的就是要对波形 $x(t)$ 进行校正，使校正后的波形 $y(t)$（即均衡器的输出）在其他码元取样点上的值为 0，从而减小或消除码间干扰，如图 3.21(c)所示。

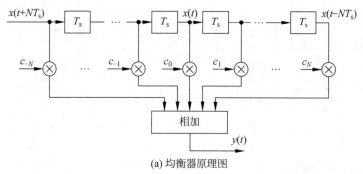

(a) 均衡器原理图

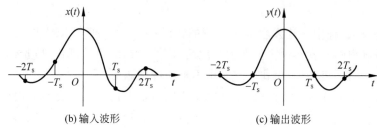

(b) 输入波形　　　　　　　(c) 输出波形

图 3.21　均衡器原理图及输入输出波形示意图

根据线性系统的原理,很容易得出均衡器的输出为:

$$y(t) = \sum_{n=-N}^{N} c_n x(t - nT_s) \tag{3.43}$$

我们并不关心每一时刻的输出值,事实上,我们只关心每个码元取样时刻的输出值,所以,当 $t = kT_s$ 时:

$$y(kT_s) = \sum_{n=-N}^{N} c_n x[(k-n)T_s] \tag{3.44}$$

式(3.44)简写为:

$$y_k = \sum_{n=-N}^{N} c_n x_{k-n} \tag{3.45}$$

式(3.45)表明,均衡器输出波形在第 $k$ 个取样时刻得到的样值 $y_k$ 将由 $2N+1$ 个值来确定,其中各个值是 $x(t)$ 经延迟后与相应的加权系数相乘的结果。对于有码间干扰的输入波形 $x(t)$,可以用选择适当加权系数的方法,使输出 $y(t)$ 的码间干扰在一定程度上得到减小。

均衡器输出波形在其他码元取样点的值不为 0,所以均衡后仍有失真。为了衡量失真的大小,通常用峰值失真或均方失真作为度量标准。峰值失真的定义为:

$$D = \frac{1}{y_0} \sum_{\substack{k=-\infty \\ k \neq 0}}^{\infty} |y_k| \tag{3.46}$$

是除 $k=0$ 以外的各个样值绝对值之和,反映了码间干扰的最大值。$y_0$ 是有用信号的样值,所以峰值失真就是峰值码间干扰与有用信号样值之比,其值越小越好。均方失真定义为:

$$e^2 = \frac{1}{y_0^2} \sum_{\substack{k=-\infty \\ k \neq 0}}^{\infty} y_k^2 \tag{3.47}$$

其物理意义与峰值失真类似。

由以上分析可知,用时域均衡来消除一定范围内的码间干扰,关键是如何选择各抽头的加权系数 $\{c_n\}$。理论分析已证明,如果均衡前的峰值失真小于1,要想得到最小的峰值失真,输出 $y_k$ 应满足下式要求:

$$y_k = \begin{cases} 1, & k = 0 \\ 0, & k = \pm 1, \pm 2, \cdots, \pm N \end{cases} \tag{3.48}$$

从这个要求出发,列出 $2N+1$ 个联立方程,可解出 $2N+1$ 个抽头系数。将联立方程用矩阵形式表示为:

$$\begin{bmatrix} x_0 & x_{-1} & \cdots & x_{-2N} \\ x_1 & x_0 & \cdots & x_{-2N+1} \\ \vdots & \vdots & \cdots & \vdots \\ x_N & x_{N-1} & \cdots & x_{-N} \\ \vdots & \vdots & \ddots & \vdots \\ x_{2N-1} & x_{2N-2} & \cdots & x_{-1} \\ x_{2N} & x_{2N-1} & \cdots & x_0 \end{bmatrix} \begin{bmatrix} c_{-N} \\ c_{-N+1} \\ \vdots \\ c_0 \\ \vdots \\ c_{N-1} \\ c_N \end{bmatrix} = \begin{bmatrix} 0 \\ \vdots \\ 0 \\ 1 \\ 0 \\ \vdots \\ 0 \end{bmatrix} \tag{3.49}$$

如果 $x_{-2N}, \cdots, x_0, \cdots, x_{2N}$ 已知,则求解上式线性方程组可以得到 $c_{-2N}, \cdots, c_0, \cdots, c_{2N}$ 共 $2N+1$ 个抽头系数值。使 $y_k$ 在 $k=0$ 两边各有 $N$ 个零值的调整叫做迫零调整,按这种方法设计的均衡器称为迫零均衡器,此时峰值失真 $D$ 最小,调整达到了最佳效果。

当均衡器的输入波形 $x(t)$ 的形状随时间变化时,则必须相应地调整均衡器的抽头系数以适应 $x(t)$ 的变化,否则达不到均衡的目的。如果抽头系数的调整由均衡器自动完成,那么这样的均衡器称为自适应均衡器。

一般来说,当抽头有限时,总不能完全消除码间干扰,但当抽头数较多时可以将码间干扰减小到相当小的程度,要想完全消除码间干扰,均衡器的抽头数应为无限多。

## 3.4 多天线技术

### 3.4.1 多天线技术概述

下面先从香农信道容量公式开始:

$$C = W\log(1 + S/\sigma^2) \tag{3.50}$$

由式(3.50)可知,在噪声一定的情况下,提高发射功率有利于提高频谱效率。同时,通过改变调制编码方式也能提高频谱效率,目前最高阶调制方式已能达到 64QAM,而 Turbo 编码性能也已趋近香农极限。在这种情况下,单纯依靠提高信号发射功率已不能达到明显提升信道容量的效果。而多天线技术可以充分利用空间维度资源,成倍提升系统信道容量。多天线场景下信道容量表达式为:

$$C = \min(m, n)W\log(1 + S/\sigma^2) \tag{3.51}$$

其中,$\min(m, n)$ 为信道模型秩的最大值,取发射天线数量 $m$ 和接收天线数量 $n$ 中的最小者,例如,$2 \times 2$MIMO 将能达到 $1 \times 2$MIMO 多天线信道容量的 2 倍。

MIMO(多输入多输出)系统,是指在发射端和接收端分别使用多个发射天线和接收天线,使信号通过发射端与接收端的多个天线传送和接收,从而改善通信质量。MIMO 技术是多天线的主要形式,其中发送端或接收端采用超过一根的物理天线。传统的通信系统一般采用各种技术来减少多径的影响,而 MIMO 则反行其道,充分利用多径传播信道来增加系统容量。LET 通过采用 MIMO 技术,利用天线的空间特性,能带来分集增益、复用增益、阵列增益、干扰对消增益等增益,从而实现覆盖和容量的提升。

根据实现方式的不同,可将 MIMO 分成传输分集、空分复用、波束赋形等类型。

(1) 传输分集是在发送端两天线发送同样内容的信号,用于提高链路可靠性,不能提高数据率。LET 的多天线传输分集技术选用空时编码作为基本传输技术,在发射端对数据流进行联合编码以减少由于信道衰落和噪声所导致的符号错误率。通过在发射端增加信号的冗余度,使信号在接收端获得分集增益。

(2) 空分复用技术是在发射端发射相互独立的信号,接收端采用干扰抑制的方法进行解码,此时的理论空口信道容量随着收发端天线对数量的增加而线性增大,从而能够提高系统的传输速率。空分复用允许在同一个下行资源块上传输不同的数据流,这些数据流可以来自于一个用户,也可以来自多个用户。单用户 MIMO 可以增加一个用户的数据传输速率,多用户 MIMO 可以增加整个系统的容量。

(3) 波束赋形是一种基于天线阵列的信号预处理技术,实现通过调整天线阵列中每个阵元的加权系数产生具有指向性的波束,从而获得对应辐射方向的阵列增益,同时降低对其他辐射方向的干扰。

MIMO 技术在提高系统频谱效率、高速数据传输、提高传输信号质量、增加系统覆盖范围和解决热点地区的高容量要求等方面有无可比拟的优势,现在已广泛应用于各种移动通信系统中。然而,传统的 MIMO 技术存在硬件复杂度增加、信号处理复杂度增加、能量消耗增大等问题,同时需要更多的物理空间来容纳较大尺寸的天线,产生了额外的土地租赁费用。除此之外,随着移动互联网和云计算为代表的数据业务的指数式增长,传统的 MIMO 技术已经不能满足人们日益增长的支持图像、视频和互联网接入等更高速率数据业务的要求。

## 3.4.2 毫米波大规模 MIMO 系统

大规模 MIMO 因具备提升系统容量、频谱效率、用户体验速率和节约能耗等诸多优点而被公认为是未来移动通信系统的核心技术,值得一提的是,大规模 MIMO 技术被当作 5G 的核心技术,但是大规模 MIMO 技术的潜力和应用前景远不止 5G。鉴于大规模 MIMO 系统的性能优势,它也可被用于下一代 WiFi、B5G(Beyond 5G)甚至 6G 移动通信系统等。毫米波大规模 MIMO 系统框图如图 3.22 所示。

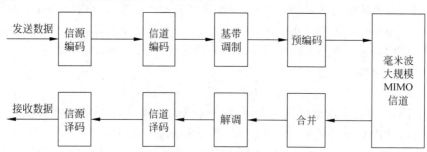

图 3.22 毫米波大规模 MIMO 系统框图

（1）信源编码和译码。信源编码主要有两个作用，即提高通信系统信息传输的有效性且完成模拟信号到数字信号的转换。其中提高系统信息传输的有效性需要通过数据压缩技术减少码元的数目来获得；而模拟信号至数字信号的转换是指当所需发送的信息为模拟信号时，通过信源编码可以将其转换为数字信号，使其能够在无线通信系统中传输。

（2）信道编码与译码。在发射端对信号进行信道编码是为了增强无线通信系统的抗干扰能力。无线信道中存在着大量的加性或乘性干扰，而这些干扰会使得信号在传输过程中产生差错。为了减轻信道中干扰的影响，信道编码器通过一定的方法在码元序列后加上一些保护信息，然后在接收端根据同样的方法对信息进行信道译码，这样就能发现或纠正由这些干扰引起的信息差错，进而提升通信系统的可靠性。

（3）调制与解调。调制分为基带调制和载波调制，其中基带调制是指将编码后的二进制数据映射为复用信号，而载波调制是将基带信号的频谱搬移到所使用的高频率频段（如毫米波频段）上去。如，常用的调制方式有 QPSK、16QAM 等。

（4）预编码。在大规模 MIMO 系统中，由于发射信号在多个天线上同时进行传输，为了使得各个天线上的信号不相互干扰，需要在发射端对信号进行预编码处理。通过利用信道状态信息发射端进行预编码处理，可以使通信系统获得复用增益和分集增益，提高无线通信系统的频谱效率或降低系统的误码率。

### 3.4.3 MIMO 系统预编码

发送预编码与接收均衡相对应，最初提出预编码技术的目的是简化接收机。在传统通信中，通常是通过接收机进行均衡来达到消除干扰提高接收信号质量的目标。但是在接收端进行一系列均衡处理会使得接收机结构变得非常复杂，如果将这些复杂的处理交由发送端来完成，则可以极大地简化接收机，因此人们提出了预编码技术。假设发送端能够通过某种方式获取下行链路的信道状态信息（CSI），发送端可以利用该 CSI 通过预处理（调整天线功率与相位等）来实现信号与信道的匹配，从而使干扰得到抑制，系统容量得到提升，这种预处理就称为预编码技术。

预编码技术分为线性预编码技术和非线性预编码技术。线性预编码技术主要有基于信道求逆的预编码（迫零预编码，最小均方差预编码），非线性预编码与线性预编码相比，能够取得更优的性能，但是计算复杂度高，实现困难。

**1. 线性预编码技术**

线性预编码就是对发送信号的线性变换，即经过信源编码调制后的信号发送预编码矩阵，信道矩阵之间是线性的相乘关系，其结构图如图 3.23 所示。

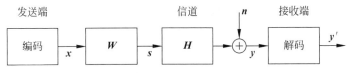

图 3.23 预编码的系统框图

假设 MIMO 系统的发送端天线数为 $n_t$，接收端天线数为 $n_r$，则可以将 MIMO 的线性预编码模型描述为：

$$y = HWx + n \tag{3.52}$$

其中，$x$ 是一个 $n_r \times 1$ 向量，代表发送端经过编码调制后的信号，$y$ 是一个 $n_r \times 1$ 向量，为接收端接收的信号，$H$ 是 $n_r \times n_t$ 的信道矩阵，$W$ 是 $n_t \times n_r$ 的预编码矩阵，$n$ 是 $n_r \times 1$ 的加性噪声向量。假设发送端总发送功率为 $\rho$，则 MIMO 系统的容量可表示为：

$$C = \log_2 \left[ \det(\boldsymbol{I}_{n_t} + \frac{\rho}{n_t} \boldsymbol{W}^H \boldsymbol{H}^H \boldsymbol{H} \boldsymbol{W}) \right] \tag{3.53}$$

根据不同设计原则对 $W$ 进行求解可以得到不同的预编码方案，目前常用的线性预编码方法主要有最大比发送技术、基于迫零准则的预编码设计和基于最小均方差的预编码设计。

1）最大比发送技术

最大比发送（Maximum Ratio Transmission，MRT）/匹配滤波器（Match Filter，MF）预编码是以最大化输出信噪比为设计原则得到的预编码方案。它通过对信道矩阵求共轭转置来获取发送预编码矩阵，避免了矩阵求逆，计算复杂度低，易于实现，因而是最简单的线性预编码技术。MF 预编码具有很大的实用价值，当系统各路信号不相干且服从瑞利分布时，MF 预编码的性能够达到最优。为了便于讨论，假设考虑一个单小区大规模 MIMO 系统，基站的天线数量为 $M$，小区内用户均为单天线且数量为 $K$，收发端均已知信道状态信息。MF 预编码矩阵可以表示为：

$$\boldsymbol{W} = [\omega_1, \omega_2, \cdots, \omega_K] = \left[ \frac{\boldsymbol{h}_1^H}{|\boldsymbol{h}_1^H|}, \frac{\boldsymbol{h}_2^H}{|\boldsymbol{h}_2^H|}, \cdots, \frac{\boldsymbol{h}_K^H}{|\boldsymbol{h}_K^H|} \right] \tag{3.54}$$

其中，$\boldsymbol{H} = [\boldsymbol{h}_1^T, \boldsymbol{h}_2^T, \cdots, \boldsymbol{h}_K^T]^T$ 是 $K \times M$ 的信道矩阵，$W$ 是 $M \times K$ 的预编码矩阵。

2）基于迫零准则的预编码技术

基于迫零（Zero Forcing，ZF）准则的预编码通过求信道矩阵的伪逆来获得预编码矩阵，在理想 CSI 下，这样处理可以完全消除各路信号间干扰，但是却有可能会放大噪声影响系统的性能。迫零预编码要求发射天线的数量大于或等于接收天线的数量。迫零预编码的系统框图如图 3.24 所示。

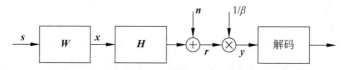

图 3.24　迫零预编码的系统框图

其中，$W$ 是预编码矩阵，$s$ 是编码调制后的信号，$H$ 为信道矩阵，$n$ 为加性白噪声。由图 3.24 可知，发送端天线发出的信号可以表示为：

$$\boldsymbol{x} = \boldsymbol{W}\boldsymbol{s} \tag{3.55}$$

假设发送端信号满足功率约束条件，即 $\mathrm{tr}\{\boldsymbol{x}\boldsymbol{x}^H\} = K$，其中 $K$ 为单天线用户数量。预编码矩阵形可以表示为：

$$\boldsymbol{W} = \beta \boldsymbol{H}^H (\boldsymbol{H}\boldsymbol{H}^H)^{-1} \tag{3.56}$$

其中，$\beta$ 是功率控制因子，由功率约束条件可以得出 $\beta$ 的表达式为：

$$\beta = \sqrt{\frac{K}{\mathrm{tr}(\boldsymbol{x}^H \boldsymbol{x})}} = \sqrt{\frac{K}{\mathrm{tr}((\boldsymbol{H}^H \boldsymbol{H})^{-1})}} \tag{3.57}$$

接收信号向量 $y$ 可以表示为：

$$y = \frac{1}{\beta}(\boldsymbol{H}\boldsymbol{W}\boldsymbol{s} + \boldsymbol{n})$$

$$= \frac{1}{\beta} \cdot \beta \boldsymbol{H}\boldsymbol{H}^{\mathrm{H}}(\boldsymbol{H}\boldsymbol{H}^{\mathrm{H}})^{-1}\boldsymbol{s} + \frac{1}{\beta}\boldsymbol{n} \qquad (3.58)$$

$$= \boldsymbol{s} + \frac{1}{\beta}\boldsymbol{n}$$

从式(3.58)可以看出,由于在发送端采用了迫零预编码处理,所以接收端可以完全消除各路信号之间的干扰,接收端无须再进行联合检测处理,这极大地简化了接收机的结构。基于迫零规划的预编码方案原理简单,能够很好地消除信号间的干扰,但是该预编码方案存在缺陷。首先是它对信道状态的依赖性大,当信道矩阵的奇异值分布方差较大时,采用迫零预编码将放大噪声,降低接收信噪比。再者,由于采用信道的伪逆作为预编码矩阵,因此限制了发送端天线数量必须不小于接收端天线的数量,否则伪逆不可求。

在大规模 MIMO 系统中,迫零预编码方案在传统 MIMO 系统中表现出的不足得到了一定的改善。由于大规模 MIMO 系统基站端配备了大规模的天线阵列,基站的发送天线数量 $M$ 远大于系统用户数量 $K$,信道矩阵的各奇异值之间的差距变得较小,此时信道处于一种有利传输状态,这从一定程度上弥补了迫零预编码放大噪声的缺陷。迫零预编码技术可以应用到在大规模 MIMO 系统中,但是由于迫零预编码矩阵的获取需要对信道矩阵进行求逆,因此在大规模 MIMO 系统中使用迫零预编码需要解决矩阵快速求逆的问题。

3) 最小均方差的预编码技术

对于基于迫零准则的预编码,为使各路信号间的干扰为零,预编码矩阵为信道的伪逆。基于最小均方差的预编码方案,并不要求各路信号之间的干扰为零,而是要求接收信号与发送信号的均方差最小,通过引入一个参量 $\sigma^2$ 调整预编码矩阵,使接收端的信噪比达到最大。

根据最小均方差预编码的设计准则,取使得接收信号与发送信号的均方差最小的预编码矩阵作为 MMSE(最小均方差)预编码矩阵,即:

$$\boldsymbol{W} = \underset{\boldsymbol{W}}{\mathrm{argmin}} E\left[\|\boldsymbol{s} - \hat{\boldsymbol{s}}\|^2\right]$$

$$= \underset{\boldsymbol{W}}{\mathrm{argmin}} E\left[\left\|\boldsymbol{s} - \frac{1}{\beta}(\boldsymbol{H}\boldsymbol{W}\boldsymbol{s} + \boldsymbol{n})\right\|^2\right] \qquad (3.59)$$

其中,$\boldsymbol{s}$ 为发送信号向量,$\hat{\boldsymbol{s}}$ 为接收信号向量,$\beta$ 为功率控制因子。通过解式(3.59)可得,MMSE 预编码矩阵为:

$$\boldsymbol{W} = \beta\boldsymbol{W} = \beta\boldsymbol{H}^{\mathrm{H}}(\boldsymbol{H}\boldsymbol{H}^{\mathrm{H}} + \sigma^2\boldsymbol{I})^{-1} \qquad (3.60)$$

其中,$\boldsymbol{H}$ 为信道矩阵,$\sigma^2 = \sigma_{\mathrm{n}}^2/\sigma_{\mathrm{s}}^2$($\sigma_{\mathrm{n}}^2$ 为噪声的功率,$\sigma_{\mathrm{s}}^2$ 为信号的功率)。从 MMSE 的预编码矩阵表达式中可以看出,在进行预编码设计时将噪声的影响也考虑在内,不仅对各路信号间干扰有所抑制,而且能够减少噪声对接收信号的影响,在消除干扰与消除噪声之间实现了一个很好的折中。MMSE 预编码的性能比基于迫零准则的预编码要稳定,但是其复杂度增加了。

**2. 非线性预编码**

在大规模 MIMO 系统中,除了传统的线性预编码方法外,非线性预编码方法也能大幅度提升多用户 MIMO 系统的性能。常见的非线性预编码方法脏纸编码(Dirty Paper Coding,DPC)、Tomlinson Harashima(THP)预编码、向量扰动(Vector Perturbation,VP)

预编码、格基规约辅助(Lattice Reduction Aided,LRA)预编码等。其中,DCP通过在信号传输之前将发射时一些已知的潜在干扰删除,可以实现系统的最大速率,而THP是DCP的一种简单有效的方法,通过反馈处理消除多用户之间的干扰,其复杂度更低,因此在实际实现中比DCP更具吸引力。

在大规模MIMO系统中,随着基站端和用户端的天线数增多,会使得采用非线性预编码技术的系统有相当高的复杂度和难以承受的开销。此外,非线性预编码技术需要非常准确的CSI,且对错误CSI有较高的敏感性,因此在大规模MIMO系统中实现准确的信道估计和信道反馈也是一个巨大的挑战。

## 3.5 毫米波通信

### 3.5.1 毫米波的定义和特性

**1. 毫米波的定义**

微波波段包括分米波、厘米波、毫米波和亚毫米波。其中,毫米波(millimeter wave)通常指频段在30~300GHz,相应波长为1~10mm的电磁波,它的工作频率介于微波与远红外波之间,因此兼有两种波谱的特点。由于毫米波传播特性和波束赋形方面的特点,可以满足5G系统连续的大带宽需求。

**2. 毫米波的传播特性**

毫米波通信就是指以毫米波作为传输信息的载体而进行的通信。目前绝大多数的应用研究集中在几个"大气窗口"频率和3个"衰减峰"频率上。

(1) 一种典型的视距传输方式。毫米波属于甚高频段,它以直射波的方式在空间进行传播,波束很窄,具有良好的方向性。一方面,由于毫米波受大气吸收和降雨衰落影响严重,所以单跳通信距离较短;另一方面,由于频段高,干扰源很少,所以传播稳定可靠。因此,毫米波通信是一种典型的具有高质量、恒定参数的无线传输信道的通信技术。

(2) 具有"大气窗口"和"衰减峰"。"大气窗口"是指35GHz、45GHz、94GHz、140GHz、220GHz频段,在这些特殊频段附近,毫米波传播受到的衰减较小。一般来说,"大气窗口"频段比较适用于点对点通信,已经被低空空地导弹和地基雷达所采用。而在60GHz、120GHz、180GHz频段附近的衰减出现极大值,高达15dB/km以上,被称作"衰减峰"。通常这些"衰减峰"频段被多路分集的隐蔽网络和系统优先选用,用来满足网络安全系数的要求。

(3) 降雨时衰减严重。与微波相比,毫米波信号在恶劣的气候条件下,尤其是降雨时的衰减要大许多,严重影响传播效果。有研究表明,毫米波信号降雨时衰减的大小与降雨的瞬时强度、距离长短和雨滴形状密切相关。因此,在毫米波通信系统设计时,应留出足够的电平衰减余量。

(4) 对沙尘和烟雾具有很强的穿透能力。激光和红外线对沙尘和烟雾的穿透力很差,而毫米波在这点上具有明显优势。大量现场试验结果表明,毫米波对于沙尘和烟雾具有很强的穿透力,几乎能无衰减地通过沙尘和烟雾,不会引起毫米波通信的严重中断。

### 3.5.2 面向5G的毫米波天线

首先,分析毫米波天线的两个重要特征:高天线增益和小天线波束角。根据微波理论,

天线增益是天线在特定方向上辐射立体角度内的能量与天线在所有方向上辐射立体角内的能量的比率,计算公式如下:

$$G = \eta \times \left(\frac{\pi \times D}{\lambda}\right) = \eta \times \left(\frac{\pi \times D}{c} \times f\right) = \frac{\eta \times 4\pi \times A}{c^2} \times f^2 \quad (3.61)$$

其中,$\eta$ 为天线孔径系数;$D$ 为天线尺寸;$A$ 为天线面积;$c$ 为光速;$\lambda$ 为波长;$f$ 为频率。

同理,天线的标准波束角是指天线辐射的波束能量减少到 3dB 时(减少一半能量时)的位置对应的夹角,计算公式如下:

$$\varphi = 70 \times \frac{\lambda}{D} = \frac{70 \times c}{D \times f} \quad (3.62)$$

可以看出,天线增益正比于频率平方值,天线波束角反比于频率。也就是说,在其他条件不变时,频率越高天线增益越大、天线波束角越小。一般情况下,毫米波天线的孔径系数取值为 0.5～0.8,以 8 发射天线为例,以 LTE 的 8 发射天线面积 $A = 0.45\text{m}^2$ 为参考,取 $\eta = 0.6$,$D = 0.5\text{m}$,频率覆盖范围取整个毫米波段 $f$ 为 30～300GHz,则对应的天线增益和天线波束角与频率的曲线如图 3.25 所示。

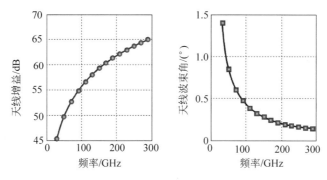

图 3.25　毫米波的天线增益和波束角

其次,比较 LTE 主频天线与毫米波天线间的差异。LTE 的主频为 2.35GHz,波长为 1.27dm(以 TD.LTE 常用的 2.3GHz 频段为例),属于分米波通信。毫米波采用第 1 透明窗主频率 35GHz。基站天线参数取 LTE8 发射天线,则 $A = 0.45\text{m}^2$,$\eta = 0.6$,$D = 0.5\text{m}$。终端参数取智能手机 4 发射天线,则 $\eta = 0.6$,$D = 6\text{cm} = 0.06\text{m}$,$A = 36\text{cm}^2 = 0.0036\text{m}^2$。

从表 3.3 可以看出,毫米波与 LTE 相比,毫米波的窄波束和高增益带来的高分辨率和抗干扰特性,完全可以为 5G 网络有效地防止视距通信中的传播损耗,进而达到提高天线传输效率的目的。

表 3.3　毫米波和 LTE 的基站与终端天线参数

| 频　率 | 类　型 | 增益 $G$/dB | 波束角 $\varphi$/(°) |
| --- | --- | --- | --- |
| 毫米波 | 基站天线 | 46.6 | 1.2 |
| (35GHz) | 终端天线 | 25.0 | 10.0 |
| TD-LTE | 基站天线 | 23.2 | 17.9 |
| (2.35GHz) | 终端天线 | 2.2 | 149.0 |

最后,毫米波天线是一项非常成熟的通信技术,可以分为传统结构天线和基于新概念设计天线两大类。前者主要包括阵列天线、反射天线、透镜天线和喇叭天线等,后者主要有微带天线、类微带天线、极化天线和行波天线等。对于5G网络而言,前者中的阵列天线适合大规模MIMO基站天线,后者中的微带天线适合MIMO终端天线。应用于大基站和小基站的大规模MIMO天线阵列,振子数量最多可达上百,甚至更多,由于需要应用空分多址方式,上百个振子可以分成多个用户天线集群,每个集群为一个独立阵列,可为用户提供分集增益和波束赋形。终端MIMO天线只需获取分集增益和波束赋形,天线振子数最多十几个就可以了。

### 3.5.3 5G毫米波波束赋形

**1. 波束赋形实现原理**

波束赋形(Beam Forming,BF)是下行多天线技术之一,指基站对多天线加权后发送信号,形成窄的发射波束,将能量对准目标用户。与传统LTE宽波束相比,BF主要有以下两个方面优势。

(1)形成窄的发射波束,将能量对准目标用户,提高用户的信号强度。

(2)波束对准实时移动的用户,提升用户(特别是小区边缘用户)的信噪比。BF主要运用了信号传播的空间相关性及电磁波的干涉原理,从而调整波束的宽度和方向,如图3.26所示。

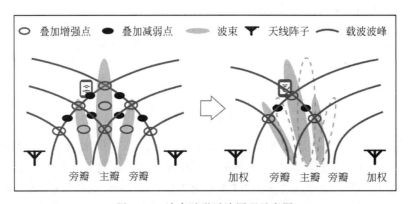

图3.26  波束赋形干涉原理示意图

图3.26中弧线表示载波的波峰,波峰与波峰相遇位置叠加增强,波峰与波谷相遇位置叠加减弱。

(1)未使用BF时,波束形状、能量强弱位置是固定的,对于叠加减弱点用户,如果处于小区边缘,则信号强度低。

(2)使用BF后,通过对信号加权,调整各天线阵子的发射功率和相位,改变波束形状,使主瓣对准用户,提高信号强度。简言之,BF通过加权形成定向窄波束,集中接收能量。接收方享有分集增益,通道数越多,分集增益越大。其加权方式采用基带将权值与待发射的数据进行向量相加,实现信号幅度和相位的改变。

**2. 5G毫米波波束管理**

在毫米波通信系统中,终端和基站侧经过波束赋形后会形成大量窄波束。波束管理的目的是获取并维护一组可用于 DL(下行链路)和 UL(上行链路)传输/接收的 UE 波束对,以提高链路的性能。波束管理包括以下几方面内容:波束扫描、波束测量、波束上报、波束指示和波束失败恢复等。

## 习题

1. 简述电磁波在无线移动信道中的传播方式。

2. 无线移动信道的衰落可分为哪两种? 多径效应和多普勒效应属于何种衰落?

3. 分集技术如何分类?

4. MIMO 系统有哪些预编码方法?

5. 已知一个 $(3,1,4)$ 卷积码编码器的输出和输入关系为 $c_1 = b_1$, $c_2 = b_1 \oplus b_2 \oplus b_3 \oplus b_4$, $c_3 = b_1 \oplus b_3 \oplus b_4$,试画出编码器的方框图和状态图。当输入信息序列为 10110 时,试求出其输出序列。

# 第4章 移动交换技术

CHAPTER 4

作为移动通信的中枢,移动核心网的主要功能包括呼叫控制、移动性管理以及承载控制等,其基础是交换技术。随着移动网络的演进,呼叫技术已经从1G、2G时代的传统的电路交换发展到5G的网络功能虚拟化(Network Function Virtualization,NFV)、软件定义网络(Software Defined Network,SDN)、网络切片(Network Slicing)和接入边缘计算(Mobile Edge Computing,MEC)等技术。本章重点介绍标签交换、路由交换、软交换和IMS等分组交换技术及其相关的信令或协议,并对WCDMA核心网(CN)、LTE核心网(EPC)和5G核心网(5GC)的控制和业务流程进行深入讲解。

## 4.1 交换技术概述

### 4.1.1 交换技术的发展

电路交换技术主要是为了满足人们对语音通信需求发展而来的,随着数据业务需求的增长,在原报文交换技术的基础上发展了分组交换技术。ATM技术结合了电路交换技术和分组交换技术的优点,在3G移动通信系统中得到了广泛应用。伴随计算机软硬件技术的迅速提升,传输带宽的不断增长,为了满足用户新型业务需求,软交换、IMS、MPLS等新的交换技术纷纷涌现。针对移动核心网的交换技术发展关系如图4.1所示。在移动核心网中,2G以前为电路交换,核心网只存在电路域;进入3G就逐步由电路交换过渡到分组交换,如3GPP R99的语音部分为电路交换,而新增加的分组域为分组交换,3GPP R4将基于电路交换的电路域变为软交换,3GPP R5又将电路域升级到IMS,接口部分为ATM;4G核心网只有分组域,并在IMS的基础上实现了业务、控制、承载之间更大程度的分离;5G核心网启用了SDN(软件定义网络),利用云实现了网元功能虚拟化,控制面和用户面完全分离,使得用户面可以下放到网络边缘。

**1. 电路交换**

电路交换(CS)是一种直接的交换方式,它为一对需要进行通信的站点提供一条临时的专用传输通道,该通道既可以是物理通道,也可以是逻辑通道。这条通道是由节点内部电路对节点间传输路径通过适当选择、连接而形成的,是由多个节点和多条节点间传输路径组成的链路。电路交换具有以下特点。

(1) 呼叫建立时间长,且存在呼损。

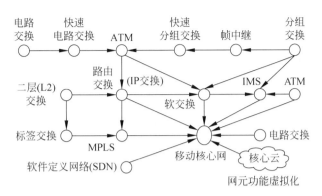

图 4.1 各种交换方式的发展关系

（2）对传送信息没有差错控制，电路连通后提供给用户的是"透明通道"。

（3）对通信信息不做任何处理，原封不动地传送（信令除外）。

（4）线路利用率低，从电路建立到进行数据传输，直至通信链路拆除，通道都是专用的。

（5）通信用户间必须建立专用的物理连接通路。

（6）实时性好。终端发起呼叫等动作时，系统能够及时发现并做出相应的处理。

**2. 分组交换**

分组交换（PS）采用存储转发方式，将用户要传送的信息报文切割为若干分组，以减少报文整体到达的时间并降低对设备处理能力的要求。分组交换最具代表性的是 X.25 协议，在早期的 TMN（电信管理网）中就得到广泛用应用。在现代移动通信中，除电路交换以外的其他交换方式基本上都属于分组交换的范畴，如基于 MAC 的交换机、基于 IP 的路由器、基于分组网的软交换以及在软交换基础上功能分离更进一步的 IMS 等，因此，在移动通信中出现了分组域的概念。

**3. 帧交换**

帧交换（FS）基于 X.25 协议，但只有 X.25 协议栈的最下面两层，没有第三层，所以加快了处理速度。通常在第三层上传输的数据单元称为分组，在第二层上传输的数据单元称为帧（frame），帧交换是在第二层，即数据链路层实现的。

**4. 异步传送模式**

异步传送模式（ATM）是 ITU-T 确定的用于宽带综合业务数字网（B-ISDN）的复用、传输和交换的技术。ATM 在综合了电路交换和分组交换优点的同时，克服了电路交换方式中网络资源利用率低、分组交换方式信息时延长和抖动大的缺点，提高了网络的效率。ATM 的传输过程分为建立连接、数据传输和连接终止 3 个阶段。

**5. 路由交换**

路由交换（IP 交换）属于三层交换，主要包括路由处理和数据包转发两个过程。其中，路由处理是指执行路由协议（如 RIP 和 OSPF 协议），构造和维护路由转发表的过程；数据包转发包括以下操作。

（1）数据包有效性验证：包括检查 IP 版本号和报头长度域、计算报头检验码等。

（2）目的 IP 地址解析和路由表查找：根据数据包的目的地址与路由表项的地址掩码查找路由表，确定数据包的输出端口和下一跳地址。路由表的查找时间是制约路由器性能提高的主要问题。路由匹配采用最长匹配规则,为了提高查找效率,可以采用压缩算法、改进的哈希算法等,现代路由器则普遍采用硬件转发的方式,以提升数据包转发的效率。

(3)数据包生命周期控制:路由器调整数据包内的生命周期(Time-To-Live,TTL)域值,防止数据包在网络内无限期转发。

(4)计算校验码:因 TTL 值被修改,需要重新计算 IP 报头的校验码。

(5)在 IP 数据包的长度超过最大传输单元长度时,路由器执行数据包分段功能。路由器的功能还包括数据包优先级分类和网络管理等。

**6. 多协议标签交换**

在标签交换的基础上发展起来的多协议标签交换(Multi-Protocol Label Switching,MPLS)既具有 ATM 的高速性能,又具有 IP 交换的灵活性和可扩充性,可以在同一网络中同时提供 ATM 和 IP 业务。利用 ATM 传送 IP 包是公用骨干网上最适用的技术方案之一。

**7. 软交换**

软交换(Software Switch)是一种分布式的、软件控制的交换系统,可以基于各种不同技术、协议和设备,在网络环境之间提供无缝的互操作功能。软交换的核心是软交换控制设备,其独立于软交换网络,主要完成呼叫控制、资源分配、协议处理等功能。软交换以功能分散的方式,通过网络实现电路交换机的全部业务和众多的新业务。WCDMA 的 R4 版本采用的即是软交换技术。

**8. IP 多媒体子系统**

IP 多媒体子系统(IMS)体系结构设计继承和发展了软交换技术,在业务与控制相分离的基础上,进一步实现了呼叫控制与媒体传输的分离。IMS 虽然是 3GPP 为了移动用户接入多媒体服务而开发的系统,但由于它全面融合了 IP 域的技术,并在开发阶段就和其他组织进行密切合作,使得 IMS 不仅可以为移动用户提供呼叫会话服务,还可以为其他类型的用户提供呼叫会话服务。WCDMA 的 R5 以后版本就采用 IMS,IMS 在 LTE 中得到了广泛的应用。

**9. 软件定义网络**

软件定义网络(SDN)的核心理念就是让软件应用参与到网络控制中,去改变以各种固定模式协议控制的网络。SDN 是一种新型网络架构,它倡导业务、控制与转发三层分离,实现网络智能控制、业务灵活调度、实现网络开放、生成新型网络,分离了网络的控制平面和数据平面。5G 采用了 SDN 技术。

## 4.1.2 虚电路和数据报

目前,移动核心网以分组交换为主,按照实现方式的不同,分组交换分为虚电路(Virtual Circuit,VC)和数据报(Data Gram,DG)两种交换方式。

**1. 虚电路方式**

虚电路交换采用面向连接的工作方式,两个用户的终端设备在开始收发数据之前需要通过通信网络建立逻辑上的连接,这种连接直至用户不再需要收发数据时才被清除。

呼叫双方在通信之前建立逻辑上的连接,此连接跟电路交换中的物理电路连接不同,因此称为虚电路。虚电路是从信源设备到信宿设备的一条路径,由一系列的链路和分组交换节点组成,路径上的每条链路以虚电路标识(VCID)作为标签,分组交换机的转发表中记录了虚电路标识之间的接续关系。ATM、MPLS、FR 等属于虚电路方式的分组交换。

**【例 4.1】**　根据如图 4.2 所示的 ATM 虚电路连接说明 ATM 信元的交换过程。

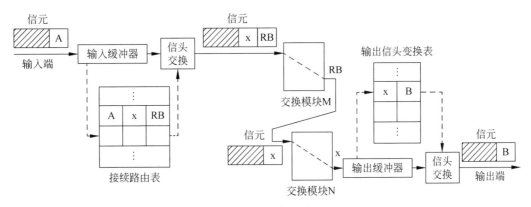

图 4.2　ATM 虚电路连接

当一条虚电路建立时,在与其对应的输入复用线的接续路由表中就记入了选路比特 RB,用它来表示哪条虚电路通过哪条交换路由进行接续。当信元到达输入端缓冲器后,先核对信头中的标签 A(用它来识别虚电路),再将 RB 和交换机内部识别符 x 装入信头,然后把信元发往交换网。交换网内各交换模块具有自行选路功能,根据 RB、x 将信元发往指定的方向。信元转送到输出端缓冲器后,根据识别符 x 在输出信头变换表中所对应的内容将信头标识变换为 B,最后在输出端输出信头为 B 的信元。

**2．数据报方式**

数据报交换采用无连接的工作方式,交换网把进入网络的任一个分组都作为独立的小报文来处理,而不理会它究竟属于哪个报文。作为基本传输单位的"小报文"称为数据报。

数据报方式没有呼叫建立过程,因此也不存在信源、信宿之间逻辑上的虚电路。在数据报方式下,信源设备独立地传送每一个数据分组,每一个数据分组都包含信宿设备地址的完整信息,分组到达的网络节点都要为每一个分组独立地选择路由并进行转发。

路由交换是典型的数据报方式的分组交换。虚电路和数据报方式的差异如表 4.1 所示。

表 4.1　虚电路和数据报对比

| 实 现 方 式 | 虚 电 路 | 数 据 报 |
| --- | --- | --- |
| 是否建立连接 | 建立连接 | 不建立连接 |
| 地址信息 | 虚电路号 | 源和目的地址 |
| 收发顺序 | 按序发送、按序接收 | 按序发送、不一定按序接收 |
| 选路方法 | 建立连接时进行路由选择,此后所有分组按所建立的虚电路转发 | 每个分组独立选路 |

## 4.2　多协议标签交换

### 4.2.1　概述

多协议标签交换是一种在 OSI 的二层(数据链路层)和三层(网络层)之间操作的数据转发技术。

### 1. MPLS 标签

MPLS 标签格式如图 4.3 所示,分组中有一个固定长度(4 字节)且仅在本地有效的标识符,用于标识分组所属的 FEC(转发等价类)。MPLS 标签位于链路层报头和网络层报头之间,允许使用任何链路层协议。MPLS 标签包含 4 个字段。

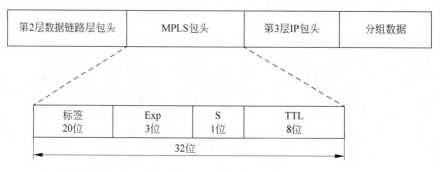

图 4.3　MPLS 标签格式

(1) MPLS 标签:20 位的标签值。

(2) Exp:3 位的扩展字段。通常,此字段用作服务类别(CoS)字段。当发生拥塞时,设备会优先处理该字段值较大的数据包。

(3) S:1 位的标签堆栈底部标识。MPLS 支持多个标签的嵌套,当 S 字段为 1 时,标签位于标签堆栈的底部。

(4) TTL:8 位的分组生存时间值,与 IP 数据包中的 TTL 字段含义相同。

### 2. MPLS 系统组成

MPLS 系统的组成如图 4.4 所示,图中的节点设备称为标签交换路由器(Label Switching Router,LSR)。LSR 分为标签边缘路由器(Label Edge Router,LER)和转发 LSR(Transit LSR),其中转发 LSR 也称核心 LSR(Core LSR)。LER 也称为 MPLS 边缘节点(MPLS edge node),包括 MPLS 入口节点(MPLS Ingress node)和 MPLS 出口节点(MPLS Egress node)。

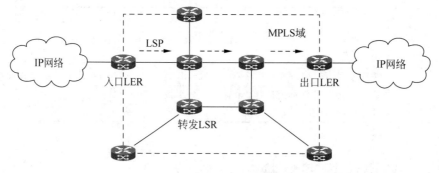

图 4.4　MPLS 系统的组成

图中入口 LER 是 IP 分组进入 MPLS 网络的节点,也就是 MPLS 网络的入口路由器。入口 LER 计算出 IP 分组归属的 FEC(转发等价类),并把相应的标签(Label)置入 IP 分组中,构成 MPLS 分组。出口 LER 是 MPLS 分组离开 MPLS 网络的节点,也就是 MPLS 网络的出口路由器。出口 LER 将标签从 MPLS 分组剥离,将剥离后的 IP 分组发送到传统的路由系统中。从功能的角度看,LSR 包括控制面和转发面,其结构如图 4.5 所示。控制面的功能是生成和维护路由信息及标签信息;转发面的功能则是实现 MPLS 分组的转发。

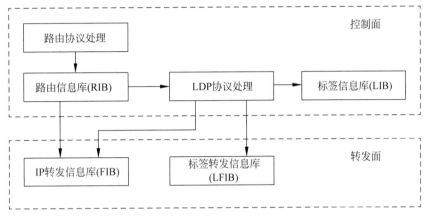

图 4.5　LSR 的结构

## 4.2.2　标签交换

MPLS 网络中的标签分发协议(Label Distribution Protocol,LDP)是负责 FEC 的分类、标签的分配以及分配结果的传输、标签交换路径(Label Switch Path,LSP)的建立和维护等一系列过程的控制协议。LDP 使用路由表中由开放最短路径优先(OSPF)、内部网关路由协议(IGRP)等选路协议自动生成的路由信息,创建一条标签交换路径 LSP,建立起点到终点网络的连接。

在 MPLS 网络中,分组数据的传输要靠标签引导,通过标签分发协议 LDP,LER 和转发 LSR 完成标签信息的分发。通过 OSPF、BGP 等路由协议获取网络拓扑和路由信息,根据路由信息决定如何完成标签交换路径的建立。当分组(如图 4.4 中的 IP 数据包,也可以是帧中继或 ATM 信元等)进入 LER 时,入口 LER 根据输入分组头查找路由表,寻找通向目的地的标签交换路径 LSP,然后将查找到的 LSP 对应的标签插入到分组头中,再将分组输出到 MPLS 网络中通过标签识别的路径上。网络中的转发 LSR 节点则根据分组标签进行标签交换式转发,无须查找路由表。出口 LER 则将到达的分组按一定的规则转发至目标主机或目的网络。

【例 4.2】　根据图 4.6,概述 MPLS 网络中标签交换的过程。

入口 LER 接收一个未加标签的数据包(假如是 IP 数据包,其地址为 IP 地址),完成第三层处理后确定 FEC 及路由,并分配相应的标签(标签为 3),然后进行转发。MPLS 网络内部的转发 LSR 接收到有标签的数据包后,使用该标签作为索引,再到标签转发信息库 LFIB 中查找到与它匹配的相关新标签(新标签为 6),然后以查找到的新标签替换数据包头中的旧标签,并将数据包置于指定的出口,转发到下一个转发 LSR 或 LER。下一个 LSR 重复上述工作,直至出口 LER 去掉标签后,将数据包转发给终端用户。

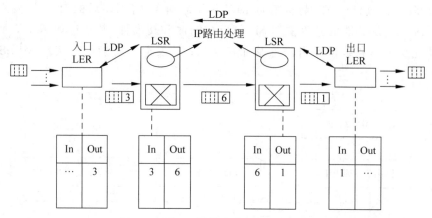

图 4.6　MPLS 网络中的标签交换过程

## 4.2.3　SR 交换

MPLS 分别通过 LDP、基于流量工程扩展的资源预留(Resource ReSerVation Protocol-Traffic Engineering,RSVP-TE)等协议实现标签的分发、流量工程及带宽控制。RSVP-TE 信令复杂,同时 MPLS 还要维护庞大的链路信息,影响了 MPLS 节点之间信息交互效率,系统的扩展也较为困难。在这样的背景下,被称为"下一代"MPLS 的分段路由(Segment Routing,SR)交换便应运而生。

SR 交换不再部署 LDP 协议,通过对内部网关协议(IGP)扩展 SR 属性,由 IGP 协议分发标签。同时,在网络中部署控制器,将 MPLS 网络中分散在各个节点的 RSVP-TE 功能集中实现,简化了协议结构和协议之间的交互。

SR 将网络路径划分为多个段(segment),每条邻接链路及每个节点作为一个段,分配一个段 ID(segment ID),这里的段 ID 即 MPLS 网络中的标签。因为段与 SR 域中的邻接链路及节点对应,因此,分配的段 ID 与 LSP(标签交换路径)数量无关,从而减少了所需资源的数量。

根据转发平面的不同,SR 分为两种类型,分别为基于 MPLS 转发平面的 SR-MPLS 和基于 IPv6 转发平面的 SRv6。

【例 4.3】　依据如图 4.7 所示的拓扑结构,完成 SR-MPLS 转发过程的描述。

在 SR 域的边缘,进入节点 A 的 IP 分组,在其二层首部和 IP 首部之间插入一个标签栈,按照隧道路径(A→B→D→E→G→H),依次将各邻接段的 ID 以反序压入(push)该标签栈,即在标签栈中分别压入各段 ID:708、506、403、202、101。然后按照栈顶的段 ID 查找转发出口,并将栈顶的段 ID 剥离(pop),即将邻接链路 A→B 的段 ID(101)剥离,再将剥离栈顶段 ID 后的 SR 分组发往下一个节点(节点 B)。

节点 B、D、E、G 分别对到达的 SR 分组按照栈顶的段 ID 查找转发出口,并将栈顶的段 ID 剥离,将剥离栈顶段 ID 后的 SR 分组发往下一个节点。在 SR 域的另一侧边缘,节点 H 对于达到的不带段 ID 的分组,按照 IP 地址进行转发。

本例为 SR-MPLS 流量工程(SR-TE)模式。在这种模式下,SR 域中的每条邻接链路都被分配了一个段 ID,并在入口节点定义了与一条隧道对应的多个邻接段的段列表,从而可

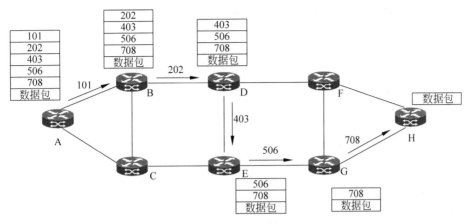

图 4.7 SR-MPLS 的转发过程

以指定任何严格的显式路径。在 SR-TE 模式下,路径调整和流量优化可以集中处理,便于通过软件定义网络(SDN)的方式实现。

### 4.2.4 SRv6

SRv6 其实就是"SR+IPv6",即通过 SR 域转发 IPv6 分组。IPv6 使用两种不同类型的头部:IPv6 主头部和 IPv6 扩展头部(extension header)。IPv6 主头部等效于 IPv4 基本报头。典型的 IPv6 数据包中不存在扩展头部。如果数据包需要对其路径上的中间节点或目的节点进行特殊处理,则可在数据包报头中添加一个或多个扩展头部。扩展头部位于 IPv6 主头部和净荷之间。

与 SR-MPLS 在数据链路层头部与网络层头部之间设置标签栈方式不同,SRv6 源节点使用了称为 SR 头部(Segment Routing Header,SRH)的扩展头部置入一个或多个中间节点的 IPv6 地址信息,使得数据包在去往最终目的地的路径上经过这些节点。因此,源节点可以使用 SR 头部来实现数据包的源路由。

SRv6 分组结构如图 4.8 所示,与传统 SR-MPLS 的 3 层类型标签(VPN/BGP/SR)相比,SRv6 在标签分层上更为简单,只有一种 IPv6 头,以此实现统一的分组转发。当中间节点不支持 SRv6 功能时,也可以根据 IPv6 路由方式来转发报文。

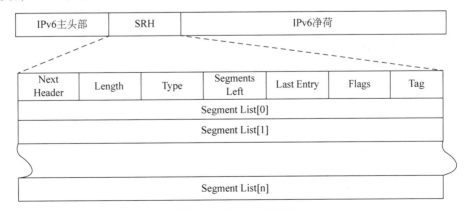

图 4.8 SRv6 分组结构

SRv6 的 SID(Segment ID,段 ID)有 128 位,分为 3 部分,如图 4.9 所示。

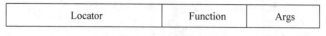

| Locator | Function | Args |
|---------|----------|------|

图 4.9　SRv6 的 SID(段 ID)

Locator(位置标识):SR 节点的标识,可以用于路由和转发数据包。Locator 有两个重要的属性,可路由和聚合。

Function(功能):分配转发指令的 ID 值,该值可用于表达需要设备执行的转发动作,相当于计算机指令的操作码。

Args(变量):转发指令执行所需参数,包含流、服务或任何其他相关的可变信息。

SRv6 同时具有路由和标签两种转发属性,可以融合两种转发技术的优点。

与 MPLS 及 SR-MPLS 类似,SRv6 节点也分为边缘节点(包括入口节点 Ingress、出口节点 Exgress)及中间节点。中间节点分为 SRv6 节点(End 节点)和转发节点(Transit 节点),分别进行 SRv6 分组转发及 IPv6 路由转发。SRv6 分组的转发过程如下。

(1) 入口 SRv6 节点将路径信息(段 ID 的集合,包括节点段 ID 和邻接路径段 ID,即 END SID 和 END. X SID)封装在 SRH 扩展头,初始化段长(Segment Length,标识段的数量)值,并将段长值指示的段 ID 复制到 IPv6 主头部,作为目的 IPv6 地址。之后,入口 SRv6 节点根据主头部的目的地址查路由表,转发分组到下一个节点。

(2) SRv6 节点处理:对于到达的分组,根据主头部的 IPv6 目的地址查找本地段 ID (Local SID)表。如果命中 END. X SID,则执行 END. X SID 的指令动作:Segment Length 值减 1,并将 Segment Length 指示的 SID 复制到 IPv6 主头部,作为目的 IPv6 地址,同时将分组转发到 END. X 关联的下一个节点;如果命中 END SID,则执行 END SID 的指令动作:Segment Length 值减 1,并将 Segment Length 指示的 SID 复制到 IPv6 主头部,作为目的 IPv6 地址,根据路由表转发分组到下一个节点。

(3) 转发节点处理:直接根据到达分组的主头部的目的地址,查询 IPv6 路由表进行转发,不处理 SRH 扩展头。

(4) 出口 SRv6 节点:因为到达分组的 Segment Length 值已经减为 0,Exgress SRv6 节点将移除 IPv6 主头部和 SRH 扩展头部并处理有效负载,如将移除了 IPv6 主头部和 SRH 扩展头部的分组转发到 IPv4 网络。

## 4.3　软交换

软交换(software switch)的基本含义就是把承载与呼叫控制分开,通过服务器或网元上的软件实现呼叫控制功能。广义的软交换是一个体系,包含分布在业务层、控制层、承载层、接入层的多种设备,狭义的软交换指实现软交换系统控制功能的软交换控制设备,也称为软交换控制器或软交换机。

### 4.3.1　软交换协议体系

软交换要实现网络的互联互通,尽可能与多种设备(如 IP 网关、网络接入服务器、综合接入设备等)互操作,至少要能够支持 No.7、ISUP、SIP、H.323 和 MGCP 等协议。软交换体系中各协议的大体情况如图 4.10 所示,主要协议介绍如下。

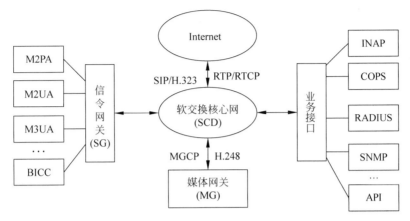

图 4.10　软交换协议体系

### 1. H.323

H.323 没有关于 NNI 接口的定义,没有建立拥塞控制机制等。这对于在专用网内实现呼叫来说没有问题,但若要提供全国性业务及与 PSTN 之间的连接,则必须依赖 NNI 接口。

### 2. SIP

SIP 遵循 Internet 的设计原则,很容易增加新业务和扩展协议内容,而不会引起互操作问题。SIP 协议简单,采用模块式结构,不受基础协议与结构的限制。

### 3. SIP-T

SIP-T(SIP 电话控制)协议补充定义了如何利用 SIP 协议传送电话网络信令,特别是 ISUP 信令的机制。

### 4. BICC

BICC(独立于承载的呼叫控制)协议是基于 ISDN(综合业务数字网)的信令协议,它提供了支持独立于承载技术和信令传送技术的 ISDN 业务。

### 5. SIP-I

SIP-I(带有 ISUP 消息封装的 SIP 协议),定义了 SIP 与 BICC/ISUP 互通时的技术需求,包括互通接口模型、互通单元(IWU)所应支持协议的能力集、互通接口的安全模型等。

### 6. MGCP

MGCP 是 SGCP(简单网关控制协议)和 IPDC(Internet 协议设备控制)结合的产物,实现软交换控制器对软交换网关的控制功能。

### 7. SIGTRAN

SIGTRAN(信令传输)是一个协议栈,用来实现在 IP 网中传递电路交换网的 No.7 信令,完成分组网和 No.7 信令网的协议互通,利用标准 IP 传送协议作为底层传输,通过增加自身功能来满足信令传送的要求,SIGTRAN 协议栈由 3 个功能层组成,如图 4.11 所示。

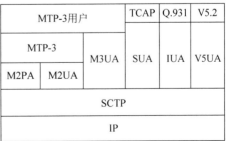

图 4.11　SIGTRAN 协议栈

（1）信令适配层：支持特定的原语和通用的信令，SIGTRAN 协议栈定义了 6 个适配层。

① M2UA（MTP-2 用户适配协议）：M2UA 的用户是 MTP-3，以客户-服务器模式提供 MTP-2 业务；

② M2PA（MTP-2 用户对等适配协议）：M2PA 的用户是 MTP-3，以对等实体模式提供 MTP-2 的业务，比如 SG 到 SG 的连接；

③ M3UA（MTP-3 用户适配协议）：M3UA 的用户是 SCCP 和 ISUP，以客户-服务器模式与对等实体一起，提供 MTP3 业务；

④ SUA（SCCP 用户适配协议）：SUA 的用户是 TCAP，以对等实体架构提供 SCCP 的业务；

⑤ IUA（ISDNQ.921 用户适配协议）：IUA 的用户是 ISDN 第三层实体，提供数据链路层业务；

⑥ V5UA（V5 用户适配协议）：提供 V5.2 业务。

（2）信令传输层：一种保证信令信息在 IP 网可靠传输的运输层协议，目前采用流控制传送协议（SCTP），由 SCTP 提供的偶联保证在无连接的 IP 网上传送可靠的 PSTN 信令消息。

（3）IP 协议层：标准的 IP 网络层协议。

## 4.3.2  H.323 协议族

H.323 是 IP 网关/终端在 IP 网上传送语音和多媒体业务所使用的核心协议，主要规范实时性、视频/音频及数据的传输标准及控制。H.323 不仅规定在网络架构上的传输标准，还对一些实体设备，如终端设备、网关、网守及 MCU 等进行规范。H.323 是信令协议、音视频压缩规范及控制协议的组合。H.323 协议栈结构如图 4.12 所示，其中信令协议主要包括：

| 声像应用 | | 终端控制与管理 | | | 数据应用 |
|---|---|---|---|---|---|
| G.7XX | H.26X | RTCP | H.225 | H.225 | H.245 | T.120～T.128 会议系统 |
| RTP | | | RAS | | | |
| UDP | | | TCP | | | |
| IP | | | | | | |
| 数据链路层 | | | | | | |
| 物理层 | | | | | | |

图 4.12  H.323 协议栈结构

（1）RAS 是终端（或网关）和网守之间执行的协议，用于执行通信端点管理功能。

（2）H.225 用于终端之间及终端与网关之间多媒体呼叫的建立与释放。

（3）H.245 为呼叫控制协议，通过 TCP 连接，建立用于传输多媒体信息流的 RTP 通道。

（4）声像应用系列协议主要有 G.711、G.722、G.723.1、G.728、G.729 和 MPEG audio。

（5）数据应用系列协议采用 T.120 系列建议（T.120～T.128）组成数据通信协议。

### 4.3.3 SIP 协议族

SIP 是在简单邮件传送协议(SMTP)和超文本传送协议(HTTP)基础之上发展起来的，用于生成、修改和终结一个或多个参与者之间的会话。为了提供电话业务，SIP 还需要不同的信令标准和协议的配合(如实时传输协议 RTP、能够确保语音质量的资源预留协议 RSVP、能够提供目录服务的轻型目录访问协议 LDAP 等)，并实现与原有电路交换电话网络的信令互联。SIP 是一个应用层的协议，与基于 H.323 协议的 VoIP 电话系统类似，底层协议可以采用 UDP，也可以采用 TCP。基于 SIP 的 VoIP 电话系统的协议栈结构如图 4.13 所示。

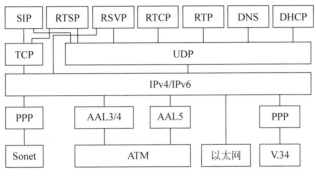

图 4.13 SIP 协议栈结构

在协议栈中，实时流协议(RTSP)建立并控制一个或多个时间同步的连续流媒体，用于 Internet 上针对多媒体数据流的实时传输协议(RTP)被定义为在一对一或一对多的传输情况下工作，其目的是提供时间消息和实现流同步。RTP 通常使用 UDP 来传送数据，但 RTP 也可以在 TCP 或 ATM 等其他协议之上工作。RTCP(实时传输控制协议)和 RTP 一起提供流量控制和拥塞控制服务。在 RTP 会话期间，各参与者周期性地传送 RTCP 包，包中含有已发送的数据包数量、丢失的数据包数量等统计资料，服务器可以利用这些消息动态地改变传输速率，甚至改变有效载荷类型。RSVP(资源预留协议)允许相关节点请求特殊服务质量，用于特殊应用程序数据流的传输。

### 4.3.4 SCTP 与 SIGTRAN

**1. SCTP**

SCTP 是在 IP 网络上使用的一种可靠的通用传输层协议，可以在网络连接的两端之间同时传输多个数据流。与 TCP 类似，SCTP 是面向连接、端到端、全双工、带有流量和拥塞控制的可靠传输协议。SCTP 的连接称为关联。不同之处在于 SCTP 通过借鉴 UDP 的优点突破了 TCP 的某些局限。

SCTP 的主要功能特征如下所述。

(1) 内建多地址主机支持：SCTP 中的一对连接称为关联(association)，关联两端的主机节点(endpoint)可以有多个网络地址并实现多路径传送。例如，4G 控制面信令，即是采用 SCTP 多条路径传送的方式。

(2) 保留应用层消息边界：SCTP 保留上层数据信息的边界，上层数据信息称为"消息"，传输的基本单位为有意义的数据段。

（3）单个关联多流机制：SCTP 允许用户在每个关联中定义子流，数据在子流内按序传输。

SCTP 具有如下的性能特点。

（1）采用无差错、非复制的用户数据传送，并采用全双工方式，从而提供了可靠的数据传输，在数据被丢弃、复制或是损坏的时候能及时地发现，并在必要的时候重新传送。

（2）明确支持多地址主机，数据流可以避开故障的链路而使用冗余链路，实现网络级容错。

（3）面向消息，支持对单独的消息定界。

（4）专注于改善某些 TCP 协议受限的功能，如建立大量的连接以及故障的快速检测。

（5）可进行数据拆分，以满足通道 MTU 大小的限制。SCTP 较 TCP 更加健壮、可靠，在某些应用场景下，可以取代 TCP 协议，并具有更好的性能表现。

SCTP 层位于 SCTP 应用层和无连接网络层之间，这种业务是通过在两个 SCTP 终端间的偶联来获得的。无连接网络一般都被认为是 IP 网络。

**2. 信令传送协议**

信令传送协议（SIGTRAN）定义了一个通用的信令转换功能模型，如图 4.14 所示。支持 SIGTRAN 的接口主要应用于 SG-MGC、SG-SG 和 SG-IP SCTP/IP HLR 之间，MGC-MGC、MG-MGC 之间也可以使用 SIGTRAN。

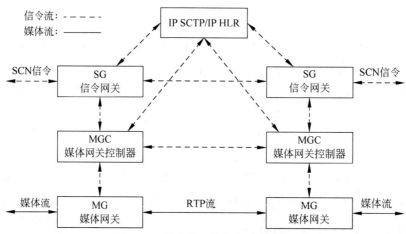

图 4.14　信令传送协议的功能模型

为了实现与 No.7 信令网的互通，SG 首先需要终结 No.7 信令链路，然后利用 SIGTRAN 将信令消息的内容传递给 MGC 进行处理。MG 只负责终结局间中继，并且按照来自 MGC 的指令控制中继。SG 对在电路网中传输的信令进行适配，以便使信令能够以分组的形式传输到 MGC；在另外一个方向，来自 MGC 的信令消息将以 IP 分组形式发送到 SG，利用 SIGTRAN 转换为 No.7 信令消息，以便在电路交换网中进行传输。

**【例 4.4】** 举例说明 No.7 信令网与 IP 网在应用层的互通方式。

如图 4.15 所示为 No.7 信令网与 IP 网在应用层的互通（SG 使用 SUA）的方式。SG 接收到 No.7 信令网的信令消息后，传递到信令连接控制协议（SCCP），SCCP 分析地址后，通过节点互通功能（Nodal Inter-working Function，NIF）把消息传递到 SUA，然后 SG 中的 SUA 根据 SG 翻译或地址表解析出目的地的 IP 地址，并把相应的信令消息封装在 SCTP

帧中发送到 IP 网络侧的 SCTP 节点。当 SG 收到从 IP 网络侧发来的消息后,SUA 把用户数据从 SCTP 中提取出来,并通过 NIF 功能把数据传递到 SG 的 SCCP,再由 SCCP 进行对应的 GT 翻译和 DPC 映射,发送到 No.7 信令网的 SP 或者 SCTP。

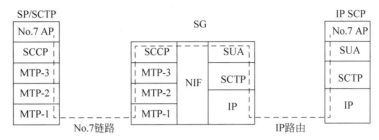

图 4.15　No.7 信令网与 IP 网在应用层的互通(SG 使用 SUA)

## 4.3.5　软交换的应用

### 1. 软交换体系结构协议接口

软交换协议接口如图 4.16 所示,主要接口介绍如下。

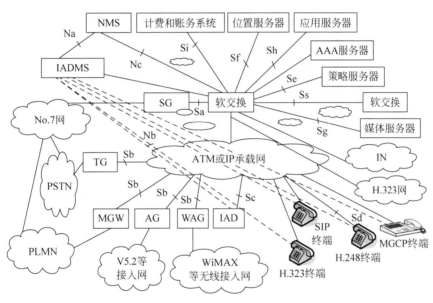

图 4.16　软交换结构各部件的协议接口

(1) Sa 接口:软交换和 SG(信令网关)之间信令传输承载接口,信令的传输承载协议为 SCTP,在不同的组网模式下可分别采用 M3UA、M2PA、M2UA、IUA 等。

(2) Sb 接口:软交换与媒体网关(TG/MGW 等)之间的信令接口,为 H.248 或 MGCP 等协议接口。

(3) Sd 接口:软交换与智能终端、SoftPhone 终端之间的控制信令接口,可以分别为 SIP、H.323、H.248、MGCP 等协议接口。

(4) Sf 接口:软交换与位置服务器之间的接口,为 LDAP、TRIP(Telephony Routing over IP,基于 IP 的电话路由)等协议接口。

（5）Sg 接口：软交换与媒体服务器之间的接口，为 MGCP 或 H.248 等协议接口。

（6）Nc 接口：网管系统与软交换网络设备之间的管理接口，为 SNMP 等协议接口。

**2. 软交换应用**

图 4.17 为利用中继媒体网关替代汇接局的中继应用情况。图中软交换替代了传统的长途/汇接交换机，信令网关进行 No.7 信令和基于 SIGTRAN 的 IP 信令协议的转换和传输，中继网关（TG）则在 MGC 的控制下完成 PLMN 到 IP 再到 PSTN 的媒体中继汇接。

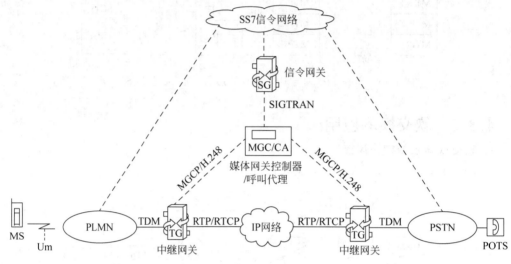

图 4.17　软交换中继应用

**3. 移动软交换**

移动软交换需要提供控制无线接入网（RAN）和移动用户的必要功能。如图 4.18（a）所示为 2G 升级为移动软交换时的组网结构，网络中增加了移动媒体网关（MGW）功能实体，实现了控制与承载的分离。图 4.18（b）为移动软交换的系统逻辑结构示意图，核心网由提供媒体控制功能和传输资源的 MGW，以及提供呼叫控制和移动性管理功能的 MSC 服务器（MSC Server）、GMSC 服务器（GMSC Server）等组成。GMSC 为网关 MSC。

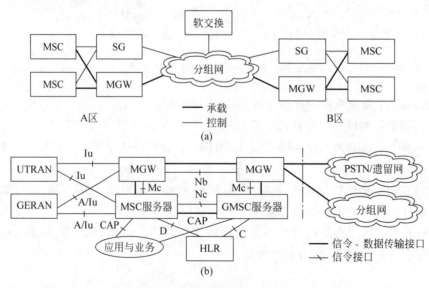

图 4.18　移动软交换示意图

移动媒体网关可分类为：移动接入网关（MGW），以 IP/ATM/TDM 为承载的核心交换网之间的网关设备；移动中继网关（TWG），以 IP/ATM/TDM 为承载的核心交换网与其他运营商之间的网关，或以 IP/ATM 为承载的核心交换网与基于 TDM 的 PSTN 网络之间的网关设备；完成 No.7 与分组网协议转换的信令网关（SG）。

## 4.4 IP 多媒体子系统

基于软交换发展起来的 IP 多媒体子系统（IMS）规范主要定义了 IMS 的核心结构、网元功能、接口和流程、业务特性、接入方式等。IMS 同软交换一样，是基于 IP 网络提供多媒体业务的通用网络架构，是比软交换更胜一筹的"软交换"，是 3G 以后的核心网主要技术。

### 4.4.1 IMS 体系结构

IMS 体系结构如图 4.19 所示，一般分为 3 层：承载及接入层、控制层和应用层。

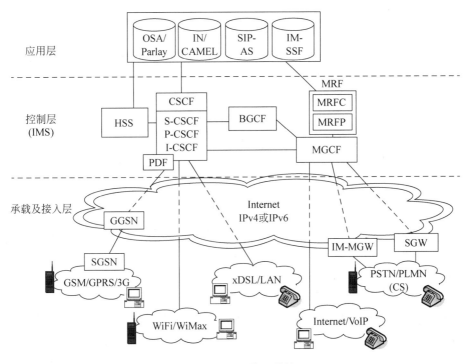

图 4.19　IMS 体系结构

**1. 承载及接入层**

IMS 承载网基于分组交换，无论哪一种接入方式，只要基于 IP，所有的 IMS 用户信令就可以被传送到控制层。它可承载各种类型网络之间的信令转换，完成与传统 PSTN/PLMN 间的互通等功能。在无线接入方面，IMS 除了能接入 WCDMA、LTE 等用户外，也可以通过 SIP Proxy 接入 WLAN 用户。

**【例 4.5】** 以 WCDMA 移动网为例,说明用户通过手机进行 IMS 会话的方式。

IMS 用户通过手机接入承载层,承载层用于提供 IMS SIP 会话的接入和传输,承载层设备采用 GPRS 原有的 SGSN、GGSN,而新增加的 IM-MGW(IP 多媒体网关)是负责媒体流在 IMS 域和 CS(电路交换)域互通的功能实体,以解决语音互通问题。

IP 多媒体网关可以终止来自电路交换网承载信道和来自分组网的媒体流(例如,IP 网中的 RTP 流)。它可以支持媒体转换、承载控制和负荷处理(例如,多媒体数字信号编解码器、回声消除器等)。

**2. 控制层**

IMS 层次结构的中间部分称为信令控制层,或会话及呼叫控制层。它由网络控制服务器组成,负责管理呼叫或会话设置、修改和释放,所有 IP 多媒体业务的信令控制都在这一层完成,实现了会话控制功能(CSCF)和媒体网关控制功能(MGCF)的分离,使网络架构更为开放、灵活。控制层仅负责传送和处理 IMS 信令,最终的 IMS 业务流不经过控制层,而完全通过承载层实现端到端通信。

(1)根据 CSCF 在网络中所处的位置,其不同功能也不一样。CSCF 可以分为如下 3 种类型。

① 代理 CSCF(P-CSCF):在移动终端请求 IMS 服务时,代理 CSCF 是第一个联系节点。用户设备通过一个“本地 CSCF 发现流程”得到 P-CSCF 的地址。P-CSCF 就像一个代理服务器,它把收到的请求和服务进行处理或转发。

② 查询 CSCF(I-CSCF):可以充当网络所有用户的转接点,也可以作为当前网络服务区内漫游用户的服务接入点。在一个网络中可以有多个 I-CSCF。

③ 服务 CSCF(S-CSCF):执行会话控制功能。它可以根据运营商的需要,维持会话状态信息。在同一个运营商的网络中,不同 S-CSCF 可以有不同的功能。

(2)MGCF 的功能包括:控制 IMS-MGW 中的媒体信道的连接;与 CSCF 通信;根据路由号码,为从传统网络接入的入局呼叫选择 CSCF 等。

(3)移动媒体网关(IM-MGW)可以终止来自电路交换网承载信道和来自分组网的媒体流(例如,IP 网中的 RTP 流)。它可以支持媒体转换、承载控制和负荷处理(例如,多媒体数字信号编解码器、回声消除器等)。

(4)媒体资源功能(MRF)包括多媒体资源功能控制器(MRFC)和多媒体资源功能处理器(MRFP)。MRFC 的主要功能:控制在 MRFP 中的媒体流资源;翻译来自 AS(应用服务器)和 S-CSCF 的信息(例如,会话标识符),并相应地对 MRFP 进行控制;产生计费记录。MRFP 的主要功能:控制 Mb 接口点的承载;提供 MRFC 需要的资源;混合输入的媒体流(如用于多方会议);发出或处理多媒体流(如用于多媒体广播)。

(5)出口网关控制功能(BGCF)用来选择与 CS 域接口点相连的网络。如果 BGCF 发现自己所在的网络与接口点相连,那么它就选择一个 MGCF,该 MGCF 负责与 CS 域(如 PSTN)交互。如果接口在另一个网络,那么 BGCF 就把会话信令转发给另一个网络的 BGCF。

(6) 信令网关(SGW)完成传输层的信令转换,把基于 No.7 的信令与基于 IP 的信令进行转换(也就是在 SCTP/IP 和 No.7 信令 MTP 间进行转换)。

(7) 归属用户服务器(HSS)用于维护终端的业务属性,包括 IP 地址、漫游信息、呼叫业务定制信息及语音邮件设置等。HSS 存放用户身份、注册信息、接入参数和服务触发信息,提供各个用户对 S-CSCF 能力方面的特定要求,为 I-CSCF 挑选合适的 S-CSCF。

(8) 策略支撑实体(PDF)根据从 P-CSCF 处获得的会话和媒体信息来制定策略,PDF 具有存储会话和媒体相关信息(IP 地址、端口号、带宽等),根据收到的承载授权请求信息提供授权决策等功能。

**3. 应用层**

支持各类应用服务器,负责为用户提供增值业务和第三方业务,主要网元是一系列通过移动网络增强逻辑的客户化应用(Customized Applications for Mobile network Enhanced Logic,CAMEL)、Parlay/OSA(开发业务架构)和 SIP 技术提供多媒体业务的应用平台。

IN/CAMEL 是 GSM 原有的智能业务及解决移动通信网与智能网互联问题的协议规范。

Parlay/OSA 是用于开放网络资源和能力的 API 规范,允许上层应用通过该 API 对网络资源和能力进行安全可控的接入,基于 OSA/ParlayAPI 开发的业务与具体承载网络无关。

**4. IMS 融合组网**

IMS 融合组网如图 4.20 所示,CSCF 完成呼叫网关功能、呼叫业务触发功能和路由选择功能,将 SIP 信令消息正确地转发到应用服务器;MRF 负责提供及控制媒体流资源,如播放通知音、媒体流的混合、编解码等;MGCF 负责 PSTN 承载与 IP 流之间的连接,根据被

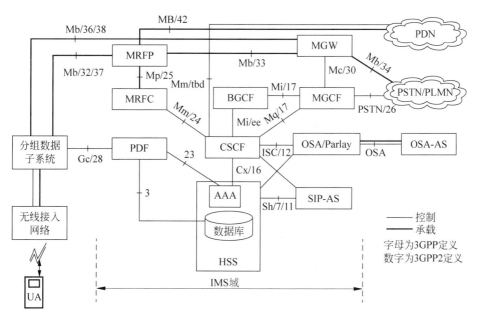

图 4.20 IMS 融合组网示意图

叫号码和呼叫属性情况选择 CSCF,并完成 PSTN 与 IMS 之间的呼叫控制协议转换,如将从 CSCF 接收到的 SIP 消息转换为 ISUP 消息,并通过 IP 数据包发送到信令网关 SGW,BGCF 主要实现呼叫路由功能,为呼叫选择适当的 PSTN 接口点,若发现该接口点与自己在同一网络,则选择本网络的 MGCF 与 PSTN 交互,若发现接口点在另一网络,BGCF 则将会话信令转发给另一网络相应的 BGCF。

## 4.4.2　IMS 注册与呼叫流程

在熟悉了 IMS 的组成与结构后,我们会有这样的问题: IMS 各个组成部分之间是如何协调工作的? 用户进行电话呼叫或者使用其他多媒体业务互通时,系统有什么样的工作流程? 以下介绍 IMS 的相关业务流程。

**1. IMS 注册流程**

这里的注册指 UE 在 IMS 域中登记或者周期性地刷新用户信息,IMS 标准称为应用层注册。注册意味着如果网络条件满足要求,成功注册的用户可以使用 IMS 域提供的音频、视频服务。

在进行 IMS 注册之前,UE 必须获得一个 IP 连接,并且发现 IMS 系统的入口点 P-CSCF。UE 找到 P-CSCF 地址的机制被称为 P-CSCF 发现。

3GPP 定义了两种 P-CSCF 发现机制: DHCP 过程和 GPRS 过程。例如,在 GPRS 接入中,UE 首先执行 GPRS 附着过程,为 SIP 信令激活一个 PDP(Packet Data Protocol)上下文,并且在 PDP 上下文激活请求中包含了 P-CSCF 地址请求标签,然后通过响应得到 P-CSCF 的 IP 地址,建立终端与基于 GPRS 的 3G 分组域之间的数据通道。

1) 常规注册流程

我们以移动用户 A 请求接入注册为例,描述一个常规的 IMS 注册流程,如图 4.21 所示。

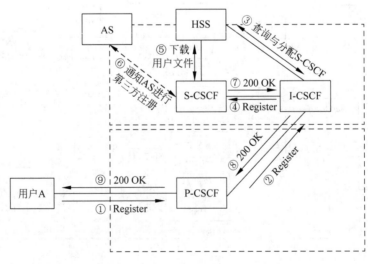

图 4.21　IMS 注册流程

第①步：用户 A 的 UE 向拜访网络的 P-CSCF 发送 Register(注册)请求消息,这个请求消息包含用户 A 的身份信息和归属 IMS 域的名称,启动注册过程。

第②步：P-CSCF 处理该 Register 请求消息,使用消息中的归属域名称查询 DNS 获得归属网络的 I-CSCF 入口点,向归属网络的 I-CSCF 转发 Register 消息。

第③～④步：I-CSCF 查询归属域 HSS,获得为用户 A 服务的 S-CSCF,如果没有,HSS 指示 I-CSCF 分配一个 S-CSCF 为其服务；I-CSCF 转发 Register 消息给指定的 S-CSCF。

第⑤～⑥步：S-CSCF 查询 HSS,下载用户 A 的属性文件和业务触发信息；如果存在相关的注册业务,那么 S-CSCF 还将触发相应的应用服务器,向应用服务器发送注册信息,并执行任何适当的服务控制程序。

第⑦～⑨步：最后,S-CSCF 返回注册确认信息,并沿着归属域 I-CSCF 和拜访域 P-CSCF 的路径逐级传回用户 A 的 UE,完成常规注册流程。

2) 带认证的注册流程

图 4.22 为带认证的注册流程。与常规注册不同之处表现在：S-CSCF 返回鉴权挑战信息,要求用户 A 重新认证。Auth-Challenge(鉴权挑战)消息沿着归属域 I-CSCF 和拜访域 P-CSCF 的路径逐级传回用户 A 的 UE(第⑦～⑨步)；用户 A 在辨别 IMS 网络合法后,利用共享密钥和 RAND 计算鉴权响应 RES,并重新发起注册过程(第⑩步)。新的注册过程遵循常规注册流程。

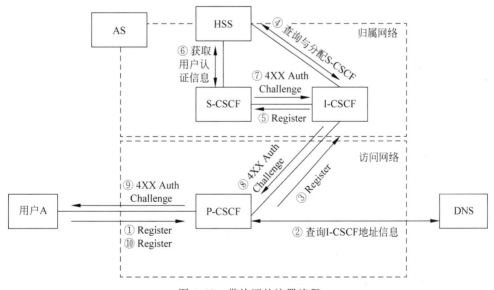

图 4.22　带认证的注册流程

**2. 会话初始化流程**

会话初始化是会话建立流程的第一个子过程,通过这个子过程,主叫用户将呼叫建立消息发送给被叫用户。之后,主被叫双方将按照正常的 SIP 协议进行消息交互,完成呼叫状态传递、媒体协商等操作,最终建立起承载通道,开始进行会话。

1) IMS 域内基本会话初始化流程

主叫用户和被叫用户在同一个 IMS 域的会话初始化流程如图 4.23 所示。假设主叫用户和被叫用户分别为 A 和 B,各自终端通过 IP-CAN(IP-Connectivity Access Network,IP 连接接入网)接入网络,会话初始化流程包含如下步骤。

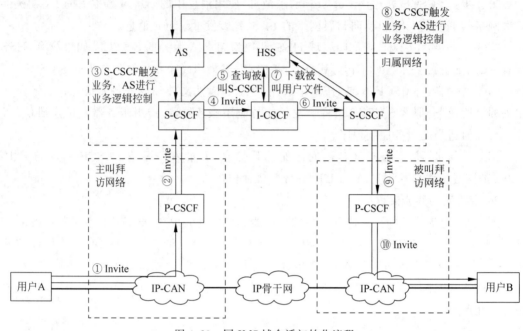

图 4.23 同 IMS 域会话初始化流程

第①~②步:主叫用户 A 的 UE(SIP UAC)向拜访网络的 P-CSCF 发送 Invite(请求)消息,该消息包含主叫用户 A 的公共用户身份、被叫用户 B 的公共用户身份、拜访网络的 P-CSCF 的 IP 地址、主叫用户注册的 S-CSCF 的 IP 地址等信息;P-CSCF 向归属网络内用户 A 注册的 S-CSCF 转发 Invite 消息。

第③~⑥步:用户 A 注册的 S-CSCF 触发业务,AS 进行业务逻辑控制,S-CSCF 将 Invite 请求消息转发给 I-CSCF;I-CSCF 通过 HSS 查询得到用户 B 注册的 S-CSCF,将 Invite 请求消息转发给 B 注册的 S-CSCF。

第⑦~⑧步:用户 B 注册的 S-CSCF 下载用户数据文件,触发业务,AS 进行业务逻辑控制。

第⑨~⑩步:用户 B 注册的 S-CSCF 将 Invite 请求消息转发给 B 当前拜访网络的 P-CSCF,P-CSCF 将 Invite 请求消息转发给被叫用户的 UE(SIP UAS)。

2) IMS 域间基本会话初始化流程

对于主叫、被叫用户归属不同 IMS 域的呼叫,初始化流程如图 4.24 所示。假设主叫用户和被叫用户分别为 A 和 B,从图 4.24 中可以看出,该流程与同一个 IMS 域内会话初始化流程的主要区别在第④步至第⑥步,如下所示,其他步骤就不再列举。

我们假设主叫用户 A 注册的 S-CSCF 不知道被叫用户 B 归属的 IMS 域地址,其将查询 DNS,获取被叫用户 B 归属 IMS 域的 I-CSCF 地址(第④步)。

用户 A 注册的 S-CSCF 将 Invite(请求)消息转发给用户 B 归属 IMS 域的 I-CSCF;I-CSCF 通过 HSS 查询得到被叫用户注册的 S-CSCF(第⑤~⑥步)。

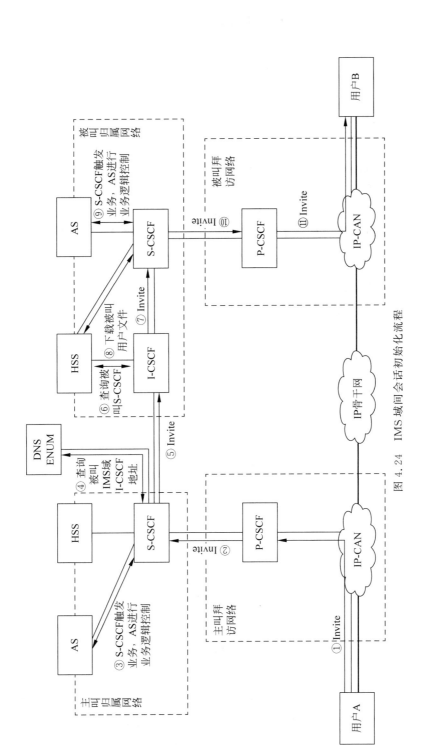

图 4.24 IMS 域间会话初始化流程

## 4.5 WCMDA CN 业务流程

WCDMA 核心网(CN)包含电路域(CS)和分组域(PS),本节介绍其业务访问流程。

### 4.5.1 CS 业务流程

WCDMA CS 域完成用户语音呼叫功能,包括 MSC Server 内 3G 用户之间呼叫、MSC Server 3G 用户呼叫 PSTN 用户、PSTN 用户呼叫 MSC Server 3G 用户等流程。从呼叫过程看,可以分为呼叫建立流程和呼叫释放流程。

**1. 主叫侧呼叫建立流程**

假设 MSC Server 和 MGW 之间采用 H.248 协议,3G 用户之间呼叫时,主叫侧的呼叫建立流程如图 4.25 所示。图中 UE-O、RNC-O 分别表示主叫侧 UE 和 RNC。

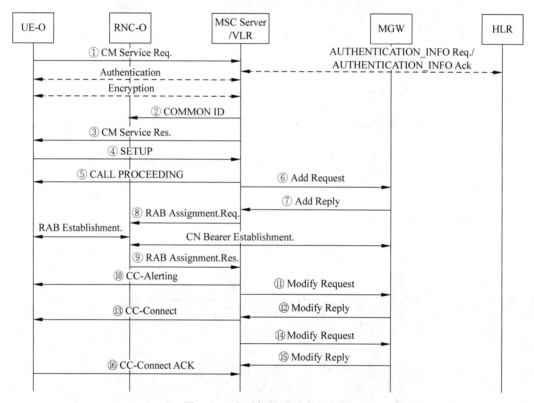

图 4.25　主叫侧的呼叫建立流程

首先,主叫 UE-O 向 MSC Server 发送 CM_Service_Request(连接管理-服务请求)消息,消息中包括移动用户识别码(IMS、TMSI、IMEI)、CM 业务请求类型(移动始发呼叫建立)等参数。MSC Server 会发起鉴权、加密过程,并发送 COMMON ID 消息给主叫侧 RNC(RNC-O),使 RNC-O 可以建立 UE 通用标识符与 RRC(Radio Resource Control,无线资源控制)关联。MSC Server 回送 CM_Service_Accept(连接管理-服务请求接收)消息给 UE(第①~③步)。

　　UE-O 发送 SETUP(建立)消息给 MSC Server,请求建立呼叫连接。MSC Server 回送 CALL PROCEEDING(呼叫处理中)到 UE-O。MSC Server 以 H.248 协议的 Add 消息要求 MGW 建立一个 Context(上下文),将 UE-O 加入其中(第④～⑦步)。

　　相关网元完成主叫侧 RAB(Radio Access Bearer,无线接入承载)分配过程,包括空口无线承载和 Iu 口承载信道的分配(第⑧～⑨步)。

　　MSC Server 寻呼到被叫 UE-T 后,UE-T 发送 CC-Alerting(回铃音)消息给 MSC Server。MSC Server 向 UE-O 转发 CC-Alerting 消息;之后,MSC Server 指示 MGW 给 UE-O 送回铃音(第⑩～⑫步)。

　　被叫用户 UE-T 应答后,发送 CC-Connect(连接)消息给 MSC Server。MSC Server 向 UE-O 转发 CC-Connect 消息。之后,MSC Server 指示 MGW 停止向 UE-O 送回铃音。TE-O 向 MSC Server 回送 CC-Connect ACK(连接确认)(第⑬～⑯步)。然后 MSC Server 向 UE-T 转发 CC-Connect ACK。主被叫用户进入通话状态。

**2. 被叫侧呼叫建立流程**

　　被叫侧的呼叫建立流程如图 4.26 所示。图中 UE-T 和 RNC-T 分别表示被叫 UE、被叫 RNC。首先,MSC Server/VLR 根据主叫(UE-O)发送的被叫 ISDN 号码的全局(GT)路由信息,找到被叫(UE-T)信息登记所在 HLR 地址,然后 MSC Server/VLR 向 HLR 查询被叫的路由信息(第①～④步)。

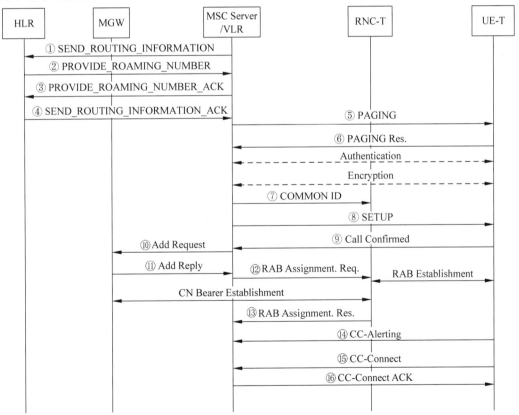

图 4.26　被叫侧的呼叫建立流程

MSC Server/VLR 通过寻呼流程找到被叫用户 UE-T,根据规则启动认证和加密流程。被叫侧 MSC Server 发送 COMMON ID 消息给被叫侧 RNC(RNC-T),使 RNC-T 可以建立 UE 通用标识符与 RRC(无线资源控制)关联(第⑤～⑦步)。

MSC Server/VLR 发送呼叫建立(SETUP)消息给 UE-T,指示建立呼叫连接。UE-T 回送呼叫证实(call confirmed);MSC Server 以 H.248 协议的 Add 消息要求将 UE-T 加入到主叫流程所建立的 Context 中(第⑧～⑪步)。

相关网元完成被叫侧 RAB(无线接入承载)指配过程,包括空口无线承载和 Iu 口承载信道的分配(第⑫～⑬步)。

被叫用户振铃后,UE-T 向 MSC Server 发送 CC-Alerting(回铃音)消息;被叫用户应答后,UE-T 向 MSC Server 发送 CC-Connect(连接)消息,MSC Server 转发该消息给 UE-O,并将 UE-O 回送的连接确认消息(CC-Connect ACK)消息转发给 UE-T,主、被叫进入通话状态(第⑭～⑯步)。

### 4.5.2 PS 业务流程

**1. 位置更新流程**

以下以不同 SGSN 之间的路由区更新为例,说明 PS 域的位置更新流程。如图 4.27 所示,不同 SGSN 之间路由区更新流程包括以下步骤。

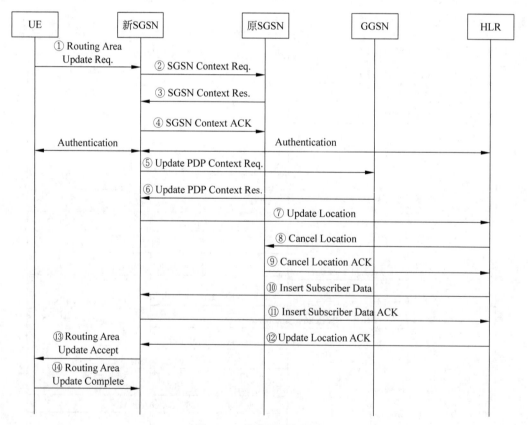

图 4.27 路由区更新流程

UE 向新 SGSN 发送路由区更新请求（routing area update request），新 SGSN 向原 SGSN 请求 MM Context 及 PDP Context，原 SGSN 返回 MM Context 及 PDP Context（第①～④步）。

在 UE 通过鉴权认证后，新 SGSN 向 GGSN 发送修改 PDP Context 请求（携带新 SGSN 地址、QoS 及隧道端点标识 TEID）；GGSN 修改 PDP Context 并回复响应消息（第⑤～⑥步）。

新 SGSN 以更新位置消息通知 HLR；HLR 与原 SGSN 交互，将 UE 在原 SGSN 中的位置信息删除；在完成 UE 数据插入新的 SGSN 相关 Context 后，HLR 回复位置更新确认（第⑦～⑫步）。

新 SGSN 向 UE 回送 RA 更新接收消息；UE 向新 SGSN 发送 RA 更新完成消息（第⑬～⑭步）。

**2. PS 域会话管理流程**

会话管理（session management）实现 PDP Context（Packet Data Protocol Context，PDP 上下文）管理功能。会话管理包括 PDP Context 的激活、修改及去激活等操作。3 种操作分别用于建立用户面的分组传送路由（如创建 PDP Context，建立 UE 到 GGSN 的隧道路由）；修改隧道路由或 PDP Context 的 QoS 等参数；拆除激活的 PDP Context。

MS 发起的 PDP 激活流程如图 4.28 所示。首先，UE 向 SGSN 发送 PDP 激活请求（Activate PDP Context Request），SGSN 向 GGSN 发起"建立 PDP Context 请求"消息，GGSN 响应（第①～③步）。在完成了 RAB 建立之后，SGSN 向 UE 发送"PDP 激活接收"消息（第④～⑤步）。至此，PDP Context 建立，用户可以实现上网等数据业务。

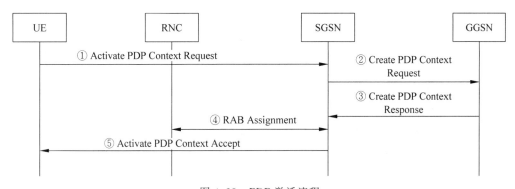

图 4.28 PDP 激活流程

# 4.6 LTE EPC 业务流程

## 4.6.1 EPC 基本业务流程

LTE EPC 业务流程是以 EPS 承载为核心的，EPS 承载结构如图 4.29 所示。一个 EPS 承载是 UE 和 P-GW 间一个或多个业务数据流（Service Data Flow，SDF）的逻辑聚合，可以在 UE 和分组数据网（PDN）之间提供 QoS 传输保证。EPS 网络中的承载包括 E-RAB（Evolved Radio Access Bearer，演进无线接入承载）和 S5/S8 接口承载两个部分。E-RAB

从 S-GW 开始到 UE 结束,由 S1-U 承载和数据无线承载(Data Radio Bearer,DRB)串联而成。

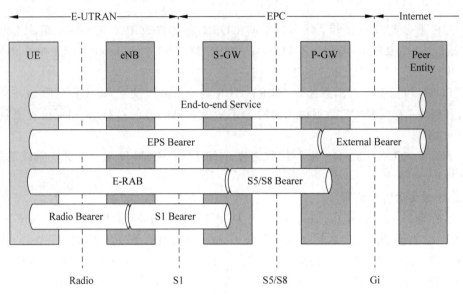

图 4.29  LTE EPS 网络中的承载

**1. 附着流程**

附着流程是用户开机后的第一个过程,用户通过附着流程注册到 LTE 网络上。附着流程是后续所有流程的基础。在附着过程中,MME 会为用户建立一个默认承载,该承载提供永久的 IP 连接,在 MME 和 UE 中将创建该用户的 MM 上下文和 EPS 承载上下文。在 S-GW 和 P-GW 中将创建该用户的 EPS 承载上下文。附着流程也会根据运营商策略对用户进行鉴权,如果用户是首次附着到 LTE 网络上,则必须鉴权。

**【例 4.6】** 假设某 LTE 用户乘飞机从 A 地到 B 地,飞机降落后开机,该用户 UE 即启动到新的 MME 的网络附着流程,典型附着流程如图 4.30 所示,根据该图概述其附着流程。

UE 发送 Attach Request(附着)消息给 eNodeB,eNodeB 转发 Attach Request 消息给位于 B 地的新 MME,触发附着流程(第①~②步)。

新 MME 向 A 地的原 MME 获取 IMSI;如果向原 MME 获取 IMSI 失败,则向 UE 获取 IMSI;MME 及 HSS 完成 UE 身份认证及安全设置功能。根据运营商策略,MME 获取 UE 的 IMEI 号码,完成 IMEI 检查功能;如果 UE 在 Attach Request 消息中设置了加密选项传输标识,则 MME 从 UE 获取 APN 或/和 PCO(Protocol Configuration Option,协议配置选项)等数据(第③~⑦步)。

MME 向 HSS 请求 UE 的位置更新;HSS、原 MME、S-GW、P-GW、PCRF 交互,删除该用户 UE 在原 MME 的位置信息及承载上下文,终结所有的 IP-CAN 会话;HSS 向新 MME 回复位置更新确认并发送用户的签约数据(第⑧~⑪步)。

MME 选择 P-GW 和 S-GW,通知 S-GW/P-GW 建立会话和承载上下文;P-GW 和 PCRF 之间执行 IP-CAN 会话建立过程,获得 UE 默认 PCC(策略控制和计费)规则(第⑫~⑭步)。

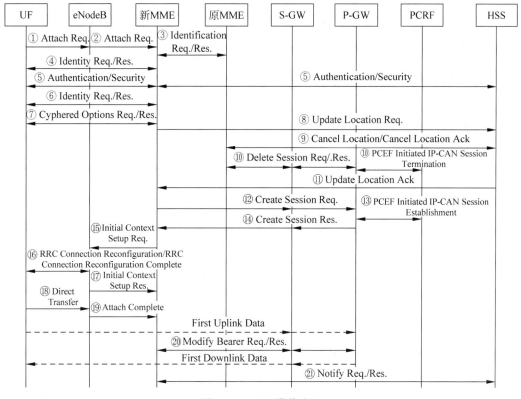

图 4.30  EPC 附着流程

MME 通知 eNodeB 建立承载上下文，eNodeB 向 UE 发送 RRC 连接重新配置消息，同时通知 UE Attach Accept(附着接收)。UE 发送 Direct Transfer 消息给 eNodeB，该消息包含附着完成信息，eNodeB 发送 Attach Complete 消息给 MME，确认附着过程完成。至此，由 UE 到 PGW 的上行数据链路建立(第⑮～⑲步)。

MME、S-GW、P-GW 等网元，通过传递 EPS Bearer Identity(承载标识)、eNodeB address(基站地址)、eNodeB TEID(隧道端点标识)和 Presence Reporting Area Information(状态报告区域)等信息创建 EPS 承载。如果 MME 选择的 P-GW 不同于 HSS 中签约的 PDN 上下文中的 P-GW，MME 会发送 Notify Request(通知请求)消息给 HSS，让 HSS 保存 APN 和 P-GW 标识对。MME 也会将本次附着对 IMS 会话支持的评估或者修改通知 HSS(第⑳～㉑步)。

**2. 业务请求流程**

按照业务请求发起的来源，业务请求可以分为：UE 触发的业务请求流程；网络侧信令触发的业务请求流程；网络侧下行数据触发的业务请求流程。UE 发起的业务请求流程如图 4.31 所示，UE 请求网络提供无线承载，开始数据会话或激活新业务，UE 的状态从空闲(IDLE)转换到激活(ACTIVE)。

**【例 4.7】** 依据图 4.31，简述 UE 发起的业务请求流程。

UE 发送业务请求消息(Service Request)给 eNodeB，eNodeB 转发该消息到 MME，触发业务请求流程。根据营运商的策略，执行非接入层的鉴权和安全设置过程(第①～③步)。

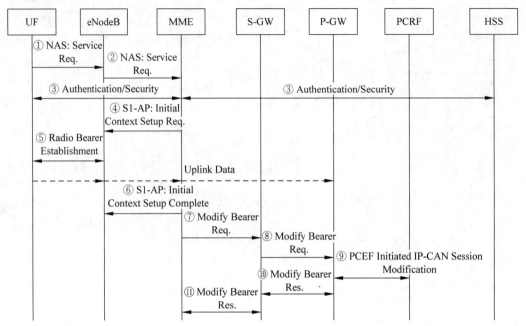

图 4.31　UE 发起的 EPC 业务请求流程

　　MME 通知 eNodeB 建立 PDN 上下文;eNodeB 和 UE 完成 DRB 连接的建立;eNodeB 向 MME 返回 PDN 上下文完成消息,传送 eNodeB 地址、EPS 承载列表等信息(第④～⑥步)。

　　MME、S-GW、P-GW 交互,传递 EPS Bearer Identity(承载标识)、eNodeB address(地址)、eNodeB TEID(隧道端点标识)、Handover Indication(切换指示)、Presence Reporting Area Information(状态报告区域)等信息。如果动态 PCC(策略和计费控制)被部署,根据用户接入方式,P-GW 和 PCRF 完成 IP-CAN 会话修改过程(第⑦～⑪步)。

## 4.6.2　EPC 语音业务回落

　　EPC 电话业务的语音以 IP 包的形式在 PS 域承载,呼叫的建立、更改、释放则在 IMS 域实现。也就是说,LTE 的语音业务是通过 PS 域+IMS 域实现的。

### 1. 实现方案

　　如果运营商没有同步建设 IMS 网络,或者用户终端不支持 IMS 业务,那么该如何实现电话业务功能呢? 有以下几种实现方案。

　　(1) LTE 与 GSM 同步支持(Simultaneous GSM and LTE,SGLTE):单卡双待方案,手机可以同时驻留在 GSM 和 LTE 网络中,打电话通过 GSM 网络进行,数据业务通过 LTE 网络进行。

　　(2) LTE 与语音网同步支持(Simultaneous Voice and LTE,SVLTE):同样是单卡双待方案,手机驻留于 2G/3G 网络和 LTE 网络,使用 2G/3G CS 域接听电话,同时使用 LTE 网络进行数据业务连接。

　　(3) 电路域回落(CS Fall Back,CSFB):同一时刻终端只能驻留于一种网络中(LTE 或 2G/3G)。UE 发起语音呼叫时,UE 先回落到 2G/3G 网络,呼叫结束后再回到 LTE 网络。

　　(4) 单一无线语音呼叫连续性(Single Radio Voice Call Continuity,SRVCC):与 CSFB 一样,也是一种单卡单待方案,是 VoLTE 不完全覆盖前的解决方案。由于终端同一时刻只驻留于一种网络中,当在两种网络中切换并保持连续性时,需要 CS 域、LTE PS 域和 IMS 域共同完成承载和会话层的切换。当 LTE 基站发现终端有正在进行的语音通话需要切换,且目标小区是 2G/3G 小区时,通知 MME 进行 SRVCC 切换。MME 向 MSC Server 发送切换请求,MSC Server 先建立好 CS 承载,然后向作为会话锚点的 IMS 域发送通知消息,通知进行会话切换。

**2. CSFB**

CSFB 业务部署需要借助于原有的 2G/3G 的电路域,用户在 LTE 网络和传统的电路域网络进行联合注册。用户终端驻留在 LTE 网络,当需要使用语音业务时,使其回落到电路域网络。

实现 CSFB 需要在 EPC 的 MME 与 2G/3G 的 MSC 或 MSC Server 之间建立 SGs 接口。该接口用来处理 LTE EPS 和 CS 域之间的移动性管理和语音业务寻呼流程,同时也提供 SMS(短消息服务)传输功能(SMS over SGs)。

UE 发起语音业务请求时,会向 LTE EPC 发一条 extended service request(扩展服务请求)消息,消息里会携带 CSFB 语音业务信息,同时携带该 UE 在联合附着过程中 CS 域为其分配的 TMSI。之后会在基站侧的辅助下回落至 2G/3G 网络。

**3. SRVCC**

单一无线语音呼叫连续性(SRVCC)的实现需要在 EPC 及 IMS 域分别增加 SRVCC 网络互通功能(SRVCC InterWorking Function,SRVCCIWF)及服务集中化和连续性应用服务器(Service Centralization and Continuity Application Server,SCC AS)网元,如图 4.32 所示。

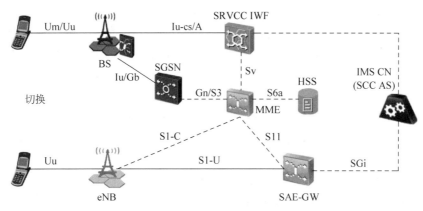

图 4.32 SRVCC 实现方法

SRVCC 与基于终端的 CSFB 方案不同,是基于网络的方案,由基站执行 SRVCC 过程的发起,并通过各个域的协调完成呼叫的切换。SRVCCIWF 收到终端发起的位置变更请求后,根据请求消息中携带的目标小区号,将用户的接入位置由 MME 切换为目标 MSC Server。SCC AS 负责在 IMS 域完成切换流程,更新远端 UE 的媒体信息。

## 4.7 5GC 业务流程

### 4.7.1 5GC 数据业务流程

5G 核心网(5GC)的业务流程与 EPC 类似,包括注册/去注册流程、AN 释放流程、服务请求流程、寻呼流程、切换流程以及 PDU 连接相关流程等。此外，还包括切片选择流程、策略相关流程等。以下主要介绍注册和 PDU 会话建立流程。

**1. 注册流程**

5GC 的注册流程和 EPC 的附着流程不同，实现了移动性管理功能实体和会话管理（Session Management，SM）功能实体的解耦，注册流程中不创建 PDU 会话。终端在 5GC 中的注册包括初始注册、移动注册更新、周期性注册更新和紧急注册等。

假设用户从原接入和移动性管理功能（Access and Mobility Management Function，AMF）离开，注册到新的 AMF，典型的注册流程如下所述。

（1）UE 向 5G 新空口（NR）基站发起注册请求（registration request），类型为初始接入，携带身份标识、切片选择、5GC 能力等信息；NR 基站选择 AMF 后，向新的 AMF 发起注册。

（2）新 AMF 向原 AMF 发送消息，请求并获取 UE Context 信息；新 AMF 基于用户永久标识符（Subscription Permanent Identifier，SUPI）选择一个 AUSF，为用户执行接入认证。

（3）新 AMF 向原 AMF 发送 UE 注册状态变更消息；向 UE 请求并获取到设备永久标识符（Permanent Equipment Identifier，PEI），相当于 IMEI。之后新 AMF 选择 UDM，向 UDM 发起注册请求，获取 UE 签约策略等数据，并订阅 UE 数据变更；UDM 向原 AMF 发送取消注册通知，原 AMF 取消对 UE 数据变更的订阅；新 AMF 选择 PCF，与 PCF 建立 AM 及 UE 关联策略。

（4）新 AMF 向 UE 发送注册接收（registration accept）消息，携带 5G 全球唯一临时标识符（5G Globally Unique Temporary Identifier，5G-GUTI）、切片标识等信息，UE 回复注册完成。

**2. PDU 会话建立流程**

PDU 会话指 UE 与提供 PDU 连接服务的数据网络之间的关联，目的是建立及释放数据连接服务。作为 5GC 的核心业务，PDU 会话流程可以是 UE 发起或者网络侧发起的，UE 发起的 PDU 会话流程又分为 UE 非漫游状态接入归属地网络、UE 漫游状态接入漫游地网络以及 UE 漫游状态接入归属地网络等情形。

【例 4.8】　根据图 4.33，描述 UE 非漫游接入归属地网络及 UE 漫游接入漫游地网络的 PDU 会话建立流程。

UE 请求建立会话（session establishment request），携带切片信息、PDU 会话 ID 及相关参数；AMF 选择 SMF，向 SMF 发送 SM 上下文建立消息；SMF 到 UDM 获取用户签约的会话参数信息，向 AMF 返回 SM 上下文建立响应消息（第①～④步）。

SMF 选择 UPF，对 PDU 会话进行授权和认证；认证成功，SMF 选择 PCF（策略控制功能），建立 SM 策略关联，获取 PCC（策略和计费控制）策略（第⑤步）。

SMF 选择 UPF，为 UE 分配 IP 地址之后，SMF 向 PCF 更新用户会话策略信息，与 UPF 交互，将会话信息和策略信息下发给 UPF，建立 N4 接口会话（第⑥～⑦步）。

SMF 发送 N1N2 接口信息传输消息（N1N2 message transfer）给 AMF，包含 PDU 会话 ID 及会话管理信息；AMF 将 PDU 会话 ID 等信息发送给基站；基站和 UE 交互，配置无线承载资源 DRB；之后基站返回响应消息，至此，上行数据链路建立（第⑧～⑪步）。

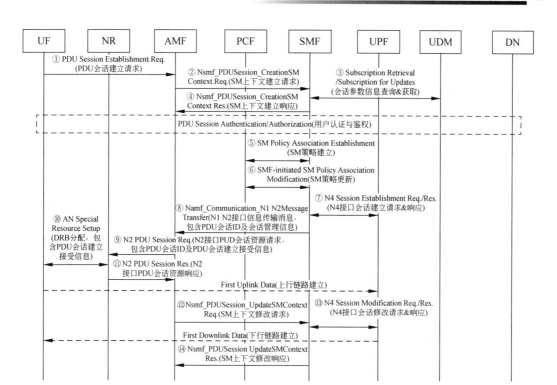

图4.33 PDU会话建立流程

AMF将从基站接收到的无线资源信息DRB转发给SMF；SMF与UPF交互，根据N2接口SM信息，进行会话参数调整，至此，下行数据链路建立；SMF向AMF返回会话参数调整响应消息（第⑫～⑭步）。

## 4.7.2 5GC电话业务流程

5G语音呼叫的实现有VoNR（基于5G新空口的语音）及EPS Fallback（回落到4G核心网的语音）两种方案。这两种方案均通过IMS实现语音会话的建立与控制，区别在于接入IMS的方式不同。其中，VoNR方案为5GC直接接入IMS；EPS Fallback方案为语音呼叫回落到EPS，通过EPC接入IMS。

**1. VoNR基本流程**

VoNR与VoLTE流程相近，但需要先进行PDU会话修改，为语音业务建立QoS流。VoNR流程概括如下：根据主叫或被叫场景，IMS系统通过SIP信令交互触发QoS建立过程；5GC给NG RAN发送PDU会话修改请求，NG RAN重新配置用户面并在会话修改成功后通知5GC、PCF、IMS，接下来继续IMS域呼叫建立过程。

**2. EPS Fallback流程**

语音从5G回落到4G网络的方案，要求5GC AMF与EPC MME之间配置N26接口。当驻留在5G网络上的UE发起语音呼叫或有语音呼入时，网络通过切换流程将5G终端切换到4G网络上，通过4G网络的VoLTE技术提供语音业务。EPS Fallback流程概括如下：

UE驻留在5G系统的NG-RAN上，并发起MO/MT（移动用户主叫/移动用户被叫）

IMS 语音会话建立请求；NG-RAN 收到 5GC 发起的 PDU 会话修改请求（为语音业务建立 QoS 流），如果决策 EPS Fallback，则拒绝该 PDU 会话修改请求，5GC 等待 UE 回落到 4G；NG RAN 将终端重定向到 LET EPS。当通过 N26 接口切换到 EPS 后，UE 发起 TAU（跟踪区更新）流程；SMF/P-GW 重新发起 IMS 语音业务专用承载建立流程。

## 习题

1. 简述分组交换中虚电路方式和数据报方式的差异。
2. 简述 MPLS 标签交换的过程和特点。
3. 试对 SR 交换与 MPLS 标签交换进行对比。
4. 简述软交换在移动网络中的应用。
5. 什么是 SIP 协议？SIP 协议定义了哪些实体？各种实体分别实现什么功能？
6. 简述 STCP 协议的主要特点及其与 TCP 协议的差异。
7. 简述 IMS 注册流程（不含鉴权）。
8. 根据图 4.27，说明 WCDMA 的业务流程。
9. 简述 EPC 业务流程。
10. 简述 5GC 用户注册流程。

# 第 5 章

# 移动承载网

　　移动承载网是指移动网各网元之间的连接,是业务网和基础网的融合。其中,业务网是指由移动核心网、接入网等具有高层功能的通信网络;基础网是一个大容量、独立于各种业务网,能为通信网络上所承载的各种业务和信号提供传输通道的统一平台。传统基础网包括 SDH、MSTP、WDM 等。随着带宽业务的不断涌现,PTN 应运而生,为移动网提供了全业务的承载方案。4G 以后的移动网已演进成为一个纯数据业务网,于是出现了端到端 IP化、具有三层功能的 IP RAN 技术。因此,本章将结合现有传输网,阐述移动承载网及相关技术。

## 5.1　基于时分复用的传输网

　　传输网通常由底层、中间层和上层构成。底层:管道段、人井、机房等基础设施;中间层包括电缆、光缆、光纤配线架(Optical Distribution Frame,ODF)、数字配线架(Digital Distribution Frame,DDF),交接箱、分线盒等,为上层逻辑网络提供承载服务。上层包括各类传输网络设备以及逻辑资源,如波分复用、传输复用,交叉设备、中继设备以及波道、通道、电路等各种系统设备,本节主要介绍这一层的相关系统及其与移动网络的连接关系。基于时分复用的传输网主要有 SDH、MSTP 以及 WDM 等。

### 5.1.1　同步数字体系

**1. SDH 的特点**

　　同步数字体系(Synchronous Digital Hierarchy,SDH)是光纤、微波和卫星等传输系统通用的技术体制,可通过开放性接口综合各种不同的网络单元,将其传输和复接集成在一起。

　　图 5.1 给出了准同步数字系列(Plesiochronous Digital Hierarchy,PDH)和 SDH 分插低速支路信号的过程。SDH 采用同步复接方式和灵活的复用映射结构,使上、下电路的业务容易实现,并省去了大量的电接口,SDH 信号的基本模块是速率为 155.420Mb/s 的同步传送模块 STM-1,可通过简单地将低速业务信号进行字节分插同步复接而成,简化了复接和分接过程,使 SDH 适合于高速大容量光纤通信系统。与 SDH 相比 PDH 上、下电路的业务十分复杂。

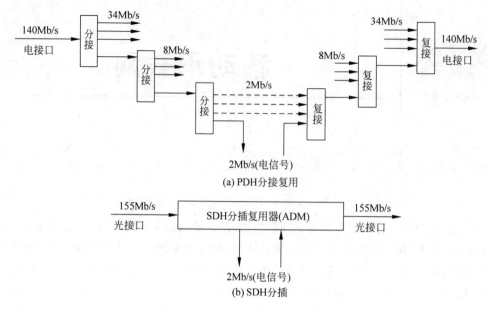

(a) PDH分接复用

(b) SDH分插

图 5.1　PDH 系列和 SDH 系列分插低速支路信号的过程

## 2. SDH 帧结构

STM-$N$ 帧结构如图 5.2 所示,由 $270 \times N$ 列、9 行的字节块组成,图中 $N$ 的取值范围是以 1 为基数、以 4 为等比的级数,如 1、4、16、64。但是 ITU-T 只对 STM-1、STM-4、STM-16、STM-64 的帧结构做出了规定。

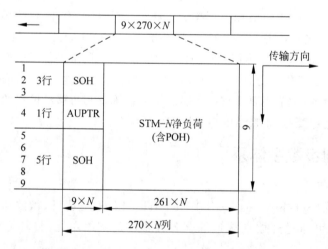

SOH: 段开销(Section Overhead)　　　AUPTR: 管理单元指针

图 5.2　STM-$N$ 帧结构

【例 5.1】　求 STM-1 速率。并列出 $N=1$、4、16、64 时各级 STM-$N$ 的线路码速。

$N=1$,帧长 $=270 \times 9 = 2430$B,一帧的比特数 $=2430 \times 8 = 19\,440$b,一帧时间的长度为 $125\mu$s,即速率为:$19\,440$bit$/125\mu$s $= 19\,440 \times 8000 = 155.520$Mb/s。因此,各级速率如下:

第 1 级为 STM-1,线路码速为 155.520Mb/s;

第 2 级为 STM-4,线路码速为 622.080Mb/s;

第 3 级为 STM-16,线路码速为 2488.320Mb/s;

第 4 级为 STM-64,线路码速为 9953.280Mb/s。

SDH 结构中包括段开销(SOH)、管理单元指针(AUPTR)、STM-N 净负荷等。

(1) STM-N 净负荷(Payload)区域是存放待传送信息码的地方,并包含 POH。POH 是用于通道性能监视、管理和控制的通道开销字节。

(2) 段开销(SOH)主要提供网络运行、管理和维护使用的字节,SOH 分为再生段开销(RSOH)和复用段开销(MSOH)两部分,其中 RSOH 在帧中位于 1~9×N 列、第 1~3 行;MSOH 在帧中位于 1~9×N 列、第 5~9 行。

(3) 管理单元指针区域。管理单元指针(AUPTR)在帧结构中位于 1~9×N 列、第 4 行,用来指示信息净负荷的第一字节在帧内的准确位置。

**3. SDH 传输网结构**

SDH 传输网的组成如图 5.3 所示。SDH 灵活的同步复用方式也使数字交叉连接(DXC)功能的实现大为简化。

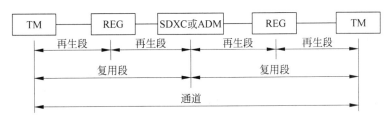

图 5.3　SDH 传输网示意图

SDH 的网络单元功能各异,但都有统一的标准光接口,能够在基本光缆端上实现横向兼容,即允许不同厂家的设备在光路上互通。

(1) 终端复用器(TM)是双端口器件,用于网络终端站。将低速支路信号复用进 STM-N 帧上的任意位置,或完成相反的变换。

(2) 再生中继器(REG)有两种:一种是纯光的再生中继器,主要进行光功率放大,以延长光传输距离;另一种是电再生中继器,属于双端口器件,只有两个线路端口。

(3) SDH 数字交叉连接设备(DXC)称为 SDXC。SDXC 是能在接口间提供可控 VC 的透明连接和再连接的设备,其端口速率既可以是 SDH 速率,也可以是 PDH 速率。DXC 的核心部分是交叉连接功能,交叉连接速率与接入速率之间的转换需要由复用和解复用功能来完成。例如,将若干个 2Mb/s 信号复用至 155Mb/s 中或从 155Mb/s 中解复用出 2Mb/s 信号。

(4) 分插复用器(ADM)用于 SDH 传输网络的转接站点处,它是一个三端口的器件。ADM 有两个线路端口和一个支路端口。

## 5.1.2　多业务传送平台

**1. MSTP 原理**

多业务传送平台(Multi-Service Transport Platform,MSTP)是将传统的 SDH 复用器、

数字交叉连接器、WDM 终端、网络二层交换机和 IP 边缘路由器等多个独立的设备功能集成为一体,进行统一控制和管理的一种网络设备。MSTP 是将 SDH 从单一的传输网转变为传输网和业务网一体化的多业务平台,称为融合的网络节点或多业务节点,主要定位于网络边缘。MSTP 功能架构如图 5.4 所示,线路侧的二层封装和处理主要是指以太网处理之后,数据帧进入 SDH 的帧格式之前,所进行的二层封装和处理。

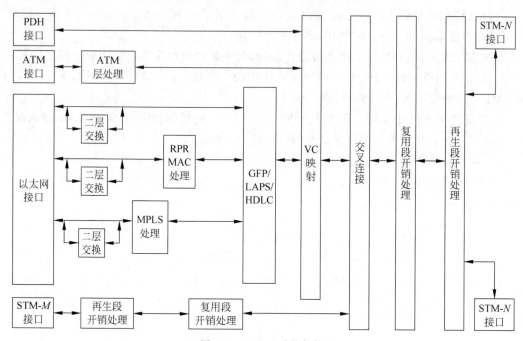

图 5.4　MSTP 功能架构

### 2. MSTP 以太网功能及接口

MSTP 以太网功能将以太网业务进行封装,映射到 SDH VC 虚容器中,保证业务的透明性;传输链路带宽可以进行配置,具有流量控制、以太网二层(L2)交换、VLAN 隔离和带宽统计复用等功能;可以防止广播风暴及提供端口速率限制等。

MSTP 应用于业务汇聚、以太环网、专线等场景。以下给出一些常用接口。

(1) E(Ethernet)接口:10 兆以太网接口。

(2) FE(Fast Ethernet)接口:快速以太网接口,就是百兆以太网接口。

(3) GE(Gigabit Ethernet)接口:千兆以太网接口。

(4) POS(Packet Over SONET/SDH)接口:SONET/SDH 设备接口,支持分组数据(如 IP)等,通常用于广域网、城域网中。

(5) CPOS(Channelized POS)接口:是指支持通道化的 POS 接口,它利用 SDH 体制的特征,提供对带宽精细划分,以增强路由器的低速端口的汇聚能力,并提高路由器的专线接入能力。

(6) 交换/路由常用接口:包括串行接口(DTE/DCE、RS-232、V35、X.21 和 RS-449等);以太网接口(E、FE、10/100 自适应接口、GE 接口等);ATM 接口(155Mb/s 等)。

### 3. SDH 与 MSTP 比较

MSTP 与 SDH 在稳定性、安全性、兼容性等方面完全一样,但在业务适用性、设备兼容性等方面表现突出。MSTP 接口及速率是在 SDH 基础上开通的,两者比较如表 5.1 所示。

表 5.1　SDH 与 MSTP 比较

| 比　较　项 | SDH | MSTP |
|---|---|---|
| 用户接入速率/(Mb/s) | 2～155 | 2～1000 |
| 电路接口 | v.35、E1、CPOS | GE、FE、RJ-45 |
| 适用业务 | 点对多点连接、高速接入等 | 多点互联、高速接入、图像、数据等 |
| 用户端设备及投资 | 必须有支持 CPOS 接口的路由器,接口物理特性要求严格。155Mb/s 以下带宽需要光端机和协议转换器,增加了电路故障点 | 支持以太网协议接口设备、路由器交换机;支持普通网线接口;1Gb/s 以上带宽可直接光纤接入设备端口 |
| 用户接入端口类型 | CPOS、POS、G.703、E1 | FE、RJ-45、GE、光模块 |
| 带宽/(Mb/s) | 2、8、155、622 | 10、100、1000 |
| 升级兼容性 | 与发展趋势融合不好,需要改进。后期出厂产品已有很大改进,可以直接融合 IP | SDH 经过升级改造成为 MSTP 后,可与任何 TCP/IP 快速网络融合 |

## 5.1.3　波分复用

波分复用(Wavelength Division Multiplexing,WDM)是将多个波道的信号放到同一条光纤中进行传送。根据波道间隔大小将 WDM 分为两类:波道间隔为 20nm,为稀疏波分,又称粗波分;波道间隔小于或等于 0.8nm,为密集波分。在 WDM 平台上组网克服了 SDH 再生段、复用段等距离因素的限制,组网灵活、接口丰富、应用方便。

**1. 承载 SDH 用户层的 WDM 系统**

承载 SDH 信号的 WDM 系统使用了光放大器,带光放大器的光缆系统在 SDH 再生段层以下又引入了光通道层、光复用段层和光传输段层,如图 5.5 所示。

光通道层:为各种业务信息提供光通道上端到端的透明传输。具有光通道层监测能力。

光复用段层:为多波长光信号提供联网功能,包括开销处理功能、光复用段监测功能等。

光传输段层:为光信号提供在各种类型的光纤上传输的功能,包括对光放大器、光纤色散等的监视与管理功能。

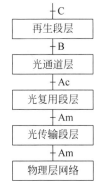

图 5.5　WDM 系统的分层结构示意图

WDM 系统由光纤、激光器、掺铒光纤放大器(EDFA)、光耦合器、电再生中继器、转发器、光分插复用器、交叉连接器与交换机等器件和设备组成。EDFA 需要能同时放大 WDM 的所有波长;光耦合器用来把各波长组合在一起和分解开来,起到复用和解复用的作用;光分插复用器、光交叉是 WDM 系统中的连接设备;光交换机可以对 ADM 和交叉连接设备做动态配置。

**2. 两类 WDM 系统**

WDM 系统可分为集成式 WDM 系统和开放式 WDM 系统两大类。

集成式 WDM 系统中的 TM、ADM 和 REG 设备，都应具有符合 WDM 系统要求的光接口($S_x$)，以满足传输系统的要求，整个系统构造没有增加其他设备，如图 5.6(a)所示。

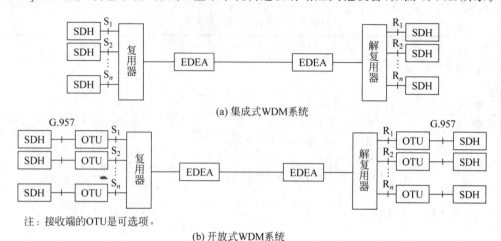

(a) 集成式WDM系统

注：接收端的OTU是可选项。

(b) 开放式WDM系统

图 5.6　两类 WDM 系统示意图

开放式 WDM 系统是指发送端设备有光波长转发器(OTU)，它的作用是在不改变光信号数据格式的情况下，把光波长按照一定的要求进行转换，如图 5.6(b)所示。

**3. 光传输网**

光传输网(Optical Transport Network，OTN)在 WDM 基础上，融合了 SDH 的一些优点，如丰富的 OAM 开销、灵活的业务调度、完善的保护方式等。OTN 对业务的调度分为光层调度和电层调度，光层调度可以理解为 WDM 的范畴；电层调度可以理解为 SDH 的范畴，简单地说，OTN＝WDM＋SDH。但 OTN 的电层调度工作方式与 SDH 不完全相同。

## 5.2　分组传输网

### 5.2.1　PTN 概述

**1. PTN 的技术优势**

以下从几个主要方面介绍 PTN 的技术优势。

(1) PTN 提出管道化的承载理念。PTN 以"管道＋仿真"的思路，来满足移动网络演进中的多业务需求。众所周知，TDM、ATM、IP 等各种通信技术，将在网络演进中长期共存，PTN 采用统一的分组管道，实现多业务适配、管理与运维，从而满足共存的要求。

(2) 变刚性管道为弹性管道，提升网络承载效率。PTN 采用由标签交换生成的弹性分组管道标签交换通道(Label Switch Path，LSP)，带宽可灵活地释放和实现共享，网络效率得到提升。

(3) 由于管道化的承载，简化了业务配置、网络管理与运维工作。移动承载网的特点是网络规模大、覆盖面积广、站点数量多，PTN 以集中式的网络控制管理，替代传统 IP 网络的动态协议控制，实现了移动承载网网管的可视化。

（4）植入时钟同步技术，使移动承载 IP 化过程中具备了电信级的同步能力。时钟同步是移动承载的必备能力，而传统的 IP 网络都是异步的，移动承载网在 IP 化转型中必须解决频率同步的问题。PTN 支持同步以太网、IEEE 1588V2 等多种时钟同步能力。

（5）丰富的保护倒换机制，保证网络高可靠性。PTN 系列分组传输设备支持基于硬件的营运管理与维护检测机制，支持丰富的环网保护倒换机制，满足业务端到端保护倒换时间小于 50ms 的电信级倒换要求，保证了网络可靠性。

（6）可以提供大规模组网能力。PTN 系列分组传输设备通过 E1、STM-1、FE、GE、10GE、40GE、100GE 等丰富的业务接口，实现了 2G/3G/LTE/5G 大客户专线等各类业务的统一接入，采用 PWE3 仿真技术，实现对这些业务的统一承载，能够高效满足各种应用场景的承载需求。

（7）实现了各种业务的统一承载。通过 PTN 组建的大型传输网，可以实现移动业务、大客户专线等各种业务的统一承载。PTN 支持端到端 QoS 能力，提供网络资源管理，可以提高带宽综合利用率。

**2. PTN 术语**

用户边缘设备（Customer Edge device，CE），有接口直接与服务商（Service Provider，SP）的 PTN 设备连接，它可以是路由器或交换机，也可以是一台主机。

网络边缘（Provider Edge，PE），即边缘路由器，是服务提供商网络 PTN 网络边缘设备。PE 设备用来在网络边缘与用户设备 CE 直接相连。

网络核心（Provider，P），服务提供商 PTN 网络中的骨干路由器，不直接与 CE 相连，只需要具备基本的 MPLS（多协议标记交换）转接能力。

Site 指相互之间具备 IP 连通性的一组 IP 系统，并且这组 IP 系统的 IP 连通性不需要服务商提供网络实现，Site 通过连到服务提供商网络，一个 Site 可以包含多个 CE，但一个 CE 只能在一个 Site 中。

虚拟专线（Virtual Leased Line，VLL）又称端到端伪线仿真，是一种二层业务承载技术。

回传或回程（backhaul），又称信号隧道，指的是一种配置，就是将移动语音、数据信息通过分组交换网络，从一个媒体网关向另一个媒体网关可靠传输。

E-Line（以太专线），是基于 MPLS 的 L2 VPN（二层透传 VPN）业务。E-Line 业务即点到点业务，是指客户有两个 UNI 接入点，彼此之间是双向互通的关系。

边缘到边缘的伪线仿真（Pseudo-Wire Emulation Edge to Edge，PWE3）是通过分组传输网（IP/MPLS）提供隧道，便于仿真 IMA、Ethernet 等业务的二层 VPN 协议，通过此协议可以将传统的网络与分组交换网络连接起来，实现资源共用和网络的拓展。

ATM 反向多路复用（Inverse Multiplexing for ATM，IMA）通过将多条 E1（2.048Mb/s）线路，复用成高带宽 ATM 信元流传输，使 E1 的线路设备可以享受到 ATM 的许多优点。IMA 是解决 3G 传输接口的方法之一，它通过 155Mb/s 接口，将 ATM 信元反向复用封装在 E1 中，在 E1 内部实现信元的统计复用。

## 5.2.2 PTN 原理

### 1. PTN 的网络分层结构

PTN 的网络分层结构如图 5.7 所示,主要由 3 层网络组成,它们是传输介质层、虚通路(VP)层和虚通道(VC)层。对于采用 MPLS-TP 技术的 PTN 而言,VC 层即伪线(PW)层;VP 层即标签交换路径 LSP 层。传输介质层可采用以太网、SDH 等传输技术。客户业务层在 PTN 网络的最上层,可以是绑定的多个客户或是基于端口的客户。

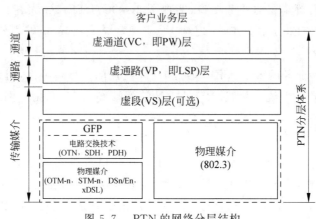

图 5.7　PTN 的网络分层结构

### 2. PTN 的网元分类

PTN 网元可分为 PE 节点和 P 节点两种类型,如图 5.8 所示。CE 是进出 PTN 网络业务层的源、宿节点,在 PTN 网络的两端成对出现。PE 节点是在 PTN 网络边缘、连接 CE 节点和 P 节点的网元,P 节点是在 PTN 网络内部进行 VP 隧道转发的网元。PE 和 P 描述的是对客户业务、VC(PW)、VP(LSP)的逻辑处理功能。对于一个指定的分组网络传送业务,PE 或 P 的功能只能被一个特定的 PTN 网元承担。但从任何一个 PTN 网元来看,可以同时承载多条分组传送网业务,因而该 PTN 网元既可以是 PE,也可以是 P。

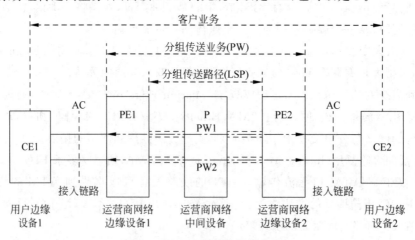

图 5.8　PTN 网元的逻辑分类

### 3. PWE3 技术

PTN 通过 PWE3 实现端到端的伪线,为 ATM、帧中继、低速 TDM 和 SDH 等各种业务,通过分组交换网络(PSN)传递,在 PSN 网络边界提供端到端的虚链路仿真。

PWE3 就是在分组交换网上搭建一个"通道",实现各种业务的仿真及传输。PWE3 是一种端到端的二层业务承载技术,属于点到点方式的 L2 VPN。在 PSN 网络的两台 PE 中,它以标记交换协议(LDP)、资源预留协议(RSVP)作为信令,通过 MPLS 隧道等模拟 CE 端的各种二层业务,使 CE 端的二层数据在 PSN 网络中透明传递。

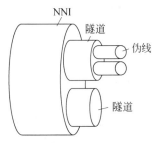

图 5.9 给出了 NNI 侧端口原理示意图,图中的隧道提供端到端连接,也就是 PE 的 NNI 端口之间的连接。PW 称作"伪线",Tunnel 称作"隧道",伪线如同具体的电线,隧道如同地下管道,通信的全程就是多根电线穿过管道,也就是多个 PW 穿越 Tunnel,PW 装的就是端到端具体业务。不同用户业务在 PE-PE 之间传输时,以太网连通性为点到点(P2P)。

图 5.9　NNI 侧端口的隧道与伪线关系示意图

PWE3 的主要功能是:对信元或者特定业务比特流在入端口进行封装,在出端口进行解封装,并携带封装信息通过 IP/MPLS 网络进行传输。基于 MPLS 的 PWE3 模型,如图 5.10 所示。

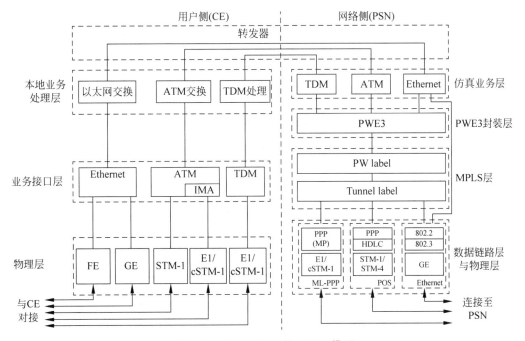

图 5.10　基于 MPLS 的 PWE3 模型

### 4. 综合业务统一承载

综合业务统一承载指通过 PWE3 实现 TDM 业务感知和按需配置,支持 TDM 的结构化时隙压缩。图 5.11 给出了综合业务统一承载示意图,该图以移动网 2G/3G 基站为例,使基站 BTS/NodeB 至 BSC/RNC 通过 PTN 网络实现远距离连接。下面给出几种连接方式。

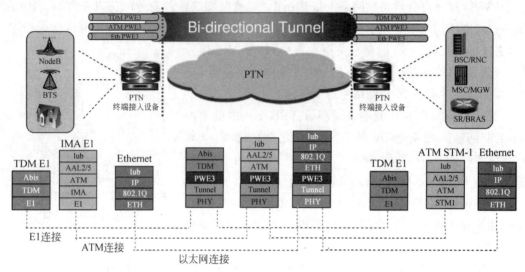

图 5.11　综合业务统一承载

(1) 在 2G 的 BTS 与 BSC 之间的 A-bis 接口,只有一种方式:TDM 的 E1 接口类型,传输介质为同轴电缆,以时隙的方式进/出 PTN。

(2) 在 3G 的 NodeB 与 RNC 之间的 Iub 接口,有 3 种方式:TDM 的 E1 接口类型,传输介质为同轴电缆,以时隙的方式进/出 PTN(图中未给出);Ethernet 接口类型,传输介质为光纤或网线,以 IP 的方式进/出 PTN;IMA E1 接口类型,传输介质为光纤或网线,以 ATM 信元的方式进/出 PTN。

(3) 在 4G 的 eNodeB 与 EPC 之间的 S1 接口,有一种方式:Ethernet 接口类型,传输介质为光纤或网线,以 IP 的方式进/出 PTN。5G 的 gNB 与 5GC 之间的连接,类似于 4G。

## 5.2.3　基于 PTN 的移动承载网

图 5.12 给出了 PTN 网络架构,架构由业务层、PTN 电路层和传输介质层构成。PTN 提供 3 种 Ethernet 接口类型:FE(Electrical,电接口)、FE(Optical,光接口)和 GE(Optical,光接口),ATM 接口类型为 IMA E1;TDM 接口为 E1。

图 5.13 给出了某移动承载网的结构,PTN 完成带宽为 10GE 环网的汇聚层、带宽为 GE/10GE 支路环网的接入层传输。汇聚层通过传统的光网 OTN 连接核心节点;在接入层,通过不同的接口与移动网络端设备相接。例如,基站收发器(BTS)经过 E1 接口连接 2G 的基站控制器(BSC);NodeB 经过 GE/FE/STM-1/E1 接口连接 3G 的 RNC(无线网络控制器);eNodeB 经过 GE/FE 接口连接 4G 的 EPC 网元设备 MME、S-GW;gNB 经过 GE 接口连接 5G 的 CU 等。

下面通过具体例子说明带宽计算。

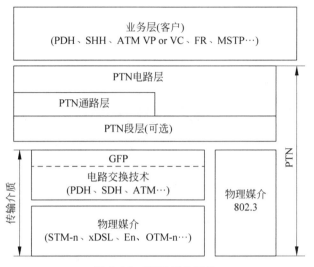

图 5.12　PTN 网络架构

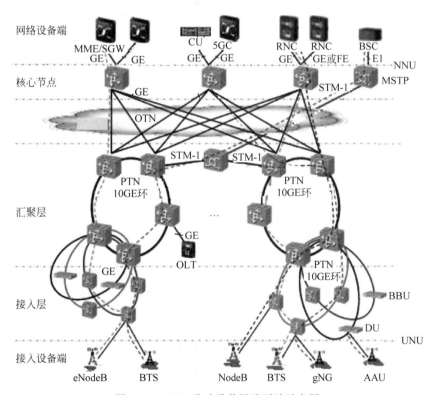

图 5.13　PTN 移动承载网端到端示意图

【**例 5.2**】 图 5.14 为 3G 流量规划范例,如已知每个基站的带宽为 20Mb/s,即可初步得出接入环、汇聚环、汇聚节点等的带宽。

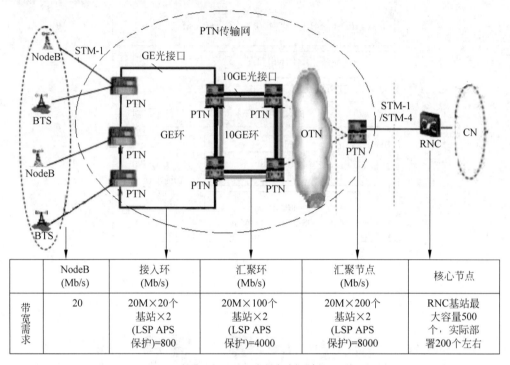

| | NodeB (Mb/s) | 接入环 (Mb/s) | 汇聚环 (Mb/s) | 汇聚节点 (Mb/s) | 核心节点 |
|---|---|---|---|---|---|
| 带宽需求 | 20 | 20M×20个基站×2 (LSP APS 保护)=800 | 20M×100个基站×2 (LSP APS 保护)=4000 | 20M×200个基站×2 (LSP APS 保护)=8000 | RNC基站最大容量500个,实际部署200个左右 |

图 5.14　3G 流量规划示例

$$接入环带宽 = 接入环上 3G 基站数 \times 基站峰值带宽 \times 2(ASP 保护)$$
$$= 20 \times 20 \times 2 = 800(Mb/s)$$
$$汇聚环带宽 = 所有接入环上 3G 基站数 \times 基站峰值带宽 \times 2(ASP 保护)$$
$$= 100 \times 20 \times 2 = 4000(Mb/s)$$
$$汇聚节点带宽 = 所有接入节点上 3G 基站数 \times 基站峰值带宽 \times 2(ASP 保护)$$
$$= 200 \times 20 \times 2 = 8000(Mb/s)$$

## 5.3　IP RAN 承载网

### 5.3.1　IP RAN 概述

IP RAN(IP Radio Access Network)就是指 IP 化的移动回传网(IP mobile backhaul),Backhaul 指的是从无线接入网至核心网络之间的承载网络,亦称移动承载网,IP RAN 是针对基站回路应用场景进行优化定制的路由器/交换机整体解决方案。

**1. IP RAN 与其他传统传输网比较**

IP RAN 的接入能力已可涵盖当前 PTN 技术所支持的范畴。相比以前的 PTN 技术,IP RAN 提供了更多的 L3、IP VPN 方面的支持,特别是进入 LTE 时代后,移动网络对传送平台提出了更多 IP 方面的支持要求及可扩展性,IP RAN 具有接入方式灵活,支持传统业务和多种以太网业务的特点。IP RAN 与其他传统传输网的技术特点分析比较如表 5.2 所示。

表 5.2　3 种传输网技术特点分析比较

| 项　　目 | SDH/MSTP | PTN | IP RAN |
|---|---|---|---|
| 交换方式 | 电路交换 | 分组交换 | 分组交换 |
| 技术标准 | SDH | MPLS-TP | IP/MPLS |
| 支持接口 | E1、STM-N、ATM、E/FE | ATM、FE、GE、E1 等 | ATM、FE、GE、E1 等 |
| 承载业务 | TDM 业务支撑能力强，分组业务承载弱 | 分组业务能力强，兼顾 TDM 业务，但 L3 层功能弱 | L3 网络功能强，兼顾分组业务，但 TDM 业务性能弱 |
| 统计复用 | 刚性管道，无统计复用 | 弹性管道，有统计复用 | 弹性管道，有统计复用 |
| 业务隔离 | VC 管道，硬性管道，物理层隔离 | MPLS-TP 标签技术，二层逻辑隔离，柔性管道 | MPLS 标签技术，三层隔离，柔性管道 |
| 保护性能（保护倒换时间＜50ms） | 复用段保护、通道保护等 | SNCP 保护、LMSP 保护、线性保护等 | 隧道 LSP 保护、业务保护和基于动态网络的保护等 |
| 同步性能 | 支持频率同步 | 支持频率和时间同步 | 支持频率和时间同步 |
| 核心、汇聚、接入的三层网络架构规划 | 采用时隙通道进行规划；采用端到端硬连接，管道带宽有保证 | 采用端到端弹性管道，带宽利用率最大化；规划和控制较为复杂 | 采用端到端弹性管道，带宽利用率高；应用三层功能，将业务及传输层全面融合 |
| 网络组网能力（支持链形、环形组网方式） | 组网时需要考虑低阶交叉容量；采用光口直接组网；能够适应复杂组网模式 | 支持 MESH 组网方式，组网灵活；可适应上千节点，适应复杂拓扑组网 | 支持 MESH 灵活组网，双上联架构，拓扑简单；电信级大规模组网的性能保障有待提升 |
| 网络操作维护（OAM） | 网络维护简单；采用端到端电路方式；静态链路，告警、路径、业务三者相互关联 | 设备和网管的 OAM 设计灵活；保留原传输专业维护习惯，运维人员上手速度快 | 电路支持静态路由和动态链路，OAM 能力较弱；运维人员需要基于路由协议的故障定位 |
| 规模化应用 | 传统网大量应用，主要应用于电路交换电信网 | 现网大规模应用，主要集中在基于 IP 的运营商 | 数据网大规模应用，主要应用于基于 IP 的承载网 |

**2. IP RAN 在城域网中的位置**

承载网整体上由城域网和干线传输网（骨干网）组成。城域网又分为接入、汇聚和核心三层，也称接入网、汇聚网和核心网。图 5.15 给出了承载网基本架构，IP RAN 主要体现在城域传输接入网层面上，整体架构各部分的功能如下。

城域核心传输网（核心层）即 DWDM＋MSTP，承载主干传输以及大客户专线等。

城域传输网（汇聚层）承载 3G/4G/5G 核心网、软交换、互联网、高等级 IP 业务等。

宽带接入网（接入层）承载 IP RAN、LAN、xDSL、FTTx 等。接入层通常为环形组网，其部署模式有分布式无线接入网（D-RAN）和集中式无线接入网（C-RAN）两种场景，其中 CRAN 部署又可分为小集中和大集中等场景。D-RAN 场景相对简单，一般将 AAU（有源天线单元）和 DU（分布式单元）分别部署在塔上与塔下；C-RAN 场景的 AAU 拉远距离通常在 10km 以内，其前传（Front-haul）的可选技术方案包括光纤直连、无源 WDM、有源 WDM/OTN、切片分组网络（SPN）等。随着 5G 核心网云化、数据面分布式部署，使 IP RAN 网络更趋扁平化。

**3. IP RAN 特点**

IP RAN 承载网基站接入节点主要采用的设备为交换机、路由器或三层交换机。

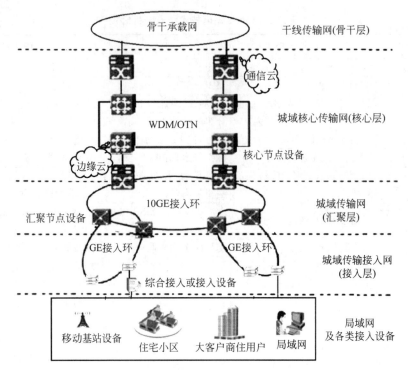

图 5.15　城域网架构的承载网

图 5.16 给出了城域网内 IP RAN 承载方案,可以看出各节点的接口带宽。核心层主要提供业务接点,连接核心网设备及核心云。接入层主要提供交换节点,连接基站设备,但由于 5GC 功能下移,在接入层要连接一些数据中心,如边缘云。汇聚层是城域承载网的一个主环,用于连接接入层和核心层。目前 4G 主要采用 IP RAN 承载,具有以下特点。

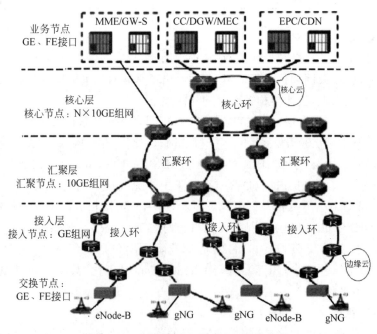

图 5.16　在城域网内 IP RAN 承载方案

（1）网络结构全 IP 化：LTE 核心网 EPC 取消了 2G 到 3G(R99)一直沿用的 CS(电路域)，实现了固网和移动融合(FMC)，灵活支持 VoIP 及基于 IMS 的多媒体业务。

（2）网络架构扁平化：LTE 取消了之前定义的 RNC，eNB 直接接入 EPC，从而降低用户可感知的时延，大幅提升用户的移动通信体验。

（3）引入了两个接口：X2 是相邻 eNB 间的分布式接口，主要用于用户移动性管理；S1 Flex 是从 eNB 到 EPC 的动态接口，主要用于提高网络冗余性以及实现负载均衡。

5G 网络架构演进的基本思路是以 LTE/EPC 为基础，逐步引入 5G RAN 和 5GC，建网初期以双链接为主，LTE 用于保证覆盖和切换，在热点地区架构 5G 基站，提高系统的容量和吞吐率。最后再逐步演进，进入全面 5G 时代。

## 5.3.2 IP RAN 架构

### 1. HVPN 基本结构

移动通信对承载网的要求：在无线侧，不关注网络内部网元结构，只需要网络侧提供传送管道；在网络侧，也不希望呈现自身的内部结构，只需向无线侧提供虚拟(virtual)传送管道。为适应移动网的承载需求，MPLS IP VPN 成为了 IP RAN 的一种解决方案。

VPN(虚拟专用网)已广泛用于基于 IP 的各种承载网络；MPLS(多协议标签交换)位于数据链路层与网络层之间。在 VPN 中，MPLS 给每个报文打上标签，以标签交换取代 IP 转发，安全便捷，使分组网的网络层从无连接演进为面向连接。目前网络中 L2 VPN、L3 VPN 解决方案都是基于 MPLS 技术实现的；MPLS-TP 是 MPLS 技术的发展和演进，MPLS-TP 技术使分组网在 OAM、保护、可维护性等方面得到了显著的提升，更好地满足了分组传送的需求。

MPLS IP VPN 是一种平面模型，为分层模型解决可扩展性问题，即配置分层 VPN (Hierarchy of VPN，HVPN)功能。分层 VPN 功能将网络边缘(PE)的功能分布到多个 PE 设备上，多个 PE 承担不同的角色，并形成层次结构，这种解决方案有时也被称为分层 PE (Hierarchy of PE，HoPE)。PE 是边缘路由器，在网络边缘与用户边缘设备(Customer Edge device，CE)直接相连。CE 可以是路由器或交换机，也可以是一台服务器或主机设备。

分层 VPN 的基本结构如图 5.17 所示，主要包括以下 3 类设备。

（1）UPE：直接连接用户的设备称为下层 PE(Under-layer PE)或用户侧 PE(User-end PE)。UPE 主要完成用户接入功能。UPE 维护其直接相连的 VPN 站点(site)路由，但不维护 VPN 中其他远端站点的路由或仅维护它们的聚合路由，也就是说，仅维护默认或聚合路由。

（2）SPE：接入 UPE 并位于网络内部的设备，称为上层 PE(Super-stratum PE)或运营商侧 PE(Service Provider-end PE)。SPE 主要通过 UPE 连接 VPN 的所有路由，包括本地和远端站点路由，完成 VPN 路由的管理和发布。

（3）NPE：连接 SPE 面向网络侧的 PE，称为网络侧 PE(Network Provider-end PE，简称 NPE)。

### 2. IP RAN(L2＋L3)架构

以 VPN 方案组网的 IP RAN 架构如图 5.18 所示。其中，SPE 位置放置的 AGG 为汇聚网关；NPE 位置放置的 RSG 为无线侧网关；UPE 位置放置的 CSG 为蜂窝侧网关。L2＋L3 适合于接入、汇聚层独立运维的移动承载项目，接入侧 ETH 和低速业务承载方式

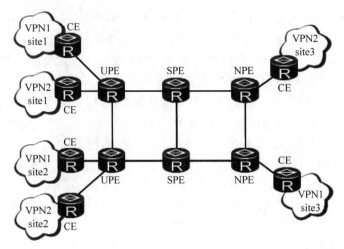

图 5.17　HVPN 基本结构

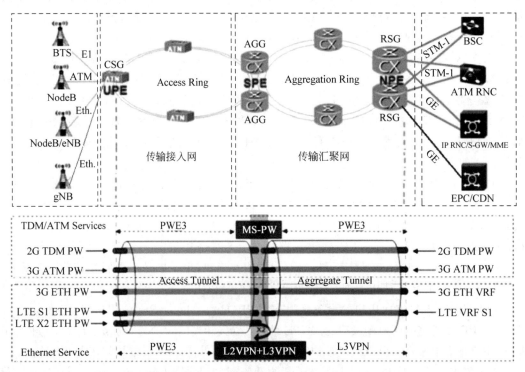

图 5.18　IP RAN(L2＋L3)架构

一致。接入环和汇聚环在协议层面上完全隔离,环内出现节点或链路故障仅在区域内同步并收敛,环外设备完全不感知,以提高网络的健壮性。如基站设备需要调整或破环加点时,仅需在接入环内进行设备配置,无须改动汇聚环。

在技术方面,IP RAN 的接入能力已可涵盖当前 PTN 技术所支持的范畴;IP RAN 与PTN 相比,可提供更多在 L3、IP VPN 方面的支持,这恰恰符合 LTE、5G 移动网络对传送平台提出的大容量 IP 承载需求。从图 5.18 可以看出,IP RAN 承载方案是指在整个城域网内,各层及节点采用的设备或技术,如:汇聚/核心层采用 IP/MPLS 技术,汇聚/核心节点采用的设备是支持 IP/MPLS 的路由器；接入层主要采用增强以太技术与 IP/MPLS 技术结合的方案。

边缘到边缘的伪线仿真(PWE3)是通过分组传输网(IP/MPLS)提供隧道，便于仿真 Ethernet 等业务的二层 VPN 协议。

网络保护机制是将基站双归到 IP RAN 网络，两台 RAN-CE 之间采用虚拟路由冗余协议(Virtual Router Redundancy Protocol, VRRP)。

## 5.4　5G 网络组成及其承载网

### 5.4.1　5G 网络组成

**1. 5G 网络架构**

5G 网络由 5G 核心网(5GC)和下一代无线接入网(NG-Radio Access Network, NG-RAN)构成。5GC 包含有 AMF(接入管理功能)和 UPF(用户面功能)等功能实体；NG-RAN 包含有 gNB(5G 基站)和 NG-eNB(在 4G 接入网新建的 5G 基站)等基站类别。

目前 5G 有两种组网方式：NSA(非独立组网)和 SA(独立组网)，NSA 组网方式需新建 5G 基站(NG-eNB)，采用 4G 核心网或新建 5G 核心网，可被看作是 5G 初期的一种过渡方案；SA 组网方式则新建 5G 基站(gNB)和 5G 核心网。由于 NSA 组网需要 4G、5G 公用核心网，因此这种方式不能很好地支持 5G 低时延业务需求。随着 5G 技术的成熟和成本下降，绝大多数运营商都将逐渐转向 SA 组网，或采用 SA/NSA 混合组网的方式。

从 2G 的电路交换到 3G 的软交换、IMS，再到 4G 时代的 MME 和 SGW，总的来说，移动核心网一直沿着功能分离和软件化方向演进，5G 则更加彻底，实现了分离的核心网。图 5.19 给出了 5GC 基于云的服务化架构(Service-Based Architecture, SBA)网络架构。5GC 对 4G 核心网进行了网元虚拟化、网络功能模块化，以软件化、模块化的方式灵活、快速

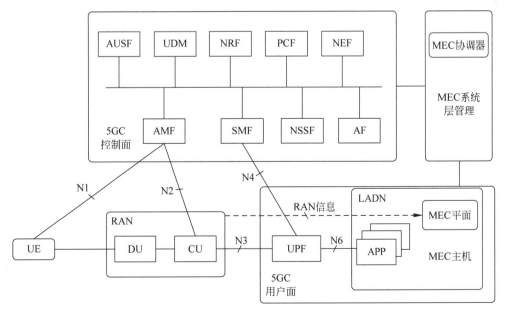

图 5.19　5G SBA 网络架构

地组装和部署业务应用。5GC 将传统的核心网硬件解耦,网络功能软件被分解为微服务,网络功能运行于通用服务器或迁移至云,实现灵活的网络切片。总的来说,5GC 完成了一次化整为零、由硬件为主变为以软件为主的演进。不过,不管核心网如何演进,它的三大功能却始终存在,即服务管理、会话管理和移动性管理。

【例 5.3】 简单说明图 5.20 给出的 SA 两种组网方案。图中 eNB 为 4G 基站,gNB 为 5G 基站,EPS 为 4G 核心网,5GC 为 5G 核心网,UE 为 5G 终端。

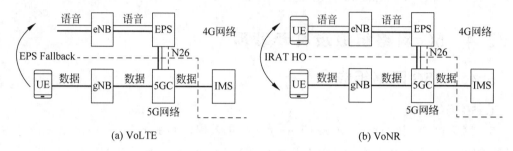

图 5.20 SA 组网方案

图 5.20(a)为 VoLTE,即 EPS Fallback 方案,为 5G 业务回落到 4G 网络,对 5G 语音终端没有特殊要求,与 VoLTE 方案的技术基本相同,即当工作在 5G 网络上的终端收/发语音时,通过切换流程将 5G 终端切换到 4G 网络上,并通过 IMS 技术提供 VoLTE 业务。

图 5.20(b)为 VoNR 方案,直接由 5G 网络端到端承载语音业务。图中 IRAT(Inter Radio Access Technology),表示异系统互操作;HO 为切换(Hand Over)的缩写,IRAT HO 即为异系统切换,也就是终端在 4G 系统与 5G 系统之间可以来回切换。终端平时优选 5G 网络,尽可能地驻留在 5G 小区,5G 异常时再切入 4G。

5G 初期 NR 热点覆盖,为减少 5G 和 4G 之间的语音切换次数,同时也为减少对现网 EPC 的影响,对原核心网的 IMS 作软件升级后可配合采用 5GC＋EPS Fallback 提供语音服务;随着 5G 覆盖范围扩大,实现连续覆盖后可直接采用 VoNR 提供 5G 语音。

**2. 5G 主要网元及 VNF 释义**

为了以后学习方便,以下结合图 5.19,给出 5G 网络架构的主要网元及对 VNF(虚拟网络功能)的释义。

接入与移动性管理功能(Access and Mobility Management Function,AMF):与 4G EPC 网元中的 MME、SGW-C、PGW-C 和 Mobility 相关功能类似,主要相当于 MME 中负责 NAS 安全、空闲状态迁移处理的 CM 和 MM 子层功能。AMF 负责控制面接入和移动性管理、终端接入权限和切换等功能。

用户平面功能(User Plane Function,UPF):主要用于数据(Data)的传输,执行路由和转发功能。UPF 相当于 LTE 的 SGW-U、PGW-U 网关,主要功能有 PDU 处理,以及负责分组路由和转发、数据包检查、上下行链路中的传输及分组标记等。

会话管理功能(Session Management Function,SMF):功能相当于 PGW PCRF 的一部分,负责 UE IP 地址分配、PDU 会话控制、承载管理、计费等(没有网关功能)。

策略控制功能(Policy Control Function,PCF):类似于 4G EPC 网元中的 PCRF (Policy and Charging Function),主要用于计费,以及提供统一的接入策略,访问 UDR 中签约信息相关的数据用于策略决策。

网络能力开放(Network Exposure Function,NEF):类似于 4G EPC 网元中的 SCEF(Service Capability Exposure Function),允许外部元件(或 AF)存取部分 UE 信息、改变 UE 的行为等。NEF 提供安全方法,将 3GPP 的网络功能提供给第三方应用,比如边缘计算等。

网络存储功能(NF Repository Function,NRF):提供一个 NF 之间沟通的桥梁,例如,某一个 NF 想要知道另一个(含有特定信息/功能的)NF 是否存在,以及使用该 NF 的功能或是获取该 NF 中的信息。

统一数据存储库(Unified Data Repository,UDR):存储和获取签约数据、策略数据,以及用来暴露给外部的结构化数据。

统一数据管理(Unified Data Management,UDM):包含了 UDR 和 FE(Front End)。UDR 的功能类似于 4G EPC 网元中的 HSS,用于存储和管理用户资料,而 FE 则是一个存取 UDR 数据的前端。

认证服务器功能(Authentication Server Function,AUSF):类似于 4G EPC 网元中 HSS 负责用户认证(Authentication)的部分,支撑鉴权服务功能。

N3IWF(Non-3GPP Inter Working Function):BGP 的互操作功能,包括 IPSec 隧道建立和维护,UE 和 AMF 间的 NAS 信令中继,以及用户面数据中继(3GPP 和非 3GPP 间)。

应用功能(Application Function,AF):可以利用 SBA 中的 NF,例如用户资料、计费方式等,设计服务/App,用于提供客户/UE Service,类似于 SDN Controller 上的 App。提供一些应用影响路由、策略控制、接入 NEF 等功能。

短消息功能(SMS Function,SMSF):包括短消息校验、监控、截取和中转等功能。

网络切片选择功能(Network Slice Selection Function,NSSF):主要的功能为决定一个连上来的 UE,应该使用哪些服务,进而决定由哪个 AMF 服务这个 UE。

数据网络(Data Network,DN):如运营商服务、互联网接入和第三方服务提供的数据网。

用户设备(User Equipment,UE):如手机、计算机等终端设备。

结构化数据存储网络功能(Structured Data Storage network Function,SDSF):类似于一个存储服务器,NEF 将要向内/外部暴露的结构化数据在该服务器上存储。SDSF 可以与 UDR(User Data Repository)、UDSF 进行合设。

非结构化数据存储网络功能(Unstructured Data Storage network Function,UDSF):5G 核心网允许每一个内部网元(NF)都可在 UDSF 中存储/找回其自身非结构化数据,每个 NF 可以共享一个 UDSF 进行存储,也可以独自拥有一个 UDSF。

用户数据汇聚(User Data Convergence,UDC),主要是将 UDM、AUSF 和 PCF 这 3 个和用户资料、计费相关的元件整合为 UDC,用来确保数据的一致性。

这些网元看上去数量很多,其实大部分都是在虚拟化平台里面虚拟出来的,凡是网络节点名称后面带有功能(Function)的网元,其功能一般都是基于软件化的。5GC 主要网元为 AMF、SMF 和 UPF,其中 UPF 是 MEC 系统的一个组成网元,负责将边缘网络的流量分发导流到 MEC 业务系统,逻辑上 UPF 与 MEC 业务系统是分离的。

从虚拟化的角度来说,VNF 可以理解为一个虚拟机(Virtual Machine,VM);对提供商(vendor)来说,VNF 是一个或者多个内部相连的 VM 和描述它们的模板;对操作人员(operator)来说,VNF 是一个提供商的软件包。第三方开发的 App 会受到 NFV 网元的管理。

### 3. 5G 控制面与用户面

1）控制面

5GC 的控制面被分为接入和移动管理功能（AMF）、会话管理功能（SMF），LTE 中 MME 的控制面功能被分解到 AMF、SMF 中。单一的 AMF 负责终端的移动性和接入管理；SMF 负责会话管理功能，可以配置多个 SMF。基于灵活的微服务构架的 AMF 和 SMF 对应不同的网络切片。

AMF 和 SMF 是控制面的两个主要节点，配合它们的还有 UDM、AUSF、PCF，以执行用户数据管理、鉴权、策略控制等。另外还有 NEF 和 NRF 这两个平台支持功能节点，用于帮助暴露（expose）和发布（publish）网络数据，以及帮助其他节点发现网络服务。

2）用户面

5G 核心网的用户面由用户面功能（UPF）节点掌控，UPF 也代替了原来 LTE 中执行路由和转发功能的 SGW 和 PGW。

UPF 作为核心网的用户面下沉网元，实现的更多是网络功能。也有组织在考虑 MEC 与 UPF 的融合，一般认为，5G 网络下 MEC 与 UPF 的关系如图 5.19 的右下框所示。

### 4. 5G 网络单元连接接口

5G 承载网络是为无线接入网与核心网提供网络连接的基础网络，不仅为这些网络连接提供灵活调度、组网保护和管理控制等功能，还提供带宽、时延、同步和可靠性等方面的性能保障。5G 网络单元连接接口如图 5.21 所示。

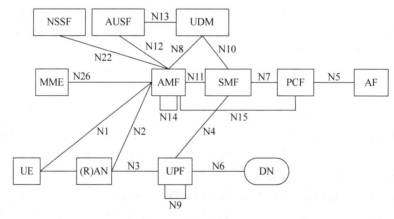

图 5.21  5G 网络单元连接接口

N1：UE 与接入和移动性管理单元（AMF）间的信令面接口，只是逻辑概念端口；

N2：gNB 与接入和移动性管理单元（AMF）间的信令面接口；

N3：gNB 与用户平面（UPF）间的接口，主要用于传输上下行用户面数据；

N4：会话管理单元（SMF）与用户平面（UPF）间的接口，用于传输控制面信息；

N5：策略控制功能（PCF）与应用功能（AF）间的接口；

N6：用户平面（UPF）与数据网络（DN）间的接口，主要用于传输上下行用户数据流，基于 IP 和路由协议与 DN（数据网络）通信；

N7：会话管理单元（SMF）与策略控制功能（PCF）间的接口；

N8：统一数据管理（UDM）与接入和移动性管理单元（AMF）间的接口；

N9：用户平面(UPF)之间的接口，用于传输 UPF 间的上下行用户数据流；

N10：统一数据管理(UDM)与会话管理单元(SMF)间的接口；

N11：接入和移动性管理单元(AMF)与会话管理单元(SMF)间的接口；

N12：接入和移动性管理单元(AMF)与鉴权服务功能(AUSF)间的接口；

N13：统一数据管理(UDM)与鉴权服务功能(AUSF)间的接口；

N14：移动性管理单元(AMF)之间的接口；

N15：在非漫游情况下，策略控制功能(PCF)与接入和移动性管理单元(AMF)间的接口；

N22：网络切片选择功能(NSSF)与接入和移动性管理单元(AMF)间的接口；

N26：LTE 移动管理实体(MME)与接入和移动性管理单元(AMF)间的信令面接口。

城域网接入层主要实现前回传(AAU～DU)Fx 接口、中回传(DU～CU)的 F1 接口，以及回传的 N2(CU～AMF 的信令)和 N3(CU～UPF 的数据)接口连接。省干与城域汇聚核心层，保障回传部分核心网元间的 N4、N6 及 N9 接口连接。其中，N6 连接了 UPF 与数据网络(DN)，也就是连接 IP 公网对外部数据中心进行访问。

## 5.4.2 5G 承载网技术

### 1. 承载需求及关键技术

5G 承载需求及关键技术如图 5.22 所示。在 5G 通信承载网方案的选择上，业界较倾向于 IP RAN 技术，只需对原 4G 承载采用的 IP RAN 网络能力做进一步的优化和升级，就完全能满足 5G 承载需求，实现整网的平滑演进和 4G/5G 的融合统一承载，同时可以根据业务和网络发展模式需求，灵活引入 VPN、FlexE、网络切片、SR、SDN 等关键技术，实现网络智能化运维。5G 承载网大带宽、低时延和高同步的需求见表 5.3。

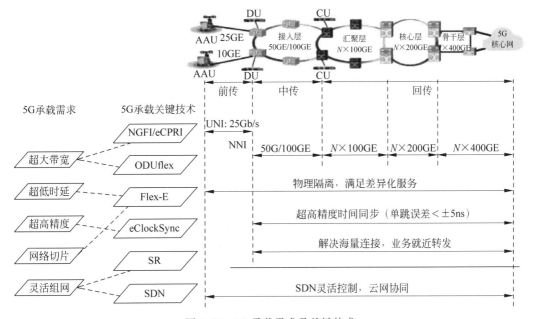

图 5.22 5G 承载需求及关键技术

表 5.3　5G 网络承载需求分析

| 基 站 场 景 | | 前 传 带 宽 | 中传 & 回传带宽<br>（峰值/均值） |
|---|---|---|---|
| 大带宽 | 5G 低频基站，Sub-6G/100MHz<br>3 小区、64T64R<br>SE 峰值 50b/Hz，均值 10b/Hz | 3×25Gb/s | 5Gb/s/3Gb/s |
| | 5G 高频基站，Above-6G/800MHz<br>3 小区、2T2R<br>SE 峰值 25b/Hz，均值 4b/Hz | 3×25Gb/s | 20Gb/s/9.6Gb/s |
| 低时延 | 时延指标类型 | 时延指标 | 来源 |
| | UE-CU(eMBB) | 4ms | 3GPP TR38.913 |
| | UE-CU(uRLLC) | 0.5ms | 3GPP TR38.913 |
| | eV2X(enhanced Vehicle to Everything) | 3～10ms | 3GPP TR22.891 |
| | 前传时延（AAU-DU） | 100～150μs | 综合 |
| 高同步 | 场景 | 业务 | 时间同步要求（tbd） | 影响 |
| | 5G 低频(sub-6G) | 5G 基本业务 | ≤±1.5μs | 影响基本业务可用性 |
| | 5G 高频(above-6G) | 5G 基本业务 | ≤±500ns | 影响基本业务可用性 |
| | 5G 低频(sub-6G) | 协同业务<br>(CoMP/SFN) | ClassA+：<+/−12.5ns<br>ClassA：<+/−45ns<br>ClassB：<+/−110ns | 增益下降或无增益 |

**2. 低时延**

5G 时代，高清视频、VR/AR 等应用，将给网络带来超大数据流量，这不但给回传带来沉重负担，而且对核心网的处理能力也是挑战，只能将 5GC 分离，将其用户面下沉，使得 5GC 从集中式向分布式演进。对于毫秒级的时延，5GC 的用户面下沉与分布式架构也是一个必然的选择。光纤传播速度为 200km/ms，数据要在相距几百千米以上的终端和核心网之间来回传送，显然是无法满足毫秒级时延的。因此，需将内容下沉并分布部署于接入网侧（边缘数据中心），使之更接近用户，以降低时延。

低时延同时也会带来小区数量的增加。并非只是因为 5G 高频段覆盖范围小才不得不考虑增加小区数量，其实低时延也需要小区越小越好。小区越小，相对于宏站，意味着小区无线环境越简单、干净，越可以降低由于恶劣的无线环境带来的重传问题，在高可靠、低时延的 5G 应用中也同样重要。

目前 LTE 网络内部时延一般小于 20ms，如果 Ping 外部服务器，时延通常在 40～50ms。5G 在应对时延超敏感用户时，要求接入网时延不超过 0.5ms，这就意味着 5G 中心机房（数据中心）与 5G 小区（基站）之间的距离不能超过 50km。5G 在接入网机房引入了移动边缘计算（MEC）、边缘数据中心，也就是利用下沉技术减少时延。

由于低时延的基于 MEC 部署在接入网侧的内容感知，使得电信网络掌握了更多内容控制权，提高了电信运营商的竞争力。

**3. 网络切片**

1）切片分组网络技术

切片分组网络（Slicing Packet Network，SPN）技术也称为网络切片技术。SPN 作为 5G 承载网最为关键的技术之一，能够在 3G、4G 承载网络分组传输技术的基础上，提供相关的业务承载,以满足 5G 承载网络的要求。SPN 主要功能是使前传、中传,以及回传的端到端组网能力成为可能。

网络切片是指通过虚拟化技术,将物理网络分割为多个相互独立的虚拟的端到端网络,每个虚拟网络称为一个网络切片。每个网络切片中的网络功能可以在裁剪后,通过动态的网络功能编排形成一个完整实例化的网络架构。

实现网络切片采用 NFV 技术,将网络中专用设备的软、硬件功能转移到 VM 上,比如在 VM 上实现 AMF、SMF、PCF、NEF、UDM 等功能。VM 基于行业标准的服务器、存储和网络设备,取代了传统网络中的网元设备。

NFV 通过为不同的业务和通信场景创建不同的网络切片,使得网络可以根据不同的业务特征采用不同的架构和管理机制。作为 5G 应对多业务承载需求的措施之一,网络切片如图 5.23 所示,图中的 V2X Svr 为 V2X(Vehicle-to-Everthing)业务,3GPP 关于 V2X 的 5G 标准,主要是对车联网业务的支持;IoT(Internet of things)为物联网,IoT Svr 为物联网服务或业务。网络经过功能虚拟化后,无线接入网部分称为边缘云(edge cloud),而核心网部分称为核心云(core cloud)。边缘云和核心云中的 VM,通过 SDN 实现互联互通。

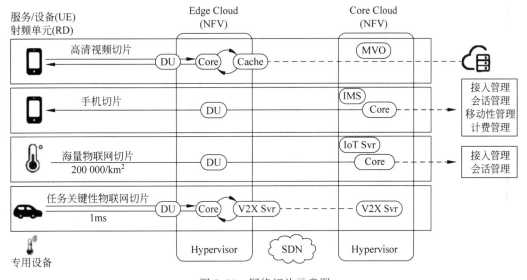

图 5.23　网络切片示意图

为了充分发挥以太网承载通道的作用,给切片提供支持,将核心层(L3)功能下沉到汇聚层或直至接入层,实现了连接的灵活性。在将 20Gb/s、50Gb/s 引入到接入层的过程中,可以依照相关要求在汇聚层和核心层引入 100Gb/s、200Gb/s 及 400Gb/s 全光方案。5G 承载的 SPN 组网架构,主要包含传输层、通道层和切片分组层,还包括时钟同步功能模块。

2)5G 网络切片的应用场景

5G 服务是多样化的,包括车联网、大规模物联网、工业自动化、远程医疗、VR/AR 等,它们对 5G 网络提出了多样化的性能需求。这些服务对网络的要求各不相同,比如工业自动化要求低时延、高可靠,但对数据速率要求不高;高清视频无须低时延,但要求超高速率,5G 使得每个网络切片能够适配不同的业务和场景。5G 网络切片的应用场景可以划分为三大类:移动宽带、海量物联网和任务关键性物联网。

#### 4. 灵活以太网技术

灵活以太网技术(Flex Ethernet,FlexE)是 5G 承载网实现业务隔离承载和网络切片的一种接口技术。由于灵活以太网技术本身拥有较好的数据隔离效果,具有可调节性和灵活性,能够完美匹配 5G 承载网,因而得到广泛的应用。应用 FlexE 能实现以太网在时隙调度的基础上划分业务通道,具备多个以太网弹性硬管道,使网络具有良好的隔离性。同时还具备以太网的高效性、统计时分复用等优势。能够实现同一个业务区域内信息统计复用,减少各业务区域的相互影响,提供更多网络切片选择。从第一代以太网到 FlexE 的发展历程如下:

第一代以太网(Native Ethernet):从 1980 年开始,应用于园区、企业及数据中心的互联;

第二代以太网(Carrier Ethernet):从 2000 年开始,一直沿用到现在,主要面向运营商网络,广泛应用于电信级城域网、3G/4G 移动承载网、专线专网接入等;

第三代以太网(FlexE):具有带宽灵活可调、数据隔离、完美契合 5G 业务等特点。随着 5G 时代的到来,云服务、AR/VR、车联网等新业务涌现,FlexE 技术将得到进一步的发展;

FlexE 技术在以太网 L2(MAC)、L1(PHY,物理层)之间的中间层增加 FlexE Shim(垫片)层,Flex Shim 层基于时分复用分发机制,将多个 Client(客户端)接口的数据按照时隙方式分发至多个不同的子通道。以 100GE(Gigabit Ethernet,千兆以太接口)管道为例,通过 FlexE Shim 可以划分为 20 个 5G 速率的子通道,每个客户端侧接口可指定使用某一个或多个子通道,实现业务隔离。

FlexE 还能够实现大端口的捆绑功能,有效地解决之前网络带宽升级的问题。比如接入层 50GE 带宽能够满足 5G 初期的业务发展需求,如果随着 5G 应用的发展,接入层需升级至 100GE,通过 FlexE 绑定功能,只需再扩容一个 50GE 端口即可实现,不用进行大量的业务调整和割接工作,保护了前期的网络投资。

FlexE 分片基于时隙调度将一个物理以太网端口划分为多个以太网弹性硬管道,使得网络具备类似于 TDM(时分复用)独占时隙和以太网统计复用、网络效率高的双重特点,实现同一切片内业务统计复用,切片之间业务互不影响,相对于通过 VPN 实现的切片,其隔离性更好,为 5G 网络切片提供了更多选择。

#### 5. 段路由技术

属于路由转发的段路由(Segment Routing,SR)技术分为 SR MPLS 和 SRv6,SRv6 是一种基于 IPv6 的 SR 解决方案。SR 主要利用路径标签,确认路由数据包所要通过的网络路径。该技术与传统的 MPLS 有所不同,主要体现在每个路由器都有一个与之相对应的指令节点,路由转发技术会把固定标签分别设置于各个节点之上。一般来说,SR 并不会了解业务的具体状态,仅维护拓扑信息。SR 路由器在指令节点的基础上转发数据,是一种全兼容 MPLS 转发的路由技术。

5G 承载网对 SR 要求较高,随着 5G 核心网的部署,基站的流量需要穿过城域网及 IP 骨干网。在典型场景下,城域网的接入环有 8~10 个节点,汇聚环有 4~8 个节点,核心环也有 4~8 个节点;在 IP 骨干网,流量还需穿过多个路由器节点。同时,由于网络切片、高可靠服务级协议(Service Level Agreement,SLA)、可管可控的要求,运营商网络需要能够指定显式路径,使端到端 SR 隧道可以包含 10 跳甚至更多的跳数。

SR 是一种隧道技术,可方便地实现大规模的 SR 隧道部署。结合 SDN 智能控制技术,

SR 技术将推动 IP 网络向路由智能计算和路径可控方向发展,具备类似于传输网的功能和性能,进一步提升业务的可靠性、智能恢复和保护能力。

### 5.4.3 5G 承载网架构

**1. 5G 承载网的总体架构**

5G 承载网络需要具备差异化的网络切片服务能力,总体目标架构如图 5.24 所示,包括协同管理控制平面、转发平面和同步支撑网三部分,通过转发平面的资源切片和管理控制平面的切片管控能力,为 5G 应用、移动网络互联以及家庭宽带等业务提供差异化服务能力。

图 5.24 中,SR 为 5G 承载网新技术;SDN 以 OpenFlow 为核心技术,通过将网络设备的控制面与数据面分离,从而实现网络流量的灵活控制;移动云边缘(Mobile Cloud Engine,MCE)是云化无线接入网(Cloud RAN)的集中控制管理逻辑实体,它包含了 RAN 的非实时功能。MEC 为移动边缘计算;虚拟化演进分组核心网(Virtual Evolved Packet Core,VEPC),对 4G 核心网 EPC 实现虚拟化,并作为 5G 总体架构的一部分实现核心网功能下移。

1) 转发平面

数据转发平面具备分层组网架构和多业务统一承载能力。

(1) 端到端分层组网架构:主要包含城域以及省内干线两种级别,其中城域内组网包括接入、汇聚与核心三层架构。

(2) 差异化网络切片能力:在承载网络中通过网络资源的软、硬管道隔离技术,为不同服务质量需求的客户业务提供所需网络连接服务和性能保障。

(3) 多业务统一承载能力:可以直接采用新技术搭建 5G 承载,或者在原有的 4G 承载网的基础上进行相应升级演进。

2) 管理控制平面

管理控制平面具有统一管理、协同控制和智能运维能力,它既要管理和控制 SDN 网元,还应灵活配置网络资源及各项业务。

(1) 统一管理能力:以多层多域管理信息模型作为基础,实现不同子网的多层网络技术的统一管理,可以集中管理各个域多层网络。

(2) 协同控制能力:基于统一接口实现多层多域的协同控制;通过 App 实现业务自动化和切片管控的协同服务能力。

(3) 智能运维能力:实时监测网络和业务的动态情况,进而提供时延、故障及流量测量、告警分析等。

3) 同步支撑网

无论采用 FDD-LTE、TDD-LTE,还是 5G,均需同时满足频率同步及时间同步要求。

(1) 频率同步:从线路码流内提取时钟,以同步以太网传输。

(2) 时间同步:由于 GPS 存在难选址、难安装、成本高和不安全等因素,因此 LTE、5G 基站需要承载网提供精确的时间同步信号。

5G 在指定地点(如 CU 所在汇聚机房)部署小型化增强型 BITS(大楼综合定时供给设备)时钟。另外,还可以提升时间源头设备精度和承载设备同步传送能力,采用高精度精确时间协议(Precision Time Protocol,PTP)以太网技术进行同步信号的局间和局内互联等。

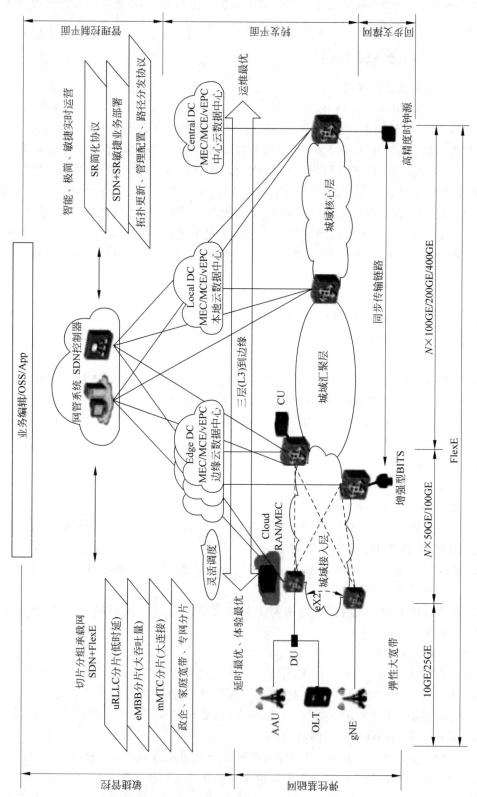

图 5.24　5G 承载网络目标架构

4）切片分组承载网

分组网应能够提供灵活可靠的切片承载，其中隧道隔离、VPN隔离和QoS调度是常用的软切片方案。针对特定的网络切片需求，可采用FlexE技术，结合智能化管控，基于硬管道为特定的业务提供硬切片承载方案。

**2. 5G基站构架**

1）基站基本组成

一个基站在物理上由以下部分组成。

（1）射频拉远单元（Remote Radio Unit，RRU）：主要用于将射频空口收/发的模拟信号（analog signal）和移动系统内部通信的数字信号（digital signal）进行转换，即D/A或A/D转换等。

（2）有源天线单元（Active Antenna Unit，AAU）：将射频模块（RU）和天线模块（AU）集成在一起，是继RRU之后的一种新的射频模块形态。

（3）基带处理单元（Base-band Unit，BBU）：主要用于对数字基带信号的处理，如调制/解调、压缩/解压缩、编码/译码等数字信号处理。BBU有自己的操作系统，可以管控与其相连的RRU，是核心网与RRU或其他通信节点之间的沟通桥梁。

2）基站构架的演进

基站构架的演进可以分为3个阶段。

（1）传统基站（traditional base station）：传统基站的RRU和BBU是一体的，它和RF天线之间利用馈电电缆（feeder cable）连接，如传统的电视或广播天线，但频宽低、扩增困难。

（2）分离式基站（distributed base station）：将RRU和BBU进行分离，RRU和BBU之间利用光纤（optical cable）连接，既加大了频宽，也便于天线部署。

（3）整合型基站（integrated base station）：因为频宽的大幅增加和技术的进步，可以将RF天线和RRU进行整合，一个RRU上面支持大量的天线，如大规模MIMO（Massive MIMO）。

3）5G基站部署

5G基站部署有两种：NG-eNB与gNB。NG-eNB是在LTE无线接入网上建立的5G基站，基于LTE空口（Uu）。NG-eNB等同于LTE中的eNodeB，NG-RAN是对现有的4G网络进行升级，以支持5G的相关特性，NG-eNB的作用就是为了提高5G建网初期的连续覆盖率。由于该类型基站结构及工作原理采用LTE技术，如空口、天线，内部帧结构等，因此无法支持超低时延、超高速率的业务。NG-eNB对于前传和回传网络的需求，基本与当前的4G无线网络相同。gNB是基于5G新空口（New Radio，NR）的基站。gNB属于完全5G基站，满足5G定义的所有关键性能指标（KPI）要求及支持所有典型业务，支持比NG-eNB更高的空口速率，因此gNB对于前传和回传的带宽，以及时延都提出了更高的需求。gNB的BBU被分为CU、DU两个实体，实现了实时功能和非实时功能的分离。gNB架构如图5.25所示。

远程单元（Remote Unit，RU）：一个负责处理DFE（Digital Front End，数字前端）和部分PHY（物理层）功能的无线电单元，RU是AAU的一部分。

分布式单元（Distributed Unit，DU）：靠近RU的分布式单元，主要实现RLC、MAC和部分PHY功能。该逻辑节点包括eNB/gNB功能的子集，具体取决于功能拆分选项，其操作由CU控制。

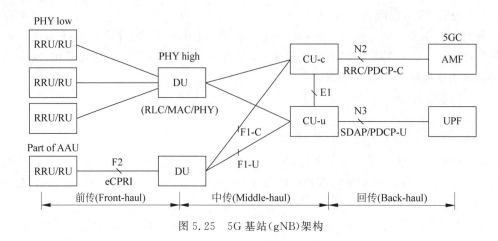

图 5.25　5G 基站(gNB)架构

集中式单元(Centralized Unit,CU)：负责处理 RRC、PDCP 等高层协议的中央单元。gNB 由一个 CU、一个或多个 DU 组成,DU 通过 F1-C 和 F1-U 接口,分别连接到 CU 的控制面 CU-c 和用户面 CU-u。具有多个 DU 的 CU 支持多个 gNB。分离架构使 5G 网络能够根据中传可用性和网络设计,在 CU 和 DU 之间利用不同的协议栈分布。CU 可以通过中传接口对多个 DU 进行集中式管理。

前传(front-haul)：RRU/RU 和 DU 之间的网络,协议是 CPRI 或 eCPRI 或 IEEE 1914.3;

中传(middle-haul)：DU 和 CU 之间的网络,通过 F1 接口连接;

回传(back-haul)：CU 和 5GC 之间的网络,通常也将中传网络合并到回传网络中。

集中式基站部署允许在不同 RU 之间进行负载平衡,这就是为什么在大多数情况下,DU 将与 RU 搭配以执行所有密集处理任务。以边缘为中心的基带处理可提供低时延、具有实时干扰管理功能的无缝移动性和资源优化。连接 RU 和 DU 的底层接口是 eCPRI,可以提供最低的时延,前传时延被限制为 $100\mu s$。需要注意的是,DU/CU 拆分几乎不受基础设施类型的影响。新的接口主要是 DU 和 CU 之间的 F1 接口,它们需要能够跨不同的供应商网络互操作,以真正实现开放的 RAN(Open RAN)。中传将 CU 与 DU 连接起来。4G/5G 核心网通过回传网连接到 CU,5G 核心距离 CU 最多可达 200km。

NG-eNB 和 gNB 两种基站在覆盖、容量、时延和新业务支持等方面都存在较大的差异。

**3. 5G RAN 的部署**

针对 5G 引进的云化、虚拟化概念,5G RAN 的部署方式分为分布式无线接入网(D-RAN)和集中式无线接入网(C-RAN),gNB 支持 CU、DU 以及 AAU 的一体化合设以及相分离两种部署方架。CU 对其下面的 DU 进行集中化的分层管理,CU 通过导入 SDN,将其功能切分为 CP(控制面)和 UP(用户面),并利用开源(open source)让 RAN 更为开放、有弹性。这样,DU 可放置在中心机房,如利用原先 4G 的 BBU 机房等,然后将 AAU 分布在远端。

C-RAN 构架就是将 AAU/RRU 拉远,BBU 资源集中化,并对其进行软件化、虚拟化和云化,运营商的中心机房向数据中心转型,并放入 5G 的移动边缘计算(Multi-access Edge Computing,MEC)。4G、5G 实现了完全的 IP 化,5G IP RAN 组网架构如图 5.26 所示,图中给出了 5G 网络中前传、中传和回传所包含的网段。

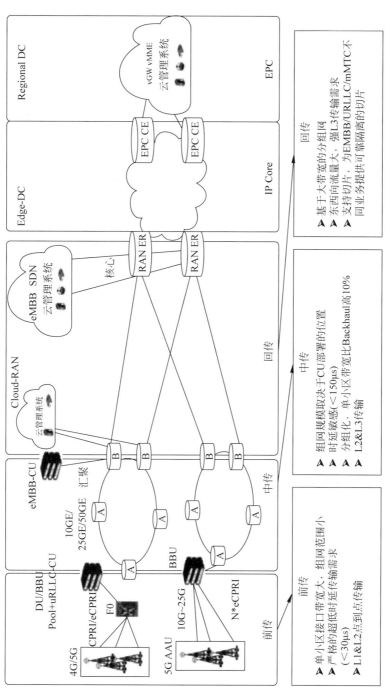

图 5.26　5G IP RAN 组网架构

基站构架演进到了第三个阶段,其实就是使用了 C-RAN 的概念进行无线网络部署。C-RAN 最早由中国移动提出,C 代表云(Cloud),就是对原本绑在一起的功能进行拆分,增加了基站部署的弹性,可以将 BBU 集体布建在一个小型的数据中心(data center),形成一个 BBU 池(BBU Pool),而这个数据中心中的 BBU,还能跟其他数量庞大的 RRU 进行对接,由于 RRU 与 BBU 使用的是光传输网,所以可以大幅提升频宽和基站部署的弹性。

在 5G 场景中,C-RAN＋Massive MIMO 已成为降低延迟的一种可选方案,工作于低频段且覆盖范围大的宏小区主要负责控制面,传送控制信令;而工作于高频段的小区只负责用户面,传送用户数据流量。

AAU/RRU 和 BBU 之间采用通用公共无线电接口(Common Public Radio Interface,CPRI)协议沟通,其连接可以通过不同类型的传输网络实现。

在 CU/DU 合设架构中,一个基站实现了全部的协议栈功能,这种架构适用于密集城区和室内热点场景。对于 CU/DU 分离架构,5G 协议栈中的上层功能位于 CU 中,而底层协议栈位于 DU 中,CU/DU 分离的目的主要有如下几个方面:硬件实现灵活,可节省成本;可以实现性能和负荷管理的协调、实时性能优化;易于实现 SDN/NFV 功能;可配置能够满足不同应用场景的需求,如传输时延的多变性。

CU/DU 合设和分离主要取决于网络场景、业务类型以及传输网性能等因素。此外 5G 网络高速、低时延的特点也对传输网提出了挑战。

为了便于传输控制面信令以及用户面数据等信息,在 CU 和 DU 之间定义了一个新接口 F1,在 CU 内部,控制面和用户面在部署时也可以分离,以满足不同类型业务时延和管理的差异化。CU 控制面(CU-CP)和 CU 用户面(CU-UP)之间的接口定义为 E1。

## 5.5 移动承载网方案

### 5.5.1 承载网方案比较

**1. 传统传输网及基于 IP 的承载网**

传输网是构建各种通信承载网的基础网,目前主要传输网的结构如图 5.27 所示,无论是传统的基于电路交换的 SDH/MSTP,还是基于分组交换的 PTN,以及基于波分复用的 WDM,都已形成了通信网中的高速公路。由于 3G(R4 以后版本)之后的无线接入网均支持全 IP 传输,于是出现了基于 IP 的承载网。图 5.27 中的传输网也属于移动承载网。

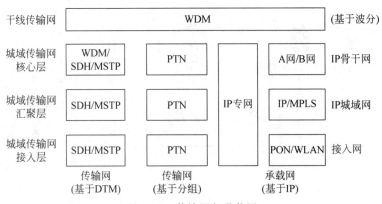

图 5.27　传输网与承载网

基于 TDM 的 SDH,主要采用分插复用实现 E1(2M)、STM-1～STM-64 传输,而 MSTP 能将 ATM、E1、FE、GE 等接口的数据进行统一封装传输,与 SDH 相比兼容性较强。

基于波分复用的 WDM 系统,包括城域密级波分复用(DWDM)和粗波分复用(CWDM)。WDM 可以承载包括 SDH、FE、GE 等大颗粒业务的传送,主要用于骨干传输网。

移动网络用得最多的是城域 WDM 系统,WDM 逐步演进为 OADM(光分插复用)光自愈环,并引入 OXC 互连,大量的光自愈环形成网状光网结构,再引入自动交换光网络(ASON)功能,实现了端到端动态波长分配。

MSTP 可以将传统的 SDH 复用器、数字交叉连接器、WDM 终端、以太网交换机和 IP 边缘路由器等多个独立的设备集成为一种设备。过去已建设的大量 SDH,可以通过升级到 MSTP,有效地支持分组数据业务。在过去相当长一段时间内,城域传输网主要采用 SDH/MSTP,承载以小颗粒 TDM 业务为主的 2G、3G 基站等业务。

由于 4G、5G 实现全 IP 化的组网,城域网技术已从"以 TDM 电路交换为内核"向"以 IP 分组交换为内核"演进。目前城域网需要扩大规模并考虑多业务统一承载,以适应 5G 基站大规模数据业务的承载以及控制和管理。

移动空口的精确时钟和时间同步需求,导致城域网需要提供更高精度的同步信号传送能力,这样对由路由器、交换机构成的基于 IP 的承载网提出了一种技术挑战。

**2. 传统移动网三种承载方案**

1) 方案一:SDH/MSTP+路由器模式(简称 SDH/MSTP 承载方案)

传输网络与业务网络分层组网。传输网层面仍采用现有 SDH/MSTP 网络。通过对原有的传输网络扩容升级,实现传输容量的提升,业务网层面的建设主要在相关节点设置路由设备,实现三层调度功能,而接入层设置交换设备,数据网构成核心、汇聚、接入三层星状网络拓扑。传输网络的接口仍采用 E1 对接方式,传输容量 155～622Mb/s。此方案业务网的性能主要取决于传输网络的改造力度。由于存在传输速率与数据设备速率无法匹配的问题,传输网成为业务网发展的瓶颈,此方案适用于基础传输网及 2G、3G 的承载网。

2) 方案二:PTN+路由器模式(简称 PTN 承载方案)

PTN 最初采用二层面向连接技术进行设计和开发,不仅集成了二层设备的统计复用、组播等功能,同时还可提供带宽规划等功能,从而在高等级的业务传送、网络故障定位等方面和 SDH 类似,较传统的二层数据网优势明显。此外,PTN 以升级的方式提供完善的三层处理功能。传输网利用 PTN 分组业务承载优势实现传输承载统一平台。业务网络由原有承载在 SDH/MSTP 设备上,调整至新建的 PTN 网络上,在 PTN 网络上不再统一建设业务层。在网络规模较小地区,采用在 PTN 核心和汇聚层开通三层功能来实现业务网的路由功能;在较大规模组网地区,当业务网络三层功能需求较大时,可采用在核心和汇聚层增加路由设备实现业务网的承载。

此方案解决了数据业务的有效承载,减少了对原有 SDH/MSTP 网络的改造,MSTP 技术、PTN 技术和路由技术各自发挥优势承担传输承载功能。

3) 方案三:IP RAN 模式(简称 IP RAN 承载方案)

IP RAN 方案采用 SR(业务路由器)+汇聚、接入层增强型路由器(IP RAN),其中 IP RAN 设备主要定位于 IP 城域网,位于城域网的接入层、汇聚层。向上与 SR 相连,向下接入客户设备、基站设备。

　　IP RAN 方案的主要优势在于三层功能的完备和成熟,支持全面的 IPv4(包含 IPv6)三层转发及路由功能,能实现静态、动态路由配置。动态路由协议支持域内 RIP、OSPF、ISIS 等路由协议;域间路由协议支持 BGP 等协议;支持 MPLS 三层功能、三层 MPLS VPN 功能和三层组播功能。

　　IP RAN 方案在网管、OAM、同步和保护等方面融合了传统传输技术。表 5.4 给出了 3 种承载方案的对比。

表 5.4　3 种组网方案技术比较

| 项目 | | SDH/MSTP+路由器方案 | PTN+路由器方案 | IP RAN 方案 |
|---|---|---|---|---|
| 可靠性 | | 采用电路交换,刚性分配带宽,可靠性高 | 分组方式组网,接入层采用 VLAN 和 L2 VPN 实现业务隔离承载;核心、汇聚层可采用三层组网,划分三层 VPN | 分组方式组网,基于全网三层组网模式,可在全网划分三层 VPN,完全实现业务隔离承载 |
| | | 具备多种保护方式,可达到电信级组网要求 | 可实现复杂组网,实现大规模组网的电信级运营保障 | 可达到电信级组网要求,但大规模组网效率尚待提升 |
| | | 现有网路。网络运行稳定。有完善的运行、验收、维护规范,具备技术熟练的运行维护人员 | 在公网和专网已有多年运行经验,运行稳定。由于 PTN OAM 沿袭 MSTP 网络,运维难度及成本较高 | 网络商用时间较短,稳定性待验证。新型传输网络,运维难度及成本较高 |
| 承载能力 | | MSTP 传输以太网业务仅具备一层透传和二层汇聚功能,尚无三层交换能力,且数据业务封装为 $n \times E1$ 传输,传输数据业务效率低、无法共享带宽 | 数据转发能力强大,同时具备传统通信传送网络的一般特征。具备功能强大的 OAM 能力,维护性强,网络同步性能优秀,支持多种业务承载,强大的网络管理能力和业务安全性 | 基于分组交换网络的路由交换设备,适应路由复杂的数据网络,增强了保护机制和 OAM 能力,提高了传输特性和组网能力 |
| | | 支持 TDM 业务强,承载 IP 业务能力弱 | 对于数据业务的处理及扩展适应性较强 | 适用于全数据业务承载的网络或分级网 |
| | | 单点带宽业务大量增加时,需要全网升级 | 网络接入灵活,对于网络后续扩容具备一定优势 | 大规模组网能力有待提升 |
| | | 适用于 2G、3G 承载网 | 适用于 3G、4G、5G 承载网 | 适用于 4G、5G 承载网 |

### 3. PTN 与 IP RAN 技术比较

　　目前的移动承载网,PTN 和 IP RAN 用得较多,两者在功能方面比较如下。

　　(1) 接口:PTN 与 IP RAN 路由器设备在接口的支持上,都包括以太网、ATM 和 SDH,两者区别不大。

　　(2) 三层功能:为了满足三层 VPN 的需求,PTN 核心设备通过升级支持三层功能,包括 IP 报文处理、IP 寻址、路由协议等,从而有效增强了网络的业务调度和处理能力,配合下层(L2)封闭传送通道,可以较好地对三层业务进行承载。IP RAN 支持所有三层功能,网络从上至下均支持 IP 报文内部的处理,这是 IP RAN 的处理优势。

　　(3) QoS 功能:IP RAN 和 PTN 具有 MPLS 同级的层次化、精细化 QoS,区别不大。

　　(4) OAM 机制:IP RAN 和 PTN 可支持与 SDH 同级别的层次化 OAM 机制,包括网络层、业务层和接入链路层的 OAM,具有较强的网络监控和检测、故障判断和恢复等特性。

（5）网络保护机制：PTN 支持与 SDH 类似的保护机制,包括 PW 层、LSP 层、段层、物理层、SNC 等多重保护,而 IP RAN 重点依靠 STP(生成树)、FRR(快速重路由)、VRRP(虚拟路由冗余协议)等基于三层动态协议的保护技术。

（6）网管操作：PTN 和 IP RAN 设备均能提供强大的图形化网管操作维护界面。

（7）网络部署：PTN 全面继承了 SDH 强大的组网能力,运维简单。但由于 IP RAN 在规划建设方面需要考虑业务 IP、端口互联 IP、设备 Loopback IP 等,规划较为复杂。

## 5.5.2 5G 承载网解决方案

### 1. 5G IP RAN

图 5.28 给出了 2G 至 5G 无线接入网演进过程,可以看到：2G(GSM)为 BSC(基站控制器)、BTS(基站收发器)；3G 为无线网络控制器(RNC)、Node B；4G 为 eNB,又分为 BBU(基带处理单元)、RRU(射频拉远单元)；5G 为集中单元(CU)、分布单元(DU),以及有源天线单元(AAU),合称 gNB。

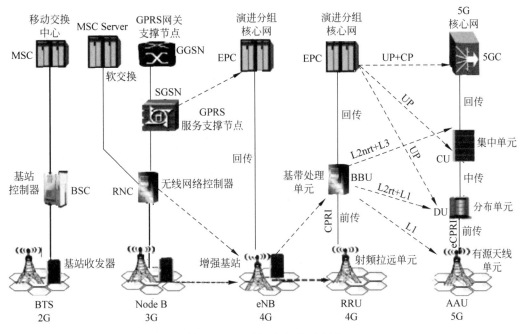

图 5.28 2G 至 5G 无线接入网

5G IP RAN 组网采用现有的核心汇聚网加接入网架构,汇聚网和接入网分属不同的内部网关协议(IGP)进程。通常核心汇聚网采用口字形结构,接入网采用环状结构。5G 无线接入网的 C-RAN 所辖的 DU、BBU,D-RAN 所辖的 CU、BBU 等基站设备分别组环,以提升网络效率,降低网络成本。相对于 4G 无线接入网的 BBU、RRU 两级结构,5G RAN 通常采用 CU、DU、AAU 三级结构。针对 5G RAN 三级网络,将 DU 和 AAU 间的传输网称为前传,将 DU 和 CU 间的传输网称为中传,将 CU 和 5GC 间的传输网称为回传。以下将重点介绍前传、中传和回传。

1) 前传网络

在 5G 网中,AAU(或 BBU)到 DU 之间定义为前传网络,前传协议从 CPRI 向 eCPRI 演进,能满足大带宽需求。4G 网,RRU 到 BBU 之间定义为前传网络。

前传接口带宽需求:需要考虑到毫米波将支持 1GHz 系统带宽以及 256 通道天线的部署场景。根据现有射频拉远单元/远端射频模块的功能划分,前传接口带宽要求随着载波频率带宽及天线通道数量为线性增长的关系。即便考虑使用 64 通道、20MHz 带宽,仍需要近 64Gb/s 的前传接口带宽。图 5.29 给出了 5G 网络依据不同的前传条件进行部署的场景,非理想前传条件下,将 DU 下沉到 RRU 处,在理想前传条件下,将 DU 和 CU 堆叠到一起。

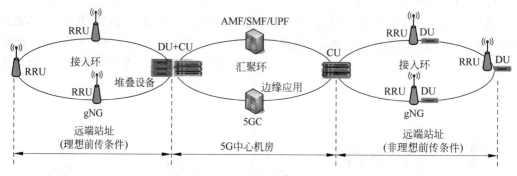

图 5.29　5G 网络依据前传条件部署

满足 5G 前传接口需求的前传方案主要有光纤直连方案、WDM-PON(无源 WDM)方案、有源 WDM 方案、PTN/SPN(切片分组网络)等。对安全性要求较高的场景,应尽量采用 D-RAN 方式(用 PTN/SPN 组环网接入),当采用 C-RAN 方式时可采用低成本有源 WDM 方案。5G 前传以光纤直连为主,局部光纤资源不足的地区,可通过网络路由交换设备承载方案作为补充。5G 前传的网络设备承载方案需根据运营商网络需求和未来规划等进行选择。

2) 回传网络

在组网形态上将 CU 到 5GC 之间的网络定义为回传,如果 CU 云化部署,则 CU 带宽取决于管理 DU 数目,回传网在流量及组网设备层面都具有较好的收敛性。

3) 中传网络(或称为二级前传网络)

5G RAN 实现了 DU 和 CU 分离。对于 DU 和 CU 之间的中传网络,网络带宽与可靠性要求较高,收敛特性与回传网络类似,在网络架构设计时需要按回传网基本特性综合考虑和设计,因此从承载技术角度看,IP RAN 网络中传与回传承载没有差异,并且因为 CU 既可与 DU 部署在一起,也可以集中云化部署。为了简化运维,中传可以与回传合并到统一承载组网,无须单独的中传网络,以减少网络架构的层次。

对于前传网络的承载,可根据不同接入条件和场景,灵活选用光纤直驱、无源 WDM、有源 WDM/OTN 等方案,前传网络并没有统一承载方案的需求。而中回传(中传+回传)网络,对于承载网在带宽、组网、网络切片等方面需求基本一致,可以采用统一的承载方案。针对中回传网络,主要集中在 IP RAN、PTN 及 OTN 等技术应用上。中回传网络需要承载网具备 L0～L3 的综合传送能力,如图 5.30 所示,它包括业务适配层、L2/L3 分组隧道层、L1 的 TDM 通道层、L0 的光波长传送层等功能层面。

(1) 业务适配层:实现多种业务到转发面通道或隧道的映射和适配功能。

(2) L2/L3 分组隧道层:为 5G 业务提供灵活连接调度、OAM、保护、统计复用和 QoS 保障功能,主要通过 L2 和 L3 的分组转发技术来实现,包括灵活以太网、多协议标签交换(MPLS-TP)和段路由(SR)等。

(3) L1 的 TDM 通道层:TDM 通道技术不仅可为 5G 三大类业务应用(eMBB、uRLLC 和 mMTC)提供支持 TDM 通道硬隔离、复用调度、OAM、保护和低时延的网络切片,并且可为高品质专线提供高安全和低时延服务能力。

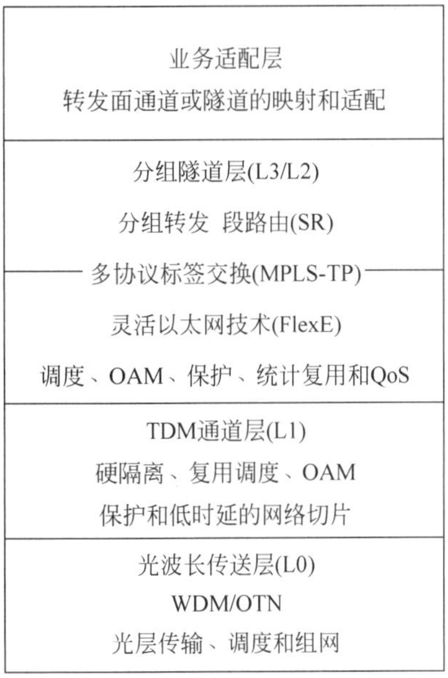

(4) L0 的光波长传送层:5G 和专线等大带宽业务要求 5G 承载网络具备 L0 的单通路高速光接口

和多波长光层传输、调度和组网能力,如基础传输网 WDM/OTN 等。

| 业务适配层<br>转发面通道或隧道的映射和适配 |
| --- |
| 分组隧道层(L3/L2)<br>分组转发　段路由(SR)<br>多协议标签交换(MPLS-TP)<br>灵活以太网技术(FlexE)<br>调度、OAM、保护、统计复用和QoS |
| TDM通道层(L1)<br>硬隔离、复用调度、OAM<br>保护和低时延的网络切片 |
| 光波长传送层(L0)<br>WDM/OTN<br>光层传输、调度和组网 |

图 5.30　5G 承载网综合传送能力

采用灵活的业务承载方案,同时满足 LTE,5G NSA(非独立组网)和 SA(独立组网)业务承载及其他业务综合承载的需要。在 NSA 组网模式下,5G 和 4G 基站的 $X_x$ 接口通信需求通过接入环内部或汇聚节点转发。

IP RAN 组网设备包含骨干承载网通信云边界设备、核心节点设备(路由/交换)、汇聚节点设备(路由/交换)、综合接入或接入设备末端、支线接入设备、基站接入设备、基站骨干承载网通信云及汇聚网接入网边缘云等。核心网所在的通信云、通过数据中心的边界设备(border)与 IP RAN 网络的自治系统边界路由器(ASBR)相连,并通过 ASBR 与骨干承载网相连,满足骨干范围内核心网间组网的需求;边界设备直接与城域网的 CRAN 相连并接入互联网。ASBR 位于 OSPF 自治系统和非 OSPF 网络之间。ASBR 可以运行 OSPF 和另一路由选择协议(如 RIP),把 OSPF 上的路由发布到其他路由协议上。

从 5G 业务大带宽、低时延等性能指标以及后续业务需求综合分析,面向 5G 技术的承载,采用分组化的 IP RAN 承载网络,综合业务承载能力强,且与现有 IP RAN 兼容,网络可逐步演进,并能实现 3G/4G/5G 业务融合承载。在规划网络方案时,对于低时延 uRLLC 业务,可以引入 MEC 边缘计算,MEC 和 BBU 同址设置,以满足时延需求。

如果单纯新建一张独立的传输网来满足 5G 通信承载需求,会导致与原有承载网络无法兼容,进一步增加网络运维难度,浪费原有投资,同时,在 VoLTE 还未正式普及的情况下,传统语音通话业务仍需依赖于 2G/3G 网络,演进式的承载方案更具有现实可行性。

**2. DC+IP RAN**

针对中传和回传网络,采用 DC+IP RAN 云网一体的综合承载解决方案,由多级的 DC 分层网络来承载云化的核心网与 CU 资源池,以及通过技术升级后的 IP RAN 网络来承载

DU 至 CU、DC 之间的互联互通业务。

　　所谓 DC 分层网络,指的是电信长途网,如 DC1 为一级交换中心,设置在各省会(直辖市),其主要功能是汇接所在省的省际和省内的国际和国内长途来、去、转接话务和 DC1 所在本地网的长途终端(落地)话务;DC2 为二级交换中心,设置在各省的地(市)本地网的中心城市,其主要功能是汇接所在地区的国际和国内长途来、去话话务和省内各地(市)本地网之间的长途转接话务以及 DC2 所在中心城市的终端长途话务。随着 SDN/NFV/云计算等 5G 技术的引入,各运营商对 DC 化网络进行重构,DC 被赋予新的职能,用于对云化网络资源的承载,提供计算存储和转发能力。未来网络 DC 将作为网络主要载体,业务流量将集中在云化 DC。

　　通过引入边缘 DC(区县级)、核心 DC(地市级)和省级 DC(省级)的多级 DC 部署方案,将传统设备网元经过 NFV 化后部署在 DC 上,以提供计算、存储和转发能力。电信机房经过 DC 化重构为接入局所、边缘 DC、核心 DC、省级 DC 4 级结构。而对于无线网络来说,射频单元、有源天线处理单元等均需要分布部署在基站上,基站连接到接入局所,这样 DC 网络结构由 4 级演进为 5 级:基站—接入局所—边缘 DC—核心 DC—省级 DC。

　　目前 IP RAN 网络主要用于 3G、4G 的承载,在未来网络演进中,IP RAN 设备可作为专用设备进入各层级 DC 中部署。移动网云化将最终形成控制云、转发云和接入云的"三朵云"结构,IP RAN+DC 将逐步构建移动网"转发云"。5G 承载网络将采用基础设施、网络功能和协同编排的三层组网架构;IP RAN 网络构建了新型的转发平面,负责流量转发调度;DC 承载网元提供各种网络功能服务。具体如图 5.31 所示,图中的边缘 DC、核心 DC 和省级 DC 就是要构建的移动转发云。

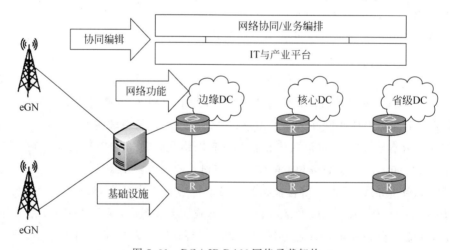

图 5.31　DC+IP RAN 网络承载架构

　　5GC 和 MEC 云化后部署在 DC 上;CU 若分散部署则选择云化形成资源池,部分部署在 DC 上,部分部署到 CO(Central Office,端局机房)机房,若与 DU 合并部署,则无须云化;AAU 和 DU 无法云化部署,需采用分布式部署到基站或接入局所。其中,接入局所充当集中部署场景下的汇聚机房。5G 网络网元层级与 DC 机房物理部署对应关系如表 5.5 所示。

表 5.5　　5G 网元物理机房部署表(√ 表示部署)

| 网元设备 | 基站 | 接入局所 | 地市边缘 DC | 地市核心 DC | 省级 DC |
|---|---|---|---|---|---|
| AAU | √ | | | | |
| DU | √ | √ | | | |
| CU | | √ | √ | | |
| MEC | | | √ | | |
| 5GC | | | | √ | √ |

在 5G 建设初期,典型 5G 单站承载带宽峰值高达 5.8Gb/s,均值也高达 3.4Gb/s。如果按照 10 个基站组一个环来计算,带宽均值达到 34Gb/s。因此,在 5G 传送承载网的接入、汇聚层需要引入更高速率的接口。在核心层,则需要广泛应用 100Gb/s 及以上速率的接口。所以,原有的 10GE 接入环仅可以满足少量 5G 基站接入,热点地区接入环需升级支持 50GE;汇聚层和核心层需逐步引入 50GE、100GE 等高速链路。A 类设备、B 类设备、边界路由设备(Edge Router,ER)设备升级支持 50GE、100GE 链路。

在 5G 建设中期,eMBB 规模商用,根据流量变化逐步扩大接入层升级 50GE 比例,汇聚层、核心层规模部署 100GE、200GE 等高速链路。A 类设备、B 类设备、ER 设备规模升级支持高速链路。

在 5G 建设后期,mMTC 和 uRLLC 商用。全网流量快速增长,接入环全面支持 50GE,汇聚层、核心层规模使用 100GE、200GE 链路及其他更高速率链路。A 类设备、B 类设备、ER 设备全面支持高速链路及具有网络分片功能。

(1) A 类设备:指用于业务接入并且是网络边缘的综合业务 IP RAN 设备,是接入网接入层设备。A 类设备原则上部署在接入局所或基站机房,具体方案需要根据 DU 和 CU 的不同部署方式确定。

例如,DU 和 CU 分散设置:DU 分布式部署在基站机房,A 类设备与 DU 合并部署,A 类设备与 DU 连接,解决 DU 到 CU 的中传网络传送。

(2) B 类设备:指用于 A 类接入设备流量汇聚的综合业务 IP RAN 设备,是接入网汇聚层设备。B 类设备的部署需充分考虑 CU 云化形成资源池,以及边缘 DC 的承载。

例如,CU 云化后形成资源池,部署在边缘 DC,B 类设备作为专用设备进入边缘 DC,用于回传网络承载。

DC+IP RAN 的云网一体承载方案,立足于 4G 原址布局,在 4G 承载的基础上进行技术迭代升级,IP RAN 网络需要进行分阶段的升级改造。结合 DC 化网络重构,5G 网络各网元均部署在五级 DC 网络架构中,由 DC 作为云化网元的主要载体,有效解决 5G 中传和回传网络承载需求,实现容量平滑扩展、端到端协同,构筑可持续演进的 5G 承载网络。

**3. 5G 承载网技术选型方案**

我国三大电信运营商 5G 承载网中传技术选型方案:中国电信的选择是 IP RAN(网络切片+NFV+L3)、端到端分组增强型 PeOTN/STN 2.0(切片传送网);中国移动的选择是 SPN(切片分组网);中国联通的中传选择的是 UTN 2.0。

(1) SPN 方案为中国移动主导的 5G 传输承载方案,在现有的 PTN 网络基础上,通过引入 FlexE 接口、FlexE 交叉、SR 等新技术,满足 5G 业务对大带宽、低时延、灵活控制的需求,同时兼容现有 PTN 技术,具备现网平滑演进的能力。核心层为 400GE/1T;汇聚层为200GE/400GE;接入层为 50GE/100GE。

(2) 增强 IP RAN 方案为中国电信主推的 5G 传输承载方案,在目前 IP RAN 设备上引入 FlexE 接口、SR 等新技术,实现网络切片、灵活控制等 5G 需求,但缺少考虑超低时延的业务场景,在 IP RAN 网络平滑演进中其思路与 SPN 趋于一致。

(3) UTN 2.0 方案提出较晚,与现网相比主要的技术变化是在前传采用 G. Metro 技术,中传引入 25GE/50GE 等高速率以太网接口,回传叠加波分复用,技术创新相对较少,主要目标是平滑演进。前传(AAU-DU)采用 G. Metro;中传(DU-CU)采用 POTN;回传(CU-EPC)采用 UTN+DWDN。

对比 3 种方案,SPN 提出最早,由于基于 PTN,相对成熟度最高;UTN 2.0 基于现网DWDN 演进,稳定性较高;增强 IP RAN 基于现网路由交换演进,更容易实现三层控制边缘云。

## 习题

1. 简述 SDH 复用结构。SDH 通常由哪些网络单元组成? 简述各个网络单元的功能。
2. 用 TM、SDXC、ADM 组成一个环形 SDH 传输网。
3. 何为 PTN? PTN 与 SDH 有何区别? 简述 PTN 的主要功能。
4. PTN 能为移动网络提供哪些接口类型?
5. 比较 PTN 与 IP RAN 方案。
6. 何为前传、中传和回传?
7. 简述 5G 承载网都有哪些方案。
8. 概述从 2G 到 5G 的无线接入网演变过程。

# 第 6 章

# 移动网与 TDMA 系统

近几十年来,移动通信发展迅猛,目前已经发展到了第五代(5G)移动通信系统。本章从公共陆地移动网(Public Land Mobile Network,PLMN)的演进和组成出发,首先概述移动网的基本概念,然后重点介绍第二代(2G)移动通信中的 TDMA 系统(GSM、GPRS)及其网络规划。

## 6.1 公共陆地移动网

### 6.1.1 移动网络的演进过程

PLMN 是移动通信网络的正式名称,从第一代移动通信网络到第五代移动通信网络,PLMN 以满足移动用户的业务需求为目标,在不断地向前演进。

图 6.1 展示了移动通信技术的演进过程。第一代移动通信(1G)网络采用基于 FDMA 的模拟技术,重点解决用户的语音业务需求;2G 网络完成了从模拟技术到数字技术的过渡,在 FDMA 基础上重点采用 TDMA 技术,但仍然以满足用户的语音业务需求为目标;3G 网络开启了移动互联时代,核心技术为 CDMA,承载网逐步向 IP 化方向演进;4G 网络满足了用户高带宽的接入需求,带来了深度的移动互联革命,采用的核心技术是 OFDM、MIMO 等;5G 网络则将开启超高带宽接入、超低时延(1ms)通信、万物互联的新时代。5G 网络采用了大规模 MIMO、毫米波射频、网络切片、软件定义网络、C-RAN、密集蜂窝组网等技术,实现了与 LTE 频谱共存,具有更低的运营成本;支持下一代 Internet(IPv6),实现全网络 IP 化;具有较高的灵活性,能自适应地进行资源分配,所需设备更加轻便,建网成本可以大幅度降低。

### 6.1.2 移动网络的组成

图 6.2 给出了从 2G 到 5G 的 PLMN 组成。从整个通信网来看,移动通信包括无线接入网和核心网,从无线接入网到核心网之间承载归类于城域网。无线接入网经历了从 2G 的基站子系统(Base Station Sub-System,BSS)到 3G 的 RAN(无线接入网),再到 5G 的 NG-RAN 的发展;核心网经历了从 2G 的网络子系统(Network Sub-System,NSS)到 3G 的 CN(核心网),再到 5G 的 5GC(5G 核心网)的发展。无线接入网的传输接口也有了较大的改变,从 2G 的 E1 (2Mb/s)到 3G 的 ATM、E1、Eth(Ethernet,以太网),再到 4G、5G 的完全 IP 承载的 Eth 接口。

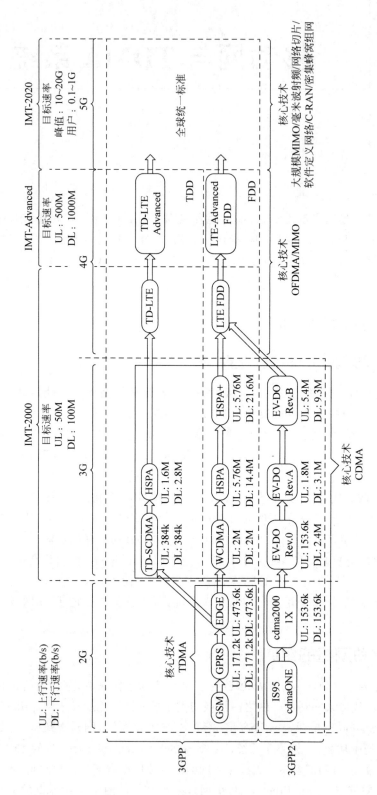

图 6.1　移动通信的演进过程

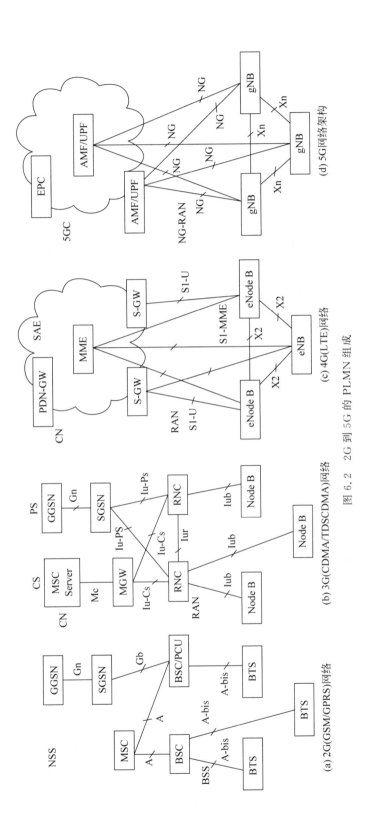

图 6.2　2G 到 5G 的 PLMN 组成

(a) 2G(GSM/GPRS)网络

(b) 3G(CDMA/TDSCDMA)网络

(c) 4G(LTE)网络

(d) 5G网络架构

【例 6.1】 结合图 6.2,说明 2G 到 5G 的无线接入网名称及包含的主要网元。

2G 的无线接入网为 BSS,网元包括 BTS(基站收发台)和 BSC(基站控制器)。

3G 的无线接入网为 UTRAN,网元包括 RNC(无线网络控制器)和 NodeB。

4G 的无线接入网为 E-UTRAN,网元为 eNodeB(演进的 NodeB),简写为 eNB。

5G 的无线接入网为 NR(NG-RAN),网元为 gNB。

## 6.1.3 移动编号及区域划分

### 1. PLMN 编号

PLMN 编号用于区分不同的移动通信网络,移动网络编号包括国家代码和移动网络代码两个部分。如中国的国家代码为 460,中国电信、中国联通和中国移动运营的移动通信网络的代码分别 03、11;01、06;00、02、07。移动台在进行网络注册时会根据一定的规则选择某一个编号的移动网络。

### 2. 设备编号

由于移动用户的特殊性,若要对其进行识别、跟踪和管理,必须要对移动台、基站等设备设置编号。以下设备编号针对的是 2G PLMN 系统,3G、4G 基本沿用了 2G 系统的设备编号规则。

(1) 移动台号簿号码(MSDN),也称移动用户的 ISDN 号码,在全球具有唯一性。其结构包括两部分:国家号码+国内有效移动用户电话号码。国家号码即 PLMN 编号中的国家代码,我国的国家号码为 86,国内有效电话号码为一个 11 位数字的等长号码,其结构为

$$N1N2N3 + H0H1H2H3 + ABCD$$

其中,N1N2N3 为数字蜂窝移动业务接入号,如最初中国移动 GSM 移动通信网的业务接入号为 135~139;中国联通 GSM 移动通信网的业务接入号为 130~132。H0H1H2H3 是 HLR 识别码,H0H1H2 全国统一分配,H3 省内分配。ABCD 为每个 HLR(归属位置寄存器)中移动用户的号码。

(2) 国际移动台标识号(IMSI)是不同国家、不同网络能够唯一识别一个用户的国际通用号码,IMSI 的总长度为 15 位;IMSI 编号计划国际统一,不受各国的 MSDN 影响,其结构为

$$MCC + MNC + MSIN$$

MCC+MNC 即移动网络编号,其中,MCC 为国家号码,长度为 3 位,统一分配,用于唯一识别移动用户所属的国家;MNC 为移动网号,识别移动用户所归属的 PLMN;MSIN 为网内移动台号,用于唯一识别某一 PLMN 中的移动用户;国家移动识别码(NMSI)由 MNC+MSIN 组成。我国的 MCC 为 460;中国移动 900/1800MHz(TDMA)的 MNC 为 00;中国联通 900/1800MHz(TDMA)的 MNC 为 01。NMSI 是一个 11 位的等长号码,由各运营商自行确定编号原则。

(3) 国际移动台设备标识号(IMEI)是由移动台制造商在设备出厂时置入的永久性号码,用于防止非法移动台接入移动网络。设备号的最大长度为 15 位,其中设备型号为 6 位,厂商号为 2 位,设备序号为 6 位,其余 1 位备用。

(4) 移动台漫游号(MSRN)是移动系统为漫游用户指定的一个临时号码,在 CDMA 系统中又称为 TLDN(临时本地号簿号码),供移动交换机选择路由时使用。MSRN 的结构为

1SSM0M1M2M3ABC。其中 1SS 是由被访地区的 VLR 动态分配的；M0M1M2M3 的数值与 H0H1H2H3 相同；ABC 为各移动局中临时分配给移动用户的号码；SS 为 00～99。

（5）临时移动识别码（TMSI）用于防止非法个人或团体通过监听无线路径上的信令交换而窃取移动客户真实的客户识别码（IMSI），或跟踪移动客户的位置。

（6）基站识别码（BSIC）供移动台识别使用相同载频的相邻基站的收、发信台，其结构为

$$NCC+BCC$$

其中，NCC(3bit)为网络色码，用于识别 GSM 网；BCC(3bit)为基站色码，用于识别基站组（即使用不同频率的基站的组合）。我国 NCC 表示为 XY1Y2，X 表示运营商（中国移动为1，中国联通为0）；Y1Y2 的分配由各运营商自行确定。

此外，还有 No.7 信令消息识别码、位置区更新识别码、全球小区识别码等。

**3. PLMN 区域划分**

PLMN 的区域划分如图 6.3 所示。

（1）小区：也称蜂窝区，小区理想形状是正六边形，基站可位于正六边形中心。如果使用全向天线，称为中心激励，一个基站区仅含一小区；如果使用120°或60°定向天线，则称为顶点激励，一个基站区可以包含数个小区（通常为 3 个），每个小区称为一个扇区。

（2）基站区：通常指一个基站收发器所辖的区域，也可指一个基站控制器所控制的若干个小区形成的区域。

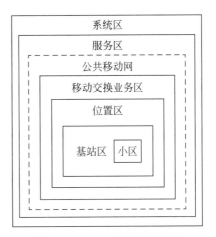

图 6.3　PLMN 网络区域划分

（3）位置区：每一个 MSC 业务区分成若干位置区，位置区由若干基站区组成，它与一个或若干个基站控制器有关。

（4）移动交换业务区：由一个移动交换中心管辖的区域，一个公共移动网包含多个业务区。

（5）服务区：由若干个相互联网的 PLMN 覆盖区组成，移动台在此区域内可以漫游。

（6）系统区：指同一制式的移动通信覆盖区，在此区域中 PLMN 所采用的无线接口技术完全相同。

## 6.2　全球移动通信系统

全球移动通信系统（Global System for mobile communication，GSM）是具有代表性的基于 TDMA 的第二代数字蜂窝移动通信技术，本节将介绍 GSM 系统的组成、接口、帧结构等内容。

### 6.2.1　网络结构

GSM 数字移动通信系统框图如图 6.4 所示，主要由以下部分组成。

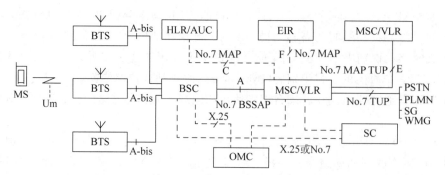

图 6.4　GSM 系统框图

### 1. 交换网络子系统

交换网络子系统(NSS)主要完成交换功能,客户数据与移动性管理、安全性管理所需的数据库功能。NSS 由一系列功能实体构成,下面介绍各功能实体(也称网元)。

MSC:GSM 系统的移动交换控制中心,是对移动台进行控制和完成话路交换的功能实体,也是移动通信系统与其他通信网之间的接口。

VLR:拜访位置寄存器,存储客户的号码、所处位置区域的识别码、向客户提供的服务参数等信息。

HLR:归属位置寄存器,是一个数据库,存储移动运营商管理部门设置的移动客户数据。

AUC:鉴权中心,用于产生为确定移动客户的身份和对呼叫保密所需的鉴权、加密的 3 个参数(随机数 RAND、符号响应 SRES、密钥 Kc)的功能实体。

EIR:设备识别寄存器,主要完成对移动台的识别、监视等功能,以防止非法移动台接入网络。

### 2. 无线基站子系统

无线基站子系统(BSS)是在一定的无线覆盖区中由 MSC 控制、与 MS 进行通信的系统设备,主要负责完成无线发送、接收和无线资源管理等功能。功能实体可分为基站控制器(BSC)和基站收发台(BTS)。

BSC:具有对一个或多个 BTS 进行控制的功能,主要负责无线网络资源管理、小区配置数据管理、功率控制、定位和切换等,是一个功能很强的业务控制点。

BTS:具有无线接口收/发设备,完全由 BSC 控制,负责无线传输,完成无线与有线的转换、无线分集、无线信道加密、跳频等功能。

### 3. 移动台

移动台由两部分组成,即移动终端(MS)和客户识别卡(SIM)。MS 就是"手机",它可完成语音编码、信道编码、信息加密、信息的调制和解调、信息发射和接收等功能。SIM 卡是移动台的"身份卡",保存有认证客户身份所需的信息,并能够进行安全保密相关处理。

### 4. 操作维护子系统

操作维护子系统(OMC),实现对 GSM 网内各种网元功能的监视、状态报告、故障诊断等功能。

## 6.2.2 基站分类

这里的基站主要指 BTS,包含 4 部分:传输系统、电源系统、天馈系统和收发系统。其中基站的天馈系统自上而下由天线、跳线、馈线、跳线组成。以下介绍基站的分类。

**1. 宏基站**

宏基站容量大、可靠性高,维护方便,需要在机房安装,其传输系统可用微波或光纤等。宏基站覆盖能力强,使用的场合多,当馈线长度大于 70m 时,馈线损耗较大,对覆盖有一定的影响。

(1) 广域覆盖:城区广域范围的覆盖;郊区、农村、乡镇、公路的覆盖。

(2) 深度覆盖:城区内话务密集区域的覆盖,室内覆盖(作为室内分布系统的信号源)。

(3) 容量:根据配置的载频数,支持的用户数可以变化。

**2. 微基站**

微基站指体积微型化的基站,将所有的设备功能浓缩在一个比较小的机箱内,以方便安装。微基站将不同功能的单板集成在一个设备上,体积小,可以在抱杆上或者方舱内安装。

(1) 覆盖能力:可以就近安装在天线附近,如塔顶和房顶,直接用跳线将发射信号连接到天线端,馈线短,损耗小;可以根据覆盖需求选择相应功放的微基站,其覆盖范围不一定比宏基站小。

(2) 广域覆盖:采用大功率微蜂窝实现农村、乡镇、公路等容量需求较小的广域覆盖。

(3) 深度覆盖:城区小片盲区的覆盖,室内覆盖(如作为室内分布系统的信号源),城区的导频污染区覆盖。

(4) 容量:微基站设备空间狭小,可以安装的信道板数量有限,一般只能支持一个载频,能提供的容量较小。

宏基站和微基站均包括 S1/1(含 S1、S1/1)、OTSR(全向发射扇区接收)、O1(OMNI,全向站,1 个载频)等,表 6.1 给出了各种类型基站的使用原则和使用区域。其中,S1/1 表示一个基站有两个扇区,每个扇区的载频数为 1。

表 6.1 常用基站扇区配置

| 基站扇区配置 | 使 用 原 则 | 使 用 区 域 |
|---|---|---|
| 三扇区 | 最主要的扇区配置,能够承载较高的业务量,广泛应用于各类地区 | 市区、密集区域、繁华乡镇 |
| 单扇区/两扇区 | 主要解决信号覆盖问题。针对有明确覆盖需求或话务量较集中的区域 | 交通干线、室内覆盖、地下停车场等 |
| OTSR | 主要解决信号覆盖问题。针对有明确覆盖需求,当前话务量较低但覆盖范围广的区域 | 乡镇农村、开发区等 |
| OMNI(全向站) | 主要解决信号覆盖问题;针对话务量较低且覆盖受限的区域 | 农村、山区、草原等 |

**3. 射频拉远**

射频拉远是指将基站单个扇区的射频部分用光纤拉到一定距离之外,基带部分安放在原基站位置,射频拉远的扇区可以和原站址的其他扇区共用资源,一起提供系统容量。射频拉远的特点是不需要专门的机房,基站侧芯片集成器采用延迟的方法,以补偿拉远带来的传输延迟。

**4. 直放站**

直放站是一种信号中继器,根据覆盖需要对基站发出的射频信号适当放大。直放站本身不能提供容量,其应用环境主要包括覆盖不好且容量要求比较小的区域、容量要求比较小的广域覆盖。应用最广泛的直放站包括无线直放站和光纤直放站两大类,两类直放站的区别主要是宿主基站的信号通过无线途径或者光纤途径传播到直放站。无线直放站可以进一步细分为宽带/选频直放站和移频直放站,下面给出常用直放站的适用环境。

(1) 宽带/选频直放站:话务需求比较小的覆盖区,可用微室内分布系统的信号源。

(2) 移频直放站:话务需求较小的市郊和公路沿线,对干扰要求特别严格的区域。

(3) 光纤直放站(星状):可以适用于地面和地下场所的覆盖。

(4) 光纤直放站(多点):沿线覆盖的交通通道。

**5. 室内分布系统**

室内分布系统通过将宏基站、微基站和直放站等的射频输出信号作为信号源引入到需要覆盖的室内环境,来提高室内覆盖性能,本身不能提供容量。室内分布系统包括有源和无源两类,对于有源室内分布系统,要注意上下行链路的平衡。

## 6.2.3 帧结构及系统参数

**1. GSM 帧结构**

GSM 帧也就是 TDMA 帧,结构如图 6.5 所示。1 个帧包含 8 个时隙,帧长为 4.615ms,每个时隙时长为 $576.9\mu s$,每个时隙含有 156.25b。

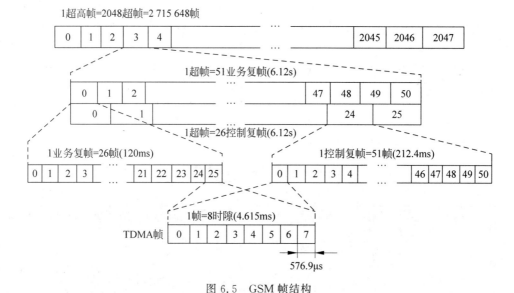

图 6.5 GSM 帧结构

**2. GSM 系统参数**

GSM 频段包括 850MHz、900MHz、1800MHz 等。其中 900MHz 为 GSM 的基准频段,主要参数如下。

(1) 工作频段:移动台发射频段(上行)为 890~915MHz;基站发射频段(下行)为 935~960MHz。频段具体分配情况如图 6.6 所示。蜂窝式移动通信的信道通常都是双工无线信道,基站发往移动台为下行方向,其信道为前向信道;反之为后向信道。GSM 的双工间隔为 $935-890=45$MHz。考虑到双工工作方式,实际工作频段为 $(915-890)\times 2=50$MHz。相邻两频道间隔为 200kHz,每个频道采用 TDMA 方式,分为 8 个时隙。也就是说,一个载频(TRX)为200kHz,可以提供8条物理信道。

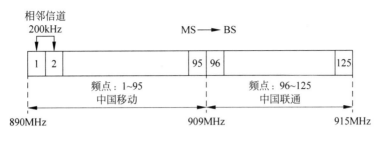

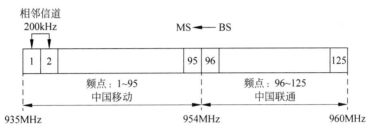

图 6.6 900MHz频段频率分配图

（2）频道配置（采用等间隔配置方法），900MHz频段的频道序号（$n$为1～125）和频道标称中心频率的关系为：

$$f_l(n) = 890.200\text{MHz} + (n-1) \times 0.200\text{MHz}（移动台发）$$

$$f_h(n) = f_l(n) + 45.000\text{MHz}（基站发）$$

中国移动GSM频段：上行频段为890～909MHz；下行频段为935～954MHz。频点为1～95。

中国联通GSM频段：上行频段为909～915MHz；下行频段为：954～960MHz。频点为96～125。

（3）调制方式：采用高斯滤波的最小频移键控（GMSK）方式。

（4）发射功率：对于基站，每载波为500W,其中每时隙平均功率为62.5(500/8)W；实际上，GSM基站的峰值发射功率为42W左右，移动台的峰值发射功率在2W左右。表6.2给出了不同频段MS最大发射功率的典型值。

表 6.2 不同频段 MS 最大发射功率的典型值

| 类 别 | GSM900 | DCS 1800 |
|---|---|---|
| 1 | — | 1W(30dBm) |
| 2 | 8W(39dBm) | 0.25W(24dBm) |
| 3 | 5W(37dBm) | 4W(36dBm) |
| 4 | 2W(33dBm) | |
| 5 | 0.8W(29dBm) | |

（5）小区半径：通常农村区域最大半径为35km；城市区域最小半径为500m。

（6）时间提前量（TA）：根据对移动台传输时延的测量而设定，其作用是使远离基站的移动台提前发送其指定的时隙信息，以补偿传输时延，并保证在小区内不同位置的移动台在不同时隙发出的信号抵达基站时不会发生交叠和冲撞。TA 为 0~23s,该值直接影响小区的无线覆盖,GSM 小区的无线覆盖半径最大为 35km,这是由 GSM 时间提前量的编码(0~63)决定的,基站最大覆盖半径为:

$$3.7\mu s/bit \times 10^{-6} \times 63bit \times (3 \times 10^8)m/s \div 2 = 35km$$

其中,$3.7\mu s/bit$ 为每个比特位的时长;63bit 为时间调整的最大比特数;$3 \times 10^8 m/s$ 为光速。如果采用扩展小区技术,基站的最大覆盖半径为:

$$3.7\mu s/bit \times 10^{-6} \times (63+156.25)bit \times (3 \times 10^8)m/s \div 2 = 120km$$

GSM 每帧含 8 个时隙,每个时隙 $576.9\mu s$,包含 156.25bit,所以每个比特位的时长为 $3.7\mu s/bit$。

综上,1bit 对应的最大距离是 554m,精确度为 25%(即 138.5m),此时 TA 取 0。表 6.3 给出了 TA 值所对应的距离和精确度。由于多径传播和同步精确度的影响,两个在同一位置接收同一小区信号的移动台对 TA 测量的差异,可能会达到 3bit 左右(1.6km)。

表 6.3  TA 值所对应的距离和精确度

| TA | 距离/m | 精确度(推荐值) |
| --- | --- | --- |
| 0 | 0~554 | 25% |
| 1 | 554~1108 | 12.5% |
| ... | ... | ... |
| 63 | 34902~35456 | 0.4% |

## 6.2.4  接口及信令

### 1. 无线接口

GSM 无线接口分为物理层、数据链路层和信令层,接口协议分层如图 6.7 所示。

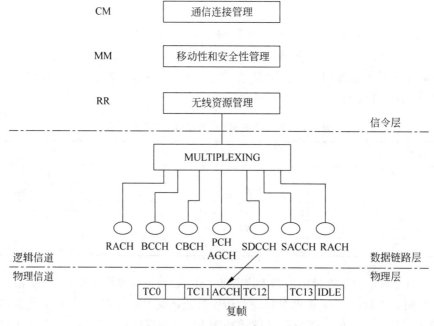

图 6.7  无线链路接口的分层

1) 物理层

GSM 无线接口物理层为一系列的无线信道。无线信道的分类如图 6.8 所示,从功能上分为业务信道(TCH)和控制信道(CCH)。其中,TCH 用于传送语音信号和数据业务;CCH 用于传送信令消息,共 4 类控制信道。

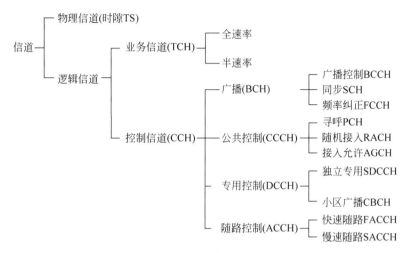

图 6.8 无线信道的分类

表 6.4 列出了 GSM 无线信道的传输方向,为了节省无线资源,常常将表中的某几个信道进行合并,共占一个物理信道。常用的 3 种组合方式为 TCH+FACCH+SACCH、BCH+CCCH 和 SDCCH+SACCH。表 6.5 列出了不同速率的语音和数据业务信道。

表 6.4 GSM 无线信道

| 信 道 名 | 缩 写 | 方 向 | 信 道 名 | 缩 写 | 方 向 |
|---|---|---|---|---|---|
| 业务信道 | TCH | MS↔BS | 随机接入信道 | RACH | MS→BS |
| 快速随路控制信道 | FACCH | MS↔BS | 寻呼信道 | PCH | MS←BS |
| 广播控制信道 | BCCH | MS←BS | 接入允许信道 | AGCH | MS←BS |
| 频率校正信道 | FCCH | MS←BS | 独立专用控制信道 | SDCCH | MS↔BS |
| 同步信道 | SCH | MS←BS | 慢速随路控制信道 | SACCH | MS↔BS |
| 小区广播信道 | CBCH | MS←BS | | | |

表 6.5 业务信道

| 信 道 名 称 | 语音业务/数据业务 | 速率/(kb/s) |
|---|---|---|
| TCH/FS | 全速率语音信道 | 13 |
| TCH/HS | 半速率语音信道 | 5.6 |
| TCH/F9.6 | 全速率数据信道 | 9.6 |
| TCH/F4.8 | 全速率数据信道 | 4.8 |
| TCH/H4.8 | 半速率数据信道 | 4.8 |
| TCH/H2.4 | 半速率数据信道 | ≤2.4 |
| TCH/F2.4 | 全速率数据信道 | ≤2.4 |

2) 数据链路层

数据链路层是 GSM 无线接口协议栈的第二层,表 6.6 给出了 MS 至 MSC/VLR 所有链路层所采用的协议。

表 6.6　MS 至 MSC/VLR 所有链路层所采用的协议

| 接　　口 | 数据链路层协议 |
| --- | --- |
| MS-BTS | LAPDm(GSM 特有) |
| BTS-BSC | LAPD(由 ISDN 修改) |
| BSC-MSC | MTP,第 2 层(SS7 协议) |
| MSC/VLR-HLR(HLR-SS7) | MTP,第 2 层(SS7 协议) |

3) 信令层

GSM 无线接口信令层(第三层)是收发和处理信令消息的实体,包含以下 3 个子层。

(1) 无线资源管理(RR):对无线信道进行分配、释放、切换、监视和控制等信令过程。

(2) 移动性管理(MM):包括移动用户的位置更新、定期更新、鉴权、开机接入、关机退出、TMSI 重新分配和设备识别共 7 个信令过程。

(3) 连接管理(CM):包括三大部分,分别是呼叫控制业务(CC)、补充业务(SS)和短消息业务(SMS)。其控制机理继承自 ISDN,包括去话建立、来话建立、呼叫中改变传输模式、MM 连接中断后呼叫重建和 DTMF 传送共 5 个信令过程。

**【例 6.2】**　根据图 6.9,说明去话呼叫信令的建立过程。

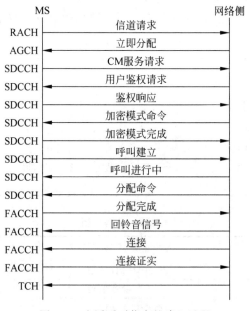

图 6.9　去话呼叫信令的建立过程

**解**:主叫 MS 通过 RACH 向网络侧发"信道请求"消息,申请一个信令通道。这时,基站经 AGCH 回送一个"立即分配"消息,指配一个专用信令通道 SDCCH。移动台通过 SDCCH 发送"CM 服务请求"消息,要求 CM 实体提供服务。CM 连接是在 RR 和 MM 连接的基础上完成的,所以接下来必须提供 MM、RR 过程。执行用户鉴权(MM 过程),再执行加密模式设定(RR 过程),若不加密,则网络侧发出"加密模式命令"消息,指示"不加密"。

之后,主叫 MS 发出"呼叫建立"消息,指明业务类型、被叫号码等。网络启动选路进程,同时发回"呼叫进行中"消息。这时,网络分配一个业务信道传送用户数据。此 RR 过程包含两个消息,即"分配命令"和"分配完成"。"分配完成"消息在新指配的 TCH/FACCH 信道上发送,其后的信令消息转经由 FACCH 发送,原先分配的 SDCCH 释放。因为是通话开始之前,TCH 信道可以被占用。当被叫空闲且振铃时,网络向主叫 MS 送被叫"振铃"消息,主叫 MS 可听到回铃音。被叫应答后,网络发送"连接"消息,主叫 MS 回送"连接证实"消息。此时,FACCH 完成任务,将信道回归 TCH,进入正常通话状态。

**2. A 接口**

A 接口承载 BSC 至 MSC 之间的消息及 MS 至 MSC 之间的消息,这两种信息流合称为 BSS 应用部分(BSSAP),具体地说,可分别称为 BSS 管理单元(BSSMAP)和直接传送应用单元(DTAP)。其中,BSSMAP 部分负责 MSC 与 BSS 之间的通信,DTAP 部分负责 MSC 与 MS 上的 MM 层和 CM 层之间的消息传递。

(1) BSSMAP(BSS 管理应用部分):用于对 BSS 的资源使用、调配及负荷进行控制和监视。消息的始、终点分别为 BSS 和 MSC,均和 RR 相关。

(2) DTAP(直接传送应用部分):用于透明传送 MSC 和 MS 间的消息,主要是 CM 和 MM 协议消息。

通过以上介绍,可以从用户侧 MS 到移动交换中心 MSC,将它们各自对应的接口(即 Um 接口、A-bis 接口和 A 接口)连接在一起进行分析,如图 6.10 所示。

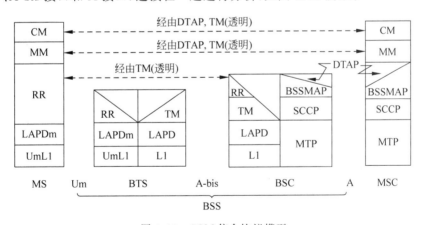

图 6.10　GSM 信令协议模型

从 MS 侧看,有 3 个应用实体:RR、MM 和 CM。其中,RR 的对应实体主要位于 BSC 中,消息通过 A-bis 接口业务管理实体(TM)的透明转接完成;极少量的 RR 对应实体位于 BTS 中,由 Um 接口直接传送。CM 和 MM 对应实体位于 MSC 中,它们之间的消息通过 A 接口的 DTAP 和 A-bis 接口的 TM 两次透明转接完成。其中,BSC 与 BTS 之间的接口称为 A-bis,走的是内部信令。

**3. 网络接口**

MSC 与 MSC 之间及 MSC 与 PSTN 之间的话路接续,采用 No.7 信令的 TUP/ISUP

协议。网络接口 B～G 的协议为 No.7 信令的 MAP。MSC 和 HLR、VLR、EIR 等网络数据库之间需要频繁地交换数据和指令,也非常适合以 No.7 信令方式传送。

GSM 系统的 No.7 协议层栈如图 6.11 所示。MTP 的功能是在节点与节点之间为通信用户提供可靠的信令消息传输能力。MTP(消息传输部分)分为 3 层,SCCP(信令连接控制部分)加在 MTP-3 上,与 MTP-3 共同形成了 OSI 层次结构的第三层。SCCP 主要用于传送电路交换控制以外的信令和数据。SCCP 支持两种方式的信令通信,分别为无连接模式和面向连接模式。

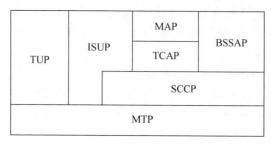

图 6.11　GSM 系统的 No.7 协议栈

在无连接模式下,每个信令帧都包含地址,用此地址可选择到达目的地的路径。

在面向连接模式下,消息源点发送一个引导帧,通过信令网络到达目的地。在此引导帧经过的节点,都留有标志,这样其他的信令帧可沿着同样的路径穿过网络。这种方式也称为虚电路连接。

## 6.2.5　接续过程分析

我国 GSM 移动电话网是按大区设立一级汇接中心、省内设立二级汇接中心、移动业务本地网设立端局构成的三级网络结构,采用独立网号方式来组网的。

【例 6.3】　移动台呼叫固定台(MS→PSTN),如图 6.12 所示,试说明其具体的接续过程。

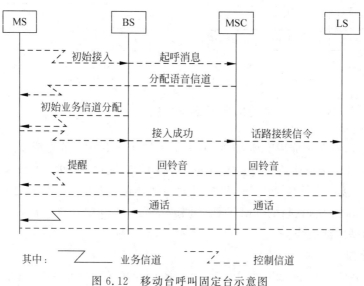

图 6.12　移动台呼叫固定台示意图

接续过程分析如下。

（1）移动台发号，向基站发出"初始接入"消息。

（2）基站子系统将移动台试呼叫消息转送给移动交换机。

（3）移动交换机根据 IMSI 检索用户数据，判断移动台是否有权进行此类呼叫。

（4）若移动台有权进行此类呼叫，移动交换机为本次呼叫分配空闲业务信道。

（5）基站开启该波道射频发射机，并向移动台发送"初始业务信道分配"消息。

（6）移动台收到此消息后，即调谐到指定波道，并按要求调整发电平。

（7）基站子系统确认业务信道建立成功后，将此消息通知移动交换机。

（8）移动交换机分析被叫号码，选定路由，建立与 PSTN 交换局的中继连接。

（9）若被叫空闲，则终局回送指示消息（如 ACM），同时经话路向移动台送回铃音。

（10）被叫摘机后与移动用户通话。

**【例 6.4】** 如果固定电话呼叫移动台（PSTN→MS），如图 6.13 所示，试分析其接续过程。

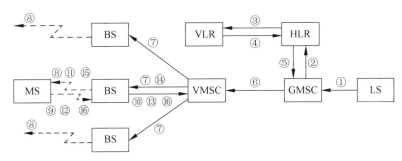

图 6.13 固定台呼叫移动台示意图

接续过程分析如下。

（1）PSTN 交换机通过号码分析判断被叫为移动用户，将呼叫接至 GMSC（网关 MSC）。

（2）GMSC 根据 MSDN 确定被叫所属的 HLR，并向 HLR 询问被叫当前位置信息。

（3）HLR 检索用户数据库，若该用户已漫游到其他地区，则向所在的 VLR 请求漫游号 MSRN。

（4）VLR 动态分配 MSRN 后回送 HLR。

（5）HLR 将 MSRN 转送给 GMSC。

（6）GMSC 根据 MSRN 选路，将呼叫连接到被叫 VMSC（拜访 MSC）。

（7）VMSC 查询数据库，向被叫所在位置区的所有小区基站发送寻呼命令。

（8）各基站通过寻呼信道发送寻呼消息，消息的主要参数为被叫的 IMSI 号。

（9）被叫收到寻呼消息后，若发现 IMSI 与自己相符，则回送寻呼响应消息。

（10）基站将寻呼响应转发给 VMSC。

（11）VMSC 或基站控制器为被叫分配一条空闲业务信道，并向被叫移动台发送业务信道指配消息。

（12）被叫移动台回送响应消息。

（13）基站通知 VMSC 业务信道已接通。

（14）VMSC 发出振铃指令。

（15）被叫移动台收到消息后，振铃提醒被叫用户。

（16）被叫摘机，MS 通知基站、VMSC，主被叫开始通话。

**【例 6.5】** 移动台要完成由不同 MSC 控制的小区间切换，如图 6.14 所示，试分析其切换接续过程。

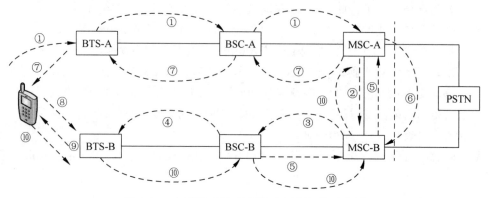

图 6.14　由不同 MSC 控制的小区间切换示意图

接续过程分析如下。

（1）BTS-A 根据 MS 的测量报告，将切换目标小区标志和切换请求通过 BSC-A 发至 MSC-A。

（2）MSC-A 向管辖目标小区所属的 MSC-B 发送"无线信道请求"消息。

（3）MSC-B 指示 BSC-B，分配一个业务信道（TCH），给 MS 切换使用。

（4）BSC-B 向 BTS-B 发送一个 TCH 无线信道激活消息，BTS-B 在完成 TCH 信道激活后回送"无线信道激活证实"消息。

（5）MSC-B 收到 BSC-B 发送的"无线信道激活证实"后，告知 MSC-A 已分配的信道号。

（6）一个新的连接在 MSC-A、MSC-B 间建立（建立过程有可能要通过 PSTN）。

（7）MSC-A 通过 BSC-A 向 MS 发送切换命令，其中包括频率、时隙和发射功率等。

（8）MS 切换到新的业务信道上，在新频率上通过 FACCH（快速随路控制信道）发送信息告知 BTS-B。

（9）BTS-B 收到相关信息后，发送时间提前量（TA）信息（通过 FACCH）。

（10）MS 通过 BSC-B 和 MSC-B 向 MSC-A 发送切换成功信息后，MSC-A 就会通知 BSC-A 释放原来的业务信道，但 MSC-A 不会撤除控制，新的连接仍然要经过 MSC-A。

## 6.3　通用分组无线业务

通用分组无线业务（General Packet Radio Service，GPRS）是在 GSM 网络上开通的一种分组数据传输业务，GPRS 最高数据速率为 171.2kb/s（理论值），与 GSM 大约 9.6kb/s 的数据速率相比，有较大的提升，更好地满足了移动用户数据业务的需求。

### 6.3.1　网络结构

支持 GPRS，需要在 GSM 网络基础上增加必要的硬件设备和软件升级。在网络结构上,电路交换与GSM一样,需经由MSC;分组交换需经过GPRS业务支持节点(SGSN)和GPRS网关支持节点(GGSN);其结构组成如图6.15所示。新增网元主要有PCU、SGSN、GGSN、BG、CG、DNS、计费系统等,以下将分别介绍。

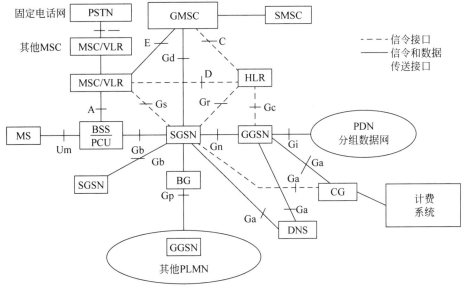

图6.15 GPRS网络基本组成

(1) PCU是分组控制单元,主要完成RLC/MAC功能和Gb接口的转换,将数据转到分组域。

(2) GPRS业务支持节点(Serving GPRS Support Node,SGSN)作用为记录移动台的当前位置信息,并且在移动台和SGSN之间完成移动分组数据的发送和接收。

(3) GPRS网关支持节点(Gateway GPRS Support Node,GGSN)主要起网关作用,可以和多种不同的数据网络(如ISDN、PSPDN和LAN等)相连。这里PSPDN(Packet Switched Public Data Network)为分组交换公用数据网。

(4) 域名系统(Domain Name System,DNS)负责提供GPRS网络内部的SGSN、GGSN等节点域名的解析及接入点名称(Access Point Network,APN)的解析。

(5) 分组交换数据网络(Packet switching Data Network,PDN)用于提供分组数据业务的外部网络,如IP、X.25/X.75网等。MS通过GPRS接入不同的PDN时采用不同的分组数据协议地址,如接入IP网时采用IP地址。

(6) 边界网关(Border Gateway,BG),在PLMN内部为不同的GPRS用户连接提供一个直接的GPRS通道。

(7) 计费网关(Charging Gateway,CG)把所有的数据信息收集在一起,然后送往计费中心。计费信息是由网络内部所有的SGSN和GGSN产生的数据。

(8) GPRS主要接口包括:

① Um——移动台与BSS之间的无线接口,负责移动台与GPRS网络的连接。物理层包括射频层和链路控制层。其中,射频层主要规定了载波特性、信道结构、调制方式及无线射频指标。链路控制层的主要功能包括时间提前量的确定、无线链路信号质量、小区选择及

重选、功率控制等。

② Gb——BSS 与 SGSN 之间的接口,用于交换信令信息和用户数据,Gb 接口的信令和用户数据是在相同的物理信道上传送的,它的物理连接可以是点到点的专线或帧中继网络等,如专用分组网、专用 E1 PCM 链路、通过 DACS(时隙交换复用器)复用到 E1 PCM 链路。

③ Gn/Gp——是 SGSN 与 GGSN 间的接口,支持两者间信令和数据信息的传输。

④ Gf——SGSN 与 EIR 之间的接口,向 SGSN 提供设备信息。

⑤ Gr——SGSN 与 HLR 之间的接口,它把 HLR 中的用户信息送给 SGSN。

⑥ Ga——同一 PLMN 中 SGSN、GGSN 与 CG、DNS 之间的接口,传送数据和信令。

⑦ Gs——SGSN 和 MSC 之间的接口,SGSN 可以发送位置信息给 MSC 或从 MSC 接收寻呼请求。

## 6.3.2 路由协议

### 1. GPRS 协议结构

GPRS 协议结构如图 6.16 所示。其中,网络层主要是 IP/X.25 协议,这些协议对 BSS 是透明的,网络层将网络层分组数据(N-PDU)传到 SNDC 层。

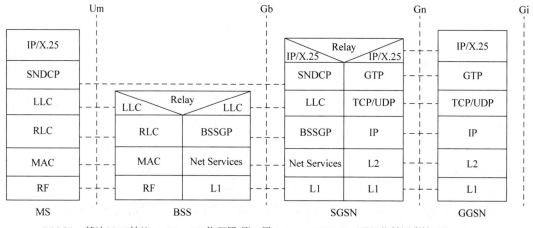

BSSGP:基站GPRS协议　　L1:OSI物理层(第一层)　　SNDCP:子网依赖汇聚协议
RLC:无线链路控制　　　　L2:OSI数据链路层(第二层)　Net Services:网络业务

图 6.16　GPRS 协议结构

子网依赖结合层(Subnetwork Dependent Convergence,SNDC):进行数据的分组、打包,确定 TCP/IP 地址和加密方式,将 N-PDU 处理成段送至 LLC 层。该层运行的协议为 SNDCP。

LLC(Logical Link Control)子层:基于 HDLC(High-level Data Link Control)将 SNDCP 传来的信息加上帧头(FH)和帧校验序列(FCS)形成帧后送至 RLC 层。

RLC(Radio Link Control)子层:提供与无线传输相关的指示控制。

MAC(Medium Access Control)子层:定义和分配空中接口的逻辑信道,使得这些信道能被不同的移动台共享,将帧分段加上块头(BH)和块校验序列(BCS)形成数据块送往物理层。

物理链路层：对数据块进行信道编码，形成无线块(Radio Block)，加在物理信道(时隙)上调制后经 FR 发送。

**2. GPRS 路由**

1）寻址和建立连接过程

(1) 移动台发送数据路由的建立。当移动台产生了一个分组数据单元(PDU)，这个 PDU 经过 SNDC 层处理后称为 SNDC 数据单元；然后经过 LLC 层处理为 LLC 帧，通过空中接口送到 GSM 网络中移动台所属的 SGSN；SGSN 把数据送到 GGSN；GGSN 把收到的消息进行解装处理，转换为可在公用数据网中传送的格式(如 PSPDN 的 PDU)，最终送给公用数据网的用户。

(2) 移动台接收数据路由的建立。公用数据网用户传送数据到移动台时，首先通过数据网的标准协议建立数据网和 GGSN 之间的路由。数据网用户发出的 PDU 通过建立好的路由送给 GGSN。而 GGSN 再把 PDU 送给移动台所注册的 SGSN，SGSN 把 PDU 封装成 SNDC 数据单元，再经过 LLC 层处理为 LLC 帧单元，最终由 BSS(基站子系统)通过空中接口送给移动台。

(3) 移动台处于漫游状态时数据路由的建立。公共数据网用户将数据传送给一个正在漫游的移动用户，这种情况下的数据传送必须要经过归属地的 GGSN，然后送到移动用户。

2）分组数据传输过程

在 GPRS 骨干网中，用户的分组数据被放到"容器"中传输。当一个来自外部网络的数据分组到达 GGSN 时，被放到一个"容器"中，然后送往 SGSN。这些"容器"在 GPRS 骨干网中是透明传输的。对于用户来说，就好像是用户通过一个路由器(GGSN)直接与外部网络相连。在数据通信中，这种类型的数据流被称为"通道"。

在 GPRS 中使用的通道协议是 GPRS 隧道协议(GPRS Tunnelling Protocol，GTP)，即 GGSN 和 SGSN 之间传送的是 GTP 分组。在 GPRS 骨干网中，使用 IP 分组传送 GTP 分组。GTP 分组含有用户分组，或者说用户分组被嵌入到 GTP 分组，即在"容器"中传输，如图 6.17 所示。

图 6.17　GPRS 通道示意图

GTP 分组头包括通道 ID，通道 ID 包括用户 IMSI(国际移动台标识号)，通告 SGSN 和 GGSN 哪些分组位于"容器"中。从用户或者外部网络的角度来看，GTP 分组的传送可以使用任何一种技术，GPRS 骨干网所选择的技术是 IP。所有的网络节点(如网关)连接到 GPRS 骨干网上必须拥有一个 IP 地址，对于移动台和外部网络来说，这个 IP 地址是不可见的，这就是所谓的私网 IP 地址。

## 6.4 TDMA 系统网络规划

本节主要介绍 2G(GSM、GPRS)网络规划,3G～5G 网络规划放在第 10 章统一介绍。

### 6.4.1 频率复用

移动通信网络是建立在蜂窝网的基础上的,而蜂窝网式结构又是基于无线电波传播特性而建立的。如 2G 的 GSM 网络利用无线电波随着传输距离的衰耗特性进行空间隔离。在一个地点使用过的频率或导频相位,可以在离该地点足够远的另一地点重复使用。利用这一原理,可以使移动通信系统覆盖很广的地区,从而避免有限的无线频带、有限的地址码所带来的频率拥挤与地址码拥挤问题,并能提供足够大的用户容量。

**1. 频率分配**

频率分配是指根据频率复用方式、由容量需求确定的基站站型及其载频数、基站分布等因素,将具体的 GSM 频率分配到基站的各个扇区。一个基站所使用的频率,当另一个基站距离该基站足够远时,则该频率可以被重复利用。每个基站覆盖一个区域,称它为小区(或蜂窝),小区半径的大小取决于用户的密集程度。在蜂窝网中,将使用相同频率的小区称为同频小区。为了使信道在受到同频干扰时不至于降低通信质量,同频小区间的距离要求足够远。

在网络规划阶段,小区一般可看作一个理想的六边形蜂窝结构,它可以不重叠、无遗漏地覆盖整个服务区域。若天线信号是全向均匀传播,且发、收之间没有障碍物,那么电波覆盖的小区应为圆形小区,显然它会产生重叠或遗漏。

在 GSM 移动通信中,相邻小区是不能用相同载频的,为了确保同一载频信道小区间有足够的距离,小区(蜂窝)附近的若干个小区都不能采用相同载频的信道,由这些不同载频信道的小区组成一个区群,只有在不同区群间的小区才能进行载波频率的复用。由蜂窝结构构成的区群中,小区数目应满足式(6.1)。

$$N = a^2 + ab + b^2 \tag{6.1}$$

其中,$N$ 为一个区群中的小区数;参数 $a$、$b$ 为正整数,且其中有一个可以为 $0$,由此可以算出 $N$ 的可能取值,相应的区群图形状如图 6.18 所示。

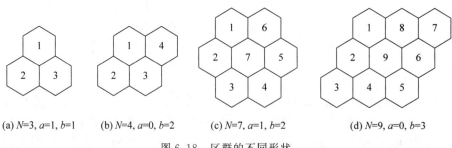

(a) $N=3$, $a=1$, $b=1$    (b) $N=4$, $a=0$, $b=2$    (c) $N=7$, $a=1$, $b=2$    (d) $N=9$, $a=0$, $b=3$

图 6.18　区群的不同形状

**2. 频率复用**

有关频率复用,主要通过下面 $3 \times 3$、$4 \times 3$ 频率复用的例子进行说明。

【例 6.6】 根据表 6.7,说明 3 基站/9 小区模式的蜂窝网络规划,并画出群区结构图。

表 6.7 中的 $A_1$、$B_1$、$C_1$、$A_2$、$B_2$、$C_2$、$A_3$、$B_3$ 和 $C_3$ 为 9 个频道组,由 3 个基站实现,每个基站负责 3 个频道组,一个频道组分配给一个扇区,即共 9 个扇区对应 9 个频道组,而每个频道组分配 3 个载频(TRX),由于一个群区共有 3 个基站,每个基站有 3 个频率组,故称为 $3×3$ 频率复用。

表 6.7 3 基站/9 小区模式中信道分配表频率组信道

| 频率组 | $A_1$ | $B_1$ | $C_1$ | $A_2$ | $B_2$ | $C_2$ | $A_3$ | $B_3$ | $C_3$ |
|---|---|---|---|---|---|---|---|---|---|
| 载频 | 1 | 2 | 3 | 4 | 5 | 6 | 7 | 8 | 9 |
| | 10 | 11 | 12 | 13 | 14 | 15 | 16 | 17 | 18 |
| | 19 | 20 | 21 | 22 | 23 | 24 | 25 | 26 | 27 |

3 基站/9 小区模式的区群结构如图 6.19 所示,9 蜂窝区群共 3 个基站,每个基站负责 3 个小区(cell)或扇区,每个小区规划有 3 个载频。如基站 A 配置有 3 个小区:cell0、cell1 和 cell2;每个小区有 3 个载频组,如基站 A 分别为 $A_1$、$A_2$ 和 $A_3$;每个信道组包含 3 个载频,如 $A_1$ 频率组分配给 cell0,分别为 1、10 和 19 3 个载频,故称为 S3/3/3,表示一个基站有 3 个扇区,每个扇区配置有 3 个载频。这里说的小区或扇区,都是指一个蜂窝小区。

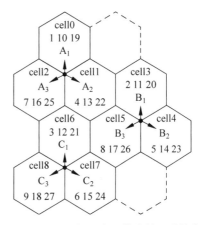

图 6.19 3 基站/9 小区模式的区群结构

相邻蜂窝群区间的距离为 $D$,则

$$D = \sqrt{3}\,r\sqrt{\left(b+\frac{a}{2}\right)^2 + \left(\frac{\sqrt{3}\,a}{2}\right)^2}$$

$$= \sqrt{3(a^2+ab+b^2)}\,r \qquad (6.2)$$

$$= \sqrt{3N}\,r \qquad (6.3)$$

其中,$N$ 为区群中的小区数,$D$ 为相邻区群的距离,可以理解为两个同频小区的距离。对于正六边形蜂窝,$r$ 为正六边形外接圆半径,可见,区群内小区数目越多,同频率间的复用距离也就越大。将上述结论推广至一般情况,即若任一个小区群间的距离为 $D$,则有 $D = \sqrt{3N}\,r$。

【例 6.7】 说明 $4×3$ 频率复用方式的频率分配。

$4×3$ 复用方式就是将频率分成 12 组,轮流分配到 4 个基站,即每个基站可用到 3 个频率组。这种频率复用方式由于复用距离大,因而能够较好地满足对同频干扰保护比和邻频干扰保护比指标的要求,有效提高移动网络的运行质量。例如,中国联通在 900MHz 频段中,有 6MHz 带宽用于 GSM,每个频点占 200kHz,共分为 30 个频点,除去一个保护频点后还有 29 个频点,采用 $4×3$ 复用,频率分配如表 6.8 所示。

**表 6.8　4×3 频率复用方式的频率分配**

| 载频数 | 频　率　组 | | | | | | | | | | | |
|---|---|---|---|---|---|---|---|---|---|---|---|---|
| | $A_1$ | $B_1$ | $C_1$ | $D_1$ | $A_2$ | $B_2$ | $C_2$ | $D_2$ | $A_3$ | $B_3$ | $C_3$ | $D_3$ |
| 1 | 1 | 2 | 3 | 4 | 5 | 6 | 7 | 8 | 9 | 10 | 11 | 12 |
| 2 | 13 | 14 | 15 | 16 | 17 | 18 | 19 | 20 | 21 | 22 | 23 | 24 |
| 3 | 25 | 26 | 27 | 28 | 29 | — | — | — | — | — | — | — |

由表 6.8 可知,基站 A 分别对应 3 个频率组:$A_1$、$A_2$、$A_3$,每个频率组分配给一个小区(或扇区)。如一个基站为每个小区提供的载频数分别为:3、3 和 2,则表示为 S3/3/2。29个载频采用 4×3 频率复用,S3/3/2 是基站理论上的最大站型。在采用常规的 4×3 频率复用时,绝大部分基站实际配置只能是 S2/2/2,也有 S3/2/2,超过 S3/3/2 后网络质量将失控,而采用 1×3 紧密复用技术,最大配置为 S4/3/3(理论值,网上应用为 S3/3/3),容量比常规复用方式增加一倍,这样可以节省运营商的投资(铁塔、机房、电源、传输等)。

频率规划时,BCCH(广播控制信道)载频必须采用 4×3 复用模式,因此,BCCH 至少需要 12 个频点。由于 BCCH 载频的重要性,实际规划时往往给 BCCH 分配 14 个以上的频点。

## 6.4.2　GSM 基站容量

根据可用频带和频率复用方式,可以得到 GSM 基站的理论最高频率配置,从而得到其最大容量。表 6.9 给出了 GSM 蜂窝系统载频(TRX)数、控制信道数、业务信道(TCH)数、阻塞率(GoS)取 2% 和 5% 时的承载容量之间的关系。当得知呼损(或阻塞率)、信道数时,就可以通过查找爱尔兰-B 表,获得用户数。TDMA 每个载频(200kHz)对应的每帧为 8 个时隙,一个时隙就是一个物理信道,而控制信道(BCCH+SDCCH)和业务信道(TCH)都是指逻辑信道,表 6.9 中给出的信道数指逻辑信道所占据的物理信道数。

**表 6.9　GSM 蜂窝系统载频(TRX)**

| 载频(TRX)数/小区 | 控制信道(BCCH+SDCCH)配置数 | 业务信道(TCH)数 | 容量(Erl)阻塞率(GoS)为 2% | 每小区用户数 GoS=2%,0.03Erl/用户 | 容量(Erl)阻塞率(GoS)为 5% | 每小区用户数 GoS=5%,0.03Erl/用户 |
|---|---|---|---|---|---|---|
| 1 | 1 | 7 | 2.9 | 96 | 3.74 | 124 |
| 2 | 2 | 14 | 8.2 | 273 | 9.73 | 324 |
| 3 | 2 | 22 | 14.85 | 495 | 17.1 | 566 |
| 4 | 2 | 30 | 21.9 | 730 | 24.8 | 826 |
| 5 | 3 | 37 | 29.15 | 971 | 31.6 | 1053 |

【例 6.8】　某移动系统采用 4×3 频率复用,基站配置为 S3/3/2,GoS=2%,0.03Erl/用户,一个区群里有多少个小区?用几个基站?每个基站可开通多少用户数?

由于 4×3 频率复用,所以本区群共有 12 个蜂窝小区,共有 4 个基站,每个基站管辖 3个小区。由于基站配置为 S3/3/2,即每个基站对应小区的 TRX 数为 3、3 和 2,再根据表 6.9,GoS=2%,0.03Erl/用户的条件,得出每个基站可开通

小区用户数$=495+495+273=1263$

在实际运用中发现,在2%呼损率的前提下,基站小区的实际每线(TCH)话务量达到爱尔兰-B表所给出的每信道(TCH)话务量的$85\%\sim90\%$时,该基站小区出现拥塞的概率显著增加。因此,工程上一般以按爱尔兰-B表所给出的话务量的$85\%$,作为计算无线网络可承担话务密度的依据。

【例6.9】 通过给定移动系统总频带宽度、呼损率、小区半径等条件,计算基站容量。首先使用下面公式计算信道总数:

$$M=\frac{W}{\Delta f}\times n_1=\frac{25\times10^6}{200\times10^3}\times8=1000$$

其中,$M$为信道总数;$W$为总频带宽度,这里取25MHz;$\Delta f$是载频带宽,为200kHz;$n_1$为每载频的信道数,这里未考虑减去控制信道。当区群小区数$N=4$时,

$$每小区的信道数(ch/cell)=\frac{M}{N}=\frac{1000}{4}=250$$

如果基站采用顶点激励,则每个小区又可分为3个扇区,则有每扇区信道数为:

$$n=\frac{250}{3}\approx83$$

根据$n=83$,如果呼损率GoS=2%,查找爱尔兰-B表,得出每扇区可支持的话务量为

$$A_s=71.6\mathrm{Erl}$$

则每个小区可支持的话务量为:

$$A=3A_s=215\mathrm{Erl}$$

若小区半径$r=1\mathrm{km}$,按正六边形计算,小区面积$=2.6\mathrm{km}^2$,则可得出:

$$每平方千米的话务量=\frac{215}{2.6}\approx82.7\mathrm{Erl}$$

若小区每用户的平均话务量为0.03,则每基站可容纳用户数约为:

$$小区用户数=82.7/0.03\approx2757$$

## 6.4.3 GPRS网络规划及容量计算

GPRS无线网络规划的一般流程如图6.20所示,规划过程可以分为覆盖规划和容量规划。其最终结果是输出满足语音和GPRS业务的BTS和TRX(收发器)的数量。

GPRS的无线容量规划一般都是先把数据业务折合成话量(Erl),再计算PDCH(分组数据信道)的数量,PDCH由多种信道组合而成。GPRS的无线容量规划过程如下。

(1)假设包含开销在内的忙时每用户数据吞吐量为200b/s,忙时每用户数据业务信令流程的数据流量为368B。由于信令与用户数据均需要在PDCH信道上传输,因此忙时平均每个用户所需IP吞吐量应为:$200+368\times8/3600=200.8$b/s。

(2)IP层承载速率也随着编码速率的变化而变化。采用CS1和CS2编码速率,使用比例为2:8,则每个PDCH的平均IP层承载速率为:$5.85\times0.2+8.31\times0.8=7.82$kb/s。

(3)预测GPRS用户数。假设GPRS用户占GSM/GPRS用户的10%,则根据每个小区的容量(载频)配置可以折算出GPRS的用户数。具体方法是:先根据载频数计算出TCH信道数量;再根据语音业务的GoS,查爱尔兰-B表得出语音业务的话务量;最后根据

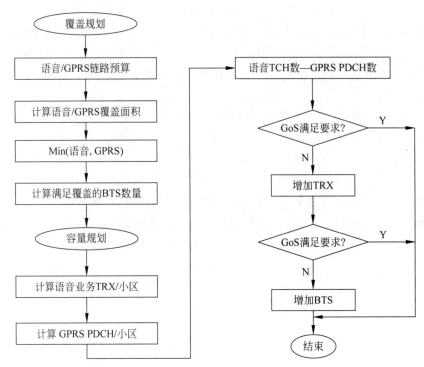

图 6.20　GPRS 网络规划的流程

语音业务的每用户话务量,计算出用户数。

1 个 TRX 有 8 个信道,如果考虑半速率,就有 12 个信道可用。再结合爱尔兰-B 表,查找相应呼损下的话务量,假设呼损为 2%,查爱尔兰-B 表得话务量为 6.615,每用户平均忙时话务量为 0.025Erl,就可算出单载频能够容纳的用户数量是 265 户,若 GPRS 大约占 40%,则 GPRS 的用户数为 102 户。另外,也可以通过公式 $A = C \times T_0$ 计算话务量,其中 $C$ 表示每小时的平均呼叫次数,$T_0$ 表示每次呼叫平均占用信道的时间。

GSM/GPRS 容量也可以用以下方法估算:载频数乘 8 后,减去 BCCH、SDCCH、EDGE (增强型数据速率 GSM 演进技术)、其他预留时隙数等,再乘以目标设备利用率,便可得到可用 TCH 时隙数量,再除以单用户忙时业务模型,得到小区承载的用户数量。

(4) 每个小区 IP 吞吐量计算。假设某小区有 100 个 GPRS 用户,则该小区忙时所有 GPRS 用户 IP 吞吐量为:

$$平均 IP 吞吐量 = GPRS 用户数 \times 忙时平均每用户 IP 吞吐量$$
$$= 100 \times 200.8 = 20080 b/s = 20 kb/s$$

(5) 每小区所需 PDCH 信道数量计算。

$$一个小区内所需 PDCH 信道数量 = 小区 IP 吞吐量 / 每个 PDCH 的 IP 承载速率$$
$$= 20/7.82 = 2.56$$

因此,有 100 个 GPRS 用户的小区,需要配置 3 个 PDCH 信道。这样,规划时就需要考虑语音业务信道转换成 PDCH 后,所剩余的 TCH 信道是否仍能满足语音业务的 GoS 要求。

(6) TRX 的最大数目。规划的最终结果是输出满足语音和 GPRS 业务的 BTS 和 TRX 的数量。表 6.10 给出了 1~8 个小区载频(TRX 数)与 GPRS 用户对应关系。

表 6.10　GPRS 用户估算

| TRX 数 | 可用 TCH 信道数 | 语音业务话务量<br>(Erl)GoS＝2％ | GPRS 语音用户数<br>0.03Erl/用户 | GPRS 数据用户数 |
|---|---|---|---|---|
| 1 | 7 | 2.9 | 96 | 9.6 |
| 2 | 14 | 8.2 | 273 | 27.3 |
| 3 | 22 | 14.85 | 495 | 49.5 |
| 4 | 30 | 21.9 | 730 | 73 |
| 5 | 38 | 29.15 | 971 | 97.1 |
| 6 | 46 | 36.5 | 1216 | 121.6 |
| 7 | 54 | 43.95 | 1465 | 146.5 |
| 8 | 62 | 51.5 | 1716 | 171.6 |

在 GSM 中,通常全向 BTS TRX 的最大数目为 10；而在定向 BTS 中,每个扇形小区的 TRX 最大数目为 4。对于一个已经运行的 GSM/GPRS 网络,可以根据一段时间内的最大附着用户数和平均附着用户数(SGSN 性能报表提供)来估算 GPRS 用户数量。

## 习题

1. 简述移动通信网络的发展历程。简单说明 PLMN 定义了哪些区域,以及各种区域的管辖范围。

2. MSC 属于电路交换还是分组交换？简述不同 MSC 之间的切换过程。

3. 为什么说 GPRS 如果传送的是语音信号就走电路域？如果传送的是数据信号就走分组域？

4. 固定电话呼叫移动台的主要过程有哪些？

5. 某移动系统采用 3×3 频率复用,基站配置为 S3/3/3,GoS＝2％,0.03Erl/用户,问一个区群里有多少个小区？用几个基站？每个基站可开通多少用户数？

6. 结合图 6.2,简述 GPRS 网络规划流程。

# 第7章 CDMA 移动通信系统

CHAPTER 7

CDMA 移动通信系统(3G)的正式名称为 IMT-2000。第三代移动通信开启了移动互联网时代的大门,使移动通信网进入了全 IP 化发展的快车道,本章将分别阐述 3G 的 3 种技术体系的网络结构及相关技术,并重点介绍 WCDMA 无线接口信道技术、TD-SCDMA 物理信道帧结构、CDMA2000 基站及组网。

## 7.1 WCDMA

### 7.1.1 WCDMA 概述

**1. WCDMA 组成与 3GPP 标准**

通用移动通信系统(Universal Mobile Telecommunications System,UMTS)采用 WCDMA (Wideband Code Division Multiple Access,宽带码分多址)无线接口技术,通常也把 UMTS 系统称为 WCDMA 通信系统。WCDMA 结构包括 UMTS 的陆地无线接入网络(UMTS Terrestrial Radio Access Network,UTRAN)和核心网(Core Network,CN),其中 UTRAN 处理所有与无线有关的功能,而 CN 处理 UMTS 系统内所有的语音呼叫和数据连接,并实现与外部网络的交换和路由功能。CN 从逻辑上分为负责语音等业务传输与交换的电路交换域(CS)和负责非语音类数据业务传输与交换的分组交换域(PS)。CN 基于 GSM/GPRS 网络的演进,以及软交换和 IMS,网元之间接口大多采用 ATM(异步传输模式)或 IP 连接。

WCDMA 主要由欧洲 ETSI 等提出。3GPP 标准中的 R99 在 CN 等主要设备方面继承了原先的 2G(TDMA)网络,CN 的 CS 域与 GSM 的相同,PS 域采用 GPRS 的网络结构,实现了由 2G 向 3G 的平滑过渡;R4 的 CN 由电路交换改为软交换,R5 的 CN 又升级为 IMS。在 R4 和 R5 中,CN 的 CS 域采用了基于 IP 的网络结构,原来的 MSC 被 MSC 服务器(MSC Server)和电路交换媒体网关(CS-MGW)代替。MSC Server 用于处理信令,CS-MGW 用于处理用户数据;R6 在无线接入部分主要引入了高速上行链路分组接入(HSUPA)技术,R7 以后版本主要引入了正交频分复用(OFDM)和多入多出(MIMO)技术,也是 LTE 所采用的技术。本节主要介绍 R99、R4、R5 及相关技术。

**2. WCDMA 主要技术**

WCDMA 无线接口的基本参数和主要技术性能如表 7.1 所示。WCDMA 主要技术如下。

表 7.1　WCDMA 无线接口基本参数和主要技术性能

| 双工模式、频谱分配 | FDD；上行 1920～1980MHz，下行 2110～2170MHz |
|---|---|
| 信道间隔、中心频率 | 5MHz；200kHz 的整数倍 |
| 上、下行频带间隔 | 134.8～245.2MHz |
| 帧长、码片速率、编码方式 | 10ms；3.84Mc/s；卷积码，Turbo |
| 扩频与调制、频道估计 | 直接序列扩频码分多址（DS～CDMA）；通过公共导频 |
| 用户设备的发送功率 | 21dBm，24dBm，27dBm 或 33dBm |
| 接收机灵敏度 | 误码率为 0.001 情况下，基站－121dBm，用户设备－117dBm |
| 功率控制步长 | 用户设备 1dB、2dB 或 3dB，基站 0.5dB 或 1dB |
| 切换方式 | 软切换，支持频率间切换 |
| 最大发射功率变化范围 | 发送功率控制命令下：用户设备 26dB，基站 12dB |
| 数据速率 | 高速移动 144kb/s，低速移动 384kb/s，室内 2Mb/s |
| 3GPP 标准 | 支持 R99、R4、R5、R6、R7 等版本 |

（1）RAKE 接收机：不同于传统的调制技术，CDMA 扩频码在选择时就要求有很好的自相关特性。RAKE 接收机对分辨出的多径信号分别进行加权调整，使之复合成加强的信号。

（2）多用户检测技术（MUD）：通过去除小区内的干扰来改进系统性能，增加系统容量。多用户检测技术还能有效缓解直扩 CDMA 系统中的远近效应。

（3）调制解调方式：上行调制方式为 BPSK，下行调制方式为 QPSK，解调方式为导频辅助的相干解调。

（4）3 种编码方式：在语音信道采用卷积码（$R=1/3, K=9$）进行内部编码和 Veterbi 解码，在数据信道采用 Reed Solomon 编码，在控制信道采用卷积码（$R=1/2, K=9$）进行内部编码和 Veterbi 解码。

（5）软切换技术：CDMA 系统工作在相同的频率和带宽上，因而软切换技术实现起来比较容易。当一部移动台处于切换状态时，将会有两个甚至更多的基站对它进行监测，系统中的基站控制器将逐帧比较来自各个基站的有关这部移动台的信号质量报告，并选用最好的一帧。更软切换（softer handover）是在导频信道的载波频率相同时，同一小区内不同扇区间的软切换，或在同一小区的两条不同的信道之间进行的切换。CDMA 切换方式包括 3 种：扇区间软切换、小区间软切换和载频间硬切换。

（6）分集技术：移动通信中信道传输条件较恶劣，调制信号在到达接收端前常常经历过严重衰落，这不利于信号的接收检测。分集技术是对抗信道衰落的有效措施之一，分为空间分集、频率分集和角度分集技术。

（7）随机接入与同步：移动台开机，首先要与某一个小区的信号取得时序同步，然后移动台请求接入系统，网络应答并分配一个业务信道给移动台。

（8）智能及 IP 技术：包括智能天线技术、智能传输技术、智能接收技术及智能无线资源和网络管理技术等。支持 IPv4 和 IPv6 技术。

## 7.1.2　R99 网络

### 1. R99 基本网络结构

R99 接入部分主要定义了全新的每载频 5MHz 的宽带码分多址接入网，接入系统集中于 RNC 统一管理，引入了适于分组数据传输的协议和机制，数据速率理论上可达 2Mb/s。

WCDMA 系统结构如图 7.1 所示,主要由 UE、UTRAN、CN 等部分组成,各部分的作用如下。

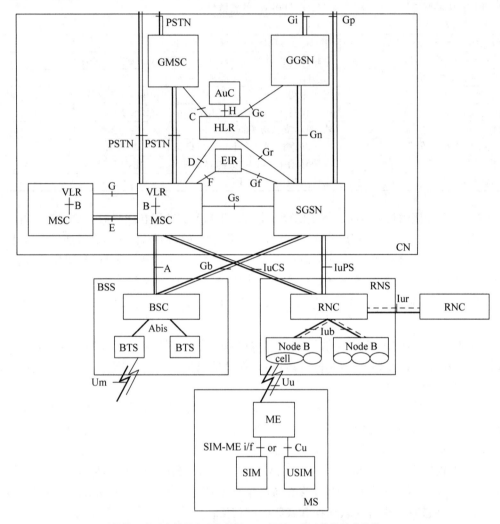

粗线:表示支持用户业务的接口　细线:表示支持信令的接口

图 7.1　R99 网络结构

(1) UE 主要包括射频处理单元、基带处理单元、协议栈模块以及应用层软件模块等。它通过 Uu 接口与网络设备进行数据交互,为用户提供电路域和分组域内的各种业务功能,包括普通语音、数据通信、移动多媒体、Internet 应用等。UE 包括两部分:ME(Mobile Equipment)提供应用和服务;USIM(UMTS Subscriber Module)提供用户身份识别。

(2) UTRAN 分为基站(NodeB)和无线网络控制器(RNC)两部分。UTRAN 包含一个或几个无线网络子系统(RNS)。一个 RNS 由一个无线网络控制器(RNC)以及一个或多个基站(NodeB)组成。

(3) CN 负责与其他网络的连接和对 UE 的通信和管理,从逻辑上可划分为电路(Circuit Switch,CS)域、分组(Packet Switch,PS)域和广播(Broadcast,BC)域。CS 域设备是指为用户提供"电路型业务",或提供相关信令连接的实体;CS 域特有的实体包括 MSC、GMSC、VLR、IWF;PS 域为用户提供"分组型数据业务",PS 域特有的实体包括 SGSN 和 GGSN。其他设备如 HLR(或 HSS)、AuC、EIR 等为 CS 域与 PS 域共用;BC 域用于支持小区广播业务,属于 CN 的 BC 域,可以通过 Iu-BC 接口与 RNC 相连接,也就是与小区广播中心(CBC)相连。

**2. R99 网元功能实体**

R99 WCDMA 网络继承了 GSM/GPRS 核心网的网络特征,空中接口采用 CDMA 技术,在 RAN 与 CN 之间使用 ATM 承载方式。NodeB 和 RNC 之间采用基于 ATM 的 Iub 接口,并与核心网的 CS 域和 PS 域相连。R99 的无线接入网及接口功能如下。

(1) 无线网络控制器(RNC)主要完成连接建立和断开、切换、宏分集合并、无线资源管理控制等功能。具体功能如下:执行系统信息广播与系统接入控制功能;切换和 RNC 迁移等移动性管理功能;宏分集合并、功率控制、无线承载分配等无线资源管理和控制功能。

(2) NodeB 是 WCDMA 系统的基站(即无线收发信机),通过标准的 Iub 接口和 RNC 互连,主要完成 Uu 接口物理层协议的处理。它的主要功能是扩频、调制、信道编码及解扩、解调、信道解码,还包括基带信号和射频信号的相互转换等功能。同时还完成如内环功率控制等无线资源管理功能。它在逻辑上对应于 GSM 网络中的 BTS。

(3) 无线接入网络(UTRAN)接口包括:

① Iu 接口——Iu 接口分为 Iu-CS 和 Iu-PS,前者将 UTRAN 的 RNC 与核心网电路域的 MSC 相连,后者将 UTRAN 的 RNC 与核心网分组域的 SGSN 相连,Iu 接口的信令协议称为 RANAP(RAN Application Part,无线接入网应用部分);

② Iur 接口——连接两个 RNC 的接口,用于实现跨 RNC 的软切换,其信令协议称为 RNSAP(RNS Application Part,无线网络控制器应用部分);

③ Iub 接口——连接 RNC 与 NodeB 的接口,其信令协议称为 NBAP(Node-B Application Part)。

## 7.1.3　R4 与 R5 网络

**1. R4 网络**

图 7.2 是 R4 版本的 WCDMA 基本网络结构,R4 最大的变化是将 MSC 拆分成移动交换中心服务器(MSC Server)和媒体网关(MGW)两个网元,实现了呼叫控制与承载的分离,增加了 R-SGW(漫游信令网关)、T-SGW(传输信令网关),开始向全 IP 的网络架构演进。

R4 版本核心网电路域引入了软交换的技术体制,可支持分布式的组网模式,即 MSC Server 集中设置,MGW(媒体网关)就近接入。

在 R4 核心网中,大部分设备都支持 TDM/ATM/IP 承载方式。如果话路基于 TDM 承载,那么组建大网时需要设置 T-MGW 来汇聚 MGW 的话务量,不能完全扁平化组网;如果话路基于 IP 方式承载,那么 MGW 直接基于 IP 寻址,可实现扁平化组网。

信令网基于 TDM 承载时可充分利用 No.7 信令网的稳定可靠性,缺点是不利于网络向全 IP 方式演进;信令网基于 IP 承载,规模较小时可扁平化组网。基于 ATM 的话路或信令承载方式理论上可以实现扁平化组网,但组建大网时 MGW 间需要大量的 PVC(永久虚电路)连接,对设备要求较高。

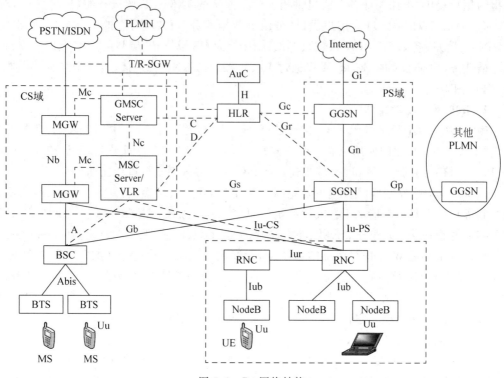

图 7.2　R4 网络结构

网元主要包括 MSC Server、MGW、HLR、SGSN 和 GGSN 等,新增网元设置原则如下。

(1) MSC Server:R4 中 MSC Server 与 HLR 的设置原则是大容量、少局所,同省内可以集中设置于一两个地方。当一个软交换服务于多个本地网时,需支持虚拟 MSC Server 功能。

(2) MGW:一个移动本地网可以设置一个或若干个 MGW,一个 MGW 可以服务于一个或若干个移动本地网。MGW 尽量与 RNC 共站址。

(3) GMSC MGW:当服务于同一本地网的 MGW 个数少于 3 个时,GMSC 的 MGW 由 MSC 的 MGW 兼作;当服务于同一本地网的 MGW 个数为 3 个以上时,考虑设置独立的 GMSC MGW。

(4) GMSC Server:当未出现独立的 GMSC MGW 时,不应设置独立的 GMSC Server, GMSC Server 应由 MSC Server 兼作。当一个城市出现多个 GMSC MGW 时,应按局址设置 GMSC Server。

**2. R5 网络**

R5 版本支持端到端的 VoIP,核心网络增加了 IMS(IP 多媒体子系统),其他部分与 R4 基本一样,IMS 实体配置如图 7.3 所示。IMS 的核心功能实体为 CSCF(呼叫会话控制功能),实现功能与 H.323 网守或 SIP 服务器相似;IP 承载成为核心承载方式,形成了无线接入网络和核心网全 IP 的网络架构。R5 版本的网络结构、接口形式和 R4 版本基本一致。主要差别是:当核心网包含 IMS 时,HLR 被 HSS 完全替代;另外,BSS 和 CS 的 MGW、MSC Server 之间同时支持 A 接口及 Iu-CS 接口,BSC 和 SGSN 之间支持 Gb 及 Iu-PS 接口。

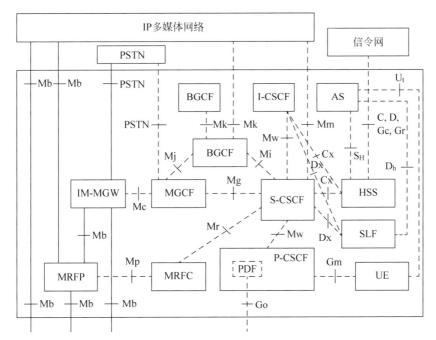

图 7.3　IP 多媒体核心网子系统的实体配置

IMS 采用会话初始协议(SIP)作为呼叫控制和业务控制的信令,从网络结构与作用方面来看并不与 CS、PS 对应,而是一个叠加在 PS 域承载之上的业务层网络。IMS 包括以下功能实体。

呼叫会话控制功能(CSCF)分为 P-CSCF(代理 CSCF)、S-CSCF(服务 CSCF)及 I-CSCF(询问 CSCF)。P-CSCF 是 UE 在 IMS 子系统中的第一个接入点;S-CSCF 用于处理网络中的会话状态;I-CSCF 主要用于路由相关的 SIP 呼叫请求,类似于电路域 GMSC 的作用;而 PDF(Policy Decision Function,策略决策功能)是 P-CSCF 中的一个逻辑功能实体。

媒体网关控制功能(MGCF)负责控制 IP 多媒体网关功能(IM-MGW)中的媒体信道的连接,负责与 S-CSCF 通信,并提供 ISUP 协议和 IMS 呼叫控制协议 SIP 间的转换。

IP 多媒体网关功能(IM-MGW)能够支持媒体转换、承载控制和有效负荷的处理,并能提供支持 UMTS/GSM 传输媒体的必需资源。

多媒体资源功能控制器(MRFC)负责控制 MRFP 中的媒体流资源,解释来自应用服务器和 S-CSCF 的信息并控制 MRFP。

多媒体资源功能处理器(MRFP)负责控制 Mb 参考点上的承载,为 MRFC 的控制提供资源,产生、合成并处理媒体流。

穿透网关控制功能(Breakout Gateway Control Function,BGCF)选择在哪个网络中与 PSTN/CS 域穿透(也就是互通)。用于负责 PSTN 与 CS 域的互通。

归属位置服务器(HSS)。当核心网络具有 IMS 时,需要利用 HSS 替代 HLR。HSS 是网络中移动用户的主数据库,存储支持网络实体完成呼叫/会话处理相关的业务信息。

签约位置功能(SLF)。在注册和会话建立期间,用于 I-CSCF 询问并获得包含了所请求用户特定数据的 HSS 名称的功能实体,S-CSCF 也可以在注册期间询问 SLF。

应用服务器 AS(Application Server)。是 SIP 实体,为 UE 提供接口。

### 7.1.4 WCDMA 无线接口信道技术

**1. 传输信道与物理信道**

无线接口物理层通过信道化编码、频率、正交调制的同相(I)和正交(Q)分支等基本的物理资源来实现不同的物理信道,并完成与物理层上面的传输信道的映射。物理信道与传输信道相对应,物理信道也分为专用物理信道和公共物理信道。一般的物理信道包括 3 个层次的帧结构:超帧、帧和时隙。超帧长度为 720ms,包括 72 个帧;每帧长为 10ms,对应的码片数为 38 400chip;每帧由 15 个时隙组成,一个时隙的长度为 2560chip,由于采用了可变扩频因子的扩频方式,每时隙中传输的比特数取决于扩频因子的大小。

根据传输方式或所传输数据的特性,传输信道分为专用信道(DCH)和公共信道。公共信道又分为 6 类:广播信道(BCH)、前向接入信道(FACH)、寻呼信道(PCH)、随机接入信道(RACH)、公共分组信道(CPCH)和下行共享信道(DSCH)。其中,RACH、CPCH 为上行公共信道,BCH、FACH、PCH 和 DSCH 为下行公共信道。

物理信道与传输信道相对应,分为专用物理信道和公共物理信道。物理信道也分为上、下行信道,上行信道又分为专用上行物理信道和公共上行物理信道。以下重点介绍上行信道。

**2. 专用上行物理信道及帧结构**

专用上行物理信道有两类,即专用上行物理数据信道(DPDCH)和专用上行物理控制信道(DPCCH)。DPDCH 属于专用传输信道(DCH);在每个无线链路中,DPCCH 用于传输物理层产生的控制信息。

在 WCDMA 无线接口中,传输的数据速率、信道数、发送功率等参数都是可变的。为了使接收机能够正确解调,必须将这些参数通知接收机。这种物理层的控制信息,是由为相干检测提供信道估计的导频比特、发送功率控制(TPC)命令、反馈信息(FBI)、可选的传输格式组合指示(TFCI)等组成的。TFCI 通知接收机在 DPDCH 的一个无线帧内,同时传输信道的瞬时传输格式组合参数。每一个无线链路中只有一个上行 DPCCH。

上行专用物理信道的帧结构如图 7.4 所示,DPDCH 和 DPCCH 是并行码分复用传输的。

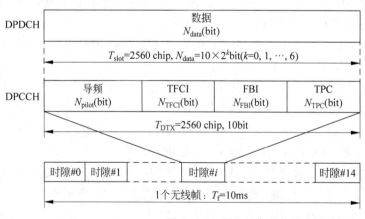

注:DPCCH的格式(bit)

| $N_{pilot}$ | $N_{TPC}$ | $N_{TFCI}$ | $N_{FBI}$ |
|---|---|---|---|
| 6 | 2 | 2 | 0 |
| 8 | 2 | 0 | 0 |
| 5 | 2 | 2 | 1 |
| 7 | 2 | 0 | 1 |
| 6 | 2 | 0 | 2 |
| 5 | 1 | 2 | 2 |

图 7.4 上行专用物理信道的帧结构

图 7.4 中参数 $k$ 决定了 DPDCH 中每时隙的比特数,对应于物理信道的扩频系数 SF＝ $256/2^k$。$k＝0,1,\cdots,6$ 对应的扩频因子为 $256\sim4$,对应的信道比特速率为 $15\sim960\text{kb/s}$。上行 DPCCH 的扩频因子总是 256,即每时隙可传 10b 的控制信息。如图 7.4 所示(注: DPDCH 格式),导频字段长度 $N_\text{pilot}$ 可以取 $5\sim8\text{b}$,它决定使用的导频图案集;TFCI 为传输格式指示,其域的长度 $N_\text{TFCI}$ 为 $0\sim2\text{b}$,用于指示信息格式,包括业务复接方式等诸多参数;FBI 为反馈信息,其域长度 $N_\text{FBI}$ 为 $0\sim2\text{b}$,用于支持移动台和基站之间的反馈技术,包括反馈式发射分集(FBD)和基站选择发送分集(SSDT),TPC 为功率控制命令,其域长度 $N_\text{TPC}$ 为 2b,用于控制下行链路的发射功率。

### 3. 公共上行物理信道

公共上行物理信道也分为两类:用于承载 RACH 的物理信道,称为物理随机接入信道 (PRACH);用于承载公共分组(CPCH)的物理信道,称为物理公共分组信道(PCPCH)。

PRACH 用于移动台在发起呼叫等情况下,发送接入请求信息。PRACH 的传输基于时隙 ALOHA 协议,其随机性较强,可在一帧中的任一个时隙开始传输。随机接入的发送格式如图 7.5 所示。随机接入发送由一个或几个长度为 4096chip 的前置序列和 10ms 或 20ms 的消息部分组成。在随机接入突发前置部分中,长度为 4096chip 的序列由长度为 16 的扩频(特征)序列的 256 次重复组成,占两个物理时隙进行传输,随机接入消息部分的物理传输结构与上行专用物理信道的结构完全相同,但扩频比仅有 4 种形式:256、128、64 和 32,占用 15 或 30 个时隙,每个时隙内可以传送 10/20/40/80 个比特位、其控制部分的扩频比与专用信道的相同,但其导频比特仅有 8b 一种形式。在 10ms 的消息格式中,随机接入消息中的 TFCI 的总比特数也为 $15\times2＝30\text{b}$。无线帧中 TFCI 的值对应于当前随机接入信道消息部分的传输格式,在使用 20ms 消息格式的情况下,TFCI 在第二个无线帧重复。

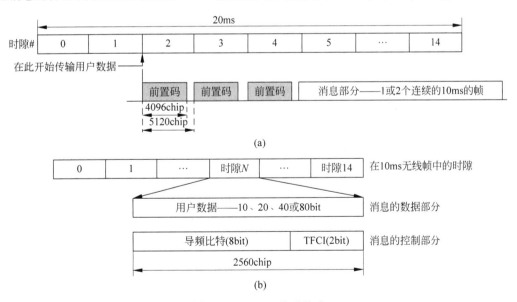

图 7.5 PRACH 发送格式

PCPCH 是一条多用户接入信道,传送 CPCH 传输信道上的信息。在该信道上采用的多址接入协议基于带冲突检测的时隙载波侦听多址协议(CSMA/CD),用户可以将无线帧中的任何一个时隙作为开头开始传输,其传输结构如图 7.6 所示。PCPCH 的格式与 PRACH 基本类似,增加了一个冲突检测前置码和一个可选的功率控制前置码,消息部分可能包括一个或多个 10ms 长的帧。与 PRACH 类似,消息有两个部分:高层用户数据部分和物理层控制信息部分。数据部分采用的扩频因子为 4、8、16、32、64,128 和 256;控制部分的扩频因子为 256。

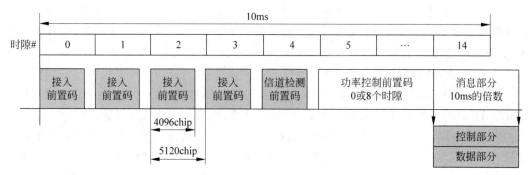

图 7.6 PCPCH 传输结构

**4. 上行物理信道的扩频与调制**

上行专用物理信道和上行公共物理信道的扩频和调制分别如图 7.7 和图 7.8 所示。在上行 DPDCH/DPCCH 扩频与调制中,6 个并行的 DPDCH 和 1 个 DPCCH 可以同时发送。所对应的物理信道数据先被信道码 $c_{d,1}c_{d,3}c_{d,5}c_{d,2}c_{d,4}c_{d,6}$ 和 $c_c$ 扩频,各支路再被乘以不同的增益 $\beta_c$ 和 $\beta_d$,其中 $\beta_c$ 代表控制信道增益,$\beta_d$ 代表业务信道增益。合并后分别调制到两个正交支路 I 和 Q 上,最后还要经过复数扰码。PRACH 消息部分的扩频和调制与上行 DPDCH/DPCCH 的扩频和调制相似。

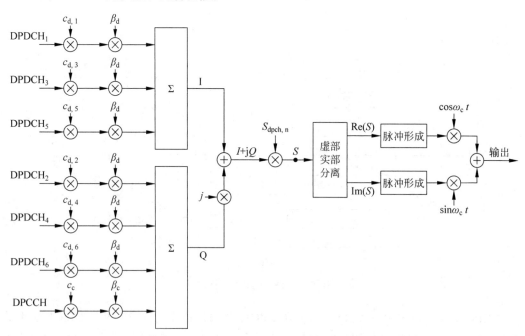

图 7.7 上行 DPDCH、DPCCH 的扩频和调制

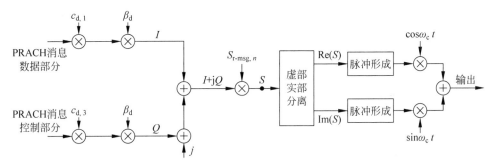

图 7.8　PRACH 的扩频和调制

扩频用的信道码 $c_{\mathrm{d},1}c_{\mathrm{d},3}c_{\mathrm{d},5}c_{\mathrm{d},2}c_{\mathrm{d},4}c_{\mathrm{d},6}$ 和 $c_{\mathrm{c}}$ 是正交可变扩展因子(OVSF)码,它的作用是保证所有用户不同物理信道之间的正交性。OVSF 码可以用如图 7.9 所示的码树来定义。图中,OVSF 码可以描述为 $c_{\mathrm{SF,code\ number}}$,其中的 SF 为 DPDCH 的扩展因子,code number 是扩展码的编号。如 $c_{4,3}=(1,-1,1,-1)$,表示扩展因子为 4 的第 3 号码。在 OVSF 的码树中,可按一定的规则来选取不同 SF 的相互正交码,任意两组码都相互正交。正交是因为在一个周期中,两个码之间的相同相位的比特与不同相位的比特数目均等,图 7.10 给出了码长为 4 的 4 组正交码对应的波形。

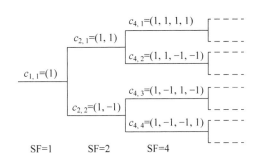

图 7.9　正交可变扩频因子码的码树

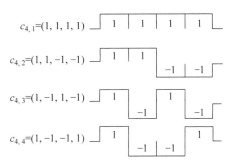

图 7.10　码长为 4 的 4 组正交码波形

复数扰码采用下列方法产生:

$$c_{\mathrm{cramb}}=c_1(\omega_0+\mathrm{j}c_2'\omega_1)$$

其中,$\omega_0$ 和 $\omega_1$ 是码片速率的序列,定义为:

$$\omega_0=\{(+1+1)(+1+1)(+1+1)(+1+1)\cdots\}$$

$$\omega_1=\{(+1-1)(+1-1)(+1-1)(+1-1)\cdots\}$$

$c_1$ 是实数码片速率码,$c_2'$ 是 $c_1$ 的抽取形式,抽取因子为 2。$c_2'$ 用下式给出:

$$c_2'(2k)=c_2'(2k+1)=c_2(2k)\quad k=0,1,2,\cdots$$

其中,$c_1$ 和 $c_2$ 对于短扰码和长扰码来说其形成是不同的。

长扰码生成中,$c_1$ 和 $c_2$ 是通过两个二进制 $m$ 序列的 38 400 个码片段模 2 加构成的。其中一个 $m$ 序列采用本原多项式 $x^{25}+x^3+1$ 生成,另一个 $m$ 序列采用多项式 $x^{25}+x^3+x^2+x+1$ 生成。长扰码实质上是一个 Gold 序列集的片段。$c_1$ 移位 16 777 232 码片后成为 $c_2$。短扰码中的 $c_1$ 和 $c_2$ 来自于复数四相序列 $S(2)$ 码的实部和虚部。复数四相序列 $S(2)$

的取值为一个四元序列 $Z(n)(n=0,1,2,3)$,其取值对应的复数值为$(0:+1+j),(1:-1+j),$ $(2:-1-j),(3:+1-j)$。四元序列 $Z_v(n)$ 生成器的结构如图 7.11 所示,图中采用了模 2 和模 4 运算,映射器完成四元序列到复数值的映射。

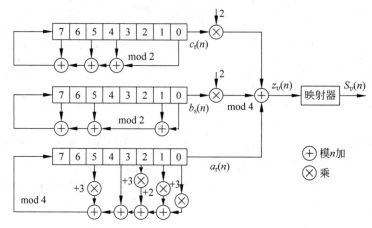

图 7.11　上行链路短扰码生成器

随机接入码由前置特征序列和前置扰码组成。前置扰码的生成方法与专用信道上长扰码实数部分的生成方法相同,不同之处在于只用前 4096 个码片。前置特征序列是长度为16 的汉明码。

## 7.2　时分同步码分多址

时分同步码分多址(TD-SCDMA)系统结构遵循 3GPP 制定的 UMTS 网络结构,同样分为无线接入网(UTRAN)和核心网(CN)两个部分。TD-SCDMA 的 CN 与 WCDMA 基本相同。本节重点介绍 UTRAN、TD-SCDMA 组网及有关技术。

### 7.2.1　TD-SCDMA 网络

**1. UTRAN 基本结构**

UTRAN 是 TD-SCDMA 网络中的无线接入网部分,如图 7.12 所示。UTRAN 由一组无线网络子系统(RNS)组成,每一个 RNS 包括一个 RNC 和一个或多个 NodeB。NodeB 由RF 收发放大、射频收发系统(TRX)、基带部分(base band)、传输接口单元和基站控制部分构成。NodeB 就是无线收发信机,通过标准的 Iub 接口和 RNC 互连,主要完成 Uu 接口物理层协议的处理。

UTRAN 协议的标准接口主要包括 Uu、Iub、Iur、Iu 等,符合该标准的网络接口应具有3 个特点:所有接口具有开放性;无线网络层与传输层分离;控制平面和用户平面分离。这里重点介绍 Iur 接口,它的主要功能包括传送网络管理、公共传送信道的业务管理、专用传送信道的业务管理、下行共享传送信道和 TDD 上行共享传送信道的业务管理、公共和专用测量目标的测量报告等。

Iur 协议栈是典型的三平面表示法,如图 7.13 所示,其结构包括下面两个功能层。

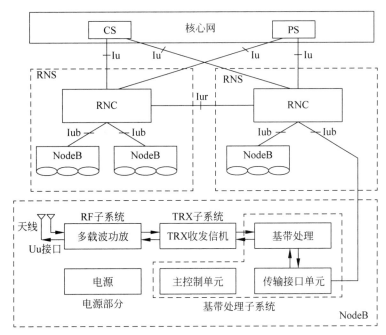

图 7.12 UTRAN 结构及 NodeB 的逻辑组成框图

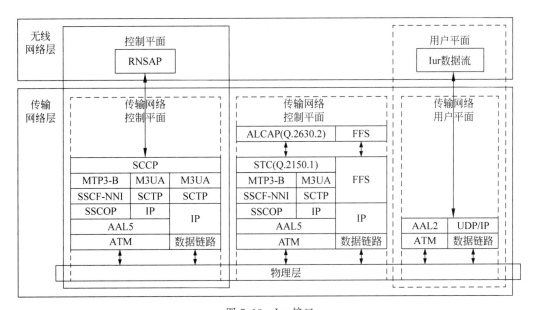

图 7.13 Iur 接口

（1）无线网络层：定义了在 IMT-2000 内与两个 RNC 的相互作用相关的程序。无线网络层包括一个无线网络控制平面和一个无线网络用户平面。

（2）传送网络层：定义了用于在 IMT-2000 内两个 RNC 之间建立物理连接的程序。

**2. TD-SCDMA 网络结构**

TD-SCDMA 同 WCDMA 核心网的协议基本一致，唯一的区别只是在无线接口协议两处消息中，对两个比特分别进行不同的赋值，以表明系统是支持 TD-SCDMA，或是支持

WCDMA。图 7.14 是基于 R5 的网络结构,TD-SCDMA 核心网可以将用户接入到各种外部网络及业务平台,如 PSTN、VoIP、短信中心等。

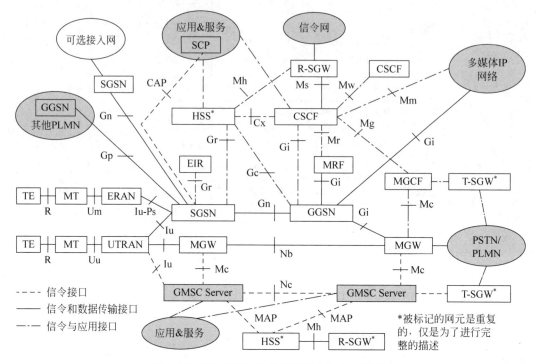

图 7.14 TD-SCDMA 参考网络结构(R5 结构)

需要说明的是,图 7.14 中给出的实体部分及接口依据的是 3GPP R99。在 3GPP R4 中,MSC 演化为 MSC Server 和 CS-MGW,VLR 和 MSC Server 集成在一起;GMSC 演化成 CS-MGW 和 GMSC Server。GMSC Server 主要包括 GMSC 的呼叫控制和移动控制两部分,负责 CS 域的控制,用户-网络信令终结于 MSC Server,并转换为相关的网络-网络间的信令。

## 7.2.2 TD-SCDMA 物理信道帧结构

TD-SCDMA 系统属于 DS-CDMA(直接序列码分多址),码片速率为 1.28Mchip/s,扩频带宽约为 1.6MHz,采用 TDD 工作方式。它的下行链路和上行链路是在同一载频的不同时隙上进行传送的,因此 TD-SCDMA 的接入方式为 TDMA 和 CDMA。TD-SCDMA 的基本物理信道特性由频率、码字和时隙决定。其帧结构是将 10ms 的无线帧分成两个 5ms 子帧,每个子帧中有 7 个常规时隙和 3 个特殊时隙。信道的信息速率与符号速率有关,符号速率由码片速率和扩频因子(SF)所决定,上、下行信道的扩频因子为 1~16,因此调制符号速率的变化范围为 $8 \times 10^4$ 符号/秒~$1.28 \times 10^6$ 符号/秒。

TD-SCDMA 的物理信道信号格式如图 7.15 所示。TD-SCDMA 的传输信道与 WCDMA 的传输信道基本相同。TD-SCDMA 的物理信道采用 4 层结构:系统帧、无线帧、子帧和时隙/码字。时隙用于在时域上区分不同用户的信号,具有 TDMA 的特性。

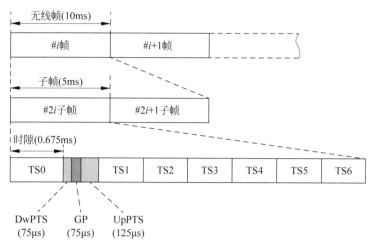

注：时隙#n(n=0，1，…，6)：第n个业务时隙，864个码片长；DwPTS：
下行导频时隙，96个码片长；UpPTS：上行导频时隙，160个码片长；
GP：主保护时隙，96个码片长

图 7.15　TD-SCDMA 的物理信道信号格式

　　TD-SCDMA 系统帧结构的设计考虑到了对智能天线和上行同步等新技术的支持。一个 TDMA 帧长为 10ms，分成两个 5ms 子帧。这两个子帧的结构完全相同。每一子帧又分成长度为 675μs 的 7 个常规时隙和 3 个特殊时隙。这 3 个特殊时隙分别为 DwPTS、GP 和 UpPTS。在 7 个常规时隙中，TS0 总是分配给下行链路，而 TS1 总是分配给上行链路。上行时隙和下行时隙之间由转换点分开，而每个子帧中的 DwPTS 是作为下行导频和同步信号设计的，将 DwPTS 放在单独的时隙，便于下行同步信号的迅速获取，同时也可以减少对其他下行信号的干扰。

　　在 TD-SCDMA 系统中，每个 5ms 的子帧有两个转换点（UL 到 DL 和 DL 到 UL）。通过灵活地配置上、下行时隙的个数，使 TD-SCDMA 适用于上、下行对称及非对称的业务模式。TD-SCDMA 帧结构如图 7.16 所示，图中分别给出了时隙对称分配和不对称分配的例子，其中图 7.16(a) 为 DL/UL 对称分配；图 7.16(b) 为 DL/UL 不对称分配。这里的 UL 表示上行传送（Up Load）时隙，DL 表示下行传送（Down Load）时隙。

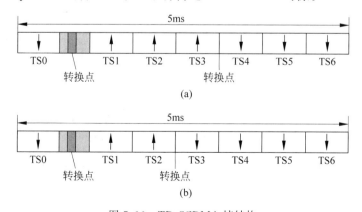

图 7.16　TD-SCDMA 帧结构

## 7.3 CDMA2000

CDMA2000 是由美国高通公司为主导提出的一种宽带 CDMA 3G 标准,可以实现从 2G 的窄频 CDMAOne 结构直接升级到 3G。IS-2000 则是宽带 CDMA 技术正式标准的总称。

### 7.3.1 IS-2000 体系结构

CDMA2000 以 MS(移动台)为例的 IS-2000 体系结构如图 7.17 所示,做到了对 CDMA (IS-95)系统的完全兼容。

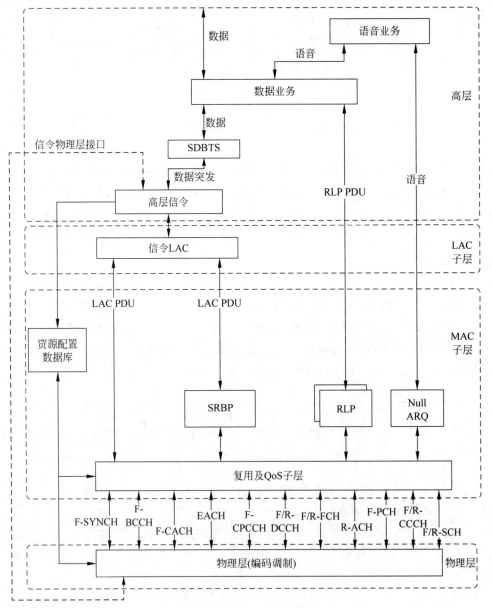

图 7.17 IS-2000 的体系结构

(1) 链路接入控制(Link Access Control,LAC)子层的处理。LAC 子层主要与信令信息有关,其功能是为高层的信令提供在无线信道上的正确传送。LAC 子层为高层提供信令服务,高层的服务数据单元(SDU)在 LAC 内部与协议数据单元(PDU)相互转换,最后再经过分割或重新组装成 PDU 与 MAC 层交换。

(2) 媒体接入控制(Medium Access Control,MAC)子层的处理。MAC 子层是为了适应更多的带宽及处理更多种类业务的需要,允许语音、分组数据和电路数据业务的组合且同时工作。MAC 子层有两个重要的针对逻辑信道的功能,即"尽力发送":由无线链路协议(RLP)提供"尽力"级别的可靠性,信息能可靠地在无线链路上传输;复用和 QoS 控制:为接入请求安排合适的优先级,还可完成具体的逻辑信道和物理信道的映射转换。

(3) 高层的处理。"高层"泛指第 3 层及以上的协议层,IS-2000 中定义的第 3 层协议侧重于描述系统控制消息的交互,也就是信令的交互。对于 MS,第 3 层协议侧重于状态转移。例如,MS 捕获系统时需要接收哪些消息,如何根据自身功能进行配置等;BS 的第 3 层协议主要针对 MS 侧信令消息的处理,定义了 BS 在前向公共信道上应按照系统的实际配置发送哪些开销消息。

(4) 逻辑信道与物理信道的映射。逻辑信道和物理信道之间的对应关系称为"映射"。第 3 层和 LAC 子层都在逻辑信道上传送信令,这样就为高层屏蔽掉具体物理层的特征,使得无线接口对于高层来说如同透明的一样。当然,逻辑信道所传送的信息最终仍由物理信道来承载。

表 7.2 显示了逻辑信道命名规则,例如,前向专用业务信道(Forward Dedicated Traffic CHannel,F-DTCH)。一个逻辑信道可以永久地独占一个物理信道(如同步信道);或者临时独占一个物理信道,如连续的反向公共信令逻辑信道(Reverse-Common Signaling logical CHannel,R-CSCH)接入试探序列可以在不同的物理接入信道上发送;或者和其他逻辑信道共享物理信道(需要复用)。

表 7.2　逻辑信道命名约定

| 第 1 个字母 | 第 2 个字母 | 第 3 个字母 |
|---|---|---|
| F＝Forward(前向) | D＝Dedicated(专用) | T＝Traffic(业务) |
| R＝Reverse(反向) | C＝Common(公共) | S＝Signaling(信令) |

物理信道命名约定和逻辑信道的情况一样,信道名称的第 1 个字母表示信道的方向(前向或反向)。

## 7.3.2　CDMA2000 网络构成

CDMA2000 分为 1x 系统和 3x 系统。CDMA2000-1xEV 是 CDMA2000-1x 的增强标准,在与 CDMA2000-1x 相同的 1.25MHz 内提供 2Mb/s 以上的数据速率业务;CDMA2000-3x 中的 3x 表示 3 载波,即 3 个 1.25MHz,共 3.75MHz 的频带宽度。它与 CDMA2000-1x 的主要区别是下行 CDMA 信道采用 3 载波方式,而 CDMA2000-1x 采用单载波方式。

**1. 系统参考模型**

CDMA2000-1x 系统由基站子系统(BSS)、网络子系统(NSS)及操作维护子系统(OSS)等子系统组成,其中,NSS 逻辑上又分为电路域和分组域。图 7.18 是简化的 CDMA2000 系统参考模型,系统组成介绍如下。

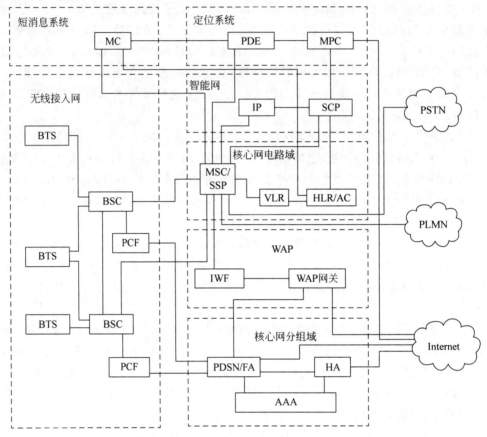

图 7.18  简化的 CDMA2000 系统参考模型

(1) 无线部分包括基站控制器(BSC)、基站收发器(BTS)。其中,BTS 主要负责收发空中接口的无线帧;BSC 主要负责对其所管辖的多个 BTS 进行管理,将语音和数据分别转发给移动交换控制中心(MSC)和分组控制功能(PCF),也接收分别来自 MSC 和 PCF 的语音和数据。PCF 主要负责与分组数据业务有关的无线资源的控制。

(2) 核心网电路域包括 MSC、VLR、HLR/AC 等,这部分与 CDMAIS-95 基本相同。

(3) 核心网分组域包括 PCF、分组数据服务节点(PDSN)、归属代理(HA)、认证、授权和计费(AAA)。其中,PCF 负责与 BSC 配合,完成与分组数据有关的无线信道控制功能。由于与无线接入部分关系密切,所以常将 PCF 与 BSC 合设;PDSN 负责管理用户状态,转发用户数据;当采用移动 IP 技术时,需要使用 HA,HA 将发送给用户的数据从归属局转发至漫游地;AAA 负责管理用户信息,包括认证、计费和业务管理。

(4) 智能网部分包括业务交换点(MSC/SSP)、业务控制点(SCP)、智能外设(IP)等。

(5) 与 IS-95 相比,短消息系统(MC)容量变大,传输时延降低。

（6）无线网络应用协议（Wireless Application Protocol，WAP）实现移动通信与互联网的结合，WAP使得用户上网速度加快，传输时延降低。

（7）定位实体（PDE）与其他网络实体之间主要通过SS7进行连接，当收到移动定位中心（MPC）的位置请求时，PDE与MSC、BSC以及MS等相关设备交换信息，利用各种测量信息和数据通过特定的算法完成具体的定位计算，并将最后的计算结果报告给MPC。

**2. IOSV4.1参考模型**

IOSV4.1参考模型如图7.19所示，作为3GPP2规定的无线通信标准系列中的一员，其接口参考模型必然与3GPP2无线网络参考模型存在对应关系，CDMA2000遵循IOSV4.1。

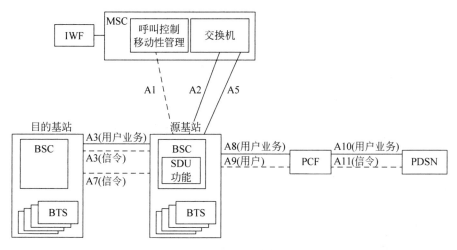

图7.19　IOSV4.1参考模型

BSC设备通过A接口（A1、A2、A5）与MSC进行互连，支持语音业务和最高速率为64kb/s的电路型数据业务；PCF通过A10、A11接口与PDSN进行互连，支持SIP业务或移动IP业务；BSC通过A3、A7接口与其他BSC进行连接；完成BS与PCF之间的连接接口为A8、A9。

BTS基站子系统通过Abis接口接收来自BSC的无线资源控制命令，完成A接口公共物理信道和专用物理信道（第1层）的发送与接收功能。

BS和MSC之间的A1接口传递两类信息，即DTAP或BSSMAP。MSC至BS接口间的协议参考模型如图7.20所示。其中BSAP为基站应用部分，BSSMAP为基站管理应用部分，DTAP为直接传递部分。对于DTAP消息，分配数据单元由两个参数组成：消息区分参数和数据链路连接标识（DLCI）参数。

**3. 网络结构及技术**

CDMA2000-1x网络结构如图7.21所示，CDMA2000-1x引入了分组交换方式，并且直接连到ATM交换单元，可以通过PDSN连接到IP互联网。CDMA2000的关键技术如下。

（1）初始同步与RAKE多径分集接收技术：CDMA通信系统接收机的初始同步包括PN码同步、符号同步、帧同步和扰码同步等。RAKE接收技术对分辨出的多径信号分别进

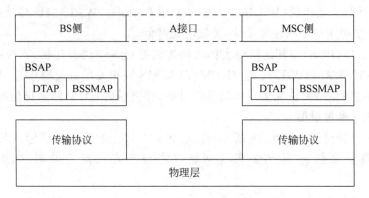

图 7.20　MSC-BS 接口间的协议参考模型

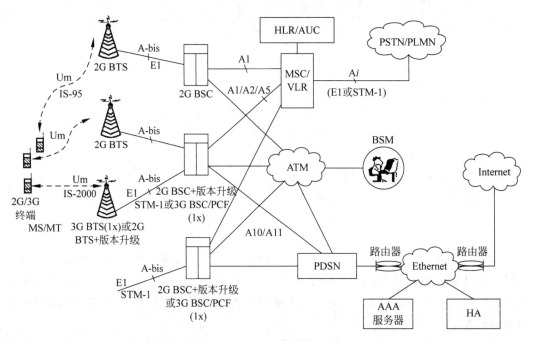

图 7.21　CDMA2000-1x 网络结构示意图

行加权调整、使之复合成加强的信号。

（2）CDMA2000 系统无线传输技术：主要特点是与 IS-95 标准向后兼容，可在 IS-95 系统的基础上平滑地过渡、发展，保护已有的投资。

（3）功率控制技术：CDMA2000 采用的功率控制有开环、闭环和外环 3 种方式，上行信道采用了开环、闭环和外环功率控制技术，下行信道则采用了闭环和外环功率控制技术。

（4）前向及反向同时采用导频辅助相干解调，射频带宽在 1.25～20MHz 范围可调；在下行信道传输中采用直扩和多载波两种方式，码片速率分别为 3.6864Mchip/s 和 1.22Mchip/s。

（5）PN 码技术：PN 码的选择直接影响到 CDMA 系统的容量、抗干扰能力、接入和切换速度等性能。CDMA 要求 PN 码自相关性要好，互相关性要弱，实现和编码方案简单等。

（6）软切换技术：先连接、再断开称为软切换。在相同的频率和带宽上更易实现软切换。

（7）语音编码技术：主要有两种，即码激励线性预测编码（CELP）8kb/s 和 13kb/s。

### 7.3.3 CDMA2000 基站及组网

**1. 基站构成**

CDMA2000 基站由 BSC 和 BTS 构成，而 BTS 则由基带单元（Base Band Unit，BBU）与远端射频单元（Remote RF Unit，RRU）或者 BBU 和射频单元（RF Unit，RFU）组成，图 7.22 给出了基站构成关系图。每个 BTS 设备可配置成单载频的 3 个扇区或 3 个载频的单扇区；每个扇区支持单载频满配置 CDMA2000 物理信道（约 48 个语音信道或等效速率的高速数据信道）；每个扇区最大发射功率不小于 10W。每个 BTS 设备包括一个射频合成与分配模块，以实现对各个扇区模拟前端电路的射频信号合成与分配。

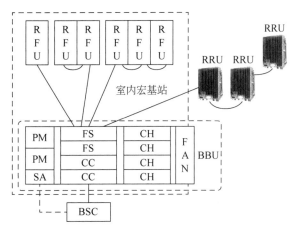

图 7.22 基站构成关系图

RFU、RRU 都为射频单元，是调制/解调收发信机，完成射频的收发双工、接收射频信号的低噪放大、发送射频信号的放大等功能，实现无线网络系统和移动台之间的通信。室内基站由 BBU 和 RFU 两部分组成；室外基站由 BBU 和基站远端 RRU 两部分组成的。

BBU 也称基站近端，完成基带的调制与解调、无线资源管理、呼叫处理、切换控制、功率控制、GPS 定时和同步等功能。BBU 的基带单元还要负责基站系统的资源管理、操作维护、环境监控和业务处理。基带插箱可配置控制与时钟模块（CC）、信道处理模块（CH）、网络交换模块（FS）、环境告警模块（SA）、电源模块（PM）等。其中，

- 控制与时钟模块（Control and Clock Module，CCM）完成 GPS 系统时钟和射频基准时钟、A-bis 接口、GE 以太网交换、基带调制和解调、对整个 BBU 监控、管理等功能。
- 信道处理模块（Channel Processing Module，CHM）最多支持 6 载扇，载扇是指一个基站支持的频点数与覆盖天线方向数的乘积，如 1 个基站为 3 个扇区，2 个频点，则为 6 载扇。
- 网络交换模块（Fabric Switch Module，FSM）可提供对基带信号进行复用、解复用、组帧、解帧功能，并可通过公共无线接口（Common Public Radio Interface，CPRI）实现光口与 RSU 的数据交互。每个 FS 支持 6 个基带光纤拉远接口。

- 风扇阵列模块（Fan Array Module，FAM）提供风扇控制和进风口温度检测功能。
- 电源模块（Power Module，PM），对输入二次直流电压－48VDC 进行处理与分配，可选 1＋1 备份。
- 现场告警模块（Site Alarm Module，SAM）提供对 BBU 机柜和机房环境监控功能，对于采用 E1 的 A-bis 连接，还提供 A-bis 接口功能。
- 小型可插拔（Small Form-factor Pluggable，SFP）光模块，是将千兆位电信号转换为光信号的接口器件。光模块数量由 RRU 数量和射频组网方式共同决定，当 A-bis 接口物理连接采用 GE 光口时，每块 CCM 需要配置 1 个 SFP，如链形组网方式就要用到较多的 SFP。

**2. 基站组网**

BSC 和 BBU 之间通过 A-bis 口相连，物理上可以用 E1 和 GE 以太网接口。每个扇区配置双 RRU 时的连接如图 7.23 所示，而 BSC 通过 E1 接入 BBU，可为星状、链形组网。分布式基站 CDMA 解决方案主设备包括 BBU 和 RRU 两部分。BBU 与 RRU 之间采用光口连接。

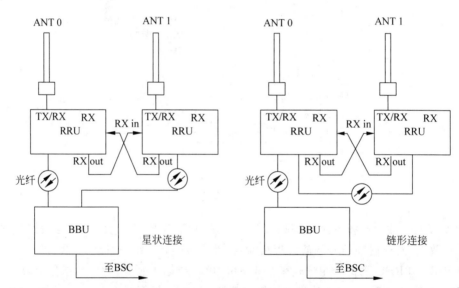

图 7.23　单个扇区双 RRU 连接示意图

（1）星状组网。由于采用点到点的连接方式，基带部分引出的光纤数量等于射频站的总数，从 BSC 引出的光纤数量相对较多，但该组网方式可靠性相对较高。即每个 BBU 点对点直接（通过 E1）或者间接连接（通过外置传输设备 E1）到 BSC。这种方式简单可靠。

（2）链形组网。基带部分引出的光纤数量较少，但该组网方式可靠性相对较低。链形组网时，除末级 RRU 外，其他的 RRU 都需要再单独配置一个 SFP 光模块。即多个 BBU 连成一条链，通过末级 BBU 接入 BSC。链形组网适用于 CDMA 网络覆盖范围呈带状分布的地区。

A-bis 接口支持 IP Over Ethernet、IP Over E1 接入，A-bis 接口组网如图 7.24 所示。BSC 通过 GE 以太网接口接入 BBU，该技术方案为客户提供了多种灵活便利的组网方式。基于 IP/TCP 的连接方式有：BSC 通过网线直接与 BBU 相连；BSC 通过集线器（Hub）或交换机(Switch)与 BBU 连接；BSC 通过路由器与多个 BBU 相连。

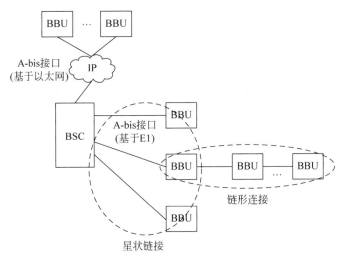

图 7.24 A-bis 接口组网示意图

（3）BBU 与 RRU 分布式组网。图 7.25 给出了 BBU 与 RRU 组成的分布式基站解决方案。分布式基站解决方案采用 BBU 与 RRU 分离，RRU 分布式布置，多个 RRU 共享 BBU 资源的方式。该解决方案对机房空间需求少、易施工，适用于城市、CBD 等人口密集地区，还可用作盲点覆盖。

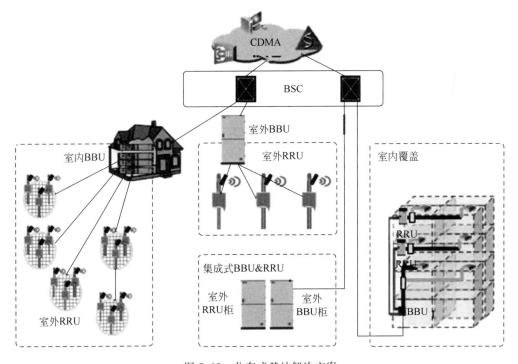

图 7.25 分布式基站解决方案

## 习题

1. 简述基于 3GPP R99、R4 的 WCDMA 系统的主要差异。
2. UMTS 系统网络单元由哪些主要部分组成？其主要功能有哪些？
3. 依据 TD-SCDMA 的物理信道信号格式，说明其一个无线帧的时隙分配。
4. 简述 CDMA2000 系统参考模型的主要组成部分及功能。
5. CDMA2000 基站的 BTS、BBU、RRU 和 RFU 有什么关系？说明 BBU 的具体构成。
6. 简述 TD-SCDMA、CDMA2000 和 WCDMA 的技术特点。

# 第 8 章

# LTE 移动通信系统

3GPP 从 3G 的 UMTS 演进到 4G 的 LTE,使移动网实现了广域覆盖、高速无线数据传输,以及与 Internet 的融合。LTE 作为实现 4G 愿景的无线宽带技术标准,采用 OFDMA、MIMO 等空中接口技术,为用户带来了真正意义上的移动宽带,实现了高质量的视频体验和媒体移动性。LTE 无线接入网采用只有 eNB 节点的扁平化 IP 网络架构,可提供用户面和控制面协议功能。本章主要介绍 OFDM 原理、MIMO 技术、帧结构、协议,以及网络架构和无线随机接入等技术。

## 8.1 LTE 系统概述

### 8.1.1 LTE 规范

在 LTE 系统中,虽然保留了电路交换服务,但 LTE 将提供基于 IP 的网络实现。LTE 由于采用正交频分复用(Orthogonal Frequency Division Multiplexing,OFDM)技术,所以获得了更高的频谱效率,这意味着每赫兹可以传输更多比特。LTE 标准提供了尽可能多的灵活性,以便运营商可以在现有频率以及新频谱中进行部署,可以在 1.4MHz 或 20MHz 的频谱内部署这项技术。LTE 在世界各地有许多不同频段,包括新的 2.6GHz 频段,这是一个比较完美的容量频段,因为运营商能够确保高达 2×20MHz 的原始频谱。LTE 还可以部署在 900MHz 和 1800MHz 的重构 GSM 频段。

早在 2005 年,3GPP 针对 LTE 的需求定义和设计目标,提出了系统架构演进(System Architecture Evolution,SAE)和分组核心(EPC),以支持 LTE 正常的容量和峰值数据速率要求,并提出了 FDD 和 TDD 解决方案之间的最大共性化要求,决定 LTE 无线接入在下行链路采用 OFDM 技术,上行链路采用单载波 FDMA(SC-FDMA)技术。LTE 的 3GPP 规范如图 8.1 所示。

### 8.1.2 LTE 技术优势

LTE 系统引入了 OFDM 和多输入多输出(Multi-Input& Multi-Output,MIMO)等关键技术,与 3G 相比较,显著增加了数据传输速率。同时,产生了基于单一类型节点的新型平化无线接入网架构(eNB)以及核心网架构(EPC)。LTE 的主要优势表现为以下几点。

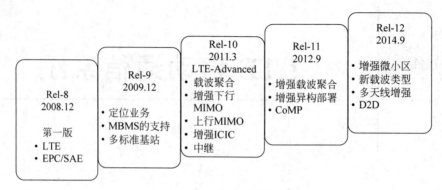

图 8.1　LTE 的 3GPP 规范演进

（1）具有更高的带宽和容量。能够满足在一定范围内可变带宽的需求。支持多种带宽分配：1.4MHz、3MHz、5MHz、10MHz、15MHz 和 20MHz 等，频谱分配灵活，系统容量和覆盖范围大。

（2）具有更高的数据传输速率。频谱效率达到 3GPP R6 的 2～4 倍，提高了小区边缘用户传输速率。例如，给定 20MHz 带宽，天线为 2×2MIMO，在调制方式为 64QAM 情况下，下行峰值速率为 100Mb/s，上行峰值速率为 50Mb/s。在高速移动情况下可达 2Mb/s。

（3）具有更大的覆盖范围。具体表现在：半径为 5km 以内的小区最佳；在 5～30km 范围，可接受性能下降；最远支持 100km 范围的小区。

（4）具有更稳定的移动性支持。移动台在低于 15km/h 的低速环境中，保持平稳，不受速度影响；15～120km/h 速度下能保持高性能；120～350km/h，甚至 500km/h 速度下，可保持连通。

（5）具有更低的传输时延。用户面（单向）传输时延小于 5ms；控制面传输时延小于 100ms。

（6）具有更低的运营成本。支持 Internet（IPv4 或 IPv6），且为全 IP 网络架构。

## 8.2　LTE 多址接入

在 LTE 中下行链路中，采用的多址接入技术是 OFDMA；而在上行链路中，则采用 DFTS-OFDM 作为多址接入技术。以下着重介绍这两种技术。

### 8.2.1　OFDMA 原理

**1. OFDM 多载波系统实现**

OFDM 起源于 20 世纪 40 年代，早期用于美军的高频通信项目。Robert W. Chang 首先提出了一种在有限带宽下并行传输多个数据流，并确保各数据流之间无符号间干扰和无载波间干扰的技术，即 OFDM。目前，OFDM 技术已经被广泛应用于无线广播系统、无线局域网等近距离通信，如 IEEE 802.11a/g、IEEE 802.15.3 等标准。在 LTE 下行链路中，采用基于 OFDM 的正交频分复用多址（OFDM Access，OFMDA）技术。

OFDMA 是多载波调制方法之一，它将一个宽频信道分成若干个正交子信道，将高速数据信号转换成并行的低速子数据流,调制到每个子信道上进行传输。由于 OFDMA 将整个频带分割成许多子载波,将频率选择性衰落信道转化为若干平坦衰落子信道,从而能够有效地抵抗无线移动环境中的频率选择性衰落。由于子载波重叠占用频谱,OFDM 能够提供较高的频谱利用率。通过给不同的用户分配不同的子载波,OFDMA 提供了天然的多址方式,并且由于用户占用不同的子载波,用户间满足相互正交,没有小区内干扰。在子载波分布式分配的模式中,可以利用不同子载波频率选择性衰落的独立性而获得分集增益。

OFDMA 多载波传输的基本结构如图 8.2 所示,就是将系统带宽 $B$ 分为 $N$ 个窄带的子信道,输入数据分配在 $N$ 个子信道上传输。系统首先把一个高速的数据流 $\{S_n\}$,经过串/并转换,分解为 $N$ 个低速的子数据流,然后对每个子数据流进行调制(符号匹配)、滤波(波形形成 $g(t)$),然后再去调制相应的子载波,构成已调信号,最后将各支路信号合成为 $s(t)$ 后输出。

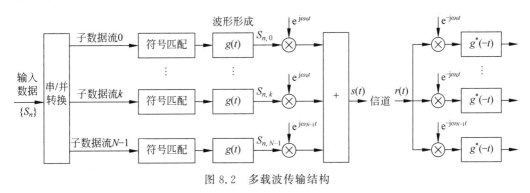

图 8.2 多载波传输结构

OFDM 信号的符号长度 $T_s$ 是单载波系统的 $N$ 倍。OFDM 信号由 $N$ 个子载波组成,子载波的间隔为 $\Delta f (\Delta f = 1/T_s)$,所有的子载波在 $T_s$ 内是相互正交的。在 $T_s$ 内,第 $k$ 个子载波可以用 $g_k(t)$ 来表示,$k = 0, 1, \cdots, N-1$。

$$g_k(t) = \begin{cases} e^{j2\pi k \Delta f t}, & t \in [0, T_s] \\ 0, & t \notin [0, T_s] \end{cases} \tag{8.1}$$

实现正交要满足 3 个条件:相邻子载波间隔为 $1/T_s$;有相同调制符号时间 $T_s$;在时间 $T_s$ 内有整数倍的波形数目。图 8.3 是在 OFDM 系统中,4 个不同频率载波的时域分布图,每个子载波在一个 OFDM 符号周期内都包含整数个周期,并且相邻两个子载波之间相差 1 个周期,说明它们的相邻频率之差都是相等的。图 8.3 中所有的子载波都具有相同的幅值和相位,但在实际应用中,根据数据符号的调制方式的不同,每个子载波的幅值和相位可能是不同的。

OFDM 频域示意如图 8.4 所示,从频域上可以发现,各子载波是互相正交的,且各子载波的频谱有 1/2 的重叠。OFDMA 可以获得更高的频谱效率和更好的抗衰落性能。

OFDM 系统实现框图如图 8.5 所示,输入已经过调制(符号匹配)的复信号 $S_{n,k}$,进行 IDFT(离散傅里叶逆变换)或 IFFT(快速傅里叶逆变换)形成 $S_{n,i}$,再经过并/串变换,然后插入保护间隔,形成 $s_n(t)$,最后经过数/模变换后,形成 OFDM 调制后的信号 $s(t)$。该信号经过传输信道后,接收到的信号 $r(t)$ 经过模/数变换,去掉保护间隔以恢复子载波之间的正交性,再经过串/并变换和 DFT 或 FFT 后,恢复出 OFDM 的调制信号,最后经过并/串变

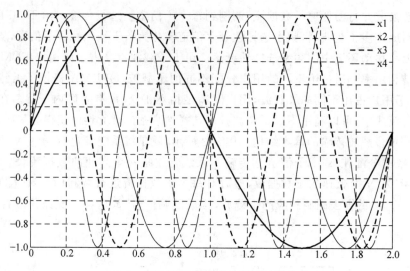

图 8.3　OFDM 四载波符号周期时域分布

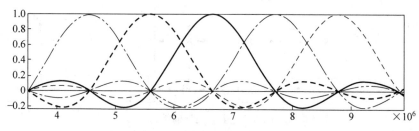

图 8.4　OFDM 频域示意图

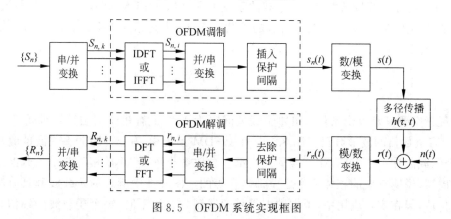

图 8.5　OFDM 系统实现框图

换后,还原出输入的符号。

　　一个 OFDM 符号是多个经过调制的子载波的合成信号,其中每个子载波可以分别使用不同的调制方式,如按 BPSK、QPSK、16QAM 等方式进行调制。假定各子载波上的调制符号可以用 $S_{n,k}$ 来表示,$n$ 表示 OFDM 符号区间的编号,$k$ 表示第 $k$ 个子载波,则第 $n$ 个 OFDM 符号区间内的信号可以表示为

$$s_n(t) = \frac{1}{\sqrt{N}} \sum_{k=0}^{N-1} S_{n,k} g_k(t - nT) \tag{8.2}$$

因此,总的时间连续的 OFDM 信号可以表示为

$$s(t) = \frac{1}{\sqrt{N}} \sum_{n=0}^{\infty} \sum_{k=0}^{N-1} S_{n,k} g_k (t - nT) \tag{8.3}$$

发送信号 $s(t)$ 经过信道传输后,到达接收端的信号用 $r(t)$ 表示,其采样后的信号为 $r_n(t)$。只要信道多径时延小于码元的保护间隔 $T_g$,子载波之间的正交性就不会被破坏。

### 2. 保护间隔和循环前缀

OFDM 为了更好地消除符号间干扰(Inter-Symbol Interference,ISI),在每个 OFDM 符号之间插入保护间隔(Guard Interval,GI),GI 长度的设定要大于无线信道中的最大时延扩展,这样一个符号的多径分量就不会对下一个符号造成干扰,图 8.6 给出了多径时延与保护间隔示意图。但由于加入的空白时间导致载波间不能正交,所以造成了子载波间干扰(Inter-Carrier Interference,ICI),因此需要使用循环前缀(Cyclic Prefix,CP)来解决这个问题。采用循环前缀填充保护间隔的方法,消除由于多径所造成的 ICI,添加 CP 的作用是避免载波间干扰,保证不同子载波的正交性。采用将一个 OFDM 符号的最后长度为 $T_g$ 的数据复制填充到保护间隔的位置,以保证在解调的 FFT 周期内,相应的 OFDM 符号的延时副本内所包含波形的周期个数也是整数,这样各个子载波之间的周期个数之差始终为整数,因时延小于保护间隔 $T_g$ 的时延信号,故不会在解调过程中产生 ICI。

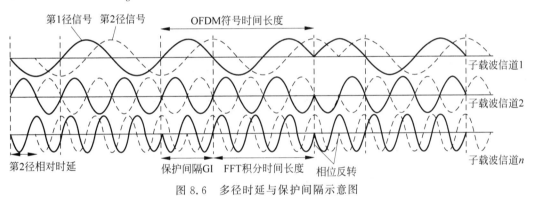

图 8.6 多径时延与保护间隔示意图

一个 OFDM 符号的形成过程是:首先,在若干个经过数字调制的符号后面补零,构成 $N$ 个并行输入的样值序列,然后再进行 IFFT 运算。其次,IFFT 输出最后 $T_g$ 长度的样值,被插入到 OFDM 符号的最前面,图 8.7 给出了保护间隔的插入过程。

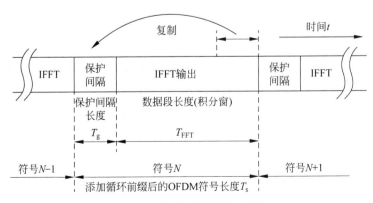

图 8.7 保护间隔的插入过程

### 3. 符号映射与 CQI 索引

在图 8.5 中的输入符号 $S_n$，可以是经过 MPSK 或 MQAM 调制的符号。而 LTE 用得最多的 QAM，是一种向量调制，将输入比特先映射到一个复平面（星座）上，形成复数调制符号，然后将符号的 $I$、$Q$ 分量（对应复平面的实部和虚部，也就是水平和垂直方向）采用幅度调制，分别调制在对应载波上。对于 MQAM 信号，$S_n = a_n + jb_n$，其中 $a_n$、$b_n$ 的取值为 $\{\pm1, \pm3, \cdots\}$，它是由输入比特组决定的符号。如 $M = 16$，则 $a_n$、$b_n$ 的取值范围为 $\{\pm1, \pm3\}$，具有 16 个样点，每个样点表示一种向量状态，16QAM 就有 16 态，每 4 位二进制数规定了 16 态中的一态，16QAM 中规定了 16 种幅度和相位的组合，可以映射到给定的子载波上传输。

16QAM 的每个符号和周期传送 4bit，如图 8.8(b)所示，可以在星座图中，找到任意一个点的位置 $(b_3 b_2 b_1 b_0)$。另外在图 8.8 中，还给出了 QPSK、64QAM 的星座图。在实际的移动通信中要选择哪一种编码方式，应根据信道质量的信息反馈，即 CQI(Channel Quality Indicator)来确定。由 UE 测量无线信道质量的优劣，形成 CQI，并每 1ms 或者是更长的周期，报送给 eNB，eNB 基于 CQI 来选择不同的调制方式，以对应数据块的大小和数据速率。表 8.1 给出了 CQI 索引简表，无线信道越好，CQI 索引取值越高，编码速率及效率就越高。

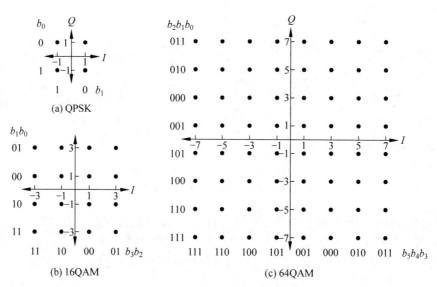

图 8.8　QAM 的星座分布图

**表 8.1　CQI 索引简表**

| CQI 索引 | 调制 | 编码码率×1024 | 效率 |
| --- | --- | --- | --- |
| 1 | QPSK | 78 | 0.1523 |
| 2 | QPSK | 120 | 0.2344 |
| 9 | 16QAM | 616 | 2.4063 |
| 14 | 64QAM | 873 | 5.1152 |
| 15 | 64QAM | 948 | 5.5547 |

## 8.2.2　OFDMA 系统参数

### 1. OFDM 系统中的 PAR

LTE 上行采用单载波 FDMA(Single Carrier FDMA,SC-FDMA)技术,其原因是,多载波带来的高峰值平均功率比(Peak-to-Average Ratio,PAR)会影响 UE 的射频成本和电池寿命。SC-FDMA 是一种特殊的多载波复用方式,同样具有多载波特性,但是由于其有别于 OFDM 的特殊处理,使其具有单载波复用相对较低的 PAR 特性。

从时域角度观测,如果一个周期内的信号幅度峰值和其他周期内的幅度峰值是不一样的,那么每个周期的平均功率和峰值功率也是不一样的。在一个较长的时间内,峰值功率是以某种概率出现的最大瞬态功率,通常概率取为 0.01% 时,峰值功率与系统总的平均功率的比就是 PAR。由于 OFDM 符号是由多个独立的经过调制的子载波信号相加而成的,这样的合成信号就有可能产生比较大的峰值功率,由此 PAR 可以被定义为

$$\text{PAR} = 10\lg \frac{\max\{|s_{n,i}|^2\}}{E\{|s_{n,i}|^2\}} \tag{8.4}$$

其中,$s_{n,i}$ 表示经过 IFFT 运算之后得到的输出信号,以只包含 4 个子载波的 OFDM 系统,每个子载波采用 16QAM 调制为例,对于所有可能的 16 种 4 比特码字(即 0000～1111)来说,一个符号周期内的 OFDM 符号包络功率值,可以参见图 8.9,其中横坐标表示十进制的码字,纵坐标表示码字对应的包络功率值。从图 8.9 中可以看到,在 16 种可能传输的码字中,有 4 种码字(0、5、10、15)可以生成最大值为 16W 的 PAR,并且,由于各子载波相互正交,因而 $\max\{|s_{n,i}|^2\}=16$,$E\{|s_{n,i}|^2\}=4$,这种信号的 PAR 是 $10\lg16/4=6.02\text{dB}$。当这种变化范围较大的信号通过系统时,会产生非线性失真等现象,且同时也增加了 A/D 和 D/A 转换器件的复杂度。影响系统 PAR 的主要因素有:基带信号的峰均比,如 QAM 调制的基带信号,PAR 就不为 0,而 QPSK 调制的基带信号,PAR 为 0;多载波功率叠加带入的峰均比;载波本身带来的峰值因子。

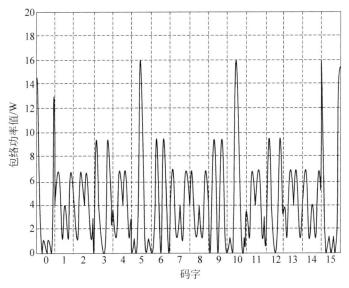

图 8.9　4 比特码字的 OFDM 符号包络功率值

在扩频通信中的 CDMA、WCDMA 等都存在峰均比,由于调制信号的不同,其峰均比也有差异,CDMA 信号单载波在所有通道都开满的情况下为 13dB,WCDMA 信号单载波为 10.26dB,TD-SCDMA 为 12dB。在 OFDM 中,$N$ 载波的峰均比最大值是单载波的 $N$ 倍。

**2. OFDM 系统中的同步**

由于 OFDM 系统内存在多个正交子载波,其输出信号是多个子信道信号的叠加,因而子信道的相互覆盖对它们之间的正交性提出了严格的要求。无线信道时变性的一种具体体现就是多普勒频移,多普勒频移与载波频率及移动台的移动速度都成正比。OFDM 系统除了要求严格的载波同步外,还要求发送端和接收端的抽样频率一致,即样值同步,以及 IFFT 和 FFT 的起止时刻一致,即符号同步。图 8.10 说明了 OFDM 系统中的同步要求,并且大概给出了各种同步在系统中所处的位置。

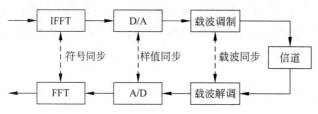

图 8.10　OFDM 系统内的同步示意图

**3. OFDM 系统基本参数**

OFDM 基带系统需要考虑的基本参数有带宽(Bandwidth)、比特速率(Bit Rate)和保护间隔(GI)。其中,GI 的时间长度通常为应用移动环境信道的时延扩展均方根值的 2～4 倍。为了减少由于插入保护比特所带来的信噪比损失,希望 OFDM 符号周期长度要远大于 GI 长度。但符号周期长度任意大,OFDM 系统中要包括更多的子载波数,从而导致有限的子载波间隔相应减少,系统实现的复杂度增加,系统的 PAR 也会加大,一般选择符号周期长度是 GI 的 5～6 倍,这样由插入保护比特所造成的信噪比损耗只有 1dB 左右。在确定了符号周期和保护间隔之后,子载波的数量可以直接利用 3dB 带宽除以子载波间隔(即去掉保护间隔之后的符号周期的倒数)得到,或者可以利用所要求的比特速率,除以每个子信道的比特速率来确定子载波的数量。因此,每个信道中所传输的比特速率就可以由调制类型、编码速率和符号速率来确定。

**【例 8.1】**　要求设计 OFDM 系统,应满足如下条件:比特速率为 25Mb/s,可容忍的时延扩展为 200ns,带宽小于 18MHz。要求说明并确定 OFDM 系统的有关参数。

200ns 时延扩展意味着 GI 的有效取值应为 $200×4=800$ns$=0.8\mu$s。OFDM 符号周期长度(含保护间隔)可选保护间隔的 6 倍,即 $6×800$ns$=4.8\mu$s,其中由保护间隔所造成的信噪比损耗小于 1dB。子载波间隔取 $4.8-0.8=4\mu$s 的倒数,即 250kHz。

确定子载波个数,先根据所要求的比特速率,算出 OFDM 符号速率,即每个 OFDM 符号周期可传送比特位:$(25Mb/s)/[1/(4.8\mu s)]=120$b。为了完成这一点,分析如下两种选择:一是利用 16QAM 和码率为 1/2 的编码方法,这样每个子载波可以携带 4b,其中 2b 为有用信息,因此需要 $120/2=60$ 个子载波;另一种选择是利用 QPSK 和码率为 3/4 的编码方法,这样每个子载波可以携带 2b,其中 1.5b 是有用信息,因此需要 $120/1.5=80$ 个子载波来传输。然而 80 个子载波就意味着带宽为 $80×250$kHz$=20$MHz,大于所给定的

18MHz 带宽要求,为了满足这个带宽的要求,子载波数量不能大于 $18/0.250=72$。因此,采用 16QAM 和 60 个子载波的方法可以满足要求,在富裕的子载波上补零,然后利用 64 点的 IFFT/FFT 来实现调制和解调。

为了帮助分析有关参数,表 8.2 给出了 IEEE 802.11a 中的调制方式,从表中可以看出载波与 OFDM 符号的对应关系。比如在数据速率为 54Mb/s 时,采用 64QAM 调制方式,每载波的编码比特则为 6;如果编码率为 3/4,每个 OFDM 符号中的编码比特为 288,每个 OFDM 符号中的数据比特则为 $288×3/4=216$。

表 8.2 IEEE 802.11a 中的部分调制方式

| 数据速率 /(Mb/s) | 调制 | 编码率($R$) | 每载波上的编码比特($N_{BPSC}$) | 每个 OFDM 符号中的编码比特($N_{CBPS}$) | 每个 OFDM 中的数据比特($N_{DBPS}$) |
| --- | --- | --- | --- | --- | --- |
| 6 | BPSK | 1/2 | 1 | 48 | 24 |
| 12 | QPSK | 1/2 | 2 | 96 | 48 |
| 48 | 64QAM | 2/3 | 6 | 288 | 192 |
| 54 | 64QAM | 3/4 | 6 | 288 | 216 |

**4. OFDM 技术的主要优点**

OFDM 技术具有以下主要优点。

(1)频谱效率高。在 OFDM 系统中,各子载波可以部分重叠;OFDM 具有良好的正交性,保证了较低水平的用户间干扰。因此以 OFDMA 为多址方式的系统具有更高的频谱效率。

(2)可利用 FFT 实现调制与解调,从而使得 OFDM 的调制与解调的实现更为简便。

(3)可有效抵抗窄带干扰。OFDM 通过把串行数据映射到并行的多个子载波上,使窄带干扰只能影响一部分子载波,接收端可以通过纠错译码恢复因干扰所引起的错误。

(4)受频率选择性衰落影响小。在传统宽带移动通信系统中,信号的多径时延通常在几微秒至几十微秒之间,而一个符号的调制时间却远小于信号的多径时延,因此存在严重的频率选择性衰落。对于采用 OFDM 调制的宽带系统来说,数据在多个窄带子载波上并行传输。多径时延对每个子载波的数据传输造成的影响并不严重,采用简单的自适应滤波器就可以补偿信道传输引起的损失。

(5)易于与 MIMO 技术集合,提升系统性能。在 MIMO 传输过程中,需要考虑多个并行传输数据流之间的干扰。采用 OFDM 调制,可使得 MIMO 技术实现更加简化。

(6)OFDM 技术在实际应用中的主要缺点是具有较高的峰均比(PAR),当子载波数目很多且同相位时,相加后就会出现很大的幅值,信号的功率峰均比会变得很大,这对 RF 功率放大器有极高的设计要求。

## 8.2.3 DFTS-OFDM

与基站相对比,终端要尽可能做到低功耗和低成本。TD-LTE 下行链路采用 OFDM 技术。而在上行链路中,采用单载波离散傅里叶变换(Discrete Fourier Transform,DFT)扩展 OFDM(DFTS-OFDM)技术方案,其优势是具有更低的峰均比,可以降低对硬件的要求,提高功率利用效率。DFTS-OFDM 是单载波 FDMA(SC-FDMA)的频域实现方式,其具有以下特点：发射信号的瞬时功率的变化小；具有频域低复杂度、高质量的均衡；具备灵活带宽分配的 FDMA。

### 1. DFTS-OFDM 基本原理

DFTS-OFDM 传输的基本原理如图 8.11 所示。通常可以将 DFTS-OFDM 视为基于 DFT 预编码的常规 OFDM。DFTS-OFDM 与 OFDM 调制相似，依靠基于调制符号块的方式产生信号。在发射端，输入数据流首先经过串/并转换，然后经调制，生成 $M$ 个调制符号。调制方式可采用 QPSK、16QAM 和 64QAM。$M$ 个调制符号经过大小为 $M$ 点 DFT 处理，变换成频域，然后被映射到可用的子载波上。接下来 DFT 的输出作为 OFDM 调制器的连续输入，其中 OFDM 调制器通过大小为 $N$ 的逆 DFT（IDFT）来实现，其中 $N>M$，并将未使用的 IDFT 输入端设置为零。IDFT 的 $N$ 选择为 $N=2^n$（$n$ 为整数），以便于通过 IFFT 来实现 IDFT。与 OFDM 相似，每个发射块中需插入循环前缀，以降低接收端的频域均衡复杂度。

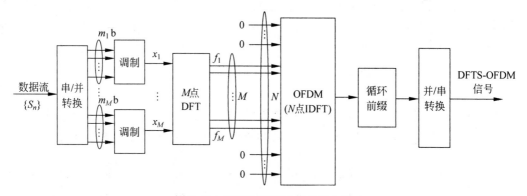

图 8.11　DFTS-OFDM 信号的生成

如果 $M$ 等于 $N$，则级联的 DFT/IDFT 处理将完全相互抵消；如果 $M$ 小于 $N$，同时 IDFT 的其余输入被设为零，那么 IDFT 的输出信号将具有"单载波"特性，即信号功率变化小并且带宽取决于 $M$。假设 IDFT 输出处的采样频率为 $f_s$，则发射信号的带宽为

$$B = M/N \cdot f_s$$

因此，通过改变调制符号块 $M$ 大小，发射信号的瞬时带宽也可随之改变，这样就可以允许带宽的灵活分配。从图 8.12 可以看出，DFTS-OFDM 与 OFDM 相比，PAPR 明显更低。图中的实线为 QPSK，虚线为 16QAM。DFTS-OFDM 与普通的 OFDM 相比较，主要优点在于降低了瞬时发射功率的变化，有效抑制了峰均比。需要强调的是，DFTS-OFDM 和 OFDM 信号生成之间的根本区别在于图 8.11 中的 DFT 处理。在 DFTS-OFDM 信号中，因为输入数据流已经通过 DFT 变换在可用的子载波上扩展，用于传输的每个子载波包含所有传输的调制符号的信息，也正是由于这种扩展，降低了 PAPR。与此相反，OFDM 信号的每个子载波仅携带与特定调制符号相关的信息。DFTS-OFDM 信号解调过程可认为是 DFTS-OFDM 信号生成的逆过程，为补偿无线信道的频率选择性衰落，需采用时域均衡。

### 2. DFTS-OFDM 的用户复用

通过动态调整发射机 DFT 大小及调制符号块 $a_0, a_1, \cdots, a_{M-1}$ 的大小，DFTS-OFDM 信号带宽可以动态调节。此外，通过移动 DFT 输出所映射到的 IDFT 的输入，发射信号的

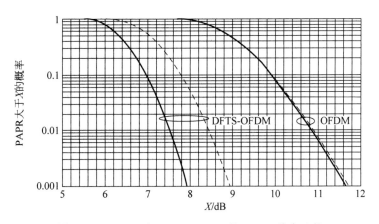

图 8.12　OFDM 和 DFTS-OFDM 的 PAPR 分布比较

准确频域位置也可以调节，可实现灵活的带宽分配。

　　**【例 8.2】**　图 8.13 给出了在 DFTS-OFDM 下，两个终端基于相同带宽分配和不同大小带宽分配进行上行复用，分别说明这两种状况下终端的 DFTS-OFDM 信号带宽。

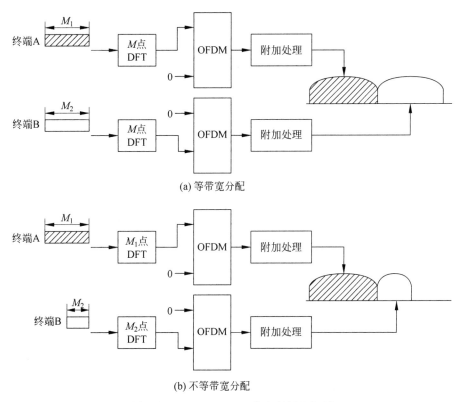

图 8.13　DFTS-OFDM 的上行用户复用

　　在图 8.13(a)中，终端 A 的调制符号块长度 $M_1$ 和终端 B 的调制符号块的长度 $M_2$ 相等，同时调整两个终端发射机的 DFT 的大小与对应的调制符号块长度相等，即 $M = M_1 = M_2$。在这种配置下，终端 A 和终端 B 的 DFTS-OFDM 信号具有相同的带宽。

在图 8.13(b)中,终端 A 的调制符号块长度 $M_1$ 大于终端 B 的调制符号块长度 $M_2$,同时调整两个终端发射机的 DFT 的大小与对应的调制符号块长度相等,即终端 A 的发射机 DFT 大小 $M=M_1$,终端 B 的发射机 DFT 大小 $M=M_2$。在这种配置下,终端 A 比终端 B 的 DFTS-OFDM 信号具有更大的带宽。

从 DFT 到 OFDM 调制器的子载波映射有两种方式,可以保持信号的单载波特性。一种是集中式 DFTS-OFDM,如图 8.14(a)所示,即 DFT 产生的频域信号按原有顺序映射到 OFDM 调制器的输入;另一种为分布式 DFTS-OFDM,如图 8.14(b)所示,即均匀地映射到间隔为 $M$ 的子载波上,中间的子载波插入 $M-1$ 个 0,图中 $M=3$,则子载波间插入 0 的个数为 2。分布式 DFTS-OFDM 信号可以扩展到一个很大的传输带宽上,其优点在于它可以带来额外的频率分集。

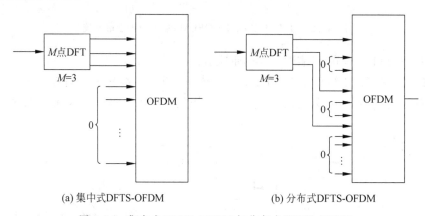

(a) 集中式DFTS-OFDM      (b) 分布式DFTS-OFDM

图 8.14　集中式 DFTS-OFDM 与分布式 DFTS-OFDM

上行 DFTS-OFDM 多址方式和下行 OFDM 多址方式一样,可以灵活地支持分布式和集中式两种频谱资源的分配方式,如图 8.15 所示。集中式频率分配,就是将一个用户的 DFT 输出映射到连续的子载波上;而分布式频率分配,就是将一个用户的 DFT 输出映射到离散的子载波上。如图 8.15(b)中的分布式传输,就是将不同用户在频域中交织,也有人称之为"交织 OFDM",实现了频域内的用户复用和带宽的灵活分配。

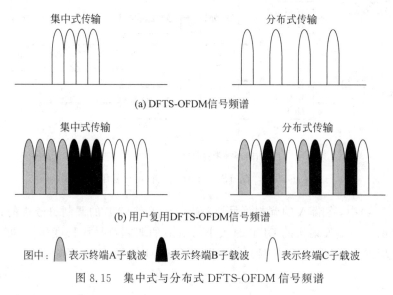

图 8.15　集中式与分布式 DFTS-OFDM 信号频谱

## 8.3 LTE 多天线技术

从图 8.16 中可以看到,随着 MIMO 技术的进步,多天线将是移动通信发展的大趋势。

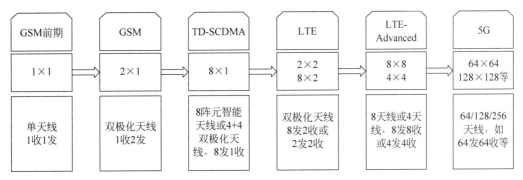

| GSM前期 | GSM | TD-SCDMA | LTE | LTE-Advanced | 5G |
|---|---|---|---|---|---|
| $1 \times 1$ | $2 \times 1$ | $8 \times 1$ | $2 \times 2$ $8 \times 2$ | $8 \times 8$ $4 \times 4$ | $64 \times 64$ $128 \times 128$等 |
| 单天线 1收1发 | 双极化天线 1收2发 | 8阵元智能天线或4+4双极化天线,8发1收 | 双极化天线 8发2收或 2发2收 | 8天线或4天线,8发8收或4发4收 | 64/128/256天线,如 64发64收等 |

图 8.16 天线发展历程

### 8.3.1 MIMO 理论

MIMO 表示在发送端和接收端,均使用多根天线进行数据的发送和接收,其发射端和接收端均采用多天线(或阵列天线),可以产生多个并行的信道,且每个信道上传递的数据不同,从而提高信道容量。

考虑一个窄带 MIMO 信道,如图 8.17 所示为一窄带点到点通信系统,发送端天线数目为 $M_t$,接收端天线数目为 $M_r$,此系统可用如下的离散时间模型来描述:

$$
\begin{bmatrix} y_1 \\ y_2 \\ \vdots \\ y_{M_r} \end{bmatrix} = \begin{bmatrix} h_{11} & h_{12} & \cdots & h_{1M_t} \\ h_{21} & h_{22} & \cdots & h_{2M_t} \\ \vdots & \vdots & \ddots & \vdots \\ h_{M_r 1} & h_{M_r 2} & \cdots & h_{M_r M_t} \end{bmatrix} \begin{bmatrix} x_1 \\ x_2 \\ \vdots \\ x_{M_t} \end{bmatrix} + \begin{bmatrix} n_1 \\ n_2 \\ \vdots \\ n_{M_r} \end{bmatrix}
$$

图 8.17 MIMO 窄带点到点系统

其简化表述为 $y = Hx + n$。$x$ 代表 $M_t$ 维发送符号,$n$ 代表 $M_r$ 维噪声向量,$H$ 代表 $M_r \times M_t$ 维的信道增益矩阵,其中,元素 $h_{ij}$ 代表发射天线 $j$ 到接收天线 $i$ 的信道增益。这里假设复高斯噪声的均值为 0,协方差矩阵为 $\sigma^2 I_{M_r}$,其中 $\sigma^2 \triangleq N_0/2$,$N_0/2$ 为信道噪声的功率谱密度。

发送端信道边信息(CSIT)和接收端信道边信息(CSIR)在静态信道下,信道增益可通过发送导频序列进行信道估计来获得,因此具有 CSIR。在有反馈信道的情况下,接收端可将信道边信息反馈给发送端,从而得到 CSIT。当发送端和接收端都不知道信道状态时,可认为信道增益矩阵为零均值空间白(Zero-Mean Spatially White,ZMSW)模型。在此模型中,信道增益矩阵 $H$ 的元素是独立同分布的零均值、单位方差的复循环对称高斯随机变量。需要提出的是,对信道增益矩阵 $H$ 的分布假设不同时,相应的编码方案和信道容量也会有差别。

### 1. MIMO 信道的并行分解

MIMO 不仅可以带来分解增益,当发送端和接收端都配有多根天线时,还可以获得复用增益。MIMO 信道可以分解为 $N$ 个并行的独立信道,并在这些独立信道上传输数据,其带宽(速率)就可以比单天线系统提高 $N$ 倍,这个增益就称为复用增益。

考虑一个 $M_r \times M_t$ 的 MIMO 信道,发送端和接收端都已知信道增益矩阵 $\boldsymbol{H}$。设 $R(\boldsymbol{H})$ 为矩阵 $\boldsymbol{H}$ 的秩。因为矩阵的秩不可能超过它的行数或列数,所有 $R(\boldsymbol{H}) \leqslant \min(M_t, M_r)$。当 $R(\boldsymbol{H}) = \min(M_t, M_r)$ 时,称之为满秩,对应的环境称之为富散射环境。当矩阵 $\boldsymbol{H}$ 的元素高度相关时,其秩可能会降为 1。对任意矩阵 $\boldsymbol{H}$,可进行如下的奇异值分解(Singular Value Decomposition,SVD):

$$\boldsymbol{H} = \boldsymbol{U}\boldsymbol{\Sigma}\boldsymbol{V}^* \tag{8.5}$$

其中,矩阵 $\boldsymbol{U}$ 为 $M_r \times M_r$ 阶的酉阵;矩阵 $\boldsymbol{V}^*$,即矩阵 $\boldsymbol{V}$ 的共轭转置,为 $M_t \times M_t$ 阶的酉阵;$M_r \times M_r$ 阶的矩阵 $\boldsymbol{\Sigma}$ 是由 $\boldsymbol{H}$ 的奇异值 $\{\sigma_i\}$ 构成的对角阵。这些奇异值中有 $R(\boldsymbol{H})$ 个不为零,且 $\sigma_i = \sqrt{\lambda_i}$,$\lambda_i$ 为 $\boldsymbol{H}\boldsymbol{H}^*$ 的第 $i$ 个特征值。

用发送预编码和接收成形对信道的输入输出 $x$ 和 $y$ 分别进行变换,可以实现信道的并行分解。发送预编码将输入 $\hat{x}$ 经线性变换 $x = \boldsymbol{V}\hat{x}$ 后作为天线的输入,接收成形则将信道的输出 $y$ 乘以 $\boldsymbol{U}^*$,如图 8.18 所示。

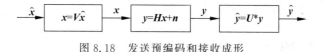

图 8.18  发送预编码和接收成形

发送预编码和接收成形将 MIMO 信道变换成 $R(\boldsymbol{H})$ 个并行的单入单出信道(SISO)。通过奇异值分解,可以得到:

$$\begin{aligned}
\hat{y} &= \boldsymbol{U}^*(\boldsymbol{H}x + n) \\
&= \boldsymbol{U}^*(\boldsymbol{U}\boldsymbol{\Sigma}\boldsymbol{V}^*\boldsymbol{V}\hat{x} + n) \\
&= \boldsymbol{U}^*\boldsymbol{U}\boldsymbol{\Sigma}\boldsymbol{V}^*\boldsymbol{V}\hat{x} + \boldsymbol{U}^*n \\
&= \boldsymbol{\Sigma}\hat{x} + \hat{n}
\end{aligned}$$

其中,$\hat{n} = \boldsymbol{U}^*n$,与噪声 $n$ 同分布。通过发送预编码和接收成形这两步操作,可将 MIMO 信道变换成 $R(\boldsymbol{H})$ 个独立的并行信道。其中第 $i$ 个信道的输入为 $\hat{x}_i$,输出为 $\hat{y}_i$,对应的信道增益为 $\sigma_i$。

最后需要注意的是,每个信道的增益 $\sigma_i$ 是相互关联的。由于这些并行信道并不相互干扰,可以把它们看作是通过总发射功率联系在一起的一组独立信道。

**【例 8.3】**  假设 MIMO 信道的信道增益矩阵为

$$\boldsymbol{H} = \begin{bmatrix} 0.7 & 0.1 & 0.3 \\ 0.2 & 0.9 & 0.5 \\ 0.8 & 0.4 & 0.15 \end{bmatrix}$$

求相应的并行信道模型。

**解:**根据式(8.5),通过软件或人工计算就可以将矩阵 $\boldsymbol{H}$ 的奇异值分解为

$$
\boldsymbol{H} = \begin{bmatrix} -0.4692 & 0.5180 & -0.7152 \\ -0.6397 & -0.7577 & -0.1291 \\ -0.6088 & 0.3970 & 0.6869 \end{bmatrix} \times \begin{bmatrix} 1.3946 & 0 & 0 \\ 0 & 0.7270 & 0 \\ 0 & 0 & 0.1978 \end{bmatrix} \times
$$

$$
\begin{bmatrix} -0.6765 & 0.7272 & 0.1166 \\ -0.6211 & -0.6484 & 0.4403 \\ -0.3958 & -0.2255 & -0.8902 \end{bmatrix}
$$

可以看到有 3 个非零奇异值,该 MIMO 信道可以分解为 3 个并行信道,信道增益分别为 $\sigma_1 = 1.3946, \sigma_2 = 0.727, \sigma_3 = 0.1978$。第三个信道的增益较小,代表此信道容量很小。

**2. MIMO 信道容量**

下面讨论 MIMO 信道的香农容量和中断容量。简单说,香农容量衡量的是能够以任意小差错率传输的最大数据速率;中断容量定义的是使中断率不超过某个值的最大速率。信道容量的大小和收发两端是否和已知 CSI(信道状态信息)相关。下面给出不同信道信息假设下静态信道的容量。

1) 发送端已知信道

当发送端和接收端均已知信道增益矩阵 $\boldsymbol{H}$ 时,在静态信道条件下,信道容量等于总发送功率在各个信道之间最优分配后,各个独立并行信道的容量之和。假设发射总功率为 $P$,第 $i$ 个并行信道的发射功率和信道增益分别为 $P_i$ 和 $\sigma_i$。信道容量可用如下公式表示:

$$
C = \max_{P_i : \sum_i P_i \leqslant P} \sum_{i=1}^{R(\boldsymbol{H})} B \log_2\left(1 + \frac{\sigma_i^2 P_i}{\sigma^2}\right) = \max_{P_i : \sum_i P_i \leqslant P} \sum_{i=1}^{R(\boldsymbol{H})} B \log_2\left(1 + \frac{\gamma_i P_i}{P}\right) \quad (8.6)
$$

其中,$\gamma_i = \sigma_i^2 P / \sigma^2$ 是满功率时第 $i$ 个信道的接收信噪比。信道容量,即式(8.6)的最优解是 MIMO 信道的注水法功率分配:

$$
\frac{P_i}{P} = \begin{cases} 1/\gamma_0 - 1/\gamma_i, & \gamma_i \geqslant \gamma_0 \\ 0, & \gamma_i < \gamma_0 \end{cases} \quad (8.7)
$$

其中,$\gamma_0$ 为门限值。基于注水法功率分配,式(8.7)可进一步化简为:

$$
C = \sum_{i : \gamma_i \geqslant \gamma_0} B \log_2\left(\frac{\gamma_i}{\gamma_0}\right) \quad (8.8)
$$

通过式(8.6)~式(8.8),可以看到在高信噪比时,信道容量随信道自由度 $R(\boldsymbol{H})$ 线性提升;相反地,在低信噪比时,所有功率都分配在信噪比最高的信道上。

当接收端或者发射端都部署单根天线时,对应的发射端或者接收端部署多天线可获得分集增益和阵列增益,但没有复用增益。当发射端和接收端已知信道信息时,其信道容量等于信号在发射端或者接收端进行最大比值合并后得到的单入单出系统的信道容量。

2) 发送端未知信道

如果接收端已知信道信息,而发射端未知,则无法在发射端各天线上进行最优的功率分配。如果信道增益矩阵分布符合 ZMSW 信道增益模型,那么其均值和方差在各个天线都是对称的。因此应该把功率平均分配到每个发射天线上,此时输入的协方差,可使信道互信息最大化。MIMO 信道互信息为

$$
I(x;y) = B \log_2 \det\left[\boldsymbol{I}_{M_r} + \frac{P}{\sigma^2 M_t} \boldsymbol{H} \boldsymbol{H}^*\right] = \sum_{i=1}^{R(H)} B \log_2\left(1 + \frac{\gamma_i}{M_t}\right) \quad (8.9)
$$

其中,$I(x;y)$ 中的 $x$ 为输入,$y$ 为输出;$I_{M_r}$ 为 $M_r$ 阶单位矩阵。

式(8.9)所给出的 MIMO 信道的互信息与奇异值 $\{\sigma_i\}$ 的具体实现有关。在衰落信道中,若发送端以此平均互信息为速率发送数据,则可以保证接收端能正确接收。而对于静态信道,如果发射端不知道信道状态,那么便无法确定该以多大的速率发送才能保证数据的正确接收,此时最合适的容量定义为中断容量。若发射端以固定速率 $R$ 来发送,中断概率表示信道的互信息小于 $R$ 的概率,可表示为:

$$P_{\text{out}} = p\left(H: B\log_2\det\left[I_{M_r} + \frac{P}{\sigma^2 M_t}HH^*\right] < R\right) \tag{8.10}$$

式(8.10)冒号后面为中断条件,中断概率取决于 $H$,其 $HH^*$ 为特征分布。当发射端和接收端的天线数目很大时,随机矩阵理论给出了关于 $H$ 的奇异值分布的中心极限定理。在 ZMSW 模型下,大数定律表明

$$\lim_{M_t \to \infty} \frac{1}{M_t}HH^* = I_{M_r} \tag{8.11}$$

将式(8.11)代入式(8.9),可知当 $M_t$ 趋于无限大时,互信息为一常数 $C = M_r B \log_2(1 + P/\sigma^2)$。在 ZMSW 模型下,可以看到当高信噪比或者天线数很多时,在无 CSIT 时,信道容量随信道自由度,即 $R(H) = \min(M_t, M_r)$,线性增长。因此可以看到,只要接收端能够正确估计信道信息,即使发射端不知道信道信息,ZMSW 模型的 MIMO 信道的容量也与发射端和接收端最小天线数呈线性增长关系,即使在不增加信号功率或带宽的情况下,也可以提供很高的数据速率。相反地,在信噪比很低时,增加发射天线功率并无收益,此时容量只与接收天线数有关。这是因为在信噪比非常低时,MIMO 系统只是在集中能量,无法利用所有可用的自由度。此时无论是把能量分散到所有发送天线上,还是集中在单根天线上,都能达到信道容量。随着信噪比的增加,限制因素不再是功率,而是信道的自由度。

上述分析是建立在 ZMSW 模型基础上的,即假设信道增益矩阵分布的均值为零、协方差矩阵为单位阵。当信道均值不为零,或者协方差矩阵不是单位矩阵的时候,信道在空间上就存在差别,此时平均功率分配不是最优的方法,可以利用这种空间差别来采用最优的发送策略。研究表明,当信道中存在主导的均值或协方差方向时,可用波束赋形来达到信道所需容量。

## 8.3.2 MIMO 在系统中的应用

LTE 系统利用公共天线端口,可以支持单天线发送(1x)、双天线发送(2x)及 4 天线发送(4x),从而提供不同级别的传输分集和空间复用增益。

多天线技术包括空分复用(Spatial Division Multiplexing, SDM)等技术。当一个 MIMO 信道都分配给一个 UE 时,称之为单用户 MIMO(SU-MIMO);当 MIMO 数据流空分复用给不同的 UE 时,称之为多用户 MIMO(MU-MIMO)。SDM 支持 SU-MIMO 和 MU-MIMO。

### 1. 下行 MIMO

下行 MU-MIMO:将多个数据流传输给多个不同的用户终端,多个用户终端及 eNB 构成下行 MU-MIMO 系统。下行 MU-MIMO 可以在接收端通过消除/零陷的方法,分离传输给不同用户的数据流;可以通过在发送端采用波束赋形的方法,提前分离不同用户的数据流,从而简化接收端的操作。下行 LTE 同时支持 SU-MIMO 和 MU-MIMO 模式。

下行链路自适应：指自适应调制编码(Adaptive Modulation and Coding,AMC),通过 QPSK、16QAM 和 64QAM 等不同的调制方式和不同的信道编码率来实现。

下行链路多天线传输信道如图 8.19 所示,它给出了有关码字、层、资源粒子映射和天线端口的大致关系。

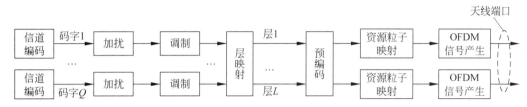

图 8.19　下行链路多天线传输信道

(1) 码字(code word)是指来自上层的数据流,进行信道编码之后的数据。不同的码字区分不同的数据流,其目的是通过 MIMO 发送多路数据,实现空间复用。LTE 码字的最大数目是 2,与天线数目没有必然关系,但是码字和层之间却有着固定的映射关系。经过 FEC(前向纠错)编码和 QAM 调制的数据流,形成 QAM 调制模块。也可以假定一个码字只能有一个码率(如,1/3 码率)和一种调制方式(如,16QAM)。

(2) 扰码(scrambling code)是用一个伪随机码序列与扩频码相乘,对信号进行加密,是有规律的随机化处理后的码字。

(3) 调制映射(modulation mapper)是指系统把高速串行数据映射到并行的多个子载波上,每一资源块中使用的调制方式都一样。

(4) 层(layer)是由于码字数量和发送天线数量可能不相等,需要将码字流映射到不同的发送天线上,因此需要使用层进行映射;在使用单天线传输、传输分集以及波束赋形时,层数目等于天线端口数目;对于空间复用来说,天线的层数定义为 MIMO 信道矩阵的秩(rank),也就是独立虚拟信道的数目,层数目等于空间信道的秩数目,即实际传输的数据流数目,对于 QAM 调制数据流,形成于码字到层映射模块的输出端。一个层的峰值速率可以等于或低于一根传输天线的峰值速率。此外,不同的层可以传输相同或不同天线的信息。例如,对于 4 发 2 收的天线系统,在不同的信道环境下,其天线的层数可能是 1 或 2,最大不会超过接收和发送两端天线数目的最小值,在这里也就是不能大于 2。

(5) 层映射(layer mapping)是把调制后的数据流(codeword)分配到不同的层上。层映射实体有效地将复数形式的调制符号映射到多个层上,从而将数据分成多层。根据传输方式的不同,可以使用不同的层映射方式。在不同的配置环境下,层数与天线口数的关系如表 8.3 所示,码层映射关系如表 8.4 所示。

表 8.3　在不同配置环境下的层数与天线口数

| 配　　置 | 层数($v$) | 天线口数($P$) |
| --- | --- | --- |
| 单天线配置 | $v=1$ | $P=1$ |
| 发射分集 | $v=P$ | $P\neq1(2 或 4)$ |
| 空间复用 | $1\leqslant v\leqslant P$ | $P\neq1(2 或 4)$ |

表 8.4　码层映射表

| 层数(L) | 码字数目(Q) | 映射关系 |
|---|---|---|
| 1 | 1 | 第1码字→第1层 |
| 2 | 1 | 第1码字→第1层；第1码字→第2层 |
| 2 | 2 | 第1码字→第1层；第2码字→第2层 |
| 3 | 2 | 第1码字→第1层；第2码字→第2层和第3层 |
| 4 | 2 | 第1码字→第1层和第2层；第2码字→第3层和第4层 |

(6) 秩($r$)：若定义 $R$ 为单根天线的峰值速率,则发送端可以达到的峰值速率为 rR。对于空间复用,秩等于层数。

【例 8.4】　LTE 支持层数 $L=4$,码字数 $Q=2$,则通过查表 8.4 可得出：第 1 码字对应于第 1 层和第 2 层,第 2 码字对应于第 3 层和第 4 层,也可以知道它的秩和层数相等并为 4,有 4 个天线端口。秩分别为 1、2、3 和 4 的情况如图 8.20 所示,这样对码字、秩、层和天线口的关系也就会一目了然。

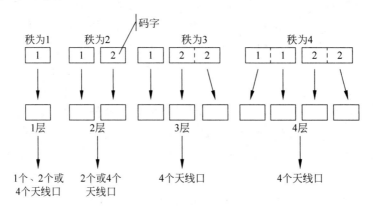

图 8.20　天线口的对应关系

(7) 预编码(precoding)技术,就是一种在发射端,利用信道状态信息,对发送符号进行预处理,以提高系统容量或降低系统误码率为目的的信号处理技术。

(8) 波束赋形(beamforming)又称为空域滤波,是一种使用传感器阵列定向发送和接收信号的信号处理技术。

(9) 资源粒子映射(RE mapping),就是把物理信号的符号映射到相应的 RE 上,通过 OFDM 调制产生 OFDM 符号,然后通过天线端口(antenna port)映射发送出去。

(10) OFDM 符号生成(OFDM signal generation),就是对基带信号进行傅里叶逆变换,然后对离散信号进行 D/A 转换,此时就产生了基本的 OFDM 符号。

例如,LTE 中下行 PDSCH 的发送过程可以简单概括为：对于来自上层的数据,进行信道编码和速率适配,形成码字；对不同的码字进行调制,产生调制符号；对于不同码字的调制信号进行层映射；对于层映射之后的数据进行预编码,然后映射到天线端口上发送。

**2. 上行 MU-MIMO**

上行链路多天线传输：上行链路一般采用单发双收的 1×2 天线配置,也可以支持 MU-MIMO,亦即每个 UE 使用一根天线发射,而多个 UE 组合起来使用相同的时频资源以实现

MU-MIMO。

上行 MU-MIMO：不同用户使用相同的时频资源进行上行发送(单天线发送)，从接收端来看，这些数据流可以看作来自一个用户终端的不同天线，从而构成了一个虚拟的MIMO 系统，即上行 MU-MIMO。

上行链路有 3 种自适应方法：一是自适应发射带宽、发射功率控制，二是自适应调制，三是自适应信道编码率。

**3. LTE 支持 MIMO 方案**

LTE 支持 MIMO 方案分为：

(1) 波束赋形，基于非码本(codebook)和专用参考信号(Dedicated Reference Signal，DRS)，主要用于中低速的业务信道；

(2) 预编码，基于码本和公共导频，主要用于中低速的业务信道分集；

(3) SFBC(空频块码)，用于控制信道和高速业务信道。

FDD 的 MIMO 方案采用预编码方案，接收端根据信道估计得到的信道信息，按照某种准则从码本中选取最优的预编码码字，然后将该码字的序号反馈给发射端，发射端根据反馈的序号从码本中选取相应的预编码码字进行预编码操作。

TDD 的 MIMO 方案采用波束赋形方案，利用信道的互易性，生成下行发送加权向量，通过调整各天线阵元上发送信号的权值，产生空间定向波束，将无线电信号导向期望的方向。应用波束赋形方案可以扩大系统的覆盖区域，提高系统容量，提高频谱利用效率，降低基站发射功率，节省系统成本，减少信号间干扰。

# 8.4　LTE 系统与协议架构

## 8.4.1　EPS 系统

LTE 通过系统架构演进(SAE)形成了无线接入网(RAN)和演进分组核心网(EPC)。RAN 和 EPC 一起被称为演进分组系统(Evolved Packet System，EPS)。

**1. EPS 系统结构及 RAN**

EPS 的系统结构如图 8.21 所示。EPC 负责与无线接入不相关的移动宽带网络的功能，包括如认证、计费功能、端到端连接的建立等。RAN 负责总体网络中的所有无线相关功能，包括如调度、无线资源管理、重传协议、编码和各种多天线方案等。

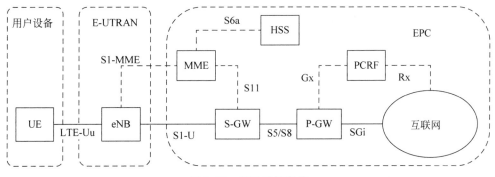

图 8.21　EPS 系统架构

eNB 是 LTE 网络中的无线基站,也是 RAN 唯一网元,负责空中接口相关的所有功能。LTE 的 eNB 除了具有原来 3G 中 NodeB 的功能之外,还承担了原来 RNC 的大部分功能,包括物理层功能、MAC 子层功能(包括 HARQ)、RLC 子层功能(包括 ARQ)、PDCP 功能、RRC 功能(包括无线资源控制功能)、调度、无线接入许可控制、接入移动性管理,以及小区间的无线资源管理功能等。

eNB 的主要功能包含:维护与 UE 间的无线链路,同时负责无线链路数据和 IP 数据之间的互相翻译;无线资源管理功能,包括无线链路的建立和释放、无线资源的调度与分配等;部分移动性管理功能,包括配置 UE 进行测量、评估 UE 无线链路质量、决策 UE 在小区间的切换等。eNB 大致相当于 3G 中 NodeB 与 RNC 的结合体。

**2. EPC 主要网元**

EPC 网元从功能角度可以分为控制面网元、用户面网元、用户数据管理网元、策略和计费控制网元等。控制面网元为移动性管理设备(Mobility Management Entity,MME),主要用于接入控制和移动性管理。用户面网元包括服务网关(Service-Gateway,S-GW)和 PDN 网关(PDN-Gateway,P-GW),主要用于承载数据业务。用户数据管理网元为归属签约用户服务器(Home Subscriber Server,HSS),主要用于存储 LTE 用户数据等;策略控制网元为策略和计费控制功能(Policy and Charging Rules Function,PCRF),主要用于 QoS 策略控制等。

(1) MME 主要负责用户接入控制、业务承载控制、寻呼、切换控制等控制信令的处理。MME 功能与网关功能分离,这种控制平面/用户平面分离的架构,有助于网络部署、单个技术的演进及全面灵活的扩容。MME 的主要功能包括:接入控制,包括鉴权、加密和许可控制;移动性管理,支持具有 LTE 能力的用户接入网络;会话管理功能,包括管理 EPC 承载的建立、修改和释放,以及接入网侧承载的建立和释放;网元选择功能,选择合适的源或目的设备等。

(2) S-GW 作为本地基站切换时的锚定点,主要负责以下功能:在基站和公共数据网关之间传输数据信息;为下行数据包提供缓存;基于用户的计费;数据路由和转发、寻呼触发、合法监听等功能。

(3) P-GW 作为数据承载的锚定点,提供以下功能:包转发、包解析、合法监听、基于业务的计费、业务的 QoS 控制,负责和非 3GPP 网络间的互联,基于用户的包过滤,UE 的 IP 地址分配,以及上、下行传输层的分组标记等。

(4) 策略和计费控制(Policy and Charging Control,PCC)是在现有移动分组核心网上叠加的一套端到端策略控制架构,支持 2G/3G/LTE 的融合控制,也就是当用户使用网络时,网络对用户采取的一些措施,例如,提升或限制用户速率。主要包含 PCRF 和策略和计费执行单元(Policy and Charging Enforcement Function,PCEF)。其中,PCRF 是 PCC 系统的"大脑",是策略的管理单元,根据策略判断用户或业务是否符合"规定",并指挥网络对符合规定的用户或业务采取相应措施;PCEF 是 PCC 系统的"手",是策略的执行单元,主要用于将用户、业务信息准确地传递到 PCRF,根据 PCRF 下发的指令,对用户或业务采取相应的措施。

(5) HSS 主要负责管理用户的签约数据及移动用户的位置信息。HSS 与 MME 相连,保存用户相关数据及信息,采用 Diameter 协议。

**3. EPS 接口**

SGs 是 MME 和 MSC 之间的接口,完成联合位置更新、寻呼、SMS 等业务。

X2-C 是基站间(eNB-eNB)的控制面接口,基于 X2-AP 协议。

X2-U 是基站间(eNB-eNB)的用户面接口,基于 GTP-U 协议。

Rx 是 LTE 新增接口,是 P-GW 和 PCRF 之间的接口,传送控制面数据。

SGi 是 P-GW 和 IP 数据网络之间的接口,建立隧道,传送用户面数据。

S1-MME 是 eNB 与 MME 之间的控制面接口,提供 S1-AP 信令及基于 IP 的 SCTP(流控制传输协议)。

S1-U 是 eNB 与 S-GW 之间的用户面接口,提供 eNB 与 S-GW 之间的用户面 PDU 传输,基于 UDP/IP 和 GTP-U 协议。

S3 是在 UE 活动状态和空闲状态下,为支持不同的 3G 接入网络之间的移动性,以及用户和承载信息交换而定义的接口。

S4 是核心网和作为 3GPP 锚点功能的 S-GW 之间的接口,为两者提供相关的控制功能和移动性功能支持。

S5 是 LTE 新增接口,是 S-GW 和 P-GW 之间的接口,是负责 S-GW 和 P-GW 之间的用户平面数据传输和隧道管理功能的接口。

S8 是 LTE 新增接口,是 S-GW 和 P-GW 之间的接口,和 S5 类似,在漫游场景下是 S-GW 和 P-GW 之间的接口。

S6a 是 MME 和 HSS 之间用来传输签约和鉴权数据的接口。

S7 基于 Gx 接口的演进,传输服务数据流级的 PCC 信息、接入网络和位置信息。

S10 是 MME 之间的接口,负责跨 MME 的位置更新、切换、重定位和信息传输。

S11 是 MME 和 S-GW 之间的接口,控制相关 GTP 隧道,并发送下行数据指示消息。

S12 是 UTRAN 和 S-GW 之间的接口,用于用户之间的数据传输。

**4. EPS 网络结构**

LTE 网络在传输上所具有的特点是:传输网络扁平化,由于 eNB 直接连接到核心网(MME/S-GW),从而简化了传输网络结构;相邻 eNB 之间组成网状网络,形成 MESH 网络结构(无线网状网);LTE 从空中接口到传输信道全部 IP 化,所有业务都以 IP 方式承载。

如图 8.22 所示,LTE 的组网分为两部分:一部分是 eNB 到传输网络边缘设备之间的网段,另一部分是从传输网络的边缘设备到核心网的各个网元之间的网段。LTE 网络的边缘设备 eNB 到核心网 MME、S-GW 和操作维护系统(O&M)等通过移动承载网构成的,传输终端接入设备连接以太网交换机(Ethernet switch)可以将各个网元联网,并将各个网元划分在不同的 VLAN。在图 8.22 中,FE 表示百兆带宽,GE 代表千兆带宽。这里的移动承载网就是传输网(transport network),具体实现可以是 PTN(分组传输网)或 MSTP(多业务传输平台)等,以完全实现传输信道的全 IP 化。LTE 承载网的具体内容在第 5 章已作过介绍,以下只强调几点需求。

(1) 带宽需求:由于 LTE 提高了无线终端的速率,相应的 LTE 基站对于传输网络的带宽以及连接数需求也就相应增加。

(2) 同步需求:LTE 传输网络需要支持时钟同步,包括物理层同步(如同步以太网)、基于网络时间协议(Network Time Protocol,NTP)以及 1588v2 协议的同步。1588v2 作为一

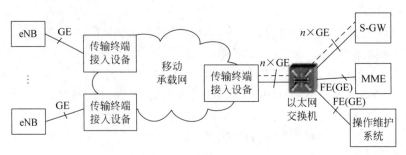

图 8.22  LTE 网络结构

种主从同步系统,可以使网络中的各个计算机时间同步。全球导航卫星系统(Global Navigation Satellite System,GNSS)目前有美国的 GPS、俄罗斯的 GLONASS、欧洲的 Galileo、中国的北斗,可以保证基站间的时钟频率偏差不超过±0.05ppm。

(3) QoS 需求:对于 LTE 传输网络,尤其是回传(Backhaul)网络来说,IP 化传输的服务质量必须保障,体现在两个方面,传输网络的迟延和传输网络对于不同业务的 QoS 保障。

(4) 冗余需求:LTE 基站的传输端口应该支持冗余功能,在传输链路或者传输设备出现故障情况下,能够快速实现线路保护功能。核心网设备的冗余保护一般通过 S1-Flex 技术实现,一个 eNB 可以与多个核心网设备(MME/S-GW)建立 S1 接口,这些核心网设备组成资源池。

(5) 安全需求:在 eNB 配置为多模基站(2G/3G/LTE)及实现网络共享功能时,不同网络的数据流隔离,如 3G 的业务和信令流与 LTE 的业务和信令流,以及不同运营商的数据流之间需要实现隔离与保护。

(6) 接口需求:根据应用的不同场景,eNB 传输接口应支持 GE/FE、STM-1 等接口类型。

(7) 协议需求:支持 IPv4/IPv6 双协议栈,实现常用协议功能,以太网接口支持 VLAN 功能。

(8) 地址需求:eNB 支持一个或者多个 IP 地址的配置,通过网络管理配置地址。

## 8.4.2  LTE 协议架构

LTE 协议架构如图 8.23 所示,该体系结构主要从用户面协议的角度出发,同样也适用于控制面。LTE 协议架构主要包含 OSI 数据链路层和物理层(PHY),其中数据链路层由分组数据汇聚协议(PDCP)、无线链路控制(RLC)和媒体接入控制(MAC)3 个子层组成。以下介绍 LTE 协议架构数据链路层、物理层、信道和有关协议栈等。

**1. 分组数据汇聚协议(PDCP)**

分组数据汇聚协议用于进行 IP 包头压缩,以减少无线接口上传输的比特数。头压缩机制基于稳健的头压缩(ROHC)算法,该算法也可应用于其他移动通信技术的标准化的包头压缩。PDCP 还负责控制平面的加密、传输数据的完整性保护,以及针对切换的按序发送和副本删除。在接收端,PDCP 协议执行相应的解密和解压缩操作。一个终端的每个无线承载都会配置一个 PDCP 实体。PDCP 协议属于数据链路层的分组数据汇聚子层(PDCP 子层)。

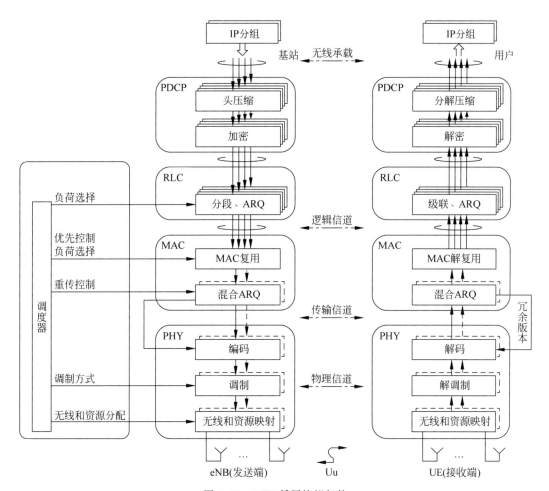

图 8.23　LTE 低层协议架构

**2. 无线链路控制(RLC)**

RLC 协议负责来自 PDCP 的(头压缩)IP 数据包(也称为 RLC SDU)的分段/级联,以形成大小适当的 RLC PDU(协议数据单元)。它还控制被错误接收的 PDU 的重传,以及重复 PDU 的移除。

分割和级联是 RLC 的主要职能之一,根据调度决策,从 RLC SDU(服务数据单元)的缓冲区中选择一定量的数据用于传输,并对 SDU 进行分割与级联以创建 RLC PDU,因此,RLC PDU 的大小是动态变化的。对于高数据速率,大的 PDU 将产生较小的开销;而对于低数据速率,则需要小的 PDU,否则载荷将过大。RLC 协议属于数据链路层的逻辑链路控制子层(RLC 子层)。

RLC 重传机制还负责为更高层提供无差错的数据传输。为做到这一点,重传协议在接收端和发送端的 RLC 实体之间运作。通过监听到达 PDU 的序列号,接收 RLC 可以识别出丢失的 PDU。然后将状态报告反馈给发送 RLC 实体,以请求重传丢失的 PDU。根据接收到的状态报告,发送端的 RLC 实体可采取适当的措施,如果有需要可以重传丢失的 PDU。

**3. 媒体接入控制(MAC)**

数据链路层的 MAC 子层用来处理逻辑信道复用、混合 ARQ(自动重传请求)及上行链路和下行链路调度。当使用载波聚合时,它还负责跨载波的数据复用及解复用。

MAC 子层的信道有逻辑信道和传输信道。从协议栈的角度来看,逻辑信道位于 MAC 子层和 RLC 子层之间,传输信道位于物理层和 MAC 子层之间。

(1) LTE 逻辑信道是由它所承载的信息类型定义的。通常被分为两类。一类是控制信道,用于传输运行 LTE 系统所需的控制与配置信息,包括 BCCH(广播控制信道)用于从网络到小区内所有终端的系统信息的传输;PCCH(寻呼控制信道)用于寻呼那些网络不知其位于哪个小区的终端;CCCH(公共控制信道)用于传输与随机接入相关的控制信息;DCCH(专用控制信道)用于传输控制信息,该信道用于终端的单独配置;MCCH(多播控制信道)用于传输接收 MTCH 所需的控制信息。另一类是业务信道,用于传输用户数据,包括 DTCH(专用业务信道)用于终端的用户数据的传输;MTCH(多播业务信道)用于 MBMS(多媒体广播组业务)的下行链路传输。

(2) LTE 传输信道包括:BCH(广播信道)用于传输部分 BCCH 系统信息,更具体地说,是传输所谓的主信息块;PCH(寻呼信道)用于传送来自 PCCH 逻辑信道的寻呼信息;DL-SCH(下行共享信道)是用于 LTE 下行链路数据传输的主要传输信道,支持 LTE 的关键特性,如动态速率自适应、时频域信道相关调度、带有软合并的混合 ARQ 及空分复用;MCH(多播信道)用于支持 MBMS。在使用 MBSFN(多播单频网)的多小区传输情况下,调度和传输格式的配置会在参与 MBSFN 传输的传输点之间进行协调;UL-SCH(上行共享信道)是与 DL-SCH 对应的上行传输信道,用于传输上行数据。

图 8.24 和图 8.25 分别给出了逻辑信道和传输信道之间在下行链路和上行链路的映射,以及在物理信道上的复用/分路。同时图 8.24 和图 8.25 清楚地说明了为何 DL-SCH 和 UL-SCH 成为主要用于传输业务信息的下行和上行传输信道(映射来自 DTCH 信道的业务信息到物理信道),以及为何物理下行共享信道(PDSCH)和物理上行共享信道(PUSCH)成为主要的用于传输业务信息的下行和上行物理信道。

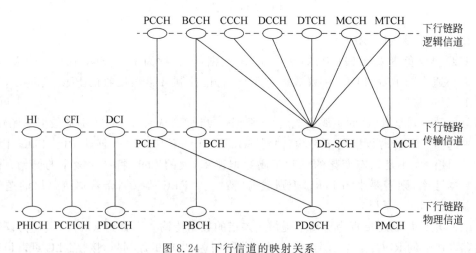

图 8.24　下行信道的映射关系

### 4. 物理层(PHY)

物理层负责编码、物理层的混合 ARQ 处理、调制、多天线处理,以及将信号映射到合适的物理时频资源上。物理层以传输信道的形式为 MAC 子层提供服务,每个传输信道的时

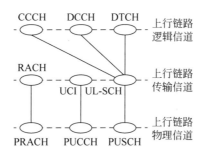

图 8.25　上行信道的映射关系

频资源集合映射到相应的物理信道,物理信道除了对应传输信道之外,还有一些不对应传输信道的物理信道。下面(1)～(6)为6个下行物理信道,(7)～(9)为3个上行物理信道。

(1) PDSCH(物理下行共享信道)用于单播数据的传输,也用于寻呼信息的传输。调制方式为 QPSK、16QAM 和 64QAM。

(2) PBCH(物理广播信道)承载终端接入网络所需要的部分系统信息。调制方式为QPSK。

(3) PMCH(物理多播信道)用于 MBSFN 传输。调制方式为 QPSK、16QAM和 64QAM。

(4) PDCCH(物理下行控制信道)用于下行控制信息的传输,主要包括接收 PDSCH 所需的调度决策,以及触发 PUSCH 传输的调度授权。调制方式为 QPSK。

(5) PHICH(物理 HARQ 指示信道)用于承载混合 ARQ 确认,以指示终端某个运输块是否重传。调制方式为 BPSK。

(6) PCFICH(物理控制格式指示信道)是一个为终端提供解码 PDCCH 所必需信息的信道。每个成员载波只有一个 PCFICH。调制方式为 QPSK。

(7) PUCCH(物理上行控制信道)被终端用于发送混合 ARQ 确认,以告知 eNB 下行传输块是否被成功接收,或上报信道状态以协助下行链路信道的相关调度,以及请求上行链路数据传输所需要的资源。每个终端最多有一个 PUCCH。调制方式为 BPSK、QPSK。

(8) PRACH(物理随机接入信道)用于随机接入。调制方式为 ZC(Zaddoff-Chu)序列。

(9) PUSCH(物理上行共享信道)用于上传数据。调制方式为 QPSK、16QAM 和64QAM。

**5. 用户面协议栈**

用户面协议栈如图 8.26 所示,完成业务数据流在空中接口的收发处理,协议栈包括PDCP、RLC、MAC 和 PHY。在传输层 eNB 至 S-GW,以及 S-GW 至 P-GW 用的是 UDP,UDP 上面的是 GPRS 隧道协议(GPRS Tunnel Protocol,GTP),用于连接公网 IP。

以上协议栈中,SCTP 或 UDP 所基于的网络层为内部 IP。

**6. 控制面协议栈**

控制平面协议负责建立连接、移动性管理及安全性管理等功能。从网络传输到 UE 的控制消息可以由核心网的 MME 或 eNB 的 RRC(无线资源管理)节点发出。

由 MME 管理的 NAS 控制平面功能,包括 EPS 承载管理、认证、安全性及不同空闲模式处理,例如寻呼。同时,它也负责为 UE 分配 IP 地址。

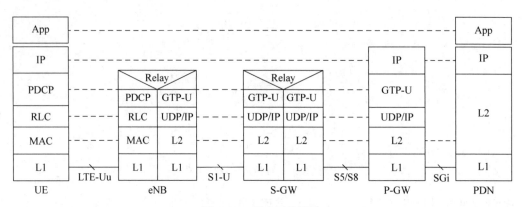

图 8.26　用户面协议栈

RRC 位于 eNB,它负责处理 RAN 相关的过程,包括以下方面。

(1) 系统信息的广播,是 UE 与小区进行通信所必需的。

(2) 连接管理,包括建立承载和 LTE 内的移动性。它包括建立 RRC 上下文,也就是说,配置 UE 和无线接入网之间通信所必需的参数。

(3) 移动性功能,如小区(重新)选择。

(4) 测量配置和报告。

(5) UE 能力的处理。当建立了连接时,UE 将公布其能力,这是因为并非所有 UE 都能支持 LTE 规范中描述的所有功能。

E-UTRAN 控制面的无线接入协议体系如图 8.27 所示,该接入系统分为 3 层:一层为物理层;二层为 MAC 层、RLC 层和 PDCP 层;三层为 RRC 层。高层的非接入层(Non-Access Stratum,NAS)协议用于处理 UE 和 MME 之间信息的传输。对于接入网络侧的协议来说,除 NAS 外,其他的协议层都终止于 eNB,而 eNB 至 MME 在传输层是流控制传输协议(Stream Control Transmission Protocol,SCTP)。

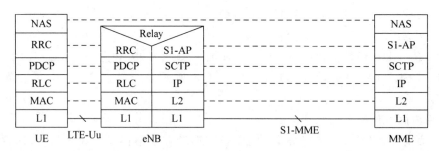

图 8.27　控制面协议栈

【例 8.5】　依据图 8.28,说明在 LTE 中 UE 的两种不同状态,即 RRC-CONNECTED(连接状态)和 RRC-IDLE(空闲状态)。

在 RRC-CONNECTED 状态下,建立了 RRC 环境,即 UE 与无线接入网之间通信所必需的参数对于两个实体是已知的。一个 UE 属于哪个小区是已知的,并且配置了一个 UE标识——C-RNTI(小区无线网络临时标识),用于 UE 和接入网之间的信令交互。RRC-CONNECTED 状态针对去往/来自 UE 的数据传输,可以配置 DRX(Discontinuous Reception,

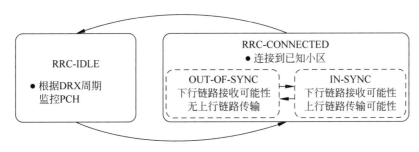

图 8.28　LTE 状态机

非连续接收)以降低 UE 功耗。由于基站在 RRC-CONNECTED 状态下建立了 RRC 环境,因为无须相关信令,所以离开 DRX 状态并开始接收/发送数据是比较快的。

在 RRC-IDLE 状态下,在无线接入网中不存在 RRC 环境,同时 UE 也不属于某个特定的小区。由于 UE 大部分时间处于休眠状态以降低电池消耗,无数据需要传输,因此在 RRC-IDLE 状态下的 UE 的上行同步无法维持,因此唯一可能发生的上行传输活动就是随机接入过程,其主要目的是为了将目前状态转移到 RRC-CONNECTED 状态。在转移到 RRC-CONNECTED 状态的过程中需要在无线接入网和 UE 两侧都建立 RRC 环境。与离开 DRX 相比较,需要较长的时间。在下行链路中,处于 RRC-IDLE 状态的 UE 会定期醒来以接收来自网络的寻呼消息。

## 8.5　LTE 帧结构及数据流程

### 8.5.1　LTE 帧结构

**1. LTE 技术释义**

(1) 双工方式:TD-LTE 支持 TDD;FDD-LTE 支持 FDD。

(2) 信道带宽:LTE 带宽可以为 1.4MHz、3MHz、5MHz、10MHz、15MHz、20MHz 等,多适用于 TDD。

(3) 时间单元:$T_s = 1/(15000 \times 2048)$s,即 $0.326\mu$s。$T_s$ 表示的是 LTE 一个符号的采样基本时间,其中 15kHz 的子载波带宽,采样点为 2048 个。

(4) 资源单元:对于每一个天线端口,一个 OFDM 或者 SC-FDMA 符号上的一个子载波对应的一个单元叫作资源单元,这种 LTE 上、下行传输使用的最小资源单位也叫作资源粒子(Resource Element,RE)。

(5) 物理资源块:在一个时隙中,频域上连续宽度为 180kHz 的物理资源称为一个物理资源块(Physical Resource Block,PRB)。也可以这样理解,LTE 在进行数据传输时,将上、下行时频域物理资源组成的资源块(RB)作为物理资源单位进行调度与分配。

(6) 循环前缀:循环前缀分为两种。一种是常规循环前缀(Normal CP),一个时隙里可以传 7 个 OFDM 符号;另一种是扩展循环前缀(Extended CP),一个时隙里可以传 6 个 OFDM 符号。Extended CP 可以更好地抑制多径延迟造成的符号间干扰、载频间干扰,但是它和 Normal CP 相比,一个时隙传的 OFDM 符号较少,其代价是更低的系统容量,通常在 LTE 中默认使用 Normal CP。如果使用子载波个数和符号个数表示,一个 PRB 所含 RE

的个数如表 8.5 所示。

表 8.5 一个 PRB 所含 RE 表

| 子载波间隔 | CP 长度 | 子载波个数 | OFDM/SC-FDMA 符号个数 | RE 个数 |
|---|---|---|---|---|
| $\Delta f = 15 \text{kHz}$ | 常规 CP | 12 | 7 | 84 |
| | 扩展 CP | 12 | 6 | 72 |

(7) 资源栅格(Resource Grid)：一个时隙中传输的信号，所占用的所有资源单元构成一个资源栅格，它包含整数个 PRB，也可以用包含的子载波个数和 OFDM 或 SC-FDMA 符号个数来表示。

**2. TDD 帧结构**

TDD 帧结构如图 8.29 所示，一个无线帧为 10ms，由两个半帧构成，每个半帧又可以分为 5 个子帧，其中子帧 1 和子帧 6 由 3 个特殊时隙构成，其余子帧由 2 个时隙构成。

TD-LTE 系统无线帧，支持 5ms 和 10ms 的下行到上行切换周期。如无线帧的两个半帧中都有特殊子帧，即子帧 1 和子帧 6 都是特殊子帧，说明每个半帧中各有 1 个下行到上行切换周期，长度为 5ms，一个 10ms 无线帧中的两个半帧对称使用。

每一个半帧由 8 个常规时隙和 3 个特殊时隙构成，特殊时隙所在的子帧称为特殊子帧。

每一个无线帧只有第一个半帧中有特殊子帧，即只有子帧 1 是特殊子帧，说明无线帧中只有 1 个下行到上行切换周期，长度为 10ms。

特殊子帧由 3 个特殊时隙组成：

(1) 下行导频时隙(Downlink Pilot Time Slot，DwPTS)，完成 UE 的下行接入功能；

(2) 保护时隙(Guard Period，GP)是信号发送转向接收的缓冲，GP 是不传输数据的，GP 越大，浪费的空口资源也就越多；

(3) 上行导频时隙(Uplink Pilot Time Slot，UpPTS)，完成 UE 上行随机接入功能。

DwPTS 和 UpPTS 的长度可灵活配置，但要求 DwPTS、GP 及 UpPTS 的总长度为 1ms。

如表 8.6 所示，TD-LTE 共有 7 种子帧配置比。其中，D 表示下行子帧，U 表示上行子帧，S 表示特殊子帧。TD-LTE 支持灵活的上、下行时隙配置，目前 3GPP 规定 TD-LTE 系统支持 7 种上、下行时隙配置，可以满足各种业务和场景对不同的上、下行数据传输量的需求。

子帧 0 和子帧 5 及 DwPTS 永远预留为下行传输。在 5ms 的转换周期情况下，UpPTS、子帧 2 和子帧 7 预留为上行传输。在 10ms 的转换情况下，DwPTS 在两个半帧中都存在，但是 GP 和 UpPTS 只在第一个半帧中存在，在第二个半帧中的 DwPTS 长度为 1ms。UpPTS 和子帧 2 预留为上行传输。子帧 7 到子帧 9 预留为下行传输。共有 7 个 DL/UL 配置比例：3/1、2/2、1/3、6/3、7/2、8/1 和 3/5。灵活的上、下行时隙配比，可以支持非对称业务和其他业务应用等，更有利于 FDD/TDD 双模芯片和 UE 的实现。

为了克服多径时延带来的符号间干扰和载波间干扰，TD-LTE 系统引入了 CP 作为保护间隔，根据不同的 CP 场景，特殊子帧中的 DwPTS、GP 和 UpPTS 配置略有不同。

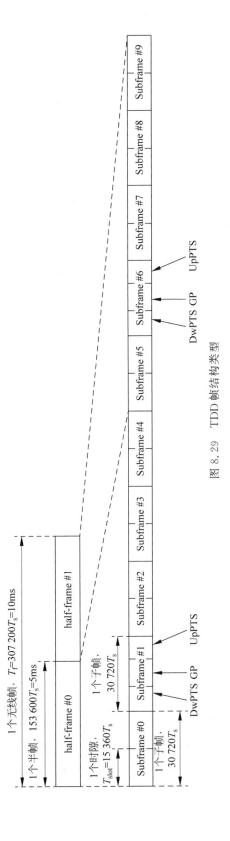

图8.29　TDD 帧结构类型

表 8.6 物理层帧结构(上、下行配置)

| 上、下行配置 | DL→UL 切换点周期 | 子帧序号 | | | | | | | | | |
|---|---|---|---|---|---|---|---|---|---|---|---|
| | | 0 | 1 | 2 | 3 | 4 | 5 | 6 | 7 | 8 | 9 |
| 0 | 5ms | D | S | U | U | U | D | S | U | U | U |
| 1 | 5ms | D | S | U | U | D | D | S | U | U | D |
| 2 | 5ms | D | S | U | D | D | D | S | U | D | D |
| 3 | 10ms | D | S | U | U | U | D | D | D | D | D |
| 4 | 10ms | D | S | U | U | D | D | D | D | D | D |
| 5 | 10ms | D | S | U | D | D | D | D | D | D | D |
| 6 | 5ms | D | S | U | U | U | D | S | U | U | D |

CP 长度与小区的覆盖半径有关,一般场景下可配置成常规 CP,即可满足覆盖要求;小区半径较大的场景(如广覆盖等)需求下,可配置为扩展 CP。

如表 8.7 所示,TD-LTE 共有 9 种特殊子帧配置方式,可适应不同场景的应用,若采用常规 CP,则包含 14 个 OFDM 符号;若采用扩展 CP,则包含 12 个 OFDM 符号。上、下行时隙配比和特殊子帧配比,可以调整峰值速率大小。

表 8.7 特殊子帧的 9 种配置

| 特殊子帧配置 | 常规 CP | | | 扩展 CP | | |
|---|---|---|---|---|---|---|
| | DwPTS | GP | UpPTS | DwPTS | GP | UpPTS |
| 0 | 3 | 10 | 1 | 3 | 8 | 1 |
| 1 | 9 | 4 | 1 | 8 | 3 | 1 |
| 2 | 10 | 3 | 1 | 9 | 2 | 1 |
| 3 | 11 | 2 | 1 | 10 | 1 | 1 |
| 4 | 12 | 1 | 1 | 3 | 7 | 2 |
| 5 | 3 | 9 | 2 | 8 | 2 | 2 |
| 6 | 9 | 3 | 2 | 9 | 1 | 2 |
| 7 | 10 | 2 | 2 | — | — | — |
| 8 | 11 | 1 | 2 | — | — | — |

例如,如果上、下行业务比例比较均衡,那么可采用上、下行时隙配置 1,即在一个 10ms 的无线帧内,一共有 4 个下行子帧、4 个上行子帧和 2 个特殊子帧;而在某些下行业务比重相对较大的热点区域,可采用上、下行子帧配置 2,即在一个 10ms 的无线帧内,一共有 6 个下行子帧、2 个上行子帧和 2 个特殊子帧。

**3. 资源块 RB**

一个资源块 RB 在频域上的带宽为 180kHz,由 12 个带宽为 15kHz 的连续子载波组成;在时域上为一个时隙,实际上在常规 CP 就是连续的 7 个 OFDM 符号(在扩展 CP 情况下为 6 个),时间长度为 0.5ms。一个 RB 由若干个 RE 组成。所以 1 个 RB 在时频上就是 1 个 0.5ms,带宽为 180kHz 的载波。根据 TD-LTE 各带宽的不同,每个小区对应的 RB 个数也不相同,如当信道带宽为 1.4MHz 时,RB 的个数为 6。RE 为 RB 内的各个时频单元,以 $(k,l)$ 来表征,$k$ 为子载波,$l$ 为 OFDM 符号。资源块 RB 结构如图 8.30 所示。

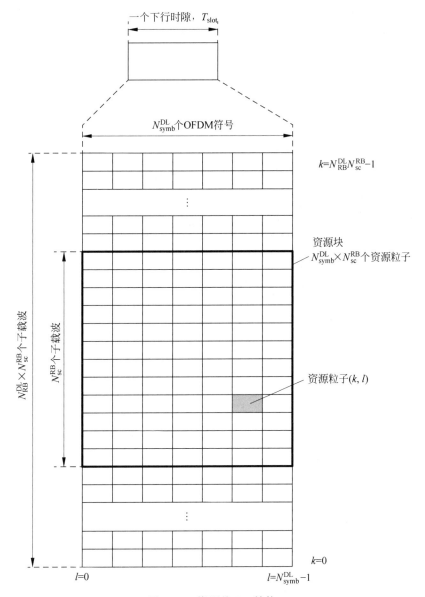

图 8.30 资源块 RB 结构

一个 OFDM 符号的数据承载能力取决于调制方式,如采用 QPSK、16QAM 和 64QAM 调制方式,分别对应的比特位为 2、4、6 个。正常在 20MHz 带宽的情况下,可以分为 20MHz/180kHz=111 个 RB,要减去冗余部分,而最后可用的 RB 数也就是 100 个。在计算 RB 数时,一般留出总带宽的 10% 作为冗余部分,用于带宽保护,比如 20MHz 的带宽实际 RB 占用 18MHz,以此类推,带宽分别为 1.4MHz、3MHz、5MHz、10MHz、15MHz 和 20MHz 时,对应的 RB 数为 6、15、25、50、75 和 100。在 1.4MHz 带宽时的 6 个 RB 为最小 频宽,因为 PBCH、PSCH、SSCH 信道最少也要占用 6 个 RB。

**4. 下行速率**

下行 OFDMA 的多用户资源分配如图 8.31 所示,OFDMA 的多载波传输方式将频谱划分为时频二维资源,就是频域的子载波和时域的符号间隔。而上行采用 SC-FDMA 的多用户资源分配,不同用户在同一传输间隔占用不相交的子带,同一用户在不同传输间隔时可以占用不相同的子带。

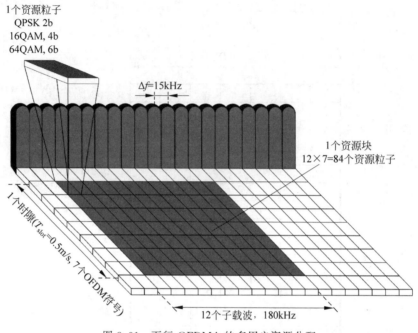

图 8.31 下行 OFDMA 的多用户资源分配

LTE 下行采用 OFDM 技术,从图 8.31 可以看出,一个时隙(0.5ms)内传输 7 个 OFDM 符号,即在 1ms 内传输 14 个 OFDM 符号,一个资源块(RB)有 12 个子载波,即每个 OFDM 在频域上占有 15kHz,所以 1ms 内(两个 RB)的 OFDM 个数为 168(14×12)个,假设采用 64QAM 编码,则每个 OFDM 符号中包含 6b。根据以上条件,在不考虑任何因素的前提下,20MHz 带宽时的下行速率为:

<OFDM 包含的比特数>×<1ms 中的 OFDM 数>×<20MHz 带宽的 RB 数>×<1000ms/s>
=6×168×100×1000=100 800 000b/s≈100Mb/s

可以看出,LTE 在 20MHz 带宽下,即用于下行时达到的速率为 100Mb/s。

**5. FDD 帧结构**

FDD 帧结构相对于 TDD 就比较简单,如图 8.32 所示。每一个无线帧长度为 10ms,分为 10 个等长度的子帧,每个子帧又由 2 个时隙构成,每个时隙长度均为 0.5ms。对于 FDD,在每一个 10ms 中,有 10 个子帧可以用于下行传输,并且有 10 个子帧可以用于上行传输。上、下行数据传输在频域上是分开的,也就是说,在不同的频带里传输,使用的是成对频谱。

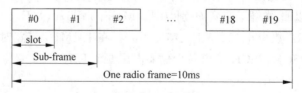

图 8.32 FDD 帧结构类型

## 8.5.2　LTE 链路传输流程

下面通过 HARQ(混合自动重传请求)传输过程,说明 LTE 上行链路和下行链路中的两个主要阶段,即从基站(eNB)至用户(UE)之间传送调度消息和数据的实际传输过程。

**1. 下行/上行链路的子帧配置**

在 TDD 模式的 HARQ 传输过程中,数据接收和 HARQ 确认信息传输之间的定时关系取决于下行/上行链路的子帧分配,HARQ 进程数和 TDD 子帧配置如表 8.8 所示。在 TDD 模式下,针对子帧 $n$ 所传数据的确认信息是在子帧$(n+k)$发送的,表 8.8 给出了不同子帧对应的 $k$ 值。举例来说,由 eNB 通过物理信道 PHICH 在下行链路子帧 $n$ 上发送数据(也称传输块)至 UE,UE 收到数据后通过物理信道 PUCCH(或 PUSCH)在上行链路子帧 $(n+k)$ 进行信息确认。如果选择配置 2,子帧 $n=2$,查表 8.8 可知,上行链路对应值 $k=6$,则 eNB 就会在上行链路的子帧 $8(n+k=6+2)$ 上的 PUSCH 接收到 UE 的确认。类似地,对于相同的配置,在子帧 0 的 PUCCH(或 PUSCH)的传输块会在子帧 $7(n+k=0+7)$ 的 PDSCH 确认。

表 8.8　HARQ 进程数和不同 TDD 配置下上行确认时 $k$ 值

| 配置 下行(D)/上行(U) | 下行链路(eNB 到 UE 方向) | | | | | | | | | | | 上行链路(UE 到 eNB 方向) | | | | | | | | | | |
| --- | --- | --- | --- | --- | --- | --- | --- | --- | --- | --- | --- | --- | --- | --- | --- | --- | --- | --- | --- | --- | --- | --- |
| | 进程 | 在子帧 $n(0\sim9)$上的 PDSCH 接收$(k)$ | | | | | | | | | | 进程 | 在子帧 $n(0\sim9)$上的 PUSCH 接收$(k)$ | | | | | | | | | |
| | | 0 | 1 | 2 | 3 | 4 | 5 | 6 | 7 | 8 | 9 | | 0 | 1 | 2 | 3 | 4 | 5 | 6 | 7 | 8 | 9 |
| 0(2;3) | 4 | 4 | 6 | — | — | — | 4 | 6 | — | — | — | 7 | — | — | 4 | 7 | 6 | — | — | 4 | 7 | 6 |
| 1(3;2) | 7 | 7 | 6 | — | — | 4 | 7 | 6 | — | — | 4 | 4 | — | — | 4 | 6 | — | — | — | 4 | 6 | — |
| 2(4;1) | 10 | 7 | 6 | — | 4 | 8 | 7 | 6 | — | 4 | 8 | 2 | — | — | 6 | — | — | — | — | 6 | — | — |
| 3(7;3) | 9 | 4 | 11 | — | — | — | 7 | 6 | 6 | 5 | 5 | 3 | — | — | 6 | 6 | 6 | — | — | — | — | — |
| 4(8;2) | 12 | 12 | 11 | — | — | 8 | 7 | 6 | 6 | 4 | 2 | 2 | — | — | 6 | 6 | — | — | — | — | — | — |
| 5(9;1) | 15 | 12 | 11 | — | 9 | 8 | 7 | 6 | 5 | 4 | 13 | 1 | — | — | 6 | — | — | — | — | — | — | — |
| 6(5;5) | 6 | 6 | — | — | — | — | — | — | 5 | — | — | 6 | — | — | 4 | 6 | 6 | — | — | — | 4 | 7 |

在 LTE 中,允许 HARQ 多个进程并行发送,进程数取决于一个 HARQ 的往返时间(Round-Trip Time,RTT)。从表 8.8 中可以看出,对于 TDD 所用 HARQ 进程数取决于下行/上行链路分配,这意味着对 TDD 的 HARQ 往返时间取决于配置,对于侧重下行的配置 2、3、4 和 5 来说,下行 HARQ 进程数大于 FDD 模式下的数目(最多为 8),其原因是有限的上行子帧数导致了部分子帧的上行定时关系中 $k$ 值超过了 4,而 FDD 所用 $k$ 值为 4。在 TDD 中,PHICH 定时和收到上行授权时的定时是一样的,这个原因和在 FDD 中的一样,即为了实现自适应重传,允许 PDCCH 上行授权重置 PHICH。

对于 FDD,上行链路和下行链路子帧之间总是存在一一对应的关系,并且一个子帧只需要承载一个其他传输方向的子帧确认。相反,对于 TDD,在上行链路和下行链路子帧间则不需要存在一一对应的关系。

要注意的是,LTE 下行链路使用称为异步 HARQ 的技术,其中基站在每个调度命令中明确地指定 HARQ 进程数。在 FDD 模式下,HARQ 进程的最大数量为 8。在 TDD 模式中,最大数量取决于 TDD 配置,例如对于 TDD 配置 5,进程最大值为 15。基于此技术,不需要定义 NACK(收到错误信号,则返回不确认)和重传之间的定时延迟;相反地,基站在合适的时机就调度重传,并指明它正在使用的 HARQ 进程号。

**2. 下行链路的发送和接收**

如图 8.33 所示为用于下行链路发送和接收的过程。基站通过向 UE 发送调度命令(步骤 1)开始该过程,该调度命令使用下行链路控制信息(Downlink Control Information,DCI)写入并在物理下行链路控制信道(PDCCH)发送。调度命令通过指定诸如数据量、资源块分配和调制方案等参数告知 UE 即将到来的数据及其传输方式。

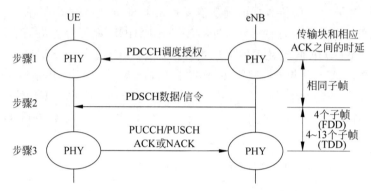

图 8.33　下行链路发送和接收过程

在步骤 2 中,基站在下行链路共享信道(DL-SCH)和物理下行链路共享信道(PDSCH)上发送数据。数据包括一个或两个传输块,其持续时间被称为传输时间间隔(TTI),等于 1ms 的子帧持续时间;作为响应(步骤 3),UE 发送 HARQ 确认,以指示数据是否正确到达。

通常,eNB 在接收到 ACK(信号正确的确认)之后会转移到新的传输块开始新的传输。而在收到 NACK 之后,则需要重传原始的传输块。当达到最大重传次数时,如果 eNB 仍未收到 ACK 或 NACK,则无论如何都会转移到新的传输。若 UE 的接收缓冲区被突发的干扰破坏,则会出现即使达到最大重传次数,eNB 仍未收到 ACK 的情况。此时,eNB 会转移到新的传输块,并将重传任务留给无线链路控制(RLC)层来解决。

在 FDD 模式中,在传输块和相应的确认之间存在 4 个子帧的固定时间延迟,这有助于基站将两条信息匹配在一起;在 TDD 模式中,参考表 8.8,基于 TDD 配置的映射,延迟在 4~13 个子帧之间。图 8.34 显示了对于 TDD 配置 1,下行链路数据和上行链路确认定时之间的关系,其中子帧 0、1、4、5、6、9 用于下行传输,而子帧 2、3、7、8 用于上行传输。下面以如图 8.34 所示的第一个传输帧的下行传输为例,说明传输与确认的定时关系。图 8.34 中的斜线箭头表示在该设备(eNB)下行子帧发送命令(或数据),到达接收端(UE)后经过若干个子帧的延迟后,在对应(箭头所指)的上行子帧发送确认(或数据)。

在图 8.34 中,针对 eNB 在下行子帧 0 和子帧 1 发送的 PDCCH 调度(或 PDSCH 数据)的确认,是在 UE 上行子帧 7($n+k=0+7=7$;$n+k=1+6=7$)的两个时隙中分别发送的;同样,对应 eNB 下行子帧 4 发送信息的确认,在 UE 上行子帧 8($n+k=4+4=8$)中发送;对应 eNB 下行子帧 5 和子帧 6 发送的信息的确认,在 UE 下一帧中的上行子帧 2($n+k=5+7=12$;$n+k=6+6=12$。除 10 取余)的两个时隙中分别发送;对应 eNB 下行子帧 9 中发送信息的确认,在 UE 下一帧中的上行子帧 3($n+k=9+4=13$,除 10 取余)中发送。

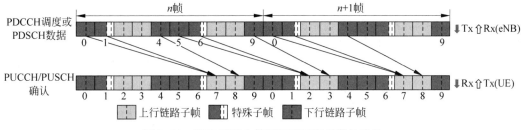

图 8.34    TDD 配置 1 情况下对下行链路的确认

### 3. 上行链路的发送和接收

如图 8.35 所示为上行链路的相应过程。与下行链路类似,基站通过在 PDCCH 向 UE 发送调度授权来开始该过程(步骤 1)。此步骤给予了 UE 上报其所需资源配置的许可,例如传输块大小、资源块分配和调制方案。作为响应,UE 在 UL-SCH 和 PUSCH 上执行上行链路数据传输(步骤 2)。

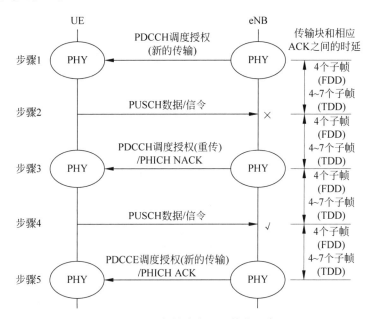

图 8.35    上行链路发送和接收程序

如果 eNB 未能接收到正确数据,则通过两种方式响应。在第一种方式中,eNB 可以通过 PHICH 信道发送 NACK 来触发非自适应重传。UE 使用与第一次相同的参数重新发送数据;在第二种方式中,eNB 可以通过 PDCCH 向 UE 发送另一个调度授权来触发自适应重传。在这种方式中,UE 可改变用于重传的参数,例如,资源块分配或上行链路调制方案。

如果 eNB 正确地接收到数据,那么同样可以用两种类似的方式进行回应:通过 PHICH 发送 ACK,或者通过 PDCCH 发送新的调度许可以请求新的传输。如果 UE 在同一子帧中接收到 PHICH 确认和 PDCCH 调度授权,则调度授权优先。

在图 8.35 中,步骤 3~步骤 5 假定基站未能解码 UE 的第一次传输,但是第二次传输成功。如果 UE 在没有接收到 ACK 的情况下达到最大重传次数,则将此传输重传留给 RLC

协议来解决,并转移到新的传输上。

上行链路使用同步 HARQ 的技术,其中 HARQ 过程号不被显式地使用,而是通过传输定时来定义。在 FDD 模式中,在调度授权和相应的上行链路传输之间存在 4 个子帧的延迟。同时,相同 HARQ 过程的任何重传请求之间也存在 4 个子帧的延迟,给出了设备需要匹配调度许可、传输、确认和重传的所有信息。在 TDD 模式中,根据基于 TDD 配置的映射,TDD 模式使用可变的延迟集合。如图 8.36 所示为 TDD 配置 1 时,调度许可的定时、上行和下行链路确认之间的关系。以在子帧 1 中传输的 PDCCH 调度授权为例,接收到此调度授权的 UE 可以在子帧 $7(n+k=1+6=7)$ 通过 PUSCH 发送上行数据,相应的调度授权重传或 PHICH 确认则在延迟 4 个子帧之后,即下一帧的子帧 $1(n+k=7+4=11)$ 中发送。

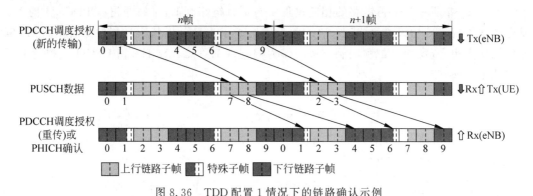

图 8.36 TDD 配置 1 情况下的链路确认示例

### 4. 在 PDCCH 上的调度信息传输

1) 下行链路控制信息

基站使用下行链路控制信息(DCI),向 UE 发送 DL 调度许可和功率控制命令。DCI 格式(Format)定义如表 8.9 所示,其中的 DCI 格式为 BCD 码表示。

表 8.9 DCI 格式定义

| DCI 格式 | 信息方向 | 天线传输 DL 模式 | 资源指示 | 主要调度信息类型 |
|---|---|---|---|---|
| 0 | 上行 | — | 类型 2 | PDSCH 资源调度 |
| 1 | 下行 | 模式 1(单天线)、模式 2(发送分集) | 类型 0/1 | 单码字 PDSCH 调度信息 |
| 1A | 下行 | 模式 1、模式 2 | 类型 2 | 调度、随机接入触发信息 |
| 1B | 下行 | 模式 4(闭环空间分集) | 类型 2 | 带预编码 PDSCH 调度 |
| 1C | 下行 | 模式 1、模式 2 | 类型 2 | PDSCH 调度信息 |
| 1D | 下行 | 模式 5(多用户 MIMO) | 类型 2 | 功率偏移量 PDSCH 调度 |
| 2 | 下行 | 模式 4(闭环空间分集) | 类型 0/1 | 资源调度信息 |
| 2A | 下行 | 模式 3(开环空间分集) | 类型 0/1 | 资源调度信息 |
| 3 | 上行 | — | — | 2 位功率调整 |
| 3A | 上行 | — | — | 1 位功率调整 |

不同的 DCI 格式根据调度信息的方向(上行还是下行)、调度信息的类型(Type)、MIMO 传输模式(Mode)、资源指示方式的不同,定义了不同的用途。每个 UE 在每一个子帧中只能看到一个 DCI,一个 DCI 对应一个 RNTI(无线网络临时标识)。在 PDCCH 信道

经历的 CRC 校验、卷积编码、速率匹配、加扰等过程中，DCI 信息是通过长度为 16b 的 CRC 校验附着上去的，RNTI 是用 16b 的扰码加在传输信息上的。上行资源调度信息用的是 DCI 格式 0，下行资源调度信息用的是格式 1/A/1B/1C/1D 和格式 2/2A，上行功率控制信息用的是格式 3/3A。

(1) 资源指示方式共有 3 种类型：类型 0、类型 1 和类型 2，作为时频域资源指示，用来告诉终端，数据被放在了什么位置。

若采用类型 0/1 可得知位图(Bitmap)指示是否占用，指示物理资源的 RB 位置，并支持不连续 VRB(虚拟资源块)的分配，DCI 格式 1/2/2A 是使用类型 0/1 的资源指示方式；类型 2 是以资源起始位置，加上连续时频资源块的长度来定义时频域资源占用的位置，DCI 格式 0/1A/1B/1C/1D 是使用类型 2 的资源指示方式。

(2) 表 8.9 只给出了 10 种 DCI 格式，并定义了各种格式下的相关内容和下行模式。其中，

格式 0：包含用于 UE 的上行链路传输的调度许可；

格式 1：针对已经被配置为 DL 模式 1，2 的 UE，使用单天线、开环分集或波束赋形来调度基站将要发射的数据；

格式 1A：与格式 1 类似，但是基站使用类型 2 的资源分配方案。格式 1A 可以在任意 DL 模式中使用。如果 UE 之前已经被配置为 DL 模式 3～7 中的任意一个，而且基站具有一个天线端口，则回落到单天线接收模式，否则以开环发射分集来接收数据；

格式 1C：只指定资源分配和基站将发送的数据量。在数据传输过程中，调制方案固定在 QPSK，不使用混合 ARQ。此格式仅用于调度系统消息、寻呼消息和随机接入响应；

格式 1B/格式 1D/格式 2：分别用于闭环发射分集、多用户 MIMO 以及闭环 MIMO 等；

格式 3：不调度任何传输，可通过功率控制命令控制移动台在上行链路上传输的功率。

2) 资源分配方案

在 LTE 中，eNB 具有在上、下行链路上，将系统资源块分配给各个 UE 的多种方案。

在下行链路(DL)中，有类型 0 和 1 两种灵活资源分配，以及类型 2 的紧凑格式。当使用类型 0 时，eNB 将 RB 收集到 RBG(Resource Block Group，资源块组)中；使用类型 1 时，可以在组内分配单独的 RB；使用类型 2 时，基站向 UE 提供 VRB 的连续分配。VRB 有本地化和分布式两种：本地化 VRB 与 PRB 相同，当使用时 UE 仅接收连续的资源块分配；分布式 VRB 通过映射操作与 PRB 相关，其在子帧的第 1 个和第 2 个时隙中是不同的。分布式 VRB 可带来额外的频率分集，适合于频率选择性衰落环境中使用。

3) 无线网络临时标识

eNB 通过寻址到无线网络临时标识(RNTI)，用来发送 PDCCH 调度消息。LTE 中 RNTI 定义了应读取调度消息的 UE 的标识。根据功能的不同，RNTI 主要分为：小区无线网络临时标识(C-RNTI)；基站寻呼无线网络临时标识(P-RNTI)；系统信息无线网络临时标识(SI-RNTI)；临时 C-RNTI 和随机接入无线网络临时标识(RA-RNTI)。其中，C-RNTI 是最重要的，其作为随机接入过程的一部分，基站向 UE 分配唯一的 C-RNTI。P-RNTI 和 SI-RNTI 是固定值，用于调度寻呼和系统消息到小区中所有 UE 的传输。TC-RNTI (Temporal C-RNTI，临时 C-RNTI)和 RA-RNTI 为随机接入过程中使用的临时标识，其中 T-RNTI 唯一标识了一个小区空口下的 UE，RA-RNTI 则用于随机接入响应。

eNB 将携带有必要标识信息的 RNTI 和 DCI 通过加扰和 CRC 封装到 PDCCH,可以让接收端 UE 方便地识别出属于自己所需的控制信息,UE 就是根据这些控制信息的指示,在 PDSCH 信道上的特定时频域资源上,把属于自己的下行数据取出,同时 UE 按照这些控制信息的要求,在 PUSCH 信道上的相应时频域资源上,用一定的功率把上行数据发送出去。

eNB 要寻呼 UE,就需通过 P-RNTI 标识 PDCCH,并指示 DCI。UE 会从 PDCCH 获取 P-RNTI,并根据 DCI 的信息,在 PDSCH 上找到下行寻呼数据。

在随机接入的过程中,UE 会在特定的时频域资源上发送一个前导码(preamble);eNB 根据收到 PRACH 消息(包括前导码)的时频域资源位置推算出 RA-RNTI,并用该 RA-RNTI 标识 PDCCH,然后发送随机接入响应,该响应中包含 eNB 为 UE 分配的 TC-RNTI,当 UE 随机接入成功后,便将 TC-RNTI 转正为 C-RNTI。eNB 与 UE 建立链接后,通过 C-RNTI 对 PDCCH 进行标识。UE 从 PDCCH 获得上、下行调度信息。

**5. PDCCH 的发送与接收**

在 PDCCH 的发送过程中,首先 eNB 根据目标 UE 的 RNTI,通过附加循环冗余校验(CRC)和纠错编码来生成 DCI;然后根据天线端口的数量使用 QPSK 调制和单天线传输或开环发射分集来处理 PDCCH;最后,基站将 PDCCH 映射到所选择的资源元素。

为了更有效地配置 PDCCH 和其他下行控制信道的时频资源,LTE 定义了两个专用的控制信道资源单位:RE 组(RE Group,REG)和控制信道单元(Control Channel Element,CCE)。1 个 REG 由位于同一 OFDM 符号上的 4 个或 6 个相邻的 RE 组成,但其中可用的 RE 数目只有 4 个,6 个 RE 组成的 REG 中包含了两个参考信号(RS),而 RS 所占用的 RE 是不能被控制信道的 REG 使用的。一个 CCE 由 9 个 REG 构成。定义 REG 主要是为了有效地支持 PCFICH、PHICH 等数据率很小的控制信道的资源分配,也就是说,PCFICH 和 PHICH 的资源分配是以 REG 为单位的;而定义相对较大的 CCE,是为了用于数据量相对较大的 PDCCH 的资源分配。eNB 可将 PDCCH 调度消息映射到 1、2、4 或者 8 个连续的 CCE,再发送 PDCCH 调度消息。

CCE 组织的搜索空间有两种:公共搜索空间和 UE 特定搜索空间。eNB 可以使用这些搜索空间来同时向多个不同 UE 发送 PDCCH 消息。

在 UE 接收 PDCCH 消息的过程中,首先,UE 根据接收到的子帧读取控制格式指示(Control Format Indicator,CFI),然后在 UE 的物理信道处理过程中,处理每个 PDCCH 候选,与其所有已配置的 RNTI 和 DCI 格式组合进行对比。如果观察到的 CRC 位与期望的 CRC 位匹配,则认为此消息是其所寻找的,然后读取此下行链路控制信息并对其进行操作。

**6. PDSCH 和 PUSCH 数据传输**

1) 传输信道处理

在 eNB 向 UE 发送调度命令之后,可以调度命令定义的方式发送至下行链路共享信道(Downlink Shared Channel,DL-SCH),该信道使用 HARQ 传输,能够调整传输使用的调制方式、编码速率和发送功率来实现链路自适应。UE 在接收到上行链路调度许可之后,可以用类似的方式发送至上行链路共享信道(Uplink Shared Channel,UL-SCH)。图 8.37 给出了传输信道处理过程中用于发送数据的步骤。

在下行链路中,参考图 8.37(a),MAC 子层以传输块的形式向物理层发送消息。每个传输块的大小由下行链路控制信息定义,其持续时间为 1ms。基站向每个 DL-SCH 传输块

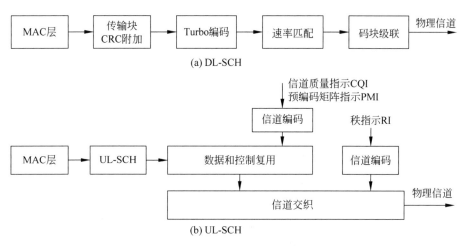

图 8.37　传输信道处理过程

添加 24 位 CRC 附加,接着通过 1/3 速率的 Turbo 编码器。在速率匹配阶段,将所有的数据比特储存在循环缓冲器中,然后从循环缓冲器中选择数据比特用于传输。传输比特的数量由资源分配的大小决定。最后进入码块级联,基站重新组合数据块,并以码字(code word)的形式将它们发送到物理信道处理器。在上行链路中,参考图 8.37(b),UE 使用与下行链路基本相同的步骤在 UL-SCH 中发送信息,同样支持混合自动重传 HARQ、调制方式的自适应调整(AMC)、传输功率动态调整以及动态和半静态的资源分配。

2) 物理信道处理

传输信道将输出码字传递给物理信道,物理信道则按如图 8.38 所示的方式进行处理。在下行链路中,加扰阶段将每个码字与基于物理小区 ID 和目标 RNTI 的伪随机序列混合,以减少来自附近小区的传输干扰。

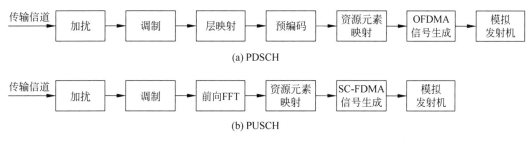

图 8.38　物理信道处理

接下来的两个阶段可实现多天线传输技术。层映射阶段将码字映射到 1~4 个独立的层。预编码阶段使用所选择的预编码矩阵将这些层映射到不同的天线端口上。资源元素映射器执行串并转换,将所得到的子流和从所有其他数据传输、控制信道和物理信号得到的子流映射到所选择的子载波上。最后,OFDMA 信号生成器对子载波进行快速傅里叶逆变换和串/并转换,并插入循环前缀,然后从每个天线端口发送。

上行链路物理信道与下行链路传输过程相比:首先,上行链路物理信道处理过程中使用 SC-FDMA;其次,上行链路物理信道处理过程没有层映射和预编码。

## 8.6 LTE 无线接入及相关协议

在前面介绍的 FDMA、SC-FDMA、MIMO 等都属于 LTE 架构中无线接入网物理层理论，本节将围绕无线接入网的数据链路层（第二层）理论，重点介绍 MAC、RLC 子层的相关协议及接入控制过程等。

### 8.6.1 混合自动重传请求

LTE 无线接入网中针对数据包的丢失或是错误引起的重传，主要由 MAC 子层的协议 HARQ（混合自动重传请求）机制来处理，并由 RLC 子层的重传机制补充。首先 HARQ 重传机制致力于快速进行重传，接收端在收到每个数据块后会快速地将解码结果反馈给发送端。因此 HARQ 重传反馈可以获得很低的误码率，但代价是传输效率的降低。

**1. HARQ 简介**

利用无线信道的快衰特性，可以进行信道调度和速率控制，但总是有一些不可预测的干扰导致信息传输失败，因此需要使用前向纠错编码（FEC）技术。FEC 基本原理是在传输信息中增加冗余，即在信息传输之前加入校验比特（parity bit）。在 ARQ 方案中，接收端通过检测，判断接收到的数据包的正确性，如果是正确的，就通过发送 ACK 告知发射机；否则，就通过发送 NACK 告知发射机，发射机将重新发送。HARQ 是 FEC 与 ARQ 的结合，使用 FEC 纠正所有错误的一部分，并通过错误检测判断不可纠正的错误。接收的错误数据包则被丢掉，接收机请求重新发送相同的数据包。

同步 HARQ：每个 HARQ 进程的时域位置被限制在预定义好的位置，这样可以根据 HARQ 进程所在的子帧编号，得到该 HARQ 进程的编号。

异步 HARQ：不限制 HARQ 进程的时域位置，一个 HARQ 进程可以处于任何子帧。异步 HARQ 可以灵活地分配 HARQ 资源，但需要额外的信令指示每个 HARQ 进程所在的子帧。

自适应 HARQ：可以根据无线信道条件，自适应地调整每次重传采用的资源块（RB）、调制方式、传输块大小、重传周期等参数。

非自适应 HARQ：对各次重传均用预定义好的传输格式，收发两端都预先知道各次重传的资源数量、位置、调制方式等资源，避免了额外的信令开销。

LTE 灵活地应用 HARQ 方案，采用多个并行的停等（stop-and-wait）HARQ 协议。所谓停等，是指发送端每发送一个传输块（Transport Block，TB）后，就会停下来等待确认信息（ACK/NACK）。可以看到，在停等协议下，每次传输后发送端就停下来等待确认，会导致系统吞储量降低。因此 LTE 中使用多个并行停等进程：当一个 HARQ 进程在等待确认信息时，发送端会使用另一个 HARQ 进程继续发送数据。

**2. FDD 模式的 HARQ 机制**

这里以 FDD 下行传输数据信息为例，说明下行 HARQ RTT 及进程数，如图 8.39 所示，从 eNB 到 UE 的下行信道（图 8.39 中给出对应子帧）中发送数据信息，然后 UE 收到信息后，经过识别处理，并从 UE 上行信道中回送控制信息（ACK/NACK）至 eNB，eNB 收到控制信息并进行处理，在这个过程中所用的全部时间就是 RTT，即

$$RTT = 2 \times T_P + 2 \times T_{sf} + T_{RX} + T_{TX}$$

其中,下行数据信息传输时间为 $T_P$,下行数据信息接收时间为 $T_{sf}$,下行信息处理时间为 $T_{RX}$,上行控制信息传输时间为 $T_P$,上行控制信息接收时间为 $T_{sf}$,上行控制信息处理时间 $T_{TX}$。进程数就等于 RTT 中包含的下行子帧数目,即:

$$N_{proc} = RTT / T_{sf}$$

如果不考虑信息的接收和处理时间时,$RTT = 2 \times T_P$,即为信息传输一个来回的时间总和。在 FDD 系统中,因为一个无线帧传输方向是一致的,有固定的时序关系,最大的 HARQ 进程数可以设置到 8。关于 FDD 上行传输数据,可参考图 8.39 中的方括号内容,即 UE 经过上行信道向 eNB 传输数据信息,eNB 再经过下行信道回送控制信息给 UE。图 8.39 需要说明的是在 UE 或 eNB 端都给出了两个无线子帧,其实是为了说明时间关系问题,将原来的一个无线帧在图 8.39 中分成了两部分:传输数据和控制信号(ACK/NACK)。

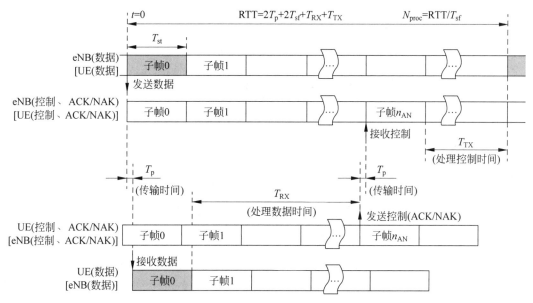

图 8.39　FDD 帧结构的 HARQ 进程

### 3. TDD 模式的 HARQ 机制

在 TDD 中,HARQ 进程数和重传时间都是可变的,最大的 HARQ 进程数由帧结构和上下行时隙配比决定,TDD 模式的 HARQ 最大进程数如表 8.8 所示,这里选择表中所示的结构 1,即一个无线帧内上、下行子帧配置策略为:D-D-U-U-D-D-D-U-U-D,其中 D、U 分别代表上、下行子帧。图 8.40 给出了收发双方的子帧传输方向以及上、下行 HARQ 最大进程数:上行为 4(P1~P4),下行为 7(P1~P7)。在图 8.40(a) 中,UE 在上行链路子帧 2 发送数据信息,则 eNB 在子帧 2 收到数据信息后经过处理并在子帧 6(查表 8.8,可知 $n+k=2+4=6$)回送确认控制信息(ACK/NACK),UE 在对应的子帧 6 收到 ACK/NACK 并在下一个无线帧的子帧 2($n+k=6+6=12$,取模 10 后为 2)发送出新的上行数据信息,这时宣告一个循环流程结束,占用时间为一个 RTT,这个时间段里共包括发送、接收时间 $T_{sf}$ 和收发处理时间($T_{RX} + T_{TX}$)和双向传输时间($2 \times T_P$),关于这些时间关系图中没有给出,可参考图 8.39。上行 RTT 为:

$$\mathrm{RTT} = 2 \times T_{\mathrm{P}} + 2 \times T_{\mathrm{sf}} + T_{\mathrm{RX}} + T_{\mathrm{TX}} = 2T_{\mathrm{P}} + (2+3+5)T_{\mathrm{sf}} = 2T_{\mathrm{P}} + 10T_{\mathrm{sf}}$$

在 1 个 RTT 内的上行(U)子帧数就是 HARQ 最大进程数,即

$$N_{\mathrm{proc}} = \mathrm{RTT}/T_{\mathrm{sf}} - 下行(\mathrm{D}) 子帧数 = 10 - 6 = 4(在表 8.8 中已给出)$$

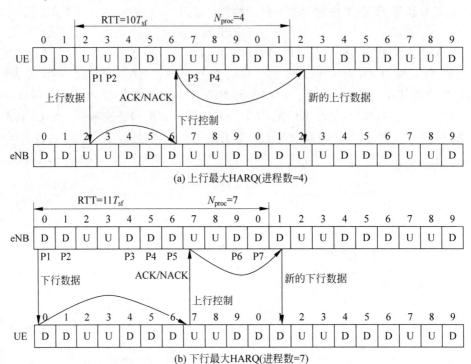

图 8.40  TDD 帧结构的 HARQ 进程

图 8.40(b)是下行最大的 HARQ 进程数,子帧确定等过程与图 8.40(a)类似,要注意的是从 eNB 到 UE 为下行,反之为上行。由于在 TDD 帧结构中上、下行配置策略的不均衡,存在一个上行子帧对应多个下行子帧的情况。如果多个下行子帧被调度给同一终端,就需要用这一个上行子帧为多个下行子帧作反馈。为了实现此功能,TDD 模式下可实现将多个下行子帧数据对应的 ACK/NACK 反馈进行"捆绑(bundling)"或"复用(multiplexing)"功能,使多个 ACK/NACK 在一个子帧上同时发送。简单来说,"捆绑"是将多个 ACK/NACK 进行合并操作,形成一个反馈消息,若全部下行数据包正确,则反馈 ACK 消息;若其中任意一个下行数据包发生错误,则反馈 NACK 消息。"复用"则是将多个下行(或上行)数据包的反馈信息进行复用,合并在一个上行(或下行)子帧中,以减少占用时隙空间并降低延迟。

## 8.6.2  逻辑链路控制

### 1. RLC 结构

HARQ 重传和逻辑链路控制(RLC)重传机制的结合可同时实现较小的往返时延和较低的反馈开销。RLC 子层协议在发送端从 PDCP 子层取得的数据称为 RLC 业务数据单元(Service Data Unit,SDU);在接收端使用 MAC 子层和物理层提供的功能,将 RLC SDU 分发到相应的 RLC 实体。RLC 子层和 MAC 子层之间的关系如图 8.41 所示,可以看出,在下

行(发送)中将多个逻辑信道复用为一个或多个传输信道,传输信道再映射到物理层的物理信道将数据发出去。

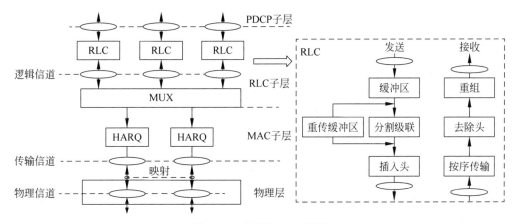

图 8.41 各层及 RLC 结构

UE 配置的每个逻辑信道均对应有一个 RLC 实体,RLC 实体主要具有以下功能:对 RLC SDU 进行分段、级联和重组; RLC 重传;相应逻辑信道数据的顺序传递和重复检测。

在图 8.41 中可以看到,每个逻辑信道对应一个 RLC 实体,而每个分量载波具有一个 HARQ 实体,HARQ 与 RLC 子层协议可进行紧密的交互,因此在载波聚合的情况下一个 RLC 实体可能与多个 HARQ 实体进行交互。

**2. RLC SDU 的分段、级联和重组**

RLC 子层对 RLC SDU 进行分段和级联的目的是生成大小合适的 RLC 协议数据单元 (Protocol Data Unit,PDU)。如果数据包过大,则无法支持最低的数据传输速率;另一方面,如果数据包过小,则会导致较大的开销。为了消除上述缺点,RLC PDU 包大小是动态改变的,需要支持的数据速率具有很大的动态范围。

图 8.42 表示出了在发送端对 SDU(服务数据单元)进行分段和级联形成 RLC PDU。RLC PDU 包头包含 RLC SDU 序列号,用于数据的重排序和重传;在接收端的重组功能是对所接收到的 RLC PDU 进行反向处理以重新解封出 RLC SDU。

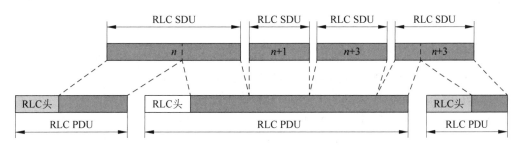

图 8.42 RLC SDU 生成 RLC PDU

**3. RLC 重传**

对丢失的 RLC PDU 进行重传是 RLC 子层的一项主要功能。通过检查所接收 RLC PDU 包头中的序列号,可检测到丢失的 RLC PDU,于是可向发送端请求重传。针对不同业务的需求,RLC 子层可工作在以下 3 种不同的模式。

透传模式(Transparent Mode,TM),在此种模式下,RLC 子层功能被略过。这种模式用于控制面,例如 BCCH、CCCH 的广播信道传输。另外,在这些信道上将发送的数据进行重传也是不可行的,因为这时上行链路还未建立,UE 无法反馈所接收数据的状态报告。

无确认模式(Unacknowledged Mode,UM)支持数据的分段和重组以及顺序传递,但没有重传功能,此模式用于不需要无差错传输(如 VoIP)或者是不要求重传的情况。

确认模式(Acknowledged Mode,AM)是在 DL-SCH 信道上传输 TCP/IP 数据包的主要工作模式,支持数据的分段和重组、顺序传递以及错误数据包的重传。

**4. 顺序传递**

顺序传递是 RLC 子层的核心设计部分,其意味着接收端要按照与发送顺序相同的顺序将数据块向上层传递。简单来说,在顺序传递中,第 $n$ 个 SDU 应该在第 $n+1$ 个 SDU 之前被传递,具体来说,需将先接收到的 PDU 先暂时放入一个缓存中,待所有比该 PDU 的序列号低的 PDU 都被处理之后,才会轮到它。也就是说,当所有具有更低序列号的 PDU 被用来重组 SDU 之后,下一个 PDU 才会被用到。

## 8.6.3 多点协作发送/接收

LTE 规范在 R11 中引入了多点协作发送/接收(Coordinated Multi Point transmission/reception,CoMP)技术,以提高网络传输点之间的动态协作。CoMP 技术专注于空口技术以及 UE 功能,以辅助不同的协作方式。

在 LTE 下行发送方向上,CoMP 技术方案主要分为两组:由一特定的发送点进行数据发送,而调度和链路自适应在传输点之间进行协作,此方案称为多点协作;从多个不同的发送点对一个 UE 进行数据传输,数据传输可以在不同的发送点之间动态切换或者由多个发送点共同进行。

在上行接收方向也可以做类似的区分,一种方案是上行多点协作,在此方案中,在不同的接收点之间进行上行调度的协调;另一种方案为多点接收,即在多个点进行接收。接下来着重介绍在下行传输方向上的多点协作和发送。

**1. 多点协作**

多点协作意味着数据传输来自于一个特定的发送点,但链路自适应和调度却是在多个发送点之间进行协作。

1) 协作的链路自适应

所谓链路自适应,是指对数据发送所经历的信道条件进行的估计和预测,以便动态选择数据发送速率。协作的链路自适应是在链路自适应过程中,利用相邻发送点数据传输的相关信息,来决定在给定的资源上采用多大的数据传输速率。

在 LTE 中,链路自适应是在网络侧执行的。通常网络侧是基于 UE 所提供的信道状态信息(Channel State Information,CSI)报告来进行链路自适应决策的。为了实现协作的链路自适应,网络侧需将相邻发送点的数据传输决策纳入到速率选取因素中。因此针对多个相邻发送点数的不同情况,UE 需要提供多份 CSI 报告,然后网络侧将这些 CSI 报告连同相邻发送点的实际传输决策信息一并用于链路自适应。

为了让 UE 能够提供更好的 CSI 报告,需要为其配置多个 CSI 进程。每个 CSI 进程对应一组信道状态信息参考信号(Channel State Information-Reference Signal,CSI-RS)。

CSI-RS 可以用来探测信道,同样可以用来估计相邻小区的干扰,此时称为 CSI 干扰测量 (Interference Measurement,CSI-IM)。当要测量干扰时,相邻小区发射 CSI-IM,而本小区不发射 CSI-IM,UE 接收到相应的时频资源位置的信号,即可估计出相邻小区对本小区的干扰程度。

图 8.43 给出了一个在两个发送点之间协作链路自适应的案例,图的上框显示的是网络环境,提供了 3 个发送点的 CSI-RS 资源配置,其中 2 个发送点使用 3 组 CSI-RS 资源(分别用 A、B、C 表示),它们或者对应非零功率 CSI-RS 的传输,或者对应零功率 CSI-RS(即没有 CSI-RS 的传输)。图的下框显示的是终端环境,可以看到对于发送点的 UE 面对本基站和相邻基站时,为其配置了两个 CSI 进程:进程 0 和进程 1。在进程 0 中,CSI-RS 资源对应于资源 A,CS-IM 资源对应于资源 C(在相邻发送点配置为零功率 CSI-RS 发送),此 CSI 进程报告反映的是没有相邻发送点的信道状态;在进程 1 中,CSI-RS 资源对应于资源 A,CS-IM 资源对应于资源 B(在相邻发送点配置为非零功率 CSI-RS 发送),此 CSI 进程报告反映的是假设在相邻发送点有信息传输下的信道状态。最终 UE 将这些相关进程的测量报告发射至本基站。

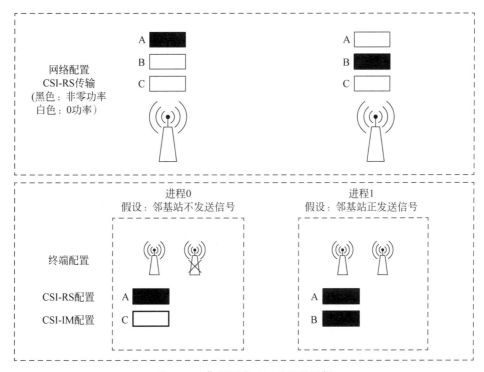

图 8.43 使用两个 CSI 进程的示例

2) 协作调度

协作调度是对发送点之间实际的传输决策进行协调,以控制和降低实际干扰水平。在 CoMP 技术中,最简单的方法是动态点消隐(Dynamic Point Blanking,DPB),其通过动态地禁止在某个时频资源上进行数据传输,以减少对相邻发送点所服务 UE 的干扰。在一般情况下,CoMP 支持针对一组特定资源动态地调整传输功率或动态调整发射方向。

为了启动动态点消隐,网络侧需要知道在相邻发送点进行数据传输下的预期信道质量来预测对 UE 的影响。同时也需要知道在相邻发送点不进行数据传输的情况下,信道质量会有多少改善。为此,需配置多个 CSI 进程,不同的 CSI 进程可提供不同的 CSI 报告,以反映不同的相邻发送点的数据传输情况。通过对这些 CSI 报告进行比较,网络侧便可以评估出在相邻发送点的相应时频资源上禁止传输可获得多少增益。

**2. 多点发送**

如图 8.44 所示,CoMP 定义了两种多点发送机制:动态发送点选择和联合发送。

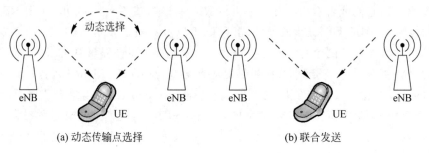

(a) 动态传输点选择　　　　　　　　　　(b) 联合发送

图 8.44　动态发送点选择与联合发送

在动态发送点选择技术下,数据传输来自于单个发送点,但发送点可以动态改变,如图 8.44(a)所示。在 LTE 动态发送点选择方案中,PDSCH 传输依赖 DM-RS 进行信道估计,其结果是 UE 无须知晓发送点的改变,为辅助发送点的动态选择,UE 应提供多个发送点的 CSI 报告,类似于协作的链路自适应和协作调度,可通过为 UE 配置多个 CSI 进程来实现。然而与协作的链路自适应和协作调度两种机制不同的是,在动态发送点选择方案中,不同的 CSI 进程应提供不同发送点的 CSI 报告。因此不同 CSI 进程使用的 CSI-RS 资源应是不同的,CSI-RS 对应于不同的发送点所发送的 CSI-RS,在这些发送点之间进行动态选择。

在联合发送模式下,多个发送点同时对同一个 UE 进行数据传输,如图 8.44(b)所示。联合发送分为两种类型:相干联合发送和非相干联合发送。在相干联合发送下,网络侧需掌握参与联合传输的多个发送点到 UE 的具体信道状况。网络侧据此选取相应的权重,比如将能量集中在 UE 所处位置。因此,相干联合发送可认为是一种波束赋形,只是参与波束赋形的天线分布在不同的发送点。LTE 规范中不支持 UE 上报到多个发送点的信道状态,因此没有对相干联合发送进行明确支持。相反地,在非相干联合发送中,网络侧在联合发送中不需多个发送点到 UE 的具体信道状况。在非相干联合发送模式下,多个发送点的传输功率叠加对同一个 UE 进行数据传输。

## 8.6.4　小区搜索及获取系统信息

**1. 小区搜索**

在 UE 接入 LTE 无线网进行通信之前,必须首先完成以下的工作:找到网络内的小区并与之同步,称之为小区搜索;接收并解码与小区进行通信的必要信息,这些信息称作小区系统信息。一旦 UE 完成小区搜索,并正确解码了小区系统信息,就可以通过随机接入过程接入小区。

UE 在开机后不仅需要执行小区搜索,为了支持其移动性,还需要不断搜索邻小区信号,以取得同步并对接收信号质量进行评估。UE 会对相邻小区的接收信号质量与当前驻留小区的接收信号质量进行比较，以判断是否需要执行切换，针对处于连接状态（RRC-CONNECTED）的 UE；或者小区重选，针对处于空闲状态（RRC-IDLE）的 UE。

同步信号（Synchronization Signal，SS）用于小区搜索过程中 UE 和 eNB 的时频同步。同步信号包含两部分：主同步信号（Primary Synchronization Signal，PSS）用于符号时间对准、频率同步以及部分小区的 ID 侦测；从同步信号（Secondary Synchronization Signal，SSS）用于帧时间对准，CP 长度侦测及小区组 ID 侦测。

在 LTE 中，物理层小区 ID（Physical Cell ID，PCI）分为两部分：小区组 ID（Cell Group ID）和组内 ID（ID within Cell Group）。LTE 有 168 个物理层小区组，每个小区组由 3 个 ID 组成。于是共有 504（168×3）个独立的小区 ID（Cell ID）。

$$Cell\ ID = Cell\ Group\ ID \times 3 + ID\ within\ Cell\ Group$$

其中，小区组 ID 取值范围为 0～167；组内 ID 取值范围为 0～2。

在频域里，不管系统带宽是多少，主/辅同步信号总是位于系统带宽的中心（中间的 64 个子载波上，协议版本不同、数值不同），占据 1.25MHz 的频带宽度。这样，即使 UE 在刚开机的情况下，不知道系统带宽，也可以在相对固定子载波上找到同步信号，并进行小区搜索。

LTE 小区搜索主要包括 3 个基本步骤：获得与小区的频率同步和符号同步；获得与小区的帧同步；获得小区的物理层小区 ID。图 8.45 给出了 LTE 在 FDD 和 TDD 模式下，这两个特殊信号在无线帧上的时域位置差别，UE 可根据其差别来确定系统的双工模式。

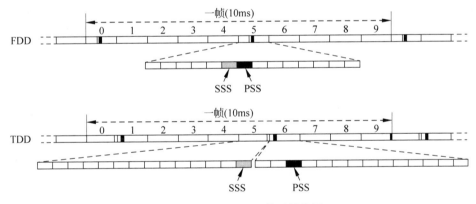

图 8.45　PSS 和 SSS 的时域位置

在 FDD 模式下，PSS 在第 0 子帧和第 5 子帧的第 1 个时隙的最后一个符号上传输，而 SSS 则在同一个时隙（slot）位于 PSS 之前的那个符号上。

在 TDD 模式下，PSS 在第 1 子帧和第 6 子帧的第 3 个符号上传输，也即在 DwPTS 域内；而 SSS 则在第 0 子帧和第 5 子帧的最后一个符号上传输。可以看到，SSS 在位于 PSS 之前 3 个符号上传输。

在一个小区之内，一个无线帧内的两个 PSS 完全一样。而且，根据物理小区 ID，小区的 PSS 可采用 3 个不同的信号序列，分别对应于一个小区 ID 组内的 3 个小区 ID。当 UE 检测到并识别出小区的 PSS，便可获得如下信息。

（1）5ms 帧同步，即 SSS 的位置，因为 SSS 位于相对于 PSS 的一个固定的偏移处；

（2）获得小区 ID 组内的小区 ID，但此时 UE 还不知道小区 ID 组号本身，因此可搜索的数目从 504 减少到了 168。UE 通过检测 PSS 得到 SSS 位置后,通过 SSS 又可获得 10ms 帧同步和小区 ID 组号。

一旦 UE 获取了无线帧同步和小区 ID,便可以识别出小区专用参考信号。在初始小区搜索的情况下,UE 处于 RRC-IDLE 的状态,小区专用参考信号用于信道估计,以及接下来对 BCH 传输信道数据的解码。如果是在判断是否执行切换的情况下,UE 处于 RRC-CONNECTED 状态,UE 将测量小区专用参考信号的接收功率,并会向网络侧发送小区专用参考信号接收功率(RSRP)测量报告,网络侧将决定是否需要进行切换。

**2. 系统信息的获取**

在 LTE 中,当 UE 取得与小区间同步的信号后,为了能正常接入小区,还需要获取小区系统信息。系统信息在网络侧不断地进行广播,主要包括有关上、下行小区带宽的信息,TDD 模式的上、下行时隙配置,以及关于随机接入和传输的具体参数等。

系统信息通过两种不同的机制,并依靠两个不同的传输信道来发送,包括:在 BCH 传输的主信息块(MIB)只包含有限的信息量;在下行共享信道(DL-SCH)传输的系统信息块(SIB)包含系统信息的主要部分。MIB 和 SIB 中的系统信息对应逻辑信道的 BCCH,根据系统信息,BCCH 既可以被映射到传输信道广播信道(BCH),也可被映射到 DL-SCH。其中,在 BCH 传输的 MIB 信息,包含下行小区带宽分配、PHICH 的配置信息和系统帧号(SFN);在 DL-SCH 传输的系统信息,包含在不同的 SIB 中,为系统信息块传输指定了传输方式和资源块位置信息。LTE 定义了不同的 SIB,其类型及功能如下所述。

(1)SIB1 包含的消息类型主要决定是否允许一个 UE 驻留在某个小区的相关信息,例如小区运营商的相关信息。

(2)SIB2 包含了上行小区带宽、随机接入和上行功率控制参数等 UE 接入小区所必需的信息。

(3)SIB3 主要包含了小区重选的相关信息。

(4)SIB4~SIB8 包含了邻小区的相关信息。主要包括同频和异频邻小区的相关信息,以及诸如 GSM、WCDMA/HSPA 和 CDMA2000 等非 LTE 小区的相关信息。

(5)SIB9~SIB16 包含了隶属于 eNB 的名字信息、公共警告消息、接收多媒体广播多播业务(MBMS)的必需信息、禁止接入的相关信息、接收相邻频点 MBMS 的必需信息、GPS 时间和协调世界时间(Coordinated Universal Time,UTC)等。

## 8.6.5 随机接入过程

在 LTE 中,物理随机接入信道(PRACH)是 UE 一开始发起呼叫时的接入信道。UE 在 PRACH 上发送随机接入前导码,启动了 eNB 和 UE 之间的信息交换。UE 接收到 FPACH 响应消息后,就根据 eNB 指示的信息在 PRACH 信道发送无线资源控制(Radio Resource Control,RRC)连接请求消息,进行 RRC 连接的建立。随机接入发生在以下 3 种情况:RRC 连接的建立期间、切换期间;当 UE 失去与 eNB 的定时同步时;eNB 在定时同步丢失后仍希望向 UE 发送信息时。

**1. 随机接入前导序列发送时频及前导码格式**

随机接入前导序列发送时频示意如图 8.46 所示。在频域上,PRACH 占用了 6 个资源块(RB)的带宽(即 1.08MHz),匹配了 LTE 所支持的最小上行小区带宽。因此,无论小区传输带宽是多少,都可采用相同的随机接入前导序列结构;在时域上,基本的随机接入资源的宽度为 1ms,即一个子帧的长度,但也可以配置更长的随机接入前导序列。

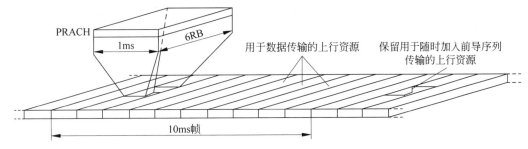

图 8.46 随机接入前导码发送时频示意

PRACH 包括循环前缀、前导序列和保护时段。其中前导序列包含一个或两个PRACH 符号,通常为 $800\mu s$。UE 可在没有任何定时提前的情况下发送 PRACH,保护时段可以防止 eNB 与随后的符号造成冲突。eNB 使用表 8.10 中列出的前导码(Preamble)格式,最常见的是格式 0、格式 1 和格式 3,具有长保护时段,适用于大小区。基站使用在 SIB2中包含的两个参数,即 PRACH 配置索引和 PRACH 频率偏移,并为 PRACH 预留特定资源块。

表 8.10 随机接入前导码格式

| 前导码格式 | 近似持续时间/$\mu s$ | | | | 使用范围 |
| --- | --- | --- | --- | --- | --- |
| | 循环前缀 | 前导码 | 保护间隔 | 总计 | |
| 0 | 103 | 800 | 97 | 1000 | 正常小区 |
| 1 | 684 | 800 | 516 | 2000 | 大型小区 |
| 2 | 203 | 1600 | 197 | 2000 | 弱信号小区 |
| 3 | 684 | 1600 | 716 | 3000 | 大型小区和弱信号小区 |
| 4 | 15 | 133 | 9 | 157 | 小型 TDD 小区 |

在每个小区中,支持 64 个不同的前导序列,分别用于基于竞争和非竞争的随机接入。当 UE 使用相同资源块,但使用的是不同前导序列时,eNB 是可以区分的。UE 基于 ZC(Zaddoff-Chu)序列,使用 eNB 在 SIB2 中提供的参数来生成前导序列。根序列索引标识小区是第一个 ZC 根序列,UE 从该根序列按一定的规则循环移位,生成相应的 PRACH 前导(Preamble)序列,直到生成 64 个前导码。最后,eNB 会为基于非竞争的随机接入过程预留64 个前导码中的一部分,通过 RRC 信令将它们分配给各个 UE,剩余的前导码用于基于竞争的随机接入过程。

**2. 基于竞争的随机接入**

基于竞争的随机接入流程如图 8.47(a)所示。用于竞争的随机接入前导序列被分为A、B 两组。其接入流程共用到 4 个消息(MSG),分别介绍如下。

(1) 随机接入前导序列发送消息(MSG1)指的是 UE 通过 PRACH 向 eNB 发送前导码的过程。A 组前导序列的个数由参数 preamblesGroupA 决定。如果 A 组的前导序列个数与用于竞争的随机前导序列的总数相等,则 B 组不存在。两组的主要区别在于 UE 发送的

MSG3 消息的大小,该消息的大小由参数 messageSizeGroup A 决定。在 B 组存在的前提下,如果所传输的信息长度大于 messageSizeGroupA,那么 UE 会选择 B 组中的前导序列。此种方式可隐式地告诉 eNB 其将要传输的 MSG3 的大小。eNB 可以据此分配相应的上行资源,避免资源的浪费。

(2) 随机接入响应消息(MSG2)指的是 eNB 接收到 MSG1 后,回复的确认响应(ACK)。当 eNB 检测到 UE 发送的前导序列时,会在 DL-SCH(下行共享信道)上发送 RAR(Random Access Response,随机接入响应)。在 RAR 中,主要包含有 eNB 检测到的前导序列的索引号、上行同步时间调整消息、初始的上行资源分配信息和临时 C-RNTI 等信息。

同时,UE 需要在 PDCCH 上使用 RA-RNTI 来监听 RAR 消息。UE 和 eNB 可分别计算出前导序列对应的 RA-RNTI 值。UE 监听 PDCCH 信道上的 RAR 消息,并解码相应的 PDSCH 信道。如果 RAR 中前导序列索引与自己发送的前导序列相同,那么 UE 采用 RAR 中的上行时间调整信息,启动冲突解决过程。

在随机接入中,如果 UE 在规定的时间内未收到任何 RAR 消息,或者其中的前导序列索引与自己的不相同,则可认为此次接入失败。UE 需要等待一定时间才能进行下一次的前导接入。具体的等待时间由退避指示参数决定。

(3) RRC 连接请求消息(MSG3)指的是 UE 发送的 RRC 建立请求或重建请求。当 UE 接收到 RAR 消息获得上行时间同步和上行资源后,此时的不确定性存在于该 UE 无法确保该 RAR 消息是发送给自己还是其他 UE。这是因为前导码是从公共资源中随机选取的,会存在不同 UE 在相同的资源块上发送相同的前导序列的可能性。因此使用相同前导序列的 UE 会通过相同的 RA-RNTI 接收到同样的 RAR。多个 UE 使用相同的资源块进行接入会造成随机接入冲突。该冲突会通过随后的 MSG4 消息,即冲突解决(contention resolution)消息来解决。

MSG3 是第一条基于上行调度、通过 HARQ 在 PUSCH 上传输的消息。在初始的随机接入中,MSG3 中包含的是 RRC 连接请求消息。为了区分不同的 UE,MSG3 中会包含一个 UE 专属的 ID 用于区分不同的 UE。

(4) 冲突解决消息(MSG4)指的是 eNB 发给 UE 的 RRC 建立或重建命令。UE 在发送 MSG3 消息后会立刻启动竞争消除定时器,并监听 eNB 返回的冲突解决消息。如果在定时器减为 0 之前,接收到 eNB 返回的冲突解决消息,且其中携带的 UEID 与在 MSG3 中上报的 ID 相符,那么 UE 就认为自己赢得了此次的随机接入冲突,接入成功,将在 RAR 消息中得到的临时 C-RNTI 设置为自己的 C-RNTI,并向 eNB 发送 ACK;否则,此次接入失败,UE 需按照上述方法进行随机接入重传。

### 3. 基于非竞争随机接入过程

非竞争随机接入流程如图 8.47(b)所示。首先,eNB 为 UE 分配专属的随机接入前导序列,不需要参与竞争,也不会导致 UE 的接入冲突,后续的过程同基于竞争随机接入的步骤相同。当 eNB 的专用前导序列全部用完时,非竞争的随机接入将变为基于竞争的随机接入。

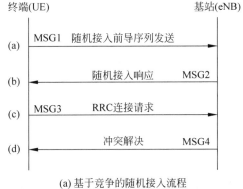

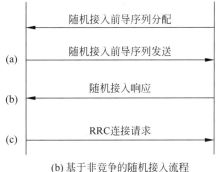

(a) 基于竞争的随机接入流程　　　　　　(b) 基于非竞争的随机接入流程

图 8.47　基于竞争与非竞争的随机接入流程

## 8.6.6　链路功率控制计算

**1. 上行链路功率控制计算**

上行链路功率控制程序将 UE 的发射功率设置成满足正常通信要求的最小值,以减小对相邻小区使用相同资源块的 UE 的干扰和增加 UE 电池的寿命。在 LTE 中,eNB 使用功率控制命令来调整 UE 估计发射功率。以 PUSCH 为例,说明发射功率计算如下:

$$P_{\text{PUSCH}}(i) = \min(P(i), P_{\text{cmax}}) \tag{8.12}$$

其中,$i$ 表示第 $i$ 个上行子帧;$P_{\text{PUSCH}}(i)$ 是子帧 $i$ 在 PUSCH 上发射的功率,单位为 dBm;$P_{\text{cmax}}$ 是 UE 的最大发射功率,$P(i)$ 的计算如下:

$$P(i) = P_{\text{O\_PUSCH}} + 10\log_{10}(M_{\text{PUSCH}}(i)) + \Delta_{\text{TF}}(i) + \alpha\text{PL} + f(i) \tag{8.13}$$

其中,$P_{\text{O\_PUSCH}}$ 是 eNB 期望在一个资源块的带宽上的接收功率,通过 RRC 信令传送给 UE;$M_{\text{PUSCH}}(i)$ 是 UE 在子帧 $i$ 中发送的资源块数量;$\Delta_{\text{TF}}(i)$ 是子帧 $i$ 中的数据速率的可选调整,可使 UE 在较大编码率或者较快调制方案下使用较高的发射功率;PL 是 UE 估计的下行路径损耗值;$\alpha$ 是分数功率控制技术中减少路径损耗变化影响的加权因子。通过将 $\alpha$ 设置为 0~1 的值,eNB 可以降低小区边缘处的 UE 发射信号,以减少它们对相邻小区的干扰,可以显著增加系统的容量;$f(i)$ 为 UE 的 PUSCH 发射功率的调整量,即通过上行链路控制命令来调整 UE 的功率。

**2. 上行链路功率控制计算**

针对 PUSCH 的功率控制命令,首先 UE 使用表 8.9 中的 DCI 格式 3 和 3A 向 eNB 发送功率控制命令,然后 eNB 将 PDCCH 消息寻址到 TPC-PUSCH-RNTI 的无线网络标识,该消息包含用于每个组的 UE 的功率控制命令,UE 用下式累积其功率:

$$f(i) = f(i-1) + \delta_{\text{PUSCH}}(i - k_{\text{PUSCH}}) \tag{8.14}$$

其中,UE 在子帧 $i - k_{\text{PUSCH}}$ 中接收 $\delta_{\text{PUSCH}}$ 大小的功率调整,并将其应用于子帧 $i$ 中。在 FDD 模式中,$k_{\text{PUSCH}}$ 为 4;在 TDD 模式中,$k_{\text{PUSCH}}$ 取值范围为 4~7。当使用 DCI 格式 3 时,功率控制命令包含 2b,可做 −1dB、0dB、1dB 和 3dB 的功率调整。当使用 DCI 格式 3A 时,该命令包含 1b,可做 −1dB 和 1dB 的功率调整。

## 8.7  LTE 网络

LTE 网络提供的是分组数据通信,就是只有 PS 域,没有 CS 域。语音和数据业务,如视频流媒体、宽带上网、移动游戏等均承载于 IP 分组数据网络上。3GPP 提出了基于 IMS(IP 多媒体子系统)的语音业务,VoLTE(LTE 网络直传)是一种全 IP 传输技术,语音数据业务全部承载在 4G 网络中,不需要 2G/3G 网络,实现了语音、数据业务在 4G 网络下的统一。

### 8.7.1  基于 IMS 的网络架构

基于 IMS 的 VoLTE 网络架构如图 8.48 所示,主要包括无线接入、核心网和 IMS,语音通话由 PS 域承载。实现 VoIP 业务时,由 EPS 系统提供承载,由 IMS 系统提供业务控制,以便满足多样化多媒体业务的需求。IMS 由 6 部分构成:业务层、运营支撑、控制层、互通层、接入承载控制层、接入网络层。

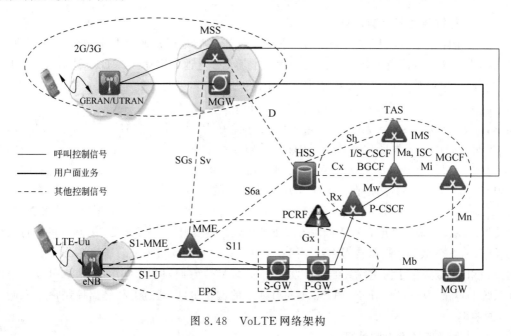

图 8.48  VoLTE 网络架构

### 8.7.2  LTE 混合组网

图 8.49 是一个从 2G 到 4G 的移动混合网案例,能够完成从语音到数据各类通信。例如,LTE 用户 $UE_{LET}$ 要与 3G 用户 $UE_{3G}$ 进行通信,首先 $UE_{LTE}$ 通过上行信道连接到 MME,MME 经过 IMS 访问到 HSS,得知 $UE_{3G}$ 所在 MSC Server,于是 LTE 就通过 GGSN、SGSN,与 MSC Server 取得联系,然后 MSC Server 就在自己管辖的 UTRAN 中寻找到 $UE_{3G}$,并打通相关节点,构成一条 S-GW、ATGW 到 MGW 的基于分组网的业务通道。

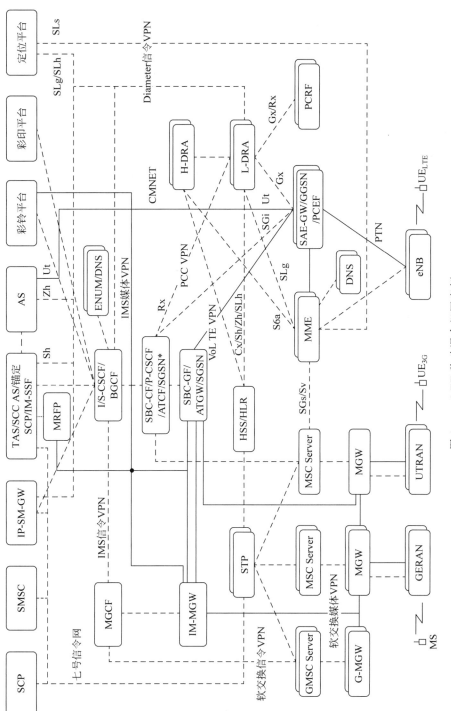

图 8.49　LTE 移动混合组网案例

## 习题

1. 结合 FDD-LTE 和 TD-LTE,说明 FDD、TDD 的技术特点。

2. EPS 都是由哪些部分构成的? 并说明其功能。

3. 说明 OFDM 怎样消除符号间干扰(ISI)的,说明插入保护间隔(GI)长度是根据什么确定的。

4. 一个资源块 RB 是怎样确定的? 举例说明 20MHz 可以划分为多少个 RB,并计算其采用 16QAM 编码时,能提供的最大下行速率是多少。

5. 举例说明执行 HARQ 协议的进程应用。

6. LTE 层数 L=3,码字数 Q=2 时,可配多少个天线端口?

7. LTE 网络中的语音传输问题是怎样解决的? 举例说明 VoIP 的实现方案。

8. 简述 LTE 系统中上行链路为什么不采用 OFDMA。

9. LTE 中物理信道、传输信道和逻辑信道的基本概念是什么?

10. 简述 LTE 系统的随机接入流程。

11. LTE 系统架构与 3G 系统比较,都有哪些主要变化?

# 第 9 章

# 5G 系统及其演进

3GPP 对 5G 技术的发展规划遵从从渐进性到创新性的原则。渐进性是指在网络协议和时频资源设计等方面上尽可能前向兼容,在提升 LTE 性能的基础上发展 5G;创新性是指引入全新的 5G 无线通信技术和网络架构,以满足未来一段时间内的通信需求。我国工业和信息化部于 2019 年向运营商发放 5G 商用牌照,全球也有众多运营商部署 5G 网络。5G 将会是新一轮通信产业的制高点,也是推动经济社会高质量发展、提升未来竞争优势的重要引擎。本章将介绍 5G 的总体结构、关键技术、原理、协议、接口、应用场景以及未来演进潜在技术。

## 9.1 5G 概述

### 9.1.1 5G 标准化进程和性能指标

传统的移动通信网络已无法满足新的社会需求,比如新兴的云服务、超高清在线视频、3D 和虚拟现实业务等应用场景。在虚拟现实中,如果要充分地提供沉浸式用户体验,网络速率至少应在 300Mb/s 以上。随着工业 4.0 时代的到来,信息化技术将促进产业变革,作为信息沟通的"管道",无线通信网络需要满足 1ms 级的端到端时延,并为海量的物联网设备提供服务。因此,为了满足未来高数据容量、海量连接、超低时延等要求,保障服务质量,在全世界范围内,移动通信进入了 5G 时代。

**1. 5G 标准化进程**

为了满足苛刻的通信指标,5G 系统的标准制定工作早已展开。标准的制定步骤通常包括:确定网络的性能指标;确定网络的架构、构件和接口;详细规定每个接口和实际应用等。

5G 标准的制定工作可以追溯到 2012 年,这一年,ITU 在全球范围内布局 5G 标准化的前期研究工作,持续推动全球对 5G 达成共识,建立共同的愿景,确立共同的发展目标。2014 年开始,3GPP 开始了 5G 技术规范的评估和探讨工作;2015 年,ITU 正式确定了 5G 的法定名称是"IMT-2020",确定了 5G 三大场景:增强型移动宽带(eMBB)、大规模机器通信(mMTC)和高可靠低时延的通信(uRLLC)。随后,多个 ITU 成员国和国际组织在 3GPP 组织下,向 ITU 提交 5G 候选技术方案。所有的 5G 候选技术方案都必须满足 ITU 所制定的 5G 通信指标;2017 年,ITU 对这些候选技术进行了公开评估;2019—2020 年,ITU 进行评判后发布了 5G 标准。

**2. 关键性能指标**

现在的 4G 网络已经深入到人们生活的方方面面。5G 不仅将更进一步地深入人们的生活,还会渗透到生产和工业制造等方面。面向未来多样且复杂的场景,5G 被期望提供光纤般的接入速率,"零"时延的使用体验,千亿设备的连接能力,全面提升的网络能效和智能优化的网络服务,以实现"信息随心至,万物触手及"的愿景。这一愿景落到实处,即为一系列的通信指标和相应的具体要求,如表 9.1 所示。

表 9.1 5G 关键性能指标

| 指 标 名 称 | 指 标 定 义 | 指 标 参 数 |
|---|---|---|
| 峰值速率 | 理想条件下,单个用户可达的最大传输速率 | 下行:20Gb/s<br>上行:10Gb/s |
| 峰值频谱效率 | 峰值速率除以信道带宽 | 下行:30b/s/Hz<br>上行:10b/s/Hz |
| 用户体验速率 | 真实网络环境下,用户可体验到的最低传输速率 | 下行:100Mb/s<br>上行:50Mb/s |
| 连接密度 | 单位面积上,网络可以支撑同时在线的最大设备数目 | 1 000 000 个/平方千米 |
| 端到端时延 | 数据包从源节点开始到目的节点成功接收的时间长度 | 用户面:1～4ms<br>控制面:20ms |
| 区域流量 | 每平方米可支持的吞吐量 | 10Mb/s/m² |
| 移动性 | 在服务质量可以保证的情况下,用户可达的最大移动速度 | 0.45b/s/Hz 时,支持 500km/h<br>0.8b/s/Hz 时,支持 120km/h<br>1.12b/s/Hz 时,支持 120km/h |

## 9.1.2 5G 频谱

移动通信系统最基础的资源就是频谱。不同于无许可证的 ISM(Industrial Scientific Medical)频段,任何一代移动通信系统或运营商所使用的频段都是由政府的无线电管理机构专门授权使用的。除了避免干扰与冲突外,更为根本的原因在于无线电频谱资源是有限的自然资源。在中国,无线电管理局负责编制频谱规划、频率的划分,以及分配与指定等工作。

1G 和 2G 的频段主要集中在 800～900MHz;3G 主要使用 2GHz 频段,随着 3G 和 4G 业务的不断发展,新的更低和更高频段也被采用,目前已横跨 450MHz 到 6GHz 的范围;我国 LTE 系统主要在 1.8～2.6GHz 的频段;针对 5G NR 标准,目前在 3GPP Release 15 中,其将频段划分为两个范围:FR1(频率范围 1)包括 6GHz 以下的所有现有的和新的频段;FR2(频率范围 2)包括 24.25～52.6GHz 范围内新的频段。

3GPP 定义的工作频段(operating band)是指由一组无线频谱要求所规定的上行或下行链路的一个频率范围。每个工作频段都有一个编号,其中 5G NR 频段的编号为 n 开头,即 n1、n2、n3 等。当相同的频率范围为不同无线接入技术使用时,它们可以使用相同的编号,但以不同的方式书写。例如,4GLTE 频段用阿拉伯数字(1、2、3 等),3GUTRA 频段用

罗马数字(Ⅰ、Ⅱ、Ⅲ等)。被重新分配给 NR 的 LTE 频段通常称为"LTE 重耕频段"。3GPP
为 NR 制定的 Release 15 规范包含 FR1 中的 26 个工作频段和 FR2 中的 3 个工作频段。
NR 频段从 n1～n512 的编号方案遵循以下原则。

(1) NR 复用 LTE 的重耕频段段号,只需在前面添加"n"。

(2) n65～n256 预留给 FR1 中的 NR 频段。

(3) n257～n512 预留给 FR2 中的 NR 新频段。

NR 预留的频段号向前兼容 4GLTE 和 3GUTRA,不会造成任何新的 LTE 频段编号超
过 256。任何新的仅用于 LTE 的频段也可以使用小于 65 的未使用的数字。在 Release 15
中,FR1 中的工作频段在 n1～n84 的范围内、FR2 中的工作频段在 n257～n260 的范围内,
如表 9.2 所示。

表 9.2　5G NR 定义的工作频段(部分)

| 频率范围 | NR 频段 | 上行范围/MHz | 下行范围/MHz | 双工方式 | 主 要 地 区 |
| --- | --- | --- | --- | --- | --- |
| FR1 | n1 | 1920～1980 | 2110～2170 | FDD | 欧洲,亚洲 |
| FR1 | n2 | 1850～1910 | 1930～1990 | FDD | 美洲 |
| FR1 | n41 | 2496～2690 | 2496～2690 | TDD | 美国,中国 |
| FR2 | n257 | 26 500～29 500 | | TDD | 亚洲,美国 |
| FR2 | n258 | 24 250～27 500 | | TDD | 欧洲,亚洲 |

2017 年,我国正式为 5G 系统规划了中频段频率:3.3～3.6GHz 和 4.8～5.0GHz,因为
中频段不仅有较大的连续可用带宽,而且覆盖范围相对也大。另一方面,5G 高频段(一般指
6GHz 以上频段),因其连续大带宽可满足极高的传输速率和系统容量要求,也正在被考虑。

LTE 提供了一定的频谱灵活性,包括多带宽支持和载波聚合(Carrier Aggregation,CA)。
这种灵活性在 5G NR 中有了更进一步的提升,可以支持更高的带宽和碎片化的频谱。

以载波聚合为例,LTE Release 10 提出的载波聚合可以把多个分量载波聚合在一起,
共同用于单个终端的收发。其中,最多可以聚合 5 个分量载波,每个分量载波可以有各自不
同的带宽,聚合后总的传输带宽可高达 100MHz。后续的版本放宽了要求,可聚合分量载波
的数量增加到 32,从而总带宽可以高达 640MHz。分量载波在频率上可以是不连续的,所
以其可以使用碎片化的频谱。图 9.1 给出了 3 种不同的载波聚合方式,即带内连续分量载
波聚合、带内非连续分量载波聚合和带间分量载波聚合。

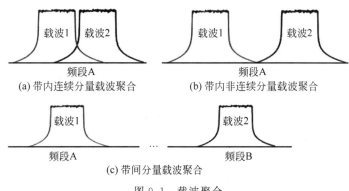

图 9.1　载波聚合

除了载波聚合,5G NR 标准还支持补充上行(Supplementary Up Link,SUL)技术。在 SUL 技术中,一个传统的上、下行载波对会有一个关联的补充上行载波。该补充上行载波一般部署在低频。例如,一个载波工作在 3.5GHz 频段,会配置一个 800MHz 的补充上行载波。

补充上行的主要目的是扩展上行覆盖,通过使用低频载波可提高功率受限区域的上行速率。此外,非补充上行载波的上行带宽会比补充上行载波的上行带宽大很多,这样,在空口质量比较好的情况下,终端可以使用非补充上行载波来获得较高的速率,而当空口质量变差的时候,由于低频载波所经历的路径损耗较小,终端可使用处在低频的补充上行载波来获得相对非补充载波较高的速率。

### 9.1.3　5G 应用场景

ITU 为 5G 规划的三大类应用场景如图 9.2 所示。

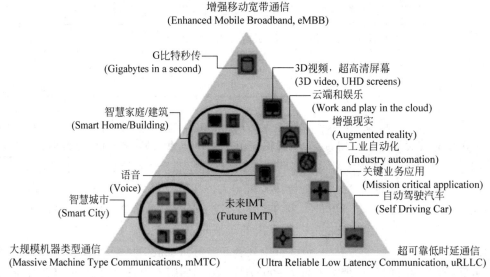

图 9.2　5G 三大应用场景

#### 1. 增强移动宽带通信

eMBB 应对的是以人为中心的通信业务,涉及用户对多媒体内容、服务和数据的访问。而 eMBB 则在传统移动宽带基础上继续增强,并衍生出更多的新应用领域,如 VR/AR、超高清视频/直播、云游戏等等。

eMBB 着力提升数据传输性能以完善用户体验。因此,eMBB 对峰值速率、用户体验速率以及区域通信能力、能效以及频谱效率有着较高的要求,而移动性对于不同的情景有不同的要求:广域覆盖相较于热点覆盖,对移动性有着更高的要求。从具体数值上看,在 eMBB 下,用户体验速率应达 100Mb/s～1Gb/s,峰值速度可达 10～20Gb/s。eMBB 对承载网的需求是大带宽、大吞吐率、高移动性。

#### 2. 大规模机器类型通信

机器类通信(MTC)面向的对象是机器,其主要应用领域在于物联网。其通信特征显著地不同于原有传统的移动宽带业务。

（1）MTC以上行流量为主，而eMBB以下行流量为主。典型的MTC应用，比如智慧城市中所使用的智能电表。其通常会周期性地通过上行数据信道向远端服务器传递检测数据，但是鲜有从远端服务器接收控制信息。

（2）MTC以小数据报文为主，最小的数据报文甚至可以小到几个比特。而典型的eMBB业务，如在线游戏，其数据包往往比较大，通常都在上千比特的量级。

（3）在MTC中，单个蜂窝小区内设备的用户数目庞大，远超传统的手机用户数目。

（4）MTC业务数据往往具有周期性，而且对时延要求不高。智能电表的数据上传通常会有固定周期。同时，由于家庭用电量数据并非紧急程度高的数据，所以可以容忍数分钟，甚至数小时的时延。mMTC对承载网的需求是大连接、低移动性、低速率、低功耗。

（5）MTC对电量消耗非常敏感。在多数环境下，MTC设备的电池不易更换，所以通信网络和模块的设计必须要考虑节能。由于对设备的成本和电池寿命十分关注，通常要求满足接入设备的密度为100万台每平方千米，且电池寿命应达到15年。

综上所述，mMTC的特点是接入设备的数量巨大，但对数据速率和时延的要求相对较低，因此，5G mMTC的空中接口设计主要关注为上行链路中的大量机器型设备提供访问的相关问题：多址接入应该选择正交还是非正交？更适合mMTC的接入控制应采取无授权还是基于授权的？如何通过PHY和MAC技术实现MTC设备的低功耗？

首先，正交多址接入将可用资源的数量与可支持的用户数量紧密耦合，而非正交多址接入则以接收器的算法复杂性为代价实现一定程度的资源过载。后者有利于以资源高效的方式支持大量上行链路用户，这是因为与mMTC设备相比，基站的复杂度约束相对宽松。

其次，基于授权的接入控制要求对上行链路请求进行良好的预测，同时会产生额外的控制信令开销。在mMTC中，机器型设备的数据上传频率是不可预测的，这使得基于授权的接入控制设计变得困难，并且效率低下。另一方面，无授权接入只需要很低的控制开销，但会遇到接入冲突和效率低下的问题，然而，通过适当的冲突解决机制，无授权接入可以变得非常高效。因此，无授权接入控制更有利于mMTC。

最后，mMTC设备的能量效率受到信令开销的影响，较少的传输频率和较短的传输距离可以有效地减小能量损耗。因此，低信令开销的MAC协议是机器型设备节能的一个有利因素，再配合高效的物理层方法，可以使设备具有较长的电池寿命。

### 3. 超可靠低时延通信

uRLLC主要包括场景及应用为工业应用和控制、交通安全和控制、远程制造、远程培训、远程手术等。此类应用场景对吞吐量、延迟时间以及可靠性有着极高的要求。通常端到端时延为毫秒级别。在无人驾驶和工业自动化控制方面，uRLLC拥有很大潜力。工业自动化控制需要时延大约为10ms，这一要求在4G时代难以实现。而在无人驾驶方面，对时延的要求则更高，传输时延需要低至1ms，而且对安全性和可靠性的要求极高。

远程医疗也是uRLLC的重要应用场景。在uRLLC技术的支持下，医生可以更快地调取图像信息、开展远程会诊和远程手术；三甲医院的医生可以同偏远地区的医院进行视频通话，随时就诊断和手术情况进行交流。当今我国在远程医疗领域利用uRLLC技术，创造了多项"世界首次"的突破，标志着5G远程医疗与人工智能应用达到新高度。

5G uRLLC的主要技术特点如下：实现了基站与终端间，上下行均为0.5ms的用户面时延。该时延是指：成功传送应用层IP数据包/消息所花费的时间，具体是从发送方5G无线协议层入口点,经由 5G 无线传输,到接收方 5G 无线协议层出口点的时间。其中,时延来自上行链路和下行链路两个方向,5G uRLLC 实现低时延的主要技术如下所述。

(1) 引入更小的时间资源单位,如微时隙(mini-slot)。

(2) 上行接入采用免调度许可的机制,终端可直接接入信道。

(3) 支持异步过程,以节省上行时间同步开销。

(4) 采用快速混合自动请求重传(HARQ)和快速动态调度等。

目前,5G uRLLC 的可靠性指标为,用户面时延 1ms 内,一次传送 32 字节包的可靠性为 99.99%。此外,如果时延允许,5G uRLLC 还可以采用重传机制,进一步提高成功率。在提升系统的可靠性能方面,5G uRLLC 采用的技术包括:多天线发射分集机制;采用鲁棒性强的编码和调制阶数,以降低误码率;超级鲁棒性信道状态估计。

## 9.2  5G 关键技术

5G 系统业务要求:带宽单站接入高达 10Gb/s;时延最低达 1ms;时间同步小于 $\pm 1.5 \mu s$ 等。面对这样的要求,系统必须引入更为先进的技术。下面介绍 5G 主要关键技术。

### 9.2.1  大规模 MIMO

MIMO 可以为收发端创造多条的并行空间路径,从而带来传输分集(transmit diversity)增益和空间复用(spatial multiplexing)增益。传输分集是指在多条空间路径上传输相同的数据内容。空间复用是指在多条空间路径上传输不相同的数据内容,从而抵抗信道衰落对信息传输产生的影响、提高通信的可靠度。

为了提升 MIMO 系统性能,贝尔实验室的 T. Marzetta 教授提出了大规模 MIMO (Massive MIMO)。实验研究表明大规模 MIMO 可以极大地增加系统空间维度、空间分辨率、数据传输速率,并且降低功耗。相比传统的 MIMO 系统,大规模 MIMO 有众多优势。

(1) 信道的渐进正交。基站部署几百根天线,形成天线阵列且阵元距离足够大。空闲用户间的无线信道会出现正交,有效地抑制了用户间干扰和噪声干扰,从而大幅度地提升了空间复用增益。

(2) 低信号处理复杂度。在天线数量巨大的情况下,影响系统的主要参数仅为大尺度衰落因子,小尺度被平均化。因此,对于系统的设计和优化仅需要考虑大尺度衰落,有效地降低了系统信道处理复杂度。另一方面,由于用户和基站之间的信道向量渐进正交,消除干扰和噪声仅需要简单的线性链路预编码。

(3) 低功率消耗。在保证用户服务质量的前提下,可以通过增加天线数量的方法按一定比例降低发射功率,从而大幅降低系统的功率开销。

(4) 高空间分辨率。在天线数量巨大的情况下,基站的波束将变得非常窄,具有极高的方向选择性和赋形增益,可以有效地通过指向性波束来区分不同空间分布的用户。

波束赋形,即利用并列的多个天线振子使得发射信号具有方向性,下面通过例子说明。

【例 9.1】 根据图 9.3 所示,说明波束赋形(Beam Forming,BF)如何使发射信号具有方向性。

假设有两个并列放置的天线振子,两天线振子相距半波长并发射相同相位的信号,图中两天线振子向周围均匀放射出电磁波,其中粗线代表波峰、细线代表波谷。可以看到,在垂直方向上,波峰与波峰叠加、波谷与波谷叠加,即信号在垂直方向上叠加增强;而在水平方向上,则出现波谷与波峰叠加,即信号在水平方向上抵消减弱;由此相较单天线振子的均匀扩散,这个双天线振子阵列在垂直方向信号增强、水平方向上信号减弱,其波束呈现出明显的方向性,这就是波束赋形的基本原理。

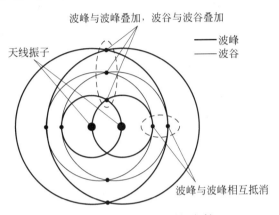

图 9.3 两天线振子同相发射

为了充分利用波束赋形,还需要控制波束赋形的信号的方向,使信号强度最大的方向(即主瓣)朝向指定的用户。这就需要用到波束导向(beam steering)技术:利用各振子间相对相位的不同使波束方向发生变化,下面通过例子说明。

【例 9.2】 假设条件同例 9.1,如将两天线振子发射相位相差 π,要求简单说明波束导向。

从图 9.4 中可以看到,两天线振子向周围均匀放射出电磁波,它与上例情况相反,垂直方向上出现了波峰与波谷的叠加,即信号在垂直方向上抵消减弱;而水平方向上则出现波峰与波峰、波谷与波谷的叠加,即信号在水平方向上叠加增强。可以看出,相较于同相发射,反相发射的天线振子阵列的波束方向发生了明显改变,因此,可以通过控制各天线振子间的相对相位差,实现波束方向的改变。

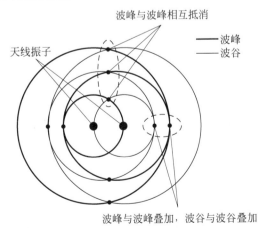

图 9.4 两天线振子反相发射

下面给出一维天线阵列相邻天线振子距离 $d$、相对相位差 $\Delta\varphi$ 与波束方向 $\theta$ 的关系的简单计算公式,其中 $\theta$ 为天线振子连线的垂线与波束(主瓣)方向的夹角为:

$$\Delta\varphi = \frac{2\pi}{\lambda} \cdot d \cdot \sin\theta$$

除了波束赋形与波束导向外,为了实现更好的方向性、更好地抑制旁瓣,还需要给各天线振子施加不同的衰减。由此可以总结波束赋形就是利用天线阵列,调整各天线单元的幅度和相位,使得天线阵列在特定方向上的信号相干叠加,而其他方向的信号则相互抵消。

大规模 MIMO 除了能提升波束赋形的增益,还有一个更重要的意义,就是拓展波束赋形的维度。16T16R(即 16 根发射天线,16 根接收天线)以下的大规模 MIMO 天线阵列,通常只能提供水平 2D 的波束赋形;而当 MIMO 规模增加到 32T32R,甚至 64T64R 时,则可以支持水平和垂直的 3D 波束赋形。波束赋形技术结合了传输分集和空间复用的特点,具有许多优势。

(1)通过波束赋形聚焦波束能量,减少了不必要的功率消耗,从而提高了能量效率。

(2)通过波束赋形将能量聚焦在指定方向上,可增大相同能量/功率下可覆盖的范围。

(3)波束赋形有指定方向,因此能减少对其他用户终端的干扰。

(4)由于波束赋形减少了用户间干扰,也就允许了更多用户同时通信,提升了小区容量。

理想情况下的大规模 MIMO 以及波束赋形技术是不考虑信道空间情况的,但在实际工作中,多样的空间信道状态是存在的,如多径。充分利用诸如多径的空间信道的一个重要前提就是需要知道信道状态信息(CSI)。在无线频谱系统中,CSI 通常以导频信号表征,而在获取 CSI 时通常需要考虑上行和下行信道的 CSI,其中上行信道估计的复杂度仅与用户数成正比,而与基站端 MIMO 天线数目无关,因此上行信道估计复杂度较低;而下行信道估计的复杂度则与基站端天线数目成比例,因此下行信道估计的复杂度在大规模 MIMO 中是无法接受的。这时就突出了时分双工模式下上下行信道的互易性的意义了——只需要上行信道估计就足够表征信道;此外利用上行信道估计还可以将复杂的信道估计和信号处理工作交给基站端处理,而不需要消耗用户端有限的资源。

关于波束赋形的具体实现方式,共有 3 个方向:数字波束赋形(Digital Beam Forming,DBF)、模拟波束赋形(Analog Beam Forming,ABF)和模数混合波束赋形(Hybrid Analog-Digital Beam Forming,HAD-BF)。前两者都有明显的缺陷而不适用于大规模 MIMO 技术:DBF 在基带处通过预编码(precoding)实现波束赋,所以每个天线都需要一条完整的射频链路(RF chain),当天线规模大时,成本高、硬件要求高,因此无法支持大规模 MIMO;而 ABF 则是通过在 RF 端使用移相器实现 BF,虽然不需要每个天线都有射频链路,但是由于采用移相器,导致灵活性降低,而且由于无法做预编码,也导致其难以较好地应用在 MIMO 通信系统中。

图 9.5 为 HAD-BF 系统示意图,它结合数字和模拟的优势、弥补两者的缺陷,基带部分采用 DBF 主要实现 MIMO 功能,而 RF 端则采用 ABF 主要实现波束赋形,HAD-BF 是性能与复杂度的折中平衡。

由于大规模 MIMO 提高了频带利用效率和传输可靠性,有着非常广泛的应用。

(1)楼层覆盖:由于传统 MIMO 只支持 2D 覆盖,故需要针对各个楼层单独设置基站

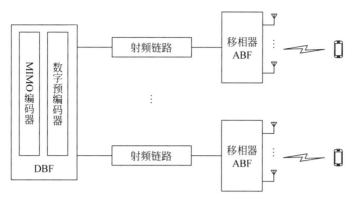

图 9.5 HAD-BF 示意图

以达到覆盖。大规模 MIMO 支持 3D 波束赋形,故可以实现一个基站对多个楼层的覆盖。

(2) 增强覆盖:可以在相同的功率下实现更广的覆盖。

(3) 热点覆盖:可以实现更大的小区容量,支持在用户与业务量密集的区域提供服务。

(4) 支持毫米波布设:毫米波虽然拥有极高的传输速率,但是其衰减十分严重,需要密集地布设毫米波基站才可以实现很好的覆盖,大规模 MIMO 的波束赋形能力则更有助于毫米波的覆盖;而毫米波本身天线尺寸小,反过来又利于大规模 MIMO 的设置,可谓相辅相成。

## 9.2.2 毫米波射频技术

5G 通信对于通信速率(峰值速率、用户体验速率等)、连接密度、流量密度、时延等关键性能指标有着很高的要求,为了满足相关性能指标,就需要更高的信道容量作为保证。香农定理揭示通过增大系统带宽可以提高信道容量。无线电频谱资源是有限且稀缺的,当前低频段(如 Sub-6G)的频谱资源大部分已经被各种现存业务占据,各种电子设备相互干扰严重,且剩余可用频带资源少且分散。频率更高的毫米波频段则相对纯净,有丰富且连续的频谱资源。由于拥有较大的可用带宽和为用户提供 Gb/s 数据传输速率的潜力,毫米波射频技术在 5G 网络中起着关键的作用。

**1. 毫米波技术的优势**

FR2(24 250~52 600MHz)由于部分波长进入了毫米波范畴,因此也被称为毫米波。毫米波技术主要具有以下优势。

(1) 带宽大:一般一个传输信道的相对带宽(频带宽度/中心频率)不能超过一个固定的百分比,这就意味中心频率越大,所允许的频带宽度越大。毫米波频段本身有几个吉赫兹的可用频谱,因此高频的毫米波通信系统可用更大的系统带宽进行通信。

(2) 抗干扰能力强:毫米波的抗干扰能力是由自身特性和所用技术共同构成的。毫米波有较强的路径损耗与大气衰减,这既是运用毫米波所需要克服的挑战,同时也是毫米波的优势,较大的衰减损耗意味着干扰也相应减弱了,且毫米波本身波束更细,再结合大规模MIMO 和波束赋形技术,可以实现更精准的发射与接收,因此其抗干扰能力也大为增强。

(3) 易于小型化:根据天线设计的准则,天线尺寸与波长尺寸相当才能有效地辐射信号,而毫米波由于其本身波长较短,因此有利于天线的小型化,这也为大规模 MIMO 天线阵列创造了条件。

**2. 毫米波技术发展的制约因素**

毫米波技术固然有着许多优势,但也存在许多制约其应用的因素,这些因素既是障碍,也是相应技术研发的方向,主要表现在以下几个方面。

(1) 路径损耗大:由自由空间电磁波功率衰减公式易知,自由空间的路径损耗与频率的平方成正比,而毫米波的频率高,因此其路径损耗也相对严重。

(2) 接收孔径小:接收机天线的有效孔径与波长的平方成正比,毫米波波长短,导致接收机天线的有效孔径也小,因此需要精准的接收。

(3) 穿透损耗大:由于波长短、频率高,毫米波在穿透介质时易与介质发生共振而导致损耗,如大气衰减、雨衰减等,因此毫米波易受天气条件影响。

(4) 绕射性能差:由于毫米波波长短,其绕射性能很差、容易被障碍物阻挡,因此需要视距传播。

**3. 毫米波支持技术**

面对毫米波存在的缺陷,如何利用好毫米波还需要合理的规划和相应的技术支持。

(1) 大规模 MIMO 技术以及波束赋形技术。这是支持毫米波通信的核心技术,借由大规模 MIMO 天线阵列产生的高增益波束赋形,可以补偿毫米波路径损耗带来的覆盖问题,而通过波束赋形以及波束对齐则可以实现精准的发射与接收,在减小干扰的同时还解决了接收孔径小的问题;也正是毫米波波长短的特性,使得大规模 MIMO 天线的小型化成为可能。

(2) 合理的部署场景。毫米波适合室内小范围的覆盖,其优势包括:可用带宽大,适用于室内密集的通信场景和大数据量的通信业务;室内条件利于毫米波设备的布设和覆盖;毫米波还能提供精确的定位功能,适用于室内定位的应用场景。在室外覆盖有一种部署场景是自回转,即使用一个空口通过单跳或者多跳实现接入和传输,一般自回转部署采用网状结构,使用自回转一方面可以实现毫米波的覆盖,另一方面可以借毫米波的高性能代替一部分的光纤接入,实现无线回程链路。

(3) 双连接。毫米波不可能完全取代低频段的通信网络,而是作为服务需求集中处的一种补充,相应的低频段通信网络则作为广覆盖的一种保证,因此应引入双连接以保证最好的服务效果。

(4) 微基站、小小区。提高毫米波的覆盖效果需要通过大量地、全方位地布设基站,才能保证通信质量,而毫米波本身易于小型化为微基站的布设提供了设备条件;小区的划分也转变为小小区的形式。

## 9.2.3 密集蜂窝组网技术

由于传统的宏基站布置方式已无法适应 5G 低时延、高速率、大连接量的应用场景。因此需要从基站的部署、组网的方式上做出改变。密集组网技术应运而生。

密集组网或者超密集组网(Ultra Dense Network,UDN)是通过大量密集部署的小微基站形成分布更密集的无线接入网络,解决高频段网络的覆盖问题,同时适应热点应用场景中对高流量密度、高通信速率的需求。密集组网有两种部署模式,两者有不同的干扰管理抑制和资源调度方式,如图 9.6 所示。以下将简要介绍密集蜂窝组网的部署及技术。

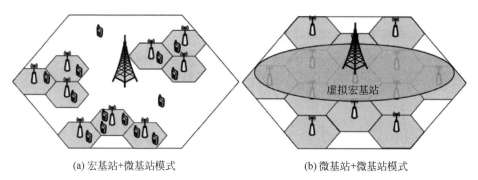

(a) 宏基站+微基站模式　　　　　　(b) 微基站+微基站模式

图 9.6　密集组网的两种部署模式

（1）宏基站＋微基站。在此模式下，宏基站仍负责广域、高移动性、低速率需求的业务传输，而微基站则负责热点区域的高带宽、高速率业务，这在保证覆盖的情况下，提升了用户的实际体验。宏基站还承担了覆盖和协调微基站的任务，而微基站则承担具体的高带宽接入业务，类似于软件定义网络（SDN）中控制与转发解耦，也实现了控制与承载的解耦分离，因此十分便于设计。

（2）微基站＋微基站。此模式并未引入宏基站，仅由微基站组成网络，为了能实现与"宏基站＋微基站"模式中同样的统筹协调功能，需要在各微基站间建立一个虚拟化小区，即小区内各微基站共享自身的部分资源，簇内微基站通过共享的资源实现控制面功能，对各微基站的传输进行协调。同时在此模式下还可以同时调动同一小区内所有微基站所构成的虚拟宏基站，在网络负载低时，向用户发送相同数据，从而实现小区内的分集增益。

（3）多连接技术。在宏微异构网络中，宏基站除了统筹管理各微基站外，还需要负责微基站覆盖范围外或者高移动性的用户终端的业务需求。因此为了保证用户终端能一直享受稳定的网络连接，需要保证用户终端能够同时与宏微基站连接，以保证进入非微基站覆盖区时，宏基站能立即补充该区域的网络连接。

（4）小区干扰管理抑制策略。自适应小区分簇：动态形成小区分簇，自适应地关闭无连接或空闲的微基站，从而减少了小区间的干扰；基于集中控制的多小区相干协作传输：小区在传输时协调周边小区，使终端能够通过相干解调技术降低干扰；基于分簇的多小区频率协调技术：通过整体协调，为各分簇统一优化分配频谱资源，从而减少簇间的干扰。

## 9.2.4　LTE/NR 频谱共存

缓解频谱资源紧张状况的途径除了毫米波外，就是更充分地利用 Sub-6G 资源。然而，随着一代代移动通信技术的发展，易于架设网络的低频段已逐渐被各种现有通信业务占据。5G 网络规划了毫米波和 Sub-6G，但由于毫米波布设、组网成本较高，因此早期 5G NR 的关注点集中在 Sub-6G 上，而 Sub-6G 也有其面临的问题：Sub-6G 频率范围相对较低，而此频段已广泛分配给 LTE 系统使用，总的剩余空闲频段较少，且较为分散，没有足够的连续的大段频谱资源，因此难以满足 5G 系统中大带宽的需求。要解决此问题，除了对先前 LTE 的频谱资源分配进行再整合外，实现 LTE 与 5G NR 的共存也是必须要考虑的问题。

在整体的网络架构上，LTE/NR 共存网络采用宏基站＋微基站的模式。LTE 的 eNB 因为采用低频，覆盖范围广，所以作为宏基站，5G 的 gNB 为微基站。在双连接技术的支持下,终端同时连接到 gNB 和在其上重叠覆盖的 eNB。gNB 提供高容量和高数据速率。在 gNB 连接断开的情况下,eNB 可以接替连接或者至少保证控制面信息交互的持续性,增强网络的鲁棒性。在具体的物理器件部署上,LTE/NR 可以共站部署,也可以分开部署。在共站部署中,LTE 站点可以给 5G NR 重用,通过载波聚合技术给用户提供更高的数据传输速率。

在频谱共享上,如果 5G NR 也采用低频频段,那么通常也是部署在 LTE 已有的频段上。此时可将 LTE 已有的频段进行切分,LTE 与 NR 各占一部分。根据 NR 占用比例是固定的还是动态的,可以将 LTE/NR 共存的模式分为静态频域共享模式和动态频域共享模式。静态频域共享模式实施复杂度低,但动态频域共享模式可以保证 LTE 与 NR 的峰值速率。

除了频谱资源的因素外,由于用户端功率有限,因此上行链路是功率受限的;下行链路则是带宽受限,而 5G 中下行链路通常采用高频段,因此下行链路依然能获得较大的带宽。在这种情况下,上下行链路易出现不平衡的情况,而如果上行链路使用较低的频段,尽管带宽变小,但是其功率衰减也减小了,因此能帮助缓解其功率受限的情况,依旧能获得较大的传输速率,从而保障了上下行使用体验的一致性。这也是频谱共享的一大应用场景。

3GPP 为 LTE/NR 频谱共存规划了以下两种使用场景。

(1) 上下行共存:此场景中,上下行链路均存在 LTE 与 NR 的频谱共存;

(2) 补充上行(Supplenmentary Uplink,SUL):此场景中,LTE 与 NR 仅在低频段上行链路中有频谱共存,而 NR 的下行链路则在 NR 专用的高频段频谱中。

## 9.2.5　网络切片

网络切片就是一个服务于特定用户群和特定业务的逻辑网络。不同的逻辑网络可能构建于相同的硬件设施之上,但从不同业务的角度看,却好像处于不同网络之中,好比同一台计算机上的多台虚拟机。在核心网络层面,构建一个切片逻辑网络实质上就是对网元功能体的一个组合过程。比如需要对 uRLLC 进行服务,那就需要构建一个网元功能体的逻辑组合,这就是一个切片网络,在大幅降低时延的同时提高网络的可靠性。其实,网络切片技术的应用正是为了解决 5G 网络所面临的多元化业务场景的服务质量保证问题。

### 1. 目的和需求

以往的通信系统往往是采用专门的通信硬件、软件、构筑专用的基础设施,搭建特定的通信网络,想要改动或者升级其功能和业务范畴是十分困难的。当前 5G 移动通信网络不仅强调以人为核心,更强调的是万物互联的全新业态,这带来了更多的应用场景以及各种不同的需求,三大应用场景性能需求如图 9.7 所示。面向多样化、变化快的应用需求,5G 网络应做到灵活部署,分类管理,以应对各种新业务的出现,同时在硬件层面应尽量做到通用,相应的功能分化应提升到软件端,最终做到用一个网络硬件体系实现多种业务功能,这就是网络切片的目的。

网络切片是一种面向需求的组网方式,运营商可以在统一的硬件和基础设施的基础上,将网络实体划分成多个虚拟的端到端网络,即网络切片。一个网络切片由一组网络功能(Network Function,NF)、运行网络功能的资源以及这些网络功能所需的特定配置组成,这些网络功能以及相应的配置就组成一个完整的逻辑网络。这个逻辑网络至少包含无线网子

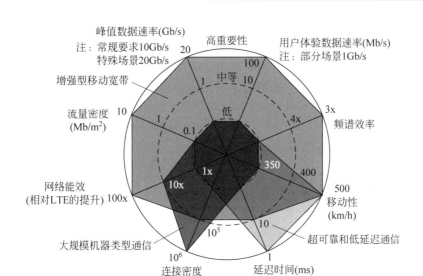

图 9.7　不同应用场景的性能需求

切片、承载网子切片、核心网子切片、终端子切片以及切片管理系统；逻辑网络配置符合相应服务业务所需的网络特征且可以逻辑隔离，因此能各自完成自身所对应的服务任务。

　　网络切片允许基础设施的运营者动态创造与配置网络并定义其功能，能够在不使用时释放切片所占据的资源，从而做到灵活地调用管理网络资源，提高了资源的利用率，同时还能做到功能按需定制、动态编排，满足了多样的业务需求；不同切片为不同业务搭建了不同的网络"虚体"，逻辑隔离保证了不同切片之间互不干扰，切片上的业务也互不干扰。

**2. 网络切片关键部件**

　　在如图 9.8 所示的网络切片管理域中可以看到一些网络切片关键部件，其中，通信业务管理功能(Communication Service Management Function,CSMF)承接用户的业务申请，将其转换为网络切片请求，并转达给 NSMF。

　　网络切片管理功能(Network Slice Management Function,NSMF)。接收到 CSMF 送来的切片请求后，NSMF 负责切片的管理与设计。根据子域/子网的能力对其进行分解和组合，并将对其的部署要求发送到 NSSMF，通常 NSMF 需要同时协调无线网、承载网与核心网等；

　　网络切片子网管理功能(Network Slice Subset Management Function,NSSMF)。无线网、承载网、核心网均有自身的 NSSMF，NSSMF 会将自身的子域/子网的功能上报给 NSMF，并等待 NSMF 的部署，在部署要求下达后实现其内部的自治部署与使能，并对其进行管理监控。

　　网络功能虚拟化(Network Function Virtualization,NFV)是网络切片的前提与核心。与在专用网络中搭建专用硬件和基础设施的观念不同，NFV 选择将传统网元设备解耦为硬件和软件两部分，硬件用高性能的通用服务器、交换机、存储器等工业标准硬件实现，而其功能也即软件部分则由虚拟网络功能承担，因此通过改变软件部分即可实现不同功能。NFV可以由一个或者多个虚拟机组成。虚拟机运行不同软件、实现不同的功能，从而替代专用硬件。

### 3. 网络切片管理架构

在图 9.8 中,网络切片管理架构包括通信业务管理、网络切片管理、网络切片子网管理。其中 CSMF 实现业务需求到网络切片需求的映射;NSMF 实现切片的编排管理,并将整个网络切片的 SLA(服务等级协议)分解为不同切片子网(如核心网切片子网、无线网切片子网和承载网切片子网)的 SLA;NSSMF 实现将 SLA 映射为网络服务实例和配置要求,并将指令下达给 MANO,通过 MANO 进行网络资源编排。对于承载网络的资源调度,将通过与承载网络管理系统的协同来实现。

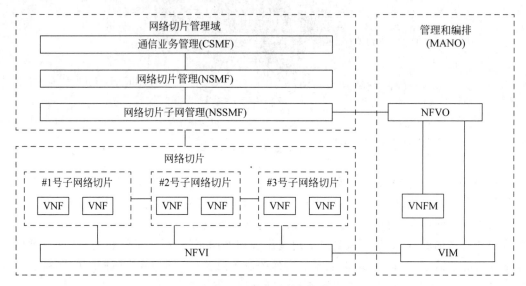

图 9.8 网络切片管理架构

管理和编排(Management and Orchestration,MANO)由 NFV 编排(NFV Orchestration,NFVO)、VNF 管理(VNF Manager,VNFM)和虚拟化基础设施管理器(Virtualized Infrastructure Manager,VIM)共同组成,提供了 NFV 的整体管理和编排。凡是带"O"(Orchestration,管弦乐团)的组件都有一定的编排作用,各个 VNF 以及其他各类资源只有在合理编排下,在正确的时间做正确的事情,整个系统才能发挥应有的作用。

网络切片是端到端的逻辑子网,实现了基于业务场景的网络定制。不同的网络切片之间可共享资源,也可以相互隔离,并可以灵活编排。差异化的业务要求,对 5G 网络提出了新的挑战,通过网络切片技术,能够满足不同业务的隔离,不同业务带宽、时延、连接的需求,如♯1 号子网络切片承载 8K 高清视频 eMBB 大带宽业务,♯2 号子网络切片承载自动驾驶 uRLLC 低时延业务,♯3 号子网络切片承载 IOT(Internet Of Things,物联网)mMTC 超密连接业务。要保证切片的灵活创建、修改、删除,还要保证切片的完全隔离,一个切片的调整不会影响其他切片。网络切片将一个物理网络切割成多个虚拟的端到端的逻辑子网,每一个逻辑子网都可获得独立网络资源,各切片之间相互绝缘,因此当某一个切片产生错误或故障时,并不影响其他切片。通过网络切片功能做到了端到端的按需定制业务。

## 9.2.6 软件定义网络

在传统的通信网络中,由于使用大量的专业通信设备,比如交换机和路由器。设备与设备之间往往是独立运行的。尤其是当设备来自不同的厂商时,网络的整体运维成本非常高,新业务的部署耗时长。另一方面,由于路径转发都是由动态的网络协议决定的,在网络发生拥塞问题时,也难以明确问题出在哪个节点。为了解决这些问题并实现 5G 网络的高度自动化和智能化,采用了软件定义网络(Software Defined Network,SDN)技术。

**1. SDN 网络架构**

SDN 是一种新型网络架构形式,是实现网络虚拟化的一种途径,其本质是将网络设备的控制面和转发面分离,网络设备仅负责单纯的转发工作,而将控制面统一交由 SDN 控制软件控制,从而实现可编程的底层硬件控制以及灵活的网络资源分配。

基于 SDN 的 5G 架构如图 9.9 所示。可以看到它由 3 层构成,其中,应用层包括各种不同的业务和应用,以及对应用的编排和资源管理。用户也可以自定义应用,利用开放的应用程序接口(Application Program Interface,API),实现对网络的编程管理控制。控制层负责数据平面资源的处理,维护网络状态、网络拓扑等,运行 SDN 控制软件,并通过 API 与应用层互动。数据转发层(也称基础设施层)由负责转发存储的硬件设备构成,处理和转发基于流表的数据以及收集设备状态。SDN 有以下三大特征。

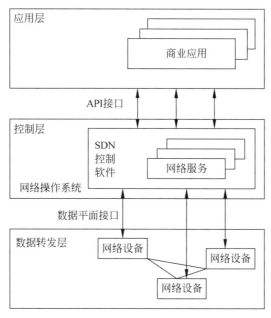

图 9.9　基于 SDN 的 5G 架构

(1)转发面与控制面解耦分离:在 SDN 中,网络设备的控制面被分离出来并集中到 SDN 控制软件的控制下,网络设备仅作为数据存储与转发的硬件,而不承担控制工作,因此有利于网络设备的简单化,同时分离更有利于设备的部署和维护。

(2)集中式控制:分离出来的控制面被集中到 SDN 控制软件处统一控制,控制层掌握整个网络的状态信息和资源。集中式控制有利于网络的管理与调度,如有新设备加入时不再需要广播等操作即可完成新设备的入网;同时集中式控制也为网络的智能化、优化控制铺平了道路。

(3)可编程网络:SDN 为控制层提供开放的编程接口,控制层只需要关注自身的应用逻辑,而不需要关注底层的具体实现方式;同时可编程的引入也推动了网络设备的通用化,网络设备的功能可由编程决定;可编程还意味着可以定制网络参数,实现快速响应。

**2. SDN 应用**

作为重要的 5G 应用技术,SDN 的杀手级应用(SDN killer application)包含云计算网络中的虚拟化、WAN 网络中的流量调度、运营商网络中的 NFV(Network Function Virtualization,网络功能虚拟化)、企业网中的资源灵活分配调度等。下面针对 5G 简要概述 SDN 应用。

1)基站资源的虚拟化

基于云计算的理念和 SDN 架构,实现设备及接口的标准化、虚拟化和资源共享。实际 SDN 组网中的网络虚拟化就是通过虚拟的手段实现与物理网络完全一样的功能,并做到不同的虚拟网络之间互相隔离;NFV 是将具体的物理网络设备用软件的方式实现。当前,基站资源的虚拟化成为当前最热门的内容,通过将时域、频域、码域、空域和功率域等资源抽象成虚拟无线网络资源,进行虚拟无线网络资源切片管理,形成基站的虚拟化,依据虚拟运营、业务、用户定制化需求,实现虚拟无线资源灵活分配与控制,虚拟化的基站可以消除传统通信基站的边界效应,从而提升终端用户在小区边界处的业务体验。

传统的蜂窝移动通信架构是一种以基站为中心的网络覆盖结构,在小区中心位置的用户体验通信效果较好,而在用户移动到边缘位置的过程中,无线链路的性能会急剧下降。采用虚拟化技术后,终端接入小区将通过网络来为用户产生合适的虚拟基站,并由网络来调度基站为用户提供无线接入服务,形成以终端用户为中心的网络覆盖,这样传统蜂窝移动网的基站边界效应将不复存在。基于 SDN 网络功能组合,实现了网络功能及资源管理和调度的最优化,使得大量的虚拟基站组成虚拟化的无线网络。

2)面向数据中心的部署

随着云计算模式和数据中心的发展,将 SDN 应用于数据中心网络已经成为下一代网络的热点。数据中心的数据流量大,交换机层次管理结构复杂,服务器需要快速配置和数据迁移,若将 SDN 控制的交换机等设备部署到数据中心网络,可以实现高效寻址、优化传输路径、负载均衡等功能,增加了数据中心的可控性。

在 LTE 移动分组网络中,尽管部分控制功能独立出来了,但是网络没有中心式的控制器,使得无线业务的优化并没有形成一个统一的控制,因此需要复杂的控制协议来完成对无线资源的配置管理。5G 核心网的演进与 SDN 一脉相承,通过对分组网的功能重构,进一步进行控制和承载分离,将网关的控制功能进一步集中,可以简化网关转发平面的设计,使支持不同接入技术的异构网络的无线资源管理、网络协同优化、业务创新变得更为方便。

3)网络管理和安全控制

随着网络管理方面的应用日益丰富,实现的网管和安全功能主要集中在接入控制、流量转发和负载均衡等方面,管理功能也很容易进行扩展,从而实现数据流的安全控制机制。

## 9.2.7　集中式基站

无线接入网络(RAN)各种类型基站的发展经历了以下 3 个主要阶段。

(1)一体化基站将基带处理单元(BBU)、射频拉远单元(RRU)以及其他配套设备都放

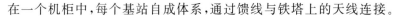

在一个机柜中,每个基站自成体系,通过馈线与铁塔上的天线连接。

(2) 分布式基站(Distributed RAN, D-RAN)将 BBU 与 RRU 分离,BBU 依然放置在机柜内,而 RRU 则可以放在室外、甚至可以放到天线铁塔上;BBU 与 RRU 通过光纤连接;每个 BBU 可以带多个 RRU。

(3) 集中式基站(Centralized RAN, C-RAN),也称 Cloud RAN,延续 D-RAN 的 BBU 和 RRU 分离的基础,进一步使 RRU 接近天线单元以减小馈线损耗,而 BBU 则集中到中心机房(Central Office, CO)、并云化,成为 BBU 池,位于 CO 的 BBU 池通过光纤与 RRU 连接。

C-RAN 发展的促进因素主要在于成本、能耗和效率,无论是一体化基站还是 D-RAN,大量基站的机柜架设、维护成本以及能耗很高。潮汐效应导致部分基站的处理能力没有得到充分利用,又无法与其他基站共享而导致处理能力的浪费。而 C-RAN 通过集中并云化 BBU,协调大量远端的分布式无线网络,以覆盖上百个基站的范围,实现了资源的高效利用。

3GPP 将 5G 网络中的 BBU 功能拆分为集中单元(CU)和分布单元(DU)两个功能实体,两者的对比如表 9.3 所示,分拆的优势是可以更加灵活地调整网络架构、部署硬件,以适应不同的功能和业务场景,如不同的时延、速率需求;有助于实现网络分片中的接入网分片;有针对性地部署硬件有助于节约成本。

表 9.3　集中单元和分布单元对比

| 对 比 项 目 | CU | DU |
| --- | --- | --- |
| 处理内容的实时性 | 非实时慢速处理模块 | 实时快速处理模块 |
| 涵盖功能 | RAN 高层协议栈和部分核心网功能的低层,以及边缘应用业务的部署 | 基带处理的物理层功能和实时性所需的功能 |
| 部署方式 | 可以集中云化部署 | 可视实际网络环境选择集中式部署或者分布式部署 |
| 实现方案 | 采用通用平台实现(可以支持无线网、核心网功能和边缘应用) | 采用专用平台或通用＋专用混合平台 |

## 9.3　5G 传输时频域机制

为了提供高质量、可靠、差异化的通信服务,5G 网络无线接口应富有动态性、可扩张性和灵活性。通过全新的空口设计,5G NR 可灵活地为各类信道配置时频资源,上下行都采用 OFDM 传输机制,同时将 LTE 中的 SC-FDMA 作为上行的备选机制。

### 9.3.1　时域及帧结构

**1. 资源参数集**

3GPP 定义的 5G NR 具有更为灵活的帧结构。由于 5G 要支持更多的应用场景,例如,超高可靠性(URLLC)需要比 LTE 更短的帧结构。为了支持灵活的帧结构,5G NR 中定义了帧结构的参数集(numerology),包括子载波间隔、符号长度和 CP 等。5G NR 支持多种子载波间隔($\Delta f$),这些子载波间隔由基本子载波间隔通过整数 $\mu$ 扩展而成,如表 9.4 所示。

表 9.4　发送参数集

| $\mu$ | 子载波间隔 $\Delta f = 2^\mu \times 15/\text{kHz}$ | 时隙时长 slot/ms | 有用符号长度 $T_U/\mu s$ | 循环前缀 $T_{CP}/\mu s$ | 循环前缀类型 CP |
|---|---|---|---|---|---|
| 0 | 15 | 1 | 66.7 | 4.7 | 常规 CP |
| 1 | 30 | 0.5 | 33.3 | 2.3 | 常规 CP |
| 2 | 60 | 0.25 | 16.7 | 1.2 | 常规 CP,扩展 CP |
| 3 | 120 | 0.125 | 8.33 | 0.59 | 常规 CP |
| 4 | 240 | 0.0265 | 4.17 | 0.29 | 常规 CP |

5G NR 的帧和子帧长度与 LTE 一致,子帧长固定为 1ms,帧长度为 10ms。不管 CP 开销如何,采用 15kHz 及以上的子载波间隔的参数集,在每 1ms 的符号边界处对齐,使得子载波间隔变大,时隙长度变小。

LTE 主要是在低载波频段上,提供室外的网络部署,服务场景相对单一,所以选择 15kHz 的子载波间隔和大约 $4.7\mu s$ 的循环前缀的固定参数配置。5G NR 参数集设计可以使得网络在时频资源的分配上和业务支持上具有更大的灵活性。比如在低频上支持大范围小区服务时,为抵抗时延扩展的影响,循环前缀通常需要比较大。

5G NR 标准以 15kHz 的子载波间隔为基准,灵活配置其他子载波间隔。这样做的好处是为了实现与 LTE、窄带物联网(Narrow Band Internet of Things,NB-IoT)、eMTC 和相关终端服务的共存。表 9.4 给出了不同的子载波间隔对应的符号长度和循环前缀。从表 9.4 中可以看到子载波间隔范围为 15~240kHz,循环前缀从 $4.7\mu s$ 变化到 $0.29\mu s$。

**2. 帧结构**

从时域上看,5G NR 传输是每帧(frame)为 10ms,每一帧等分成 10 个子帧(subframe),每个子帧为 1ms;每个帧有时被分成两个同样大小的半帧,由子帧 0~4 组成的半帧 0 和由子帧 5~9 组成的半帧 1;每个子帧包含的时隙(slot)数取决于子载波间隔($\Delta f$),不同参数集对应每个时隙的长度是不一样的,每个时隙由 14 个或 12 个 OFDM 符号构成。图 9.10 给出了常规循环前缀 CP 的具体帧结构,可以看出由固定架构和灵活架构两部分组成,在一个子帧里可以包含不同数量的时隙,每个时隙由 14 个 OFDM 符号构成。

对于 15kHz 的子载波间隔,5G NR 的时隙结构和 LTE 的完全相同,有助于两者的共存。需要注意的是,无论采用哪一种参数集,每一子帧都是 1ms。这样多种参数集就可以混合在同一子载波上。从图 9.10 中也可以看出,子载波间隔越大,对应的时隙长度越小,这会更加适合对延时要求高的传输。因此,支持 uRLLC 的一个重要技术途径就是灵活地调整子载波间隔。

**3. 5G 时域资源基本周期 $T_s$ 和 $T_c$**

5G 的物理层关键核心技术与 4G 一样,采用的是 OFDM,需要考虑 IFFT/FFT 中的采样数 $N$、时域资源应用中的最小基本周期 $T_s$ 和 $T_c$。因为在移动通信领域时域资源的设计与规划中,无线帧、子帧、时隙和 OFDM 符号等,最终都要用时域资源基本周期 $T_s$ 或 $T_c$ 来表征。虽然 5G 定义了 $T_s$ 和 $T_c$,但还是以 $T_c$ 为主。5G 系统在时域定义的基本周期单

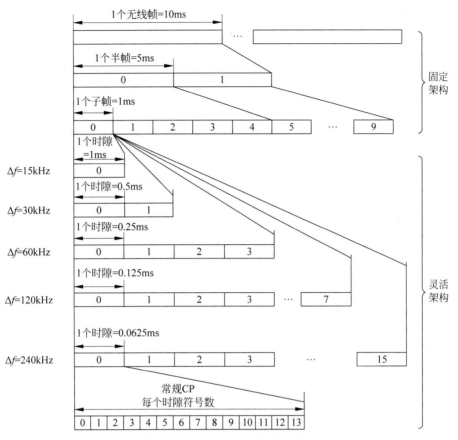

图 9.10 NR 中的帧、子帧和时隙

位为:

$$T_c = 1/(\Delta f_{max} \cdot N_f)$$

其中,$\Delta f_{max}=480kHz$ 是频域 $\mu=5$ 时的最大子载波带宽,$N_f=4096$ 是时域每个 OFDM 符号中的最大采样数,所以

$$T_c = 1/(480 \times 10^3 \times 4096) = 5.086 \times 10^{-10} s = 0.5086ns$$

$T_c$ 实际上是时域 OFDM 符号中每两个相邻采样点间的宽度。同样,5G 系统在时域还定义了另一个基本周期单位 $T_s$ 为:

$$T_s = 1/(\Delta f_{ref} \cdot N_{f,ref})$$

其中,$\Delta f_{ref}=15kHz$ 是频域 $\mu=0$ 时的最小子载波带宽,$N_{f,ref}=2048$ 是时域每个 OFDM 符号中的最小采样数,所以

$$T_s = 1/(15 \times 10^3 \times 2048) = 3.255 \times 10^{-8} s = 32.55ns$$

显然,这个 $T_s$ 也是 LTE 系统中的最小时间单位,是每个 OFDM 符号中的采样时长,或每两个相邻采样点间的宽度。在 LTE 系统中,发射端通过子载波映射将串并变换后的 QAM 调制符号从频域映射到各子载波上,再经过 IFFT 变后,将频域中包括的子载波数和采样数共 $N$ 个值的符号转到时域中的抽样数为 $N$ 的一个 OFDM 符号上。若给定一个 20MHz 的传输载波,支持 IFFT 的采样值 $N=2048$,由于子载波带宽为 15kHz,减去两边各

1MHz 边带,则载波只能分成 1200 个带宽为 15kHz 的子载波,为了满足采样值 2048,在映射中还需补充 848 个采样点,即每个 OFDM 符号的采样数保持 2048(1200+848),各相邻采样点间的时长为 32.55ns。在 4G 的 OFDM 的 IFFT 变换中,相邻采样点间的时域间隔只有一个值 $T_s$,5G 则完全不同,除了有 32.55ns 外,另外还有一组是 $\mu=0$、1、2、3、4、5 分别对应的 6 个 $T_c$:16.276ns($T_{c0}$)、8.1376ns($T_{c1}$)、4.0688ns($T_{c2}$)、2.0344ns($T_{c3}$)、1.0172ns($T_{c4}$)、0.5086ns($T_{c5}$)。所以,5G 系统在技术上更易处理,对 4G 兼容也更加自然。然而,当系统仅以 $T_c$ 作为时域基本周期单位来定义固定架构的帧结构时,系统只用 $T_{c5}=0.5086$ns 来表述,即无线帧时长为 19 660 800$T_c$,子帧时长为 1 966 080$T_c$。定义灵活架构的时隙和符号时,则用灵活的 $T_s$、$T_{c0}$,…,$T_{c5}$ 作为时域基本周期单位即可。

**4. 下、上行传输帧**

下、上行传输被分装成持续时间为:$T_f=10$ms 的帧,每个帧由 10 个持续时间,分别为 $T_{sf}=1$ms 的子帧组成。在子载波间隔参数为 $\mu$ 的情况,每个子帧中连续的 OFDM 符号的数量为

$$N_{symb}^{subframe} = N_{slot}^{subframe,\mu} \cdot N_{symb}^{slot}$$

其中,$N_{slot}^{subframe,\mu}$ 是每个子帧的时隙数,$N_{symb}^{slot}$ 是每个时隙的 OFDM 符号数,具体见表 9.6。

5G NR 类似于 LTE,通过调整 UE 时间提前量 $T_{TA}$(Timing Advance),$T_{TA}$ 是指 UE 发送上行数据的系统帧相比对应的下行帧要提前一定的时间,使 UE 数据到达 gNB 的时间对齐。UE 的上行帧 $i$ 应该在对应的下行帧开始传输之前的 $T_{TA}$ 时刻发出,即

$$T_{TA} = (N_{TA,offset}) T_c$$

上、下行链路中各有一组帧相对应,如图 9.11 所示,其中 $T_{TA}$ 是由基站根据 UE 发送的随机接入前导码计算,然后再通过定时提前命令(Timing Advance Command,TAC)通知给 UE,UE 通过参数($n$-TimingAdvanceOffset)解析出 $N_{TA,offset}$,如果 UE 未收到该参数,则使用一个预设值,该值与复用模式和频率范围有关,具体数值如表 9.5 所示。

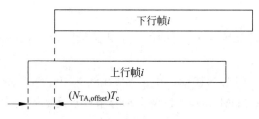

图 9.11　UE 上行/下行定时关系

表 9.5　$N_{TA,offset}$ 预设值

| 上行链路传输所在小区的频率范围和频带 | $N_{TA,offset}$(单位:$T_c$) |
| --- | --- |
| FR1 FDD 带宽无 LTE-NR 共存情况或<br>FR1 TDD 带宽无 LTE-NR 共存情况 | 25 600 |
| R1 FDD 带宽与 LTE-NR 共存情况 | 0 |
| FR1 TDD 带宽与 LTE-NR 共存情况 | 39 936 |
| FR2 | 13 792 |

**5. 时隙**

子载波间隔配置为 $\mu$ 时,时隙在一个子帧内以升序被编号为 $n_s^{\mu} \in \{0, 1, \cdots, N_{\mathrm{slot}}^{\mathrm{subframe},\mu} - 1\}$,并在一个帧内部以升序被编号为 $n_{s,f}^{\mu} \in \{0, 1, \cdots, N_{\mathrm{slot}}^{\mathrm{frame},\mu} - 1\}$。一个时隙内有 $N_{\mathrm{symb}}^{\mathrm{slot}}$ 个连续的 OFDM 符号,而 $N_{\mathrm{symb}}^{\mathrm{slot}}$ 由不同的循环前缀决定。表 9.6 给出了常规循环前缀和扩展循环前缀情况下,$\mu$ 取不同值时,每个时隙的 OFDM 符号数 $N_{\mathrm{symb}}^{\mathrm{slot}}$、每个帧的时隙数 $N_{\mathrm{slot}}^{\mathrm{frame},\mu}$ 以及每个子帧的时隙数 $N_{\mathrm{slot}}^{\mathrm{subframe},\mu}$。

表 9.6　每个子帧/时隙的 OFDM 符号数以及每个帧/子帧的时隙数

| 循环前缀 | $\mu$ | $N_{\mathrm{symb}}^{\mathrm{slot}}$ | $N_{\mathrm{slot}}^{\mathrm{frame},\mu}$ | $N_{\mathrm{slot}}^{\mathrm{subframe},\mu}$ | $N_{\mathrm{symb}}^{\mathrm{subframe},\mu}$ |
|---|---|---|---|---|---|
| 常规 CP | 0 | 14 | 10 | 1 | 14 |
| 常规 CP | 1 | 14 | 20 | 2 | 28 |
| 常规 CP | 2 | 14 | 40 | 4 | 56 |
| 常规 CP | 3 | 14 | 80 | 8 | 112 |
| 常规 CP | 4 | 14 | 160 | 16 | 224 |
| 常规 CP | 5 | 14 | 320 | 32 | 448 |
| 扩展 CP | 2 | 12 | 40 | 4 | 48 |

5G 支持 uRLLC 服务的变革来自传输时间与时隙长度的解耦,即 uRLLC 服务灵活地占用 OFDM 符号进行传输,而不需要被限定在时隙边缘开始传输。这样做可以进一步拉低传输时延,同时系统也可以赋予 uRLLC 服务更高的优先级,使得其可以抢占正在进行数据传输的其他终端的时频资源。这种传输时间与时隙长度的解耦方式被称为微时隙传输。

微时隙传输的另外一个重要应用场景是 5G NR 与 WiFi 共存场景。在这样的场景下,5G NR 利用非授权频段进行数据传输,有利于缓解频率资源紧张的问题。但是由于广泛部署的 WiFi 已经在使用非授权的频段,为实现 5G NR 与 WiFi 的和谐共存,先听后说(Listen Before Talk,LBT)技术被纳入 3GPP 规范。LBT 技术基于载波监听多路访问(Carrier Sense Multiple Access,CSMA),即终端在接入信道之前,会首先监听信道是否空闲;只有当信道空闲时,才会在信道上传输信息;如果发生碰撞,则按退避窗口进行退避。所以当5G NR 发现非授权信道空闲时,就应该尽快地占用信道。因此,传输时间与时隙长度的解耦有利于提升共存场景中 5G NR 的传输效率。

## 9.3.2　频域及资源块结构

**1. 资源粒子和资源块**

在 5G NR 中最小的物理资源块称为资源粒子(Resource Element,RE),即一个 OFDM符号与一个子载波所对应的一个元素,所以也称为资源元素。频域上连续的 12 个子载波称为一个资源块(Resource Block,RB)。5G NR 中 RB 物理上占用的空间取决于参数集中的子载波间隔和子帧内的 OFDM 符号数。5G NR 在时频域上的传输间隔是灵活可变的,有别于 LTE 采用"一刀切"的时频资源参数设置模式。

LTE 中的 RB 在频域上固定为 180kHz,而 NR 中的 RB 在频域上的量度随着参数集的改变而改变。图 9.12 给出了一个子帧对应的资源粒子 RE 和资源块 RB 示意。RB 在频域上包括 12 个子载波,但由于子载波的间隔不同,1 个 RB 在不同的参数集配置下,在频域上所占用的实际带宽是不同的。同时应注意到,虽然在不同参数集配置下,RB 会有差异,但它们在起始边界总是对齐的。在图 9.12 中,$k=N_{RB}^{\mu} \cdot N_{SC}^{RB}-1$ 表示子载波位置;$l=14 \cdot 2^{\mu}-1$ 表示 OFDM 符号位置。

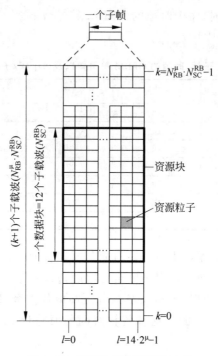

图 9.12　资源粒子和资源块示意

**2. 资源栅格**

5G(NR)网络中,系统首先是以 RE 为最小的单位组成资源栅格(Resource Grid,RG)。当系统给定波形参数和子载波带宽配置参数 $\mu$ 后,5G NR 中的上、下行最大资源块(RB)与频段和带宽相关,具体见表 9.7。

表 9.7　资源栅格频域资源块数

| $\mu$ | $N_{RB,DL}^{min,\mu}$ | $N_{RB,DL}^{max,\mu}$ | $N_{RB,UL}^{min,\mu}$ | $N_{RB,UL}^{max,\mu}$ |
|---|---|---|---|---|
| 0 | 24 | 275 | 24 | 275 |
| 1 | 24 | 275 | 24 | 275 |
| 2 | 24 | 275 | 24 | 275 |
| 3 | 24 | 275 | 24 | 275 |
| 4 | 24 | 138 | 24 | 138 |
| 5 | 24 | 69 | 24 | 69 |

在 LTE 中,RB 在时频域上大小固定,资源块的位置容易定义。然而在 5G NR 中,由于 RB 大小的动态性,需要额外引入资源栅格(RG)的概念去定义资源块的位置。图 9.13 给出了一个 RG 包含频域上的整个载波带宽以及时域上的一个子帧。一个 RG 被系统定义为:

由 $N_{\mathrm{RB},x}^{\max,\mu} \cdot N_{\mathrm{sc}}^{\mathrm{RB}}$ 个频域子载波和 $N_{\mathrm{symb}}^{\mathrm{subframe},\mu}$ 个时域 OFDM 符号组成,其中,$N_{\mathrm{RB},x}^{\max,\mu}$ 是资源栅格在频域的资源块;$N_{\mathrm{sc}}^{\mathrm{RB}}$ 是每个资源块在频域的连续子载波数。下标 $x$ 可以是 DL 或 UL,分别表示下行链路 DL 和上行链路 UL,具体数据见表 9.7。可以看出,虽然频域子载波数 $= N_{\mathrm{RB},x}^{\max,\mu}$,但实际上 $N_{\mathrm{RB},x}^{\max,0\sim3}=257$,$N_{\mathrm{RB},x}^{\max,4}=138$,$N_{\mathrm{RB},x}^{\max,5}=69$,$N_{\mathrm{sc}}^{\mathrm{RB}}=12$,所以频域变化不是很大,也没有规律。

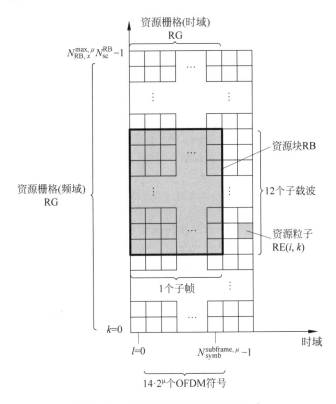

图 9.13 不同参数配置下的 RG 示意

### 3. 部分带宽组

部分带宽组(Band Width Part,BWP)是对应特定载波和特定参数集的一组连续公共资源块,支持工作带宽小于系统带宽的 UE 通过不同带宽的 BWP 之间转换,降低其功耗,并根据业务需求优化无线资源。

UE 可以在上行链路中配置多达 4 个 BWP,如果一个 UE 配置了一个辅助上行链路,那么 UE 还可以在辅助上行链路配置多达 4 个 BWP,其中在给定时间单个辅助上行链路激活一个 BWP。UE 不应在 BWP 之外传输 PUSCH 或 PUCCH。在多个小区中的 BWP 可以被聚合。

### 4. Point A、公共资源块和物理资源块

UE 通过索引和指示来获知 RB 的位置。因此,5G NR 还引入了参考 A(Point A)、公共资源块(Common Resource Block,CRB)、物理资源块(Physical Resource Block,PRB)和虚拟资源块的概念。公共资源块和物理资源块的相互关系示意如图 9.14 所示。

资源块定义为频域中 $N_{\mathrm{sc}}^{\mathrm{RB}}=12$ 个连续的子载波。Point A 是各种资源块一个公共参考

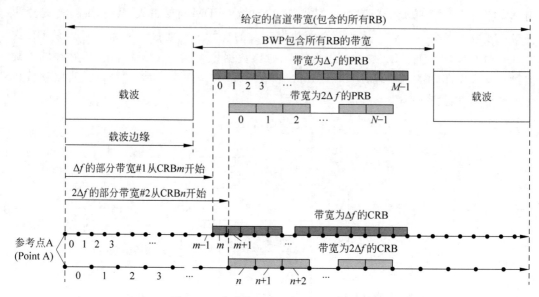

图 9.14　公共资源块和物理资源块关系

点,对于给定信道带宽其位置固定,与子载波间隔无关,即不同的子载波间隔在频域上 Point A 的位置都是相同的,其编号从 0 开始,即 Point A 是指 0 号公共资源块的 0 号子载波位置。Point A 还需从高层获取主小区上、下行链路的 PRB 公共索引,以及辅助小区上行链路的 PRB 索引等参数。

公共资源块表示一个给定的信道带宽中包含的所有 RB。CRB 在子载波间隔 $\Delta f$ 配置 $\mu$ 的频域中从 0 开始向上编号。子载波间隔 $\Delta f$ 配置 $\mu$ 的公共资源块 0 的子载波 0 与 Point A 重合。因此,Point A 可以起锚点的作用,用于指示 RB 的起始位置。

物理资源块(PRB)表示一个给定的 BWP 包含所有 RB。在带宽组 $i$ 中,物理资源块 $n_{\mathrm{PRB}}$ 和公共资源块 $n_{\mathrm{CRB}}$ 的关系为:

$$n_{\mathrm{CRB}} = n_{\mathrm{PRB}} + N_{\mathrm{BWP},i}^{\mathrm{start}}$$

其中,$N_{\mathrm{BWP},i}^{\mathrm{start}}$ 是带宽组相对于公共资源块 0 开始的公共资源块。物理资源块是编号为 $0\sim N_{\mathrm{BWP},i}^{\mathrm{size}}-1$ 的带宽组,其中 $i$ 是带宽组编号。

PRB 用来描述资源块在实际传输中的相对位置。如图 9.14 所示,对于子载波间隔为 $\Delta f$ 的物理资源配置 RB,相对 Point A,0 号 PRB 实际上是第 $m$ 个 CRB。类似地,对于子载波间隔为 $2\Delta f$ 的物理资源配置资源块,相对 Point A,0 号 PRB 实际上是第 $n$ 个 CRB。每一个参数集都会独立定义一个 PRB 在 CRB 中的起始位置,如图 9.14 中的 $m$ 和 $n$ 分别是参数集子载波间隔为 $\Delta f$ 和 $2\Delta f$ 的起始位置。

## 9.4　5G 网络架构

5G 系统包含无线接入网(RAN)和核心网(5GC)以及相关的边缘计算(MEC)等。

### 9.4.1　5G核心网

#### 1. 5GC 的功能结构

5GC 是 LTE 核心网(EPC)的进一步演进。EPC 的 MME 专注于移动性管理,SGW、PGW 专注于会话管理和数据传输,实现了网络控制和承载的分离。但 EPC 由于网元高度集中,导致网络升级难度大;控制面和业务面消息交织导致网络部署运维难度大、业务改动复杂度高等问题。5GC 在分布式架构的道路上再次演进,实现了网络功能的解耦和标准化,以及网络功能的分离、控制面和用户面的分离。3GPP 定义的 5GC 结构如图 9.15 所示,各网元功能以及与 EPC 对照如表 9.8 所示。5GC 网元功能在第 5 章已有过具体介绍。

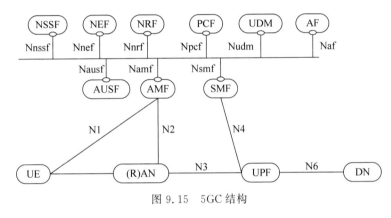

图 9.15　5GC 结构

**表 9.8　5GC 各网元功能以及与 4G EPC 对照表**

| 网元名称 | 中文全称 | 功　　能 | 网元与 EPC 的对应关系 |
|---|---|---|---|
| AMF | 接入和移动性管理功能 | 移动性管理、信令处理、信令路由、安全锚点、Context(上下文)管理等 | MME(移动性管理)及 NAS(非接入层协议)控制功能 |
| SMF | 会话管理功能 | 会话管理、UE IP 地址分配和管理、用户面选择和控制等 | MME、SGW、PGW 中会话管理和承载控制管理功能 |
| UDM | 统一数据管理 | 存储和控制签约数据、鉴权数据 | HSS、SPR(用户签约数据库) |
| UPF | 用户面功能 | 用户面处理 | SGW、PGW 用户面功能 |
| PCF | 策略控制功能 | 统一策略框架支持、策略规划 | PCRF(策略和计费执行功能) |
| NRF | 网络存储功能 | 维护已经部署的网络信息,处理从其他 NRF 来的 NF 发现请求 | N/A(Not application,不适用) |
| NEF | 网络开放功能 | 使内部及外部应用可以访问网络提供的信息和业务,为不同的应用场景定制网络服务 | N/A |
| NSSF | 网络切片选择功能 | — | N/A |

从 5G 架构中,看到的是由原 EPC 中传统网络拆分出来的网元功能体(Network Function,NF)。各个 NF 相互独立,意味着对任意其中一个 NF 可以进行单独改造,而不影响其他功能体。因此,网络的升级改造更加便利,并提升了健壮性、灵活性和拓展性。

**【例 9.3】** 参考表 9.8,结合 EPC 演进,简述 5G 核心网主要网元功能。

MME 的移动性和接入管理部分演进为 AMF。MME、SGW、PGW 的会话管理功能演进为 SMF。EPC SGW 与 PGW 用户面的数据路由和转发功能合并为 UPF。UDM 负责前台数据的统一处理,包括鉴权数据、用户标识等;AUSF 配合 UDM 的鉴权数据处理;UDR 和 UDSF 负责后台数据存储功能;NEF 负责对外开放网络的数据;NRF 负责对 NF 进行登记和管理,NSSF 用来管理网络切片的相关信息;用户面由 UPF 负责。

**2. 5GC 服务化架构**

另一方面,图 9.15 所示的结构也被称为基于服务的架构(Service Based Architecture, SBA),因为这是从服务和功能去描述核心网,而非具体的实物。这样做使得运营商在搭建网络时可以将核心网部署到通用的硬件体系上,从而降低网络部署成本。

SBA 设计通过模块化实现网络功能间的解耦和整合,解耦后的网络功能(服务)可以独立演进、按需部署;各种服务采用服务注册、发现机制,实现了各自网络功能在 5G 核心网中的即插即用、自动化组网;同一服务可以被多种 NF 调用,提升服务的重用性,简化业务流程设计。

服务的提供通过生产者(producer)与消费者(consumer)之间的消息交互实现。支持 NF 之间按照服务化接口交互。交互模式简化为以下两种。

(1) Request-Response 模式,NF-A(网络功能服务消费者)向 NF-B(网络功能服务生产者)请求特定的网络功能服务,服务内容可能是进行某种操作或提供一些信息;NF-B 根据 NF-A 发送的请求内容,返回相应的服务结果。

(2) Subscribe-Notify 模式,NF-A 向 NF-B 订阅网络功能服务。NF-B 对所有订阅了该服务的 NF 发送通知并返回结果。

此设计实现了服务的自动化注册和发现。NF 通过服务化接口,将自身的能力作为一种服务暴露到网络中,并被其他 NF 复用;NF 通过服务化接口的发现流程,获取拥有所需 NF 服务的其他 NF 实例。这种注册和发现是通过 5G 核心网引入的新型网络功能(NF Repository Function,NRF)来实现的,NRF 接收其他 NF 发来的服务注册信息,维护 NF 实例的相关信息和支持的服务信息;NRF 接收其他 NF 发来的 NF 发现请求,返回对应的 NF 示例信息。

设计中采用统一服务化接口协议。为实现虚拟化、微服务化,5GC 的接口协议栈从下往上在传输层采用了 TCP,在应用层采用 HTTP。

**3. 5GC 接口协议**

5GC 采用统一服务化接口协议。为实现虚拟化、微服务化,5GC 的接口协议栈在传输层采用了 TCP,在应用层采用 HTTP 等协议,5GC 与无线网络之间以及 5GC 网络之间也存在 NG-AP、GTP 等协议类型。图 9.16 给出了 N2、N3 等接口的协议栈,AMF 与 AN 之间为 N2 接口;UPF 与 AN 之间为 N3 接口。

5GC 主要网元与 UE 之间存在较多虚拟接口,如图 9.17 所示,可以看出,5GC 控制面 AMF、SMF、PCF 等功能实体、短消息服务功能(SMSF)及网关移动位置中心(GMLC)等业

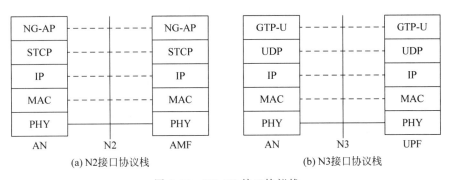

(a) N2接口协议栈      (b) N3接口协议栈

图 9.16 N2、N3 接口协议栈

务网元与 UE 的协议关系。其中 AMF 与 UE 之间的接口为 N1；SMF、PCF、SMSF、GMLC 等与 AMF 之间的接口分别为 N11、N15、N20 及 NLg。这些功能实体、业务网元与 UE 之间的协议消息通过 AMF 进行转发。SM、SMS 和 LCS 分别表示会话管理、短消息和位置服务。

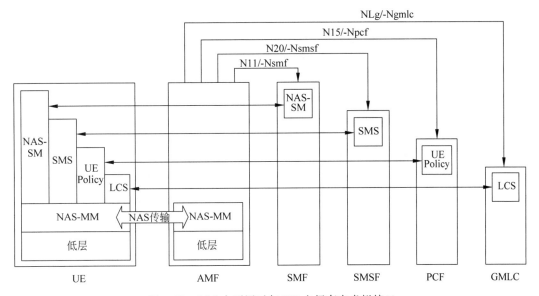

图 9.17 5GC 主要网元与 UE 之间存在虚拟接口

在图 9.17 中，AMF 中的 NAS-MM 子层负责实现以下功能：维护处理 RM/CM 状态和对应流程处理；提供安全的非访问层协议消息传输通道；传输其他类型的非接入层协议（NAS）消息。并通过 NAS 信令完成 RM/CM（注册管理/连接管理）等移动性管理功能，以及 UE 与 SMF、PCF、SMSF 和 GMLC 等之间联系的转发功能。

## 9.4.2 无线接入网

### 1. 5G 无线接入网（RAN）接口

5G 为用户提供无线接入服务的 RAN 节点为 gNB，统称基站。其负责无线时频资源的调度、管理，信道分配等功能，类似于核心网面向服务的架构，3GPP 对 gNB 的描述也是倾向于服务和功能,而非具体的实体。因此,gNB 在部署形态上既可以采用传统的多扇区基站模式,也可以采用一个基带单元连接多个射频单元的模式。在后一种模式中,射频单元可以在地域上分离,比如多个室内和沿街道。因此,这种模式弱化了原先蜂窝小区覆盖的概念,称为 cell-free。

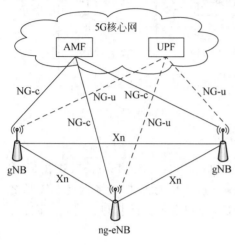

图 9.18　无线接入网接口

无线接入网接口如图 9.18 所示。基站之间通过 Xn 接口互连,基站通过 NG 接口与核心网连接。

Xn 接口分为用户面(Xn-u)和控制面(Xn-c)接口。Xn-u 是两个 NG-RAN 节点之间的数据接口,支持数据转发和流控的功能;Xn-c 是两个 NG-RAN 节点之间的控制接口,支持 Xn 接口管理、UE 移动性管理、双连接等功能。

NG 接口分为用户面(NG-u)和控制面(NG-c)。NG-u 是 NG-RAN 和 UPF 之间的接口,支持数据传输和 QoS 流标识的功能。NG-c 是 NG-RAN 和 AMF 之间的接口,支持以下功能:NG 接口管理、UE 上下文管理和移动性管理、寻呼、PDU 会话管理、NAS 和报警消息传输。

**2. 5G 无线接入网架构变化**

相比 4G 网络,5G 网络的 RAN 架构发生了较大变化,其 BBU 裂化为 CU、DU 两部分,5G 基站重构为 CU、DU、AAU 三级架构,如图 9.19(a)所示,其中 CU 和 DU 可以分开部署,也可以合一部署,可根据场景和需求确定。当 CU 和 DU 分开部署,需要在 CU 和 DU 之间部署"中传"承载网,这样 5G 承载网就从 4G 网络的前传和回传两部分变成了前传、中传、回传 3 部分,关于它们在 5G 网络中的具体应用在第 5 章中已有介绍,这里只作简单总结。

"前传"为 AAU 和 DU 之间,传递无线侧网元设备 AAU 和 DU 间的数据。前传网络实现 5G 的 C-RAN 场景信号的透明传送,与 4G 相比,接口速率和接口类型不同。前传接口也将由 10Gb/s CPRI 升级为 25Gb/s CPRI 或自定义 CPRI 接口等。

"中传"为 DU 和 CU 之间,传递 5G 无线侧网元设备 DU 和 CU 间的数据。中传网络面向 5G 引入了新的承载网络层次,在网络实际部署时城域网接入层可同时承载中传和前传业务,随着 CU 和 DU 云化部署发展,中传网络也需要支持面向云化应用的灵活承载。

"回传"为 CU 和核心网之间,传递 5G 无线侧网元设备 CU 和核心网网元间的数据。回传网络实现 CU 和核心网、CU 和 CU 之间等相关流量承载,由接入、汇聚和核心层构成。由于核心网演变为 5G 核心网和多接入边缘计算 MEC 等,同时 5G 核心网云化部署在省干和城域核心的大型数据中心 DC,MEC 将部署在城域汇聚或更低位置的边缘数据中心,因此,城域核心汇聚网络将演进为面向 5G 回传和数据中心 DC 互联统一的承载网络。

5G 核心网进行云化,如图 9.19(b)所示,其用户面功能(User Plane Function,UPF)按需下沉,图中 UP 为用户面,CP 为控制面。受业务发展驱动,5G 核心网发展成满足全业务接入和服务全业务场景的云化网络架构,引入 SDN 和 NFV 技术,通过网络切片功能实现不同业务的虚拟隔离。总之,5G 网络组网架构的变化对传输网络提出了新的变化,它使网元设备之间的连接变为云之间的互联组网。

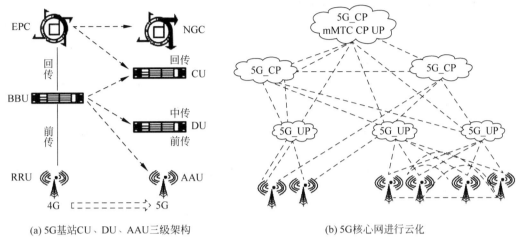

(a) 5G基站CU、DU、AAU三级架构　　　　　　(b) 5G核心网进行云化

图 9.19　5G 传输网络组网架构示意图

## 9.4.3　移动边缘计算

**1. 移动边缘计算特点**

移动边缘计算(Mobile Edge Computing,MEC)概念最初于 2013 年出现。其基本思想是把云计算平台从移动核心网络内部迁移到移动接入网边缘,实现计算及存储资源的弹性利用。MEC 将传统移动网与互联网进行了深度融合,旨在减少移动业务交付的端到端时延,发掘内在能力,构成一个包含了用户、电信商、内容分发、设备商以及服务开发商等庞大的生态圈。MEC 亦称多接入边缘计算(multi-access edge computing)。MEC 的特点如下。

(1) 5G 引入了边缘计算(edge computing)的概念,满足了低延时的需求,其思想类似于计算机中的存储器(memory)和缓存器(cache)的概念,就是将用户常用到的数据放在离用户比较近的边缘云(edge-cloud)中,从而降低用户存取网络信息/服务的延迟,同时降低核心网络的流量负担。

(2) MEC 改变了 LTE 中网络和业务分离的状态,通过对传统无线网络增加 MEC 平台网元,将业务平台(包含内容、服务、应用)下沉到移动网络边缘,为移动用户提供计算和数据存储服务。

(3) 应用服务器部署于无线网络边缘,可在无线接入网络与现有应用服务器之间的回传线路上节省大量的带宽。ETSI(欧洲电信标准化协会)把 MEC 的概念扩展为多接入边缘计算,将边缘计算从电信蜂窝网络进一步延伸至其他无线接入网络(如 WiFi)。MEC 可被看作是一个运行在移动网络边缘的、运行特定任务的云服务器,以实现在低时延要求相关领域(如远程手术(remote surgery)、自动驾驶车辆(autonomous car)、AR 等)的应用,MEC 针对不同延时需求的应用,将内容/服务(content/service)放在不同的位置。

（4）MEC可以与C-RAN等技术结合，将核心网中的一些服务、IMS等拉到边缘云中，降低核心网的负担，提升整个系统的容量（capacity），建立新型的产业链及网络生态圈。

基于5G的MEC解决方案尤其适用于VR这一典型应用场景。MEC部署在RAN或C-RAN侧以获取利于统计分析的关键信息，提供低时延的本地化业务服务。运营商不仅可以有效减轻核心网的网络负载，还能通过本地化的部署，提供实时性高、低时延的VR体验，增强VR实时互动效果。

### 2. 5GC对MEC的支持

MEC通过缩短物理传输距离、减少中间设备数目，从而加速网络中各项应用的连接速度，具备超低时延、超高带宽、实时性强等特性，为自动驾驶等uRLLC业务提供支持。5G核心网通过SBA（服务化架构）等技术，做到了C（控制）面和U（用户）面的彻底分离。其中C面的功能由若干NF担当，U面的功能由UPF独立担当，这意味着UPF就像是核心网的"自由人"，既可以与核心网控制面一起部署在核心机房，也可以部署在更靠近用户的无线侧设备机房。一般的MEC解决方案是将负责U面功能的UPF下沉到无线侧设备机房、无线侧CU（Centralized Unit，集中单元）、移动边缘应用（ME App），例如，将视频集成内容Cache、VR视频渲染等App一起部署在运营商的MEC平台上，就近为用户提供前端服务。

5GC架构在网络层面和能力开放层面都支持边缘计算。在网络层面，5GC支持多种灵活的本地分流机制、移动性、计费、QoS以及合法监听。在能力开放层面，5GC支持App路由引导、网络及用户的信息获取和控制。5G核心网支持如下几种本地分流机制。

（1）上行分类器UL-CL（Uplink Classifier）：可以基于目的地址进行本地分流。根据边缘计算业务需求，当UE移动到某个位置时，SMF插入本地的UPF进行分流，如图9.20所示。UPF根据SMF下发的分流规则过滤上行数据包IP地址，将符合规则的数据包分流到本地DN。UL-CL机制下UE只有一个IP地址，不感知数据分流，对UE没有特别要求。

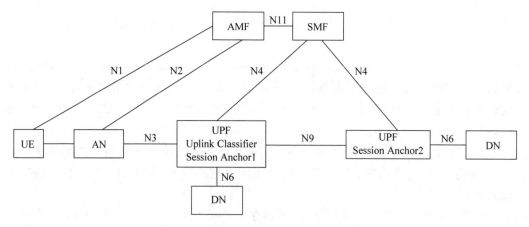

图9.20　SMF插入本地的UPF进行分流

（2）IPv6多归属（IPv6 multi-homing）：基于源地址进行本地分流。此机制利用了IPv6多归属的特性，将UE的一个IPv6地址用于边缘计算业务。在IPv6机制，UE需要支持IPv6多归属，一个PDU会话分配两个IPv6前缀，并且UE能感知并控制数据分流。

（3）本地区域数据网（Local Area Data Network，LADN）：基于特定的 DNN（Data Network Name，数据网名称）进行本地分流。与前面两种不同，LADN 机制需要 UE 建立新的 PDU 会话接入本地 DN 来用于边缘计算业务。UE 在 5G 核心网注册成功后，AMF 告知 UE 其 LADN 信息（服务区域、LADN DNN）。UE 移动到 LADN 服务区域内时发起 PDU 会话，SMF 根据 UE 的位置选择本地 UPF，将会话路由到 LADN。UE 离开区域后 SMF 发起会话释放。LADN 机制下 UE 需要支持 LADN，并且能感知并控制数据分流。

**3. MEC 服务器部署场景**

MEC 服务器在网络中可以部署多个位置，例如，可以利用传统移动网机房将 MEC 服务器部署于 LTE 宏基站（eNB）侧、3G 无线网络控制器（RNC）侧、多无线接入技术（multi-RAN）蜂窝汇聚点侧或者核心网边缘等。

（1）4G 架构下 MEC 部署在无线接入网（RAN）侧。MEC 部署在 RAN 侧的多个 eNB 汇聚节点之后，这是目前比较常见的部署方式。MEC 服务器也可以部署在单个 eNB 节点之后，这种方式适合学校、大型购物中心、体育场馆等热点区域。将 MEC 服务器部署在 RAN 侧的优势在于可以更方便地通过监听、解析 S1 接口的信令来获取基站侧无线相关信息。

（2）4G 架构下 MEC 部署在核心网（CN）侧。MEC 服务器部署在核心网的 PGW 之后（或与 PGW 集成在一起），容易解决计费和安全问题。但部署在核心网侧会存在距离用户较远、时延较大和占用核心网资源的问题。该方案不改变原有的 EPC 架构，将 MEC 服务器与 PGW 部署在一起。UE 发起的数据业务经过 eNB、汇聚节点、SGW、PGW＋MEC 服务器，然后进到互联网。

（3）MEC 在 5G 网络中的部署架构。在 5G 架构下，MEC 服务器也同样有无线侧和核心网侧两种部署方案。MEC 服务器部署在一个或多个 gNB 之后，可以使数据业务更靠近用户，提升低时延类业务的体验。MEC 服务器部署结构如图 9.21 所示。

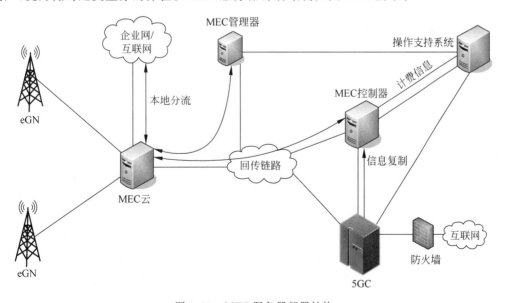

图 9.21 MEC 服务器部署结构

### 9.4.4 5G 组网架构

**1. 5G 的渐近性组网**

5G 网络部署具有渐近性,即运营商在原有基础设施的基础之上,逐步地建设和完善 5G 网络。在 5G 网络覆盖范围内,同时也可以搜索到 4G、3G 乃至 2G 网络的信号。部署渐进性 5G 网络归因如下。

(1) 建网成本过高。首先,从单个基站建设成本看,5G 基站的建设成本约为 4G 基站的建设成本的 2 倍。由于 5G 采用了更高的频段,单个 5G 基站覆盖范围显得更小。

(2) 网络维护成本过高。目前 5G 基站单系统的典型功耗为 3500W,而 4G 的单系统功耗仅为 1300W,5G 是 4G 的 3～4 倍。

(3) 不能很好支持连续性的 5G 设备服务。目前大量的物联网终端或偏远地区的 UE 还收不到 5G 信号,而仍然采用传统移动通信方式。

(4) 5G 应用市场生态的不成熟。典型的必须使用 5G 通信技术的应用,比如虚拟现实和增强现实,还未得到充分发展。

5G 网络推出独立组网(SA)与非独立组网(NSA),如图 9.22 所示。

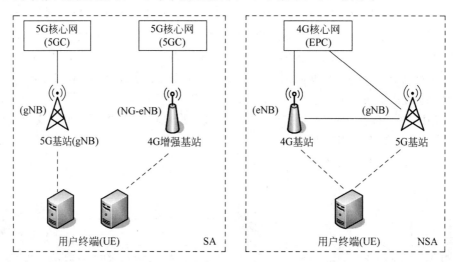

图 9.22  SA 与 NSA

独立组网指的是新建 5G 网络,包括新基站、回程链路以及核心网。独立组网在引入了全新网元与接口的同时,还将大规模采用网络虚拟化、软件定义网络等新技术。用户终端与 5G 基站(gNB)或者 4G 增强基站(NG-eNB)相连,后端接入 5G 核心网(5GC)。

非独立组网是指 5G 基站提供用户面服务,而控制功能交由已有的 4G 网络负责的一种组网模式。非独立组网依赖于双连接(dual-connectivity)技术,即用户终端同时连接到 LTE 基站(eNB)和 5G 基站(gNB),可同时使用两个基站的无线时频资源,而其中一个主节点负责控制面处理,处理终端所有 RRC 的配置,而其他的辅助节点提供额外的用户面数据链路。目前,中国大部分地区的 5G 网络都是以非独立组网为主,与传统的 LTE 网络共存。

**2. 5G"三朵云"架构**

对于 5G 网络架构,世界各地和中国都提出了不同的愿景。中国工业和信息化部在 2015 年发布的《5G 概念白皮书》提出了接入云、控制云和转发云的"三朵云"架构。

(1) 接入云支持多种无线制式的接入,融合集中式和分布式两种无线接入网架构,适应各种类型的回传链路,实现更灵活的组网部署和更高效的无线资源管理。

(2) 控制云实现局部和全局的会话控制、移动性管理和服务质量保证,并构建面向业务的网络能力开放接口,从而满足业务的差异化需求并提升业务的部署效率。

(3) 转发云基于通用的硬件平台,在控制云高效的网络控制和资源调度下,实现海量业务数据流的高可靠、低时延、均负载的高效传输。

基于"三朵云"的新型 5G 网络架构是移动网络未来的发展方向,但实际网络的发展在满足未来新业务和新场景需求的同时,也要充分考虑现有移动网络的演进途径。5G 网络架构分为接入网(RAN)和核心网(5GC)。其中,接入网负责无线相关的所有功能,比如无线时频资源的调度、管理,数据信道、控制信道的编码,以及未来可能引入的前沿无线通信技术;核心网负责无线之外的控制和数据交互功能,比如运营商所需要的计费业务模块还有安全认证等。

# 9.5　5G 网络接口协议栈

从逻辑功能层次上看,5G 无线接口协议栈遵从"三层两面"的架构:物理层、数据链路层和网络层,控制平面和用户平面。其中,网络层以 IP 交换为主,这里不再单独介绍。

## 9.5.1　物理层

物理层属于整个 5G 网络接口协议栈的最底层,直接负责无线介质中比特数据流的处理,例如,调制/解调、编码/译码、A/D 转换、信号映射等。物理层直接为移动通信提供物理信道。

**1. 下行信道**

5G 网络的物理层有 3 种下行物理信道。

物理下行共享信道(Physical Downlink Shared CHannel,PDSCH)主要通过单播的方式与用户进行数据传输,通常包括随机接入响应、用户数据报文和 Page 消息。

物理下行控制信道(Physical Downlink Control CHannel,PDCCH)主要传输控制报文,例如调度信息。

物理下行广播信道(Physical Broadcast CHannel,PBCH)是广播网络接入部分的系统消息块。

**2. 上行信道**

5G 网络的物理层有 3 种上行物理信道。

物理上行共享信道(Physical Uplink Share CHannel,PUSCH)主要用于数据传输,也会承载部分上行控制信息。

物理随机接入信道(Physical Random Access CHannel,PRACH)用于随机接入,更准确地说,是为了传递前导序列。

物理上行控制信道(Physical Uplink Control CHannel,PUCCH)传递上行控制信息。

**3. 参考信号**

物理层还包括一系列的参考信号,如解调参考信号(DeModulation Reference Signals, DM-RS);位相跟踪参考信号(Phase-Tracking Reference Signals,PT-RS);信道状态信息参考信号(Channel-State Information Reference Signal,CSI-RS);主同步信号(Primary Synchronization Signal,PSS);辅同步信号(Secondary Synchronization Signal,SSS);探测参考信号(Sounding Reference Signal,SRS)等。

## 9.5.2 数据链路层

5G 网络数据链路层由服务数据调整协议(Service Data Adaptation Protocol,SDAP)、分组数据汇聚协议(Packet Data Convergence Protocol,PDCP)、无线链路控制(Radio-Link Control,RLC)协议、媒体接入控制(Medium-Access Control,MAC)协议和无线资源控制(Radio Resource Control,RRC)协议构成。

**1. SDAP 子层**

SDAP 负责 5G 核心网的一个映射关系和对数据包做标记。具体来说,是将 QoS 流映射到数据无线承载上,并对上、下行链路中的数据包做 QoS 流标识符的标记。SDAP 是 5G 核心网新引入的,是为了进行新的 QoS 处理,在 LTE 网络中不需要这个层。

**2. PDCP 子层**

PDCP 对用户面和控制面数据处理的功能不同。对用户面数据的功能包括 IP 报头压缩、加密和完整性保护、重复包检测、PDCP SDU 重传、PDCP 重复发包等功能。对控制面数据的功能包括加/解密、完整性保护、重排序和 PDCP 重复发包等功能,相比 LTE,PDCP PDU 重复发包是一个新特性。

**3. RLC 子层**

RLC 的主要职能是提供分割以及无误传输。先说无误传输,引入自动重传请求(ARQ)后,当数据单元丢失被检测到,ARQ 会重发数据包以保证无线电接口上的无损传输。再说分割,将上层数据单元转化成下层数据单元,以下引入 PDU 和 SDU 的概念。

(1) SDU(Service Data Unit,服务数据单元),是指定层接收的数据包;

(2) PDU(Protocol Data Unit,协议数据单元),是指定层输出的数据包。

RLC 分割如图 9.23 所示,SDU 为上层的 PDU,本层的 PDU 为下层的 SDU,二者并不等同。分割可以将一个 SDU 分成多段,分别加入头部(H)后封装成 PDU 发送到下层。5G 与 LTE 的 RLC 层相比有两个变化:一是 RLC 不一定确保向上层按序递交 SDU;二是从 RLC 协议中去掉级联功能,从而可以预先组装 RLC PDU。这两点都可减少整体传送时延。

**4. MAC 子层**

MAC 负责逻辑信道到传输信道的映射、HARQ 重传和调度相关功能。MAC 子层的信道映射关系如图 9.24 所示。逻辑信道到传输信道的映射是指将来自一个或多个逻辑信道的 MAC 业务数据单元(SDU)复用和解复用;通过 HARQ 进行错误纠正,接收端在解码失败的情况下,将重传数据和先前接收的数据进行合并后解码,减少了重传次数,减少了时延;可对同一个节点的多个逻辑信道间进行优先级操作。

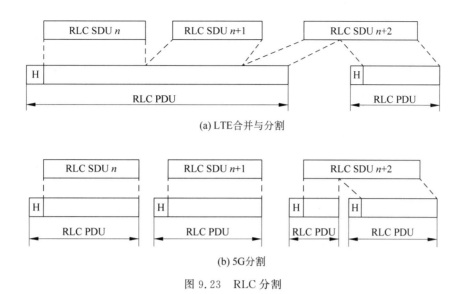

(a) LTE合并与分割

(b) 5G分割

图 9.23　RLC 分割

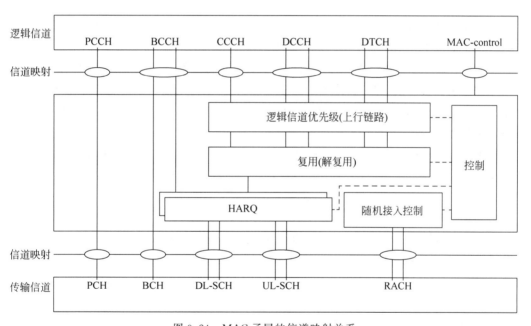

图 9.24　MAC 子层的信道映射关系

逻辑信道包括广播控制信道(BCCH)、寻呼控制信道(PCCH)、公共控制信道(CCCH)、专用控制信道(DCCH)和专用业务信道(DTCH)。

传输信道包括广播信道(BCH)、寻呼信道(PCH)、下行共享信道(DL-SCH)、上行共享信道(UL-SCH)和随机接入信道(RACH)。

【例 9.4】　5G 中 UE 通过 RACH 的随机接入过程如图 9.25 所示,简述其接入过程。

基于连接的随机接入过程如图 9.25(a)所示,可分为以下 4 步。

(1) UE 首先占用 RACH,并向 gNB 传输前导序列。

(2) gNB 向 UE 返回随机接入响应报文。

（3）UE 向 gNB 发送连接建立请求。

（4）gNB 向 UE 连接配置信息报文。双方建立连接后，就可以进入数据报传输阶段。

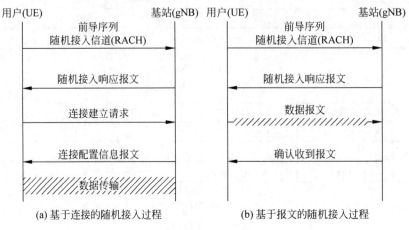

图 9.25　5G 网络中的随机接入过程

为优化蜂窝网络对业务的支持，3GPP 对随机接入机制做了一定的革新。如图 9.25(a) 所示的传统的基于连接的随机接入机制不太适用于 mMTC 等场景，因为 mMTC 业务的数据报文通常比较小，且节点数目大，所以在面向连接的随机接入机制下，海量的小数据报文传输却催生了巨大的信令开销，给系统造成沉重的负担。因此，针对小数据报文传输场景，3GPP 在保留传统的面向连接的随机接入机制的同时，为 5G 蜂窝网络引入早期数据传输方案（Early Data Transmission Scheme，EDTS），即将小数据报文的传输融入随机接入过程中。如图 9.25(b) 所示的就是基于报文的随机接入过程，由于在随机接入过程中就已经完成报文传输，不需要再额外搭建无线资源链接，因此可以将这种结合早期数据传输方案的随机接入机制称为基于报文的随机接入机制。

**5. RRC 子层**

RRC 属于链路层的子层之一，也有文献把它单独称为网络层。在整个 5G 网络中，RRC 具有至关重要的地位，因为其为接入网的控制中心，直接关联资源的分配与控制。具体来说，RRC 子层的主要功能如下。

（1）接入层非接入的系统广播，为 UE 接入网络提供所需的信道信息；支持 5GC 和 NG-RAN 发起的寻呼，用于寻呼空闲和连接不活动态的 UE。

（2）安全模式和密钥管理，用于空口加密和完整性保护。

（3）建立、重配置和释放 SRB 和 DRB（信令承载和数据承载）。

（4）UE 在系统间移动和移动性管理，以及 UE 测量控制和测量上报。

（5）QoS 管理和切片管理，无线链路的检测和恢复，NAS 消息的传递等。

3GPP 为 UE 定义不同的 RRC 状态。在 LTE 中，UE 可以处于 RRC-IDLE（RRC 空闲态）和 RRC-CONNECTED（RRC 连接态）。而在 5G NR 中，引入了一个新的 RRC-INACTIVE（RRC 连接不活动态），用于减少 UE 转到 RRC 连接态的时延和信令开销。状态间转换如图 9.26 所示。其中，在 RRC IDLE 状态，UE 断开了与 5GC 的连接，没有数据传输，节约电池和信令开销，UE 和 gNB 删除了 UE 上下文，此时只在 AMF 中保留了 UE

上下文,移动性由终端控制;在 RRC-CONNECTED 状态,UE 与 5GC 处于连接状态,有数据传输,此时 RRC 上下文建立,网络控制移动性;在 RRC-INACTIVE 状态,UE 与 gNB 之间的连接中断,但最后一个服务小区保持与核心网的连接,不能进行数据传输,UE 和 gNB 都存储了 UE 上下文,移动性由终端控制。

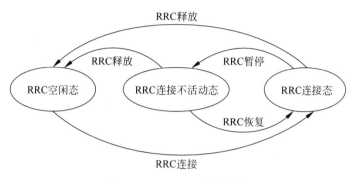

图 9.26 5G RRC 状态转换

LTE 仅支持空闲态和连接态,因而为了减少 UE 的能耗,在没有数据传输时,UE 经常转到 RRC 空闲态进入睡眠状态,在有寻呼时,重新进行连接,进入 RRC 连接态,进行数据传输。但如今物联网蓬勃发展,许多物联网通信设备经常会出现要传输小数据的情况。由于物联网设备多是电池供电的设备,如果每次传输小数据都要从 RRC 空闲态转到 RRC 连接态,则会造成很大的延时、信令开销和能耗,极大地缩短设备的服务年限。所以 NR 引入的 RRC 连接不活动态保留了 UE 上下文,且基站与核心网之间是保持连接的,这时候可以更快地转到 RRC 连接态,从而减少了时延、信令开销和能耗。并且在 RRC 连接不活动态时,可以进行小数据传输,即在传输小数据时,不需要转到 RRC 连接态就可以进行数据传输,减少了时延、信令开销和能耗。

### 9.5.3 控制面和用户面协议栈

**1. 控制面**

控制面协议主要负责连接建立、移动性和安全性,其功能包括 AMF(接入和移动管理性功能)和 SMF(会话管理功能)。

AMF 的主要功能包括负责核心网与终端之间的控制信令,用户数据的安全性,空闲态转移性管理,注册区管理,接入鉴权,SMF 选择等。

SMF 的主要功能包括 PDU 会话控制,终端 IP 地址分配,策略实施与 QoS 的控制部分,业务转向配置,下行数据通知等。

控制面协议栈如图 9.27 所示,各层功能在前面已经详细讲解,此处不再赘述。协议栈中核心网络端的 NAS 被放置在了 AMF,以管理 UE 的移动性、会话管理过程和 IP 地址。

**2. 用户面**

5G 处理用户面数据和控制面信令时,无线协议栈是不一样的。用户面协议栈如图 9.28 所示,其中 SDAP(服务数据调整协议)子层只存在于用户面协议栈。用户平面的功能包括:

(1) RAT(Radio Access Technology,无线接入技术)内和 RAT 间移动性锚点。

（2）处理数据包路由和转发，与数据网络连接的外部 PDU 会话。

（3）数据包检测，流量测量，服务质量处理和数据包过滤等。

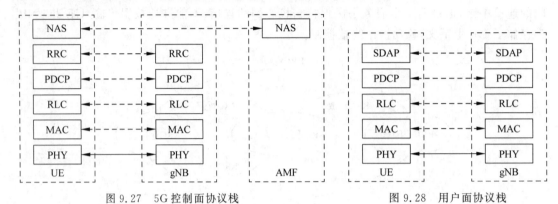

图 9.27　5G 控制面协议栈　　　　　　　图 9.28　用户面协议栈

## 9.6　5G NR 多天线传输与波束管理技术

多天线传输和波束管理是 5G NR 标准的一项关键技术，对于部署在高频的 NR 尤其重要。本节将介绍 5G NR 中采用的多天线预编码技术和波束管理技术。

### 9.6.1　多天线通用模型及端口

**1. 多天线传输通用模型**

多天线是获得高速率传输和高频谱效率的一项关键技术。5G NR 与 LTE 不同的一点是 NR 需要支持高频部署。通俗地说，更高的频率意味着更高的路径损耗与更小的通信范围。因此，在高频通信中要获得较长距离的覆盖，需要在发送端和接收端采用高定向性天线。

多天线传输的通用模型，如图 9.29 所示，发送端同时发送 $N_L$ 个层的独立信号，通过预编码矩阵 $\boldsymbol{W}$ 映射到 $N_T$ 个物理天线上。这里预编码矩阵 $\boldsymbol{W}$ 是为了相干解调，如果对解调参考信号（Demodulation Reference Signal，DM-RS）没有预编码，则接收机需要

图 9.29　多天线传输通用模型

知道发射机使用的预编码矩阵才能够进行相干解调。如果对 DM-RS 与数据一起进行预编码，那么接收机看到的不是 $N_R \times N_T$ 信道矩阵，而是由预编码矩阵 $\boldsymbol{W}$ 和信道矩阵级联而成的维度为 $N_R \times N_L$ 的等效信道矩阵。

**2. 多天线端口**

在 5G NR 多天线系统中，终端需要能够知道不同的下行信号与对应的无线信道之间的关系。例如，终端需要知道在一个特定的下行信道进行传输，哪些参考信号可以用来进行信道估计。

基于这样的考虑，与 LTE 天线端口的定义类似，NR 标准也引入了天线端口这个概念。通常可认为多个 OFDM 符号通过一个天线端口传输，它们所经历的无线信道是相同的。对

下行链路而言,每个天线端口都可以对应一个特定的参考信号。终端可以用这个参考信号来进行信道估计,参考信号也可以帮助终端来得到信道状态信息。

在天线端口 $p$ 上子载波间隔 $\mu$ 的资源格中的每个元素被称为资源粒子 RE,被唯一标识为 $(k,l)_{p,\mu}$,其中 $k$ 是频域中的索引,$l$ 是指相对于某个参考点的时域中的码元位置。资源粒子 $(k,l)_{p,\mu}$ 可表示为 $a_{k,l}^{(p,\mu)}$。每个天线端口 $p$ 子载波间隔按 $\mu$ 配置,每个传输方向(下、上行)对应一个资源栅格 RG。

表 9.9 中列举了 NR 标准定义的天线端口。可以看出,天线端口的编号是有一定结构的。这种结构化的天线端口编号对不同用途的天线端口进行分类。比如从 1000 开始编号的下行天线端口用于 PDSCH 传输。不同 PDSCH 传输层采用不同的编号,比如 1000 和 1001 标记了一个双层 PDSCH 传输。需要强调的是,天线端口的概念是一个逻辑概念,并不和一个特定的物理天线对应。

表 9.9　NR 支持的天线端口

| 天线端口 | 上　　行 | 下　　行 |
| --- | --- | --- |
| 0-系列 | PUSCH 和关联的 DM-RS | — |
| 1000-系列 | SRS,预编码 PUSCH | PDSCH |
| 2000-系列 | PUCCH | PDCCH |
| 3000-系列 | — | CSI-RS |
| 4000-系列 | PRACH | SSB |

除了天线端口,NR 标准还引入了准共址(Quasi-CoLocation,QCL)的概念。可认为准共址的天线端口发送的信号所经历的信道是不同的,但是从大尺度上来说又是相同的。例如,在同一个基站下从不同物理天线端口上发出的两组信号,经历的信道会不同,但是诸如多普勒扩展、时延扩展和平均信道增益这些大尺度特性是相近的。如果终端知道两个天线端口有相近的大尺度特性,则可帮助接收机设计信道估计参数。网络会通过信令显式地通知终端不同的天线端口是否是准共址。NR 中空域的准共址是波束管理的重要部分。在实际应用中,空域准共址描述了两组信号通过同一个物理站址和同一个方向的波束进行发送。在这种情况下,当接收端知道从一个接收波束方向可以较好地接收其中一组信号,那么使用相同的接收波束,另一组准共址信号也可以获得较好的接收性能。一个典型例子是 NR 会配置特定传输信号之间准共址,比如 PDSCH/PDCCH 传输和一些参考信号准共址。这样终端就可以基于参考信号的测量,选择出最优的终端接收波束。而这个最优的接收波束对下行数据 PDSCH/PDCCH 的接收也是一个不错的选择。

## 9.6.2　多天线预编码

### 1. NR 下行多天线预编码

所有 NR 的下行物理信道的相关解调都依赖于该信道对应的 DM-RS。同时终端需要假设数据和 DM-RS 使用了相同的预编码。因此,网络侧使用的任何下行多天线预编码对终端都是透明的,网络侧可以自由决定下行预编码。

下行多天线预编码对协议的影响主要集中在:终端如何进行测量并且上报,以支持网络侧选择预编码矩阵用于下行 PDSCH 的传输。预编码相关的测量以及上报机制是 CSI 上报的一部分。一个 CSI 上报包括一个或者多个下面的测量项目。

（1）秩指示(RI)：终端建议的传输秩，即下行传输层数 $N_L$。

（2）预编码矩阵指示(PMI)：在基站采用终端建议传输秩的前提下，终端建议采用的预编码矩阵。

（3）信道质量指示(CQI)：在基站采用终端建议的传输秩和预编码矩阵的前提下，终端建议采用的信道编码方式。

终端上报的 PMI 代表下行传输可用的预编码矩阵，每个 PMI 都对应一个预编码矩阵。所有 PMI 对应的预编码矩阵合在一起称为预编码码本，终端会从中选出最优的 PMI。

需要注意的是，下行预编码码本仅仅是为了 PMI 上报使用，虽然协议定义了该码本，却并不意味着协议要求网络侧一定使用该码本中的预编码矩阵进行下行传输。网络侧可以使用任意预编码而不受协议限制。通常网络会直接使用终端通过 PMI 推荐的预编码矩阵。但是在特殊情况下，网络会使用不同的预编码矩阵。例如，当多天线预编码可以使得多个终端使用相同的时域和频域资源传输数据时，也就是所谓的多用户 MIMO（Muti-User MIMO，MU-MIMO）即为此种情况。MU-MIMO 的原理基于多天线预编码，它不仅需要将能量集中在终端的方向，还需要尽可能避免对同时调度的其他 MU-MIMO 终端产生干扰。在这种情况下，终端上报的 PMI 未必可行。因为终端仅仅考虑自己的接收，而不考虑预编码矩阵对其他 MU-MIMO 终端产生干扰。在这种情况下，网络就需要综合考虑所有同时调度的终端上报的 PMI，然后为每个终端选择最佳的预编码矩阵。

为了更好地支持 MU-MIMO 场景，NR 标准定义了两种不同的 CSI 模式：类型 Ⅰ CSI 和类型 Ⅱ CSI。两种类型有不同的结构和不同的码本大小。类型 Ⅰ CSI 主要用于单用户（非 MU-MIMO 场景）。每个终端通过高阶空分复用，可以支持高的传输层数。类型 Ⅱ CSI 主要用于多用户调度，多个终端使用相同的时频资源传输数据，但是每个终端都只使用最多 2 层的传输层。

类型 Ⅰ CSI 的码本相对简单，多个层传输所造成的层间干扰不是发射端码本选择时的主要考虑对象。层间干扰主要通过接收端的多天线接收来抑制。类型 Ⅱ CSI 码本相对于类型 Ⅰ CSI 码本会复杂许多，这有助于 PMI 提供更多的信道信息。更多信道信息有助于网络侧在选择下行预编码矩阵的时候，额外考虑限制在同一时频资源上传输的终端间的干扰。

类型 Ⅰ CSI 有两个子类，包括类型 Ⅰ 单面板 CSI 和类型 Ⅰ 多面板 CSI。两个子类有不同的码本，对应不同的天线配置。

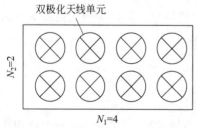

图 9.30　类型 Ⅰ 单面板 CSI 的典型天线结构 $(N_1, N_2) = (4, 2)$

（1）类型 Ⅰ 单面板 CSI 的码本设计是基于网络侧仅配置一个天线面板。该天线面板拥有 $N_1 \times N_2$ 个双极化天线单元。每个双极化天线单元包括两个天线端口，每个端口对应一个极化方向。因此如图 9.30 所示的天线具有 16 个端口。

通常情况下，类型 Ⅰ 单面板 CSI 的码本中的预编码矩阵 $W$ 可以表示为两个矩阵 $W_1$ 和 $W_2$ 的乘积。其中，矩阵 $W_1$ 代表长期信道特性且与频率无关,矩阵 $W_2$ 负责上报短期的且与频率相关的信道特性。需要说明的是,关于矩阵 $W_2$ 上报有两种方式。在第一种方式中,终端针对每个子带(subband)都会上报一个矩阵信息。在第二种方式中,终端不上报矩阵信息。在此方式中,终端在接下来选择 CQI 时,会假设网络为每个物理资源块组分配一个随机的矩阵 $W_2$。

关于矩阵 $W_1$,可以认为其定义了一个波束或者一组相邻的波束,指向一个特定的方向。矩阵 $W_1$ 可以表示为

$$W_1 = \begin{pmatrix} B & 0 \\ 0 & B \end{pmatrix}$$

其中,矩阵 $B$ 的每一列都定义了一个波束。在矩阵 $W_1$ 具有的 $2 \times 2$ 块状结构中,两个对角块分别对应了两个极化方向。注意,因为矩阵 $W_1$ 上报的是长期且与频率无关的信道信息,所以两个极化方向上会使用相同的波束方向。当矩阵 $W_1$ 定义了一组相邻的波束时,矩阵 $W_2$ 会用来选择传输具体使用哪个波束。因为矩阵 $W_2$ 上报每个子带的信息,所以可以再精细调整每个子带的波束方向。相反地,当矩阵 $W_1$ 只定义了一个波束方向时,矩阵 $W_2$ 用来调整极化间相位。

(2) 多面板 CSI 的设计主要用 2 个或者 4 个天线面板进行联合下行传输。每个面板都可以表示为 $N_1 \times N_2$ 个双极化天线单元。在如图 9.31 所示的例子中,有 4 个天线面板,每个面板的天线结构为 $(N_1, N_2) = (4, 1)$,总共 32 个天线端口。

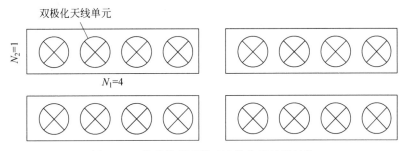

图 9.31　类型 I 多面板 CSI 的典型天线结构

类型 I 多面板 CSI 码本设计原理和类型 II 单面板 CSI 相似,不过多面板 CSI 码本设计让矩阵 $W_1$ 定义一个面板一个极化上的波束方向,矩阵形 $W_2$ 则定义了极化和面板间在各个子带上的相位调整。类型 I 多面板 CSI 可以支持最多 4 层的空分复用。

类型 II CSI 提供了比类型 I CSI 更精细空间粒度的信道信息。类型 I CSI 只上报一个波束,而类型 II 则上报最多 4 个正交的波束。对每一个波束,以及这个波束对应的 2 个极化方向,上报的 PMI 都会提供一个与之对应的带宽和子带的幅度值以及一个关于子带的相位值。这样,类型 II CSI 蕴含了主要的传播路径和相应的幅度和相位,从而提供关于信道的详细信息。在网络侧,应综合考虑从各个终端收集的 PMI 信息,以保证一组终端可以同时在一组相同的时频域资源上传输,并为每个终端设置合适的预编码矩阵。因为类型 II CSI 主要用于 MU-MIMO,所以每个终端最大支持 2 层的传输。

**2. NR 上行多天线预编码**

5G NR 标准支持最多 4 层的上行(也就是 PUSCH)多天线预编码。如果上行传输采用 DFTS-OFDM,则只能支持单层的传输。终端关于 PUSCH 的多天线预编码可以配置为两

种模式：一种是基于码本的传输，一种是基于非码本的传输。具体选择使用哪种模式取决于上下行信道是否具有互易性。

用于上行 PUSCH 信道的多天线预编码也会用在对应的 DM-RS 信号上。因此和下行类似，上行信道的预编码也对接收机透明，在网络侧接收机不必知道上行发射机使用的预编码矩阵的信息就可以直接解调。但是这并不意味着终端可以自由地选择 PUSCH 预编码矩阵。例如，在基于码本的预编码机制中，上行调度授权就包括网络侧要求终端使用的预编码信息，终端在上行传输中必须使用网络要求的预编码矩阵。

上行多天线传输的一个限制是终端可以在多大程度上控制天线间相关性。在进行多天线预编码的时候，需要准确调整各个天线口的权值。这些权值会应用于不同天线端口发射的信号，如果不能控制相关性，那么每个天线的实际权值就会变成一个随机值，这样的权值就会变得没有意义。NR 标准支持各种不同的终端天线端口相关性能力，取值包括全相关（full coherence）、部分相关（partial coherence）和不相关（no coherence）。全相关指的是网络侧认为在上行传输的时候，终端可以控制最多 4 个端口间的相对相位。部分相关指的是网络侧认为终端在上行传输的时候，可以控制天线对（pairwise）的相关性，即天线对内的两个端口间的相对相位可以准确控制，但无法准确控制天线对之间的相位。不相关则指的是终端任意两个天线端口之间的相对相位都无法保证。

下面以基于码本的传输为例，介绍上行多天线预编码和传输技术。基于码本的预编码一般用于上下行不具备互易性的场景。在此场景下，必须针对上行信号进行测量，才能决定上行预编码矩阵。基于码本的上行传输的基本准则是由网络决定一个上行传输秩以及对应的预编码矩阵。作为上行调度命令的一部分，网络会通知终端相关的上行传输秩和预编码矩阵。在基于上行 PUSCH 传输的调度中，终端使用网络指定的预编码矩阵，把指定的层数映射到天线端口上。

为了选择一个合适的传输秩以及预编码矩阵，网络需要探测从终端的天线端口到网络侧接收天线之间的无线信道。为了能够探测信道，基于码本 PUSCH 传输的终端往往需要配置一个多端口探测参考信号（Sounding Reference Signal，SRS）。通过对 SRS 的测量，网络可以探测信道，并根据探测结果得到合适的秩以及预编码矩阵。需要说明的是，网络不能任意选取预编码矩阵，只能从上行码本中包含的有限的预编码矩阵中选取最优的一个。

相较于 LTE，在 NR 标准中，基于码本的 PUSCH 传输得到了增强，支持更广泛的应用场景。其中之一就是引入了多个多端口 SRS 传输（Release 15 中只支持 2 个 SRS）。对于多个 SRS 传输，网络侧反馈会扩展 1b 的 SRS 资源指示（SRS Resource Indicator，SRI）。通过 SRI 来指示网络选择了所有配置的 SRS 中的哪一个。终端在接下来的上行传输中，不但需要使用网络在调度授权中指示的预编码矩阵，而且要把预编码矩阵输出的数据按照网络侧 SRI 指示的 SRS 资源格式映射到相应的天线端口上。图 9.32 说明了基于多 SRS 进行基于码本的上行传输的过程。

终端上行有多个备选的波束可以使用，这些波束对应不同的终端天线面板以及各个面板上不同的波束方向。同时每个天线面板都配置多个天线单元，这些天线单元对应每个多端口 SRS 的天线端口。终端从网络接收到 SRI，就会决定哪些波束用于 PUSCH 传输，同时收到的预编码信息将会决定在这些通过 SRI 选定的波束上如何发射上行信号。如图 9.32(a)所示，如果网络侧配置满秩的上行传输，则终端使用网络侧选择的 SRS2 对应的波束做满秩传输。如果网络配置单层传输,如图9.32(b)所示,则终端利用预编码,在选定的SRS2对应波束的基础上波束赋形。

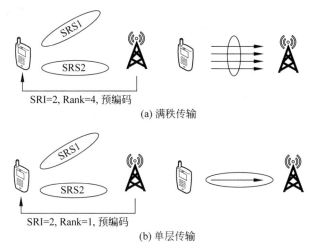

(a) 满秩传输

SRI=2, Rank=4, 预编码

SRI=2, Rank=1, 预编码

(b) 单层传输

图9.32 基于多SRS进行基于码本的上行传输

## 9.6.3 波束管理

波束管理的目标是建立一个合适的波束对(beam pair),通过在接收机选择一个合适的接收波束,在发射机选择一个合适的发射波束,联合建立及保持一个良好的无线连接。

在大多数情况下,一个下行传输的最优波束对上行传输也是最优的,反之亦然。这种上下行一致性被称为波束一致性(beam correspondence)。波束管理并不去追踪快速和频率选择性的信道变化,同时波束一致性也并不局限于同一个载波上的上下行传输,也就是说,波束一致性可以用于FDD场景下的对称频谱。波束管理通常可以分为以下3部分。

(1) 初始波束建立(initial beam establishment)。

(2) 波束调整(beam adjustment)主要用来适应终端的移动以及环境中的缓慢变化。

(3) 波束恢复(beam recovery)用于处理快速变化的信道环境所引起的当前波束对的破坏。

**1. 初始波束建立**

初始波束建立指的是为上下行方向初始建立波束对的过程。例如,在连接建立时,在小区初始搜索过程中终端会获取网络发送的同步信号块(Synchronization Signal Block, SSB)。一般网络会发送多个SSB,每个SSB都承载于不同的下行波束上。SSB和下行波束相关联,同时还和上行随机接入时机、前导码等资源相联系,这样网络就可以通过随机接入获知终端选择的下行波束,从而建立起初始波束对。在随后的通信过程中,终端会假设网络的下行传输会一直沿用相同的发射波束。同时终端会一直保持随机接入过程中使用的发射波束。

**2. 波束调整**

当初始波束对建立起来之后,因为终端的移动性,需要定期评估接收端波束和发送端波束的选择是否依然合适。波束调整还包括优化波束形状,比如相对于初始波束使用的宽波束,通过波束调整让波束更加狭窄。因为波束对的波束赋形包括收发两端的波束赋形,所以波束调整可以分为下面两个独立的过程:现有接收端接收波束不变,重新评估和调整发送端的发射波束;现有发送端发射波束不变,重新评估和调整接收端的接收波束。

如果假设波束具有一致性,那么波束调整只需要在一个方向上执行。下面以下行波束调整为例,介绍 NR 标准下的波束调整过程。

(1) 下行发送端波束调整

下行发射端波束调整的目的是在终端接收波束不变的情况下,优化发射波束。终端需测量一组参考信号,每个参考信号对应一个下行波束,如图 9.33(a)所示。NR 标准使用了基于测量报告配置的上报机制,即测量和上报是通过一个基于 L1-RSRP 的报告配置来描述的。

测量不同波束的参考信号集合由报告配置中的非零功率 CSI-RS(Non-Zero-Power CSI-RS,NZP-CSI-RS)资源组所定义。这个资源组包括一组配置的 CSI-RS 或一组 SSB。波束管理的测量可以基于 CSI-RS 或 SSB。终端最多可以针对 4 个参考信号进行测量上报,这样上报实例就可以针对多达 4 个波束进行上报。每个上报内容包括:该上报所针对的参考信号(波束,最多 4 个);最强波束的 L1-RSRP;针对剩余的波束(最多 3 个),上报剩余波束和最强波束的 L1-RSRP 差值。

(2) 下行接收端波束调整

下行接收端波束调整的目的是在发射波束不变的情况下,找到终端最优的接收波束。因此需要再次给终端配置一组下行参考信号,这些参考信号都是从当前服务波束上发出的。如图 9.33(b)所示,终端执行接收端波束扫描,来依次测量配置的一组参考信号。通过测量,终端可以调整自己当前的接收波束。

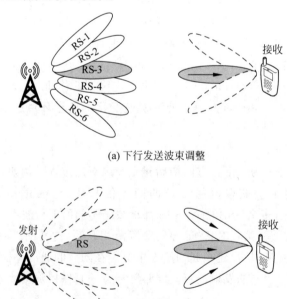

(a) 下行发送波束调整

(b) 下行接收波束调整

图 9.33　下行波束调整示例

下行波束赋形对终端是完全透明的,即终端无须知道网络使用的是何种波束。但同时,NR 标准也支持波束指示(beam indication)。具体地说,波束指示是通过 RRC 配置和传输配置指示(Transmission Configuration Indication,TCI)的下行 MAC 信令来通知终端某一 PDSCH/PDCCH 传输使用了和配置的参考信号相同的波束。每个 TCI 状态包括一个参考信号的信息,通过关联 TCI 和一个特定 PDSCH/PDCCH 下行传输,终端便可得知下行传输使用了与 TCI 关联的参考信号相同的波束。

**3. 波束恢复**

在某些场景下,由于收发端的相对移动,导致原先建立的波束对被阻挡,此时会出现网络和终端没有足够的时间来进行波束调整。为了处理这种情况,NR 标准定义了一套处理这种波束失败的流程,称为波束恢复。波束恢复的步骤如下。

(1) 波束失败检测:终端会通过对 PDCCH TCI 状态相关联的 CSI-RS 或者 SSB 这些参考信号的测量来判断波束失败。每当测量的 L1-RSRP 低于门限值,就称之为波束失败实例。当连续的波束失败实例超过一个设置的门限时,终端就会认为检测到波束失败,触发下一步的波束失败恢复流程。

(2) 备选波束认定:终端会寻找一个新的波束对来恢复连接。网络侧会给终端配置一个资源组,对应了一组备选波束。和正常的波束建立过程类似,终端通过测量参考信号的 L1-RSRP 来从备选的波束中选出合适的波束。如果 L1-RSRP 超过了一个配置的门限,终端就会认为这个波束能够用于恢复连接。

(3) 恢复请求传输:当找到新的备选波束时,终端会执行波束恢复请求。波束恢复请求是一个两步的非竞争随机接入请求,包括前导码发送和随机接入响应。每一个备选波束都对应一个特定的前导码配置。当终端认定了一个新备选波束,与之对应的前导码配置也随之确认。当终端执行波束恢复请求之后,就会监听网络的响应。终端会认为网络如果响应了请求,传输的 PDCCH 一定与选择的新波束对应的参考信号准共址。监听恢复请求响应开始于发送请求 4 个时隙之后,如果在一个配置的特定时间窗内,始终都没有收到网络发送的响应,那么终端就会根据配置的功率抬升参数(power ramping),抬升功率后再次发送恢复请求。

## 9.7　5G 技术演进

前面已经介绍了 5G 网络中用到的多个关键技术。之所以会引入多种空口的新技术,是因为 5G 网络在未来需要面临众多的新兴业务,比如云服务、超高清在线视频、3D 虚拟现实、智能工厂和智慧城市。不同业务在数据流量特征和服务质量要求方面差异巨大。为了设计 5G 网络和规划未来业务,以下介绍一些可能带来突破的潜在关键技术,包括非正交多址接入(Non-Orthogonal Multiple Access,NOMA)、连续相位调制(Continuous Phase Modulation,CPM)和稀疏码多址接入(Sparse Code Multiple Access,SCMA)等。

### 9.7.1　非正交多址接入方式

移动通信技术发展到今天,频率资源变得越来越紧张。为了满足高速增长的移动业务需求,学界和工业界一直在寻找既能满足用户体验需求又能提高频谱效率的新的移动通信技术。在此背景下，非正交多址接入技术(Non-Orthogonal Multiple Access，NOMA)被提了出来。NOMA 的基本思想是在发送端采用非正交发送，即多个终端共同使用相同的频率资源，主动引入干扰信息，在接收端通过串行干扰删除(Successive Interference Cancellation，SIC)接收机实现正确的解调。可以看到，NOMA 技术的本质就是用提高接收机复杂度来换取频谱效率。

在 NOMA 中，每个子信道传输依然采用 OFDM 技术，子信道之间是正交且互不干扰的。与 OFDMA 不同的是，每个子信道不再只分配一个用户，而是多个用户共享。同一子信道上不同用户之间的传输是非正交的，这样会产生用户间干扰问题。因此需要在接收端采用 SIC 技术进行多用户检测。在发送端，为了实现在接收端的 SIC 解调，同一子信道上的不同用户需采用功率复用技术进行发送。所谓的功率复用技术，是指同一子信道上的不同用户的信号功率需按照相关的算法进行分配，这样到达接收端的每个用户信号功率都不一样。SIC 接收机则根据用户信号功率大小排序依次进行干扰消除，实现正确解调。

### 1. 叠加编码和串行干扰删除

叠加编码(superposition coding)适用于单个信息源同时将信息发送给多个接收端的场景，可允许发射端同时传输多个用户的信息。以叠加方式进行通信的例子包括电视广播，以及向具有不同背景和能力的人群进行演讲，例如，在教室里进行授课。假设一位教授正在教室里通过一次讲座给学生讲述知识。由于学生的素质和背景存在差异，有些学生可理解大部分信息，而另一些则只理解其中的一部分。这种情况就是一个广播频道的例子，演讲者正在进行一个根据不同知识背景的学生，传递不同知识的"叠加"演讲。为了实现信息叠加，发射端必须针对每个用户进行编码。

考虑两个用户场景，一个信源的发射机同时传输信息给终端 1 和终端 2。发射机必须包含两个点对点编码器，将其各自的输入映射到两个终端信号的复数序列。假设采用 QPSK 调制，针对终端 1 的发射功率大于针对终端 2 的。图 9.34 给出了终端 1 信号 $S_1$ 和终端 2 信号 $S_2$ 的星座图以及两者经过叠加编码后的星座图。发射机发送信息序列可用下式描述：

$$X(n) = \sqrt{P\beta_1}\, S_1(n) + \sqrt{P\beta_2}\, S_2(n)$$

其中，$\beta_i$ 为功率分配因子，即为用户 $i$ 分配的功率占总发射功率 $P$ 的百分比，$i = 1,2$，需满足约束条件 $\beta_1 + \beta_2 = 1$。

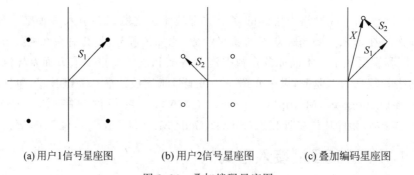

(a) 用户1信号星座图　　　(b) 用户2信号星座图　　　(c) 叠加编码星座图

图 9.34　叠加编码星座图

在每个用户处解码叠加的信息,需要使用 SIC 技术。SIC 的基本思想是对叠加的用户信号进行连续解码。在一个用户的信号被解码之后,下一个用户的信号被解码之前,需先将它从组合信号中减去,以减小其对后续信号解码所带来的干扰。在 SIC 解码每个用户的过程中,其他用户信号被视为干扰源。在进行 SIC 之前,用户的解码顺序是根据其信号强度来排序的。因此 SIC 接收机首先对最强的信号进行解码,解码成功后删除此信号,依次对剩余组合信号执行相同的解码过程。

**2. 下行 NOMA 机制**

这里考虑一个简单的下行 NOMA 传输场景。一个基站持续向 $N$ 个终端传输信息,其中总带宽为 $B(\mathrm{b/s})$,基站总的发射功率限制为 $P$。假设每条无线链路经历独立同分布的瑞利衰落,终端的信道增益满足 $0<|h_1|^2\leqslant|h_2|^2\leqslant\cdots\leqslant|h_i|^2\leqslant\cdots\leqslant|h_N|^2$,其中 $|h_i|^2$ 为终端 $U_i$ 的信道增益,$i=1,2,\cdots,N$。在 NOMA 机制下,通过在基站发射机使用叠加编码和在终端处使用 SIC 解码技术,网络可使用全部系统带宽同时服务于所有终端。

在基站发射机处,对发送给 $N$ 个用户的数据进行线性叠加,其中为第 $i$ 个用户分配的发射功率为 $P_i=\beta_i P$,$i=1,2,\cdots,N$。功率分配因子需满足 $\sum_{i=1}^{N}\beta_i=1$。在接收端,终端 $U_i$ 可以对信号比其弱的,即对发送给终端 $\{U_1,U_2,\cdots,U_{i-1}\}$ 的数据进行解码。将这些信号进行删除后,将发送给终端 $\{U_{i+1},U_{i+2},\cdots,U_N\}$ 的信号当作干扰,对发送给自己的信号进行解调。

具体来说,到达终端 $U_i$ 处的接收信号可表示为 $y_i=h_i x+w_i$,其中 $x=\sum_{i=1}^{N}\sqrt{P\beta_i}\,S_i$ 为基站发射的叠加信号,$S_i$ 为发送给终端 $U_i$ 的信号,$w_i$ 为终端 $U_i$ 接收到的高斯白噪声,假设其均值为 0,方差为 $\sigma^2$。在理想情况下,即每个终端均可以成功解调出发送给自己的信号,则终端 $U_i$ 可达到的数据速率为

$$R_i=\log_2\left(1+\frac{\beta_i P|h_i|^2}{P|h_i|^2\sum_{k=i+1}^{N}\beta_k+\sigma^2}\right)$$

其中,信道增益最大的终端,也就是终端 $U_N$,在解码其自己的信号之前依次解码和删除所有其他终端的信号。因此它的数据速率可表示为 $R_N=\log_2(1+\beta_N P|h_N|^2/\sigma^2)$。需要注意的是,信道增益高的终端,并不代表着其信号强度更强。事实上,在下行 NOMA 中,为获得容量增益,较低的发射功率被分配给信道增益较高的用户,而信道增益较低的用户则被分配了更高的功率。因此,在 NOMA 机制下,首先需对信道增益最差但具有最强功率的信号进行解码,因此并不违背 SIC 技术的基本理念。

【**例 9.5**】 图 9.35 所示为两个终端 $\{U_1,U_2\}$ 的下行链路场景,说明 NOMA 所带来的增益。

图 9.35 中同时给出了 OMA(正交多址接入)场景作为与 NOMA 的对比。在 NOMA 机制下,通过叠加编码,两个终端可以同时使用整个信道资源;而在 OMA 机制下,假设将比例为 $\alpha$ 的自由度分配给用户 1,而将比例为 $1-\alpha$ 的剩余自由度分配给用户 2。终端 1 和终端 2 在每个自由度上分配的功率分别为 $P_1/\alpha$ 和 $P_2/(1-\alpha)$。

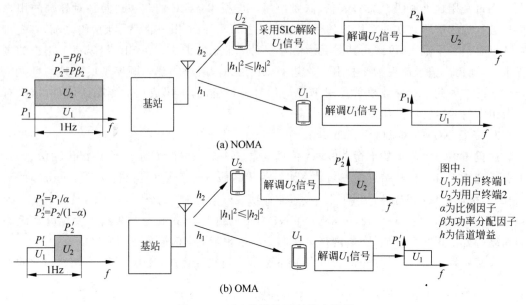

图 9.35 两个终端的下行接入机制

在 NOMA 机制下,因为 $|h_1|^2 \leqslant |h_2|^2$,终端 2 首先利用 SIC 技术解调终端 1 的信号,然后将其从接收信号中删除。终端 2 接着从剩余接收信号中解调出发给自己的信号。终端 1 则无须执行 SIC,直接解调接收信号(其将发送给终端 2 的信号当作噪声)。因此,终端 1 和终端 2 在整个带宽 $B$ 内可实现的数据速率可分别为:

$$R_1^{\text{NOMA}} = B\log_2\left(1 + \frac{P_1|h_1|^2}{P_2|h_1|^2 + \sigma^2}\right)$$

$$R_2^{\text{NOMA}} = B\log_2\left(1 + \frac{P_2|h_2|^2}{\sigma^2}\right)$$

而在 OMA 机制下,因为两个终端信号正交,则终端 1 和终端 2 可实现的数据速率分别为:

$$R_1^{\text{OMA}} = \alpha B\log_2\left(1 + \frac{P_1|h_1|^2}{\alpha\sigma^2}\right)$$

$$R_2^{\text{OMA}} = (1-\alpha) B\log_2\left(1 + \frac{P_2|h_2|^2}{(1-\alpha)\sigma^2}\right)$$

图 9.36 给出了对应的归一化容量域。可以看到,在 NOMA 下,两个终端的可实现数据速率在 OMA 容量域之外。因此,当终端的信道状态显著不同时,NOMA 相比 OMA 更为高效。

### 3. 上行 NOMA 机制

在上行 NOMA 中,SIC 在上行链路接收端,也就是基站处执行。下面通过举例说明。

【例 9.6】 两个终端 $\{U_1, U_2\}$ 的上行传输场景,如图 9.37 所示,要求说明其接入机制。基站处的接收信号可表示为:

$$y = h_1\sqrt{P\beta_1}S_1 + h_2\sqrt{P\beta_2}S_2 + w$$

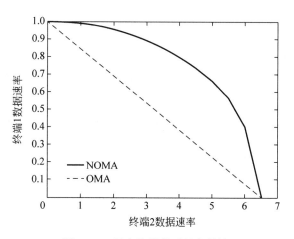

图 9.36 两个终端的下行容量域

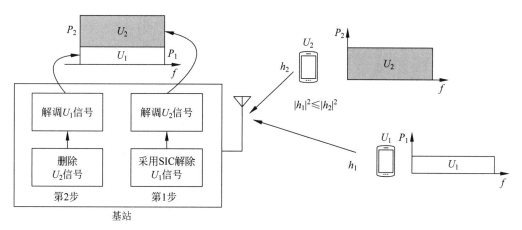

图 9.37 两个终端的上行接入机制

其中，$|h_i|^2$ 为终端 $U_i$ 的信道增益，$i=1,2$。$S_i$ 为发送终端 $U_i$ 的信号，$w$ 为基站收到的高斯白噪声，假设其均值为 0，方差为 $\sigma^2$。第 $i$ 个用户分配的发射功率为 $P_i=\beta_i P$，$i=1,2$。

因为终端 2 的信道增益要优于终端 1，所以假设终端 2 的信号接收功率较大。通过使用 SIC，基站分两个步骤对两个终端的信号进行解调：首先解调终端 2，在此过程中终端 1 的信号被当作干扰；被成功解调的终端 2 信号从接收信号中删除，然后对终端 1 信号进行解调。

对比下行 NOMA，上行 NOMA 具有以下不同。首先，下行 NOMA 为了实现容量增益，需要为信道增益较差的用户分配更高的发射功率，同时为信道增益较低的用户分配更高的发射功率。而在上行 NOMA 中，并不需要这样的功率分配策略。其次，由于受到终端处理能力的限制，在下行链路实现多用户检测和干扰消除策略要比在上行链路中更具挑战性。

虽然现在 NOMA 并没有被应用于 5G 技术标准中，但是从国际主流研究组织发布的研究现状来看，频谱效率依然是下一代移动通信系统的重点关注方向。因此可有效提高频谱效率的 NOMA 技术很可能被下一代移动通信系统采用作为新的多址技术。

### 9.7.2 连续相位调制

机器型通信设备由于受到制造成本和电池续航的限制,一般使用低成本的功率放大器。因此,mMTC 的终端能量效率和良好的覆盖比频谱效率显得更为重要。恒定包络信号提供了在发射机处使用非线性且经济、高效的高功率放大器(High-Power Amplifier,HPA)的可能性,并且性能接近饱和而不增加失真。因此,恒定包络编码调制系统已被广泛地应用于如卫星链路、早期无线标准(GSM)、蓝牙以及蜂窝回送网络(cellular back-hauling)的低速长距离微波无线链路中。

为了说明 HPA 带来的潜在效率增益,图 9.38 给出了不同包络特性的信号,在输入信号样本的限幅信号失真约束为 0.1% 和 1% 下,HPA 总体效率随 PAPR 和 RCM 变化,图中显示了一组具有不同包络特性的信号的 PAPR 和原始立方度量(Raw Cubic Metric,RCM),是如何与 E 类横向扩散金属氧化物半导体(Laterally Diffused Metal Oxide Semiconductor,LDMOS)高功率放大器的总体效率相关的。可以看出,对于 3GPP LTE 的上行链路中使用的单载波频分多址信号,用于连续相位调制(CPM)信号的高功率放大器的总体效率更好。其中在输入信号样本的 0.1% 限幅信号失真约束下,CPM 的总效率为 66%,而 SC-FDMA 的总效率为 40%~45%。与 TDMA-OFDM 信号相比,CPM 的增益更大(约 31% 的增益)。

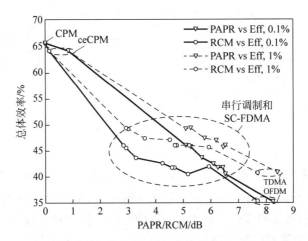

图 9.38  不同包络特性的信号的 HPA 总体效率随 PAPR 和 RCM 变化

然而连续相位调制也存在缺陷。信号包络变化越小,信号空间越紧凑,在给定接收信噪比下,接收机的灵敏度就会越低。为解决此问题,后续研究提出了约束包络连续相位调制(Constrained Envelope CPM,ceCPM)技术。这种技术允许接收机的灵敏度随着包络变化能量单调增加,并使用与 CPM 相同的接收机结构。研究表明,在误码率为 $10^{3}$ 的 AWGN(加性高斯白噪声)信道前提下,相比于最优的 CPM 方案,ceCPM 方案可以获得 2.5dB 的 SNR 增益。此外,ceCPM 方案的频谱效率是高斯最小移位键控(GMSK)的两倍,并且可以用低复杂度的 Viterbi 检测器进行检测。

在频率选择性宽带多径衰落信道下,可采用基于连续相位调制的单载波频分多址(CPM-SC-FDMA)技术。CPM-SC-FDMA 发射机的原理框图如图 9.39(a)所示,它与传统

SC-FDMA 不同的是,在将编码数据进行 DFT 处理之前,需要先将数据符号编码成 CPM 波形,然后对 CPM 波形采样,输出的采样符号再送入 SC-FDMA 发射机进行 DFT 变换。同时 SC-FDMA 采用 I-FDMA(Interleaved FDMA),为每个用户分配等距子载波。

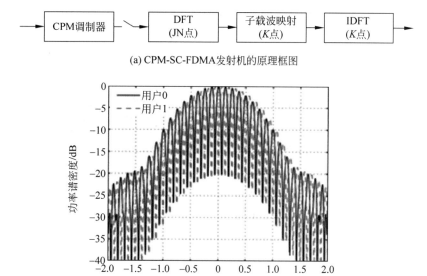

(a) CPM-SC-FDMA发射机的原理框图

(b) 2个用户下, MSK CPM-SC-FDMA的信号功率谱密度

图 9.39 CPM-SC-FDMA 与 MSK CPM-SC-FDMA

图 9.39(b)给出了在 2 个用户的情况下,基于 MSK 调制的 CPM-SC-FDMA 的信号功率谱密度。每个用户分配了 32 个子载波 $K=32$,用来传输 $J=16$ 个信息符号。每个符号的采样次数为 $N=2$。通过图 9.31(b)可以观察到两个用户的功率谱是完全分开的,这表明在此技术下,多个用户可在同一频谱资源上同时发送不同的 CPM 信号,而不会彼此干扰。此外研究表明,在此技术下,PAPR 可以低至 1dB 以下。同时用户以 I-FDMA 方式进行频率复用,可获得针对衰落和窄带干扰的频率分集。例如,CPM-SC-FDMA 在端到端的功率效率方面可以比基于卷积编码 QPSK 的 SC-FDMA 高出 4dB。

### 9.7.3 稀疏码多址接入

SCMA 是一种基于码域的支持大规模连接的非正交多址接入方案,可认为是码分多址(CDMA)和正交频分多址接入(OFDMA)的结合。SCMA 采用稀疏码本,码本是基于多维星座构建的,其性能优于传统的基于扩频码的多址接入方案。在 SCMA 中,多个用户将使用不同的码本在相同的资源块上进行传输。由于码本稀疏,减少了用户间的冲突,因此 SCMA 具有抗用户间干扰的能力。

SCMA 具有与 LTE 类似的层映射,可以将一个或多个 SCMA 层分配给不同的用户或数据流。不同之处在于,在每个 SCMA 层,SCMA 还将进行从信息比特到码字的映射,即 SCMA 调制器需要基于层特定 SCMA 码本将输入比特映射到更复杂的多维码字。SCMA 码字是稀疏的,这意味着码字中只有少数位置是非零的,其余均为零。与 SCMA 每个层相对应的所有 SCMA 码字具有非零位的唯一位置,称为稀疏模式。

SCMA 码本的设计基于稀疏扩展模式技术和多维调制技术的联合优化。图 9.40 为 SCMA 的一个码本设计示例,包含用于传输 6 个数据层的 6 个码本的码本组,每个码本具有 8 个多维复数码字,分别对应于星座图的 8 个点。每个码字的长度是 4,与扩展长度完全相同,其中非零位数目为 2。在传输时,基于输入位序列选择每层的码字。在下行传输中,如图 9.40 所示,来自不同层的码字在 OFDM 调制器之前被叠加在一起。而在上行传输中,对于单个用户传输,每个 SCMA 码字首先经过 OFDM 调制,从而产生来自不同用户的多个独立 SCMA 层的空中传输。

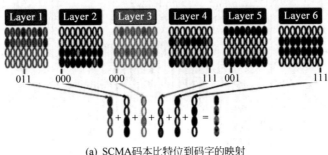

(a) SCMA码本比特位到码字的映射

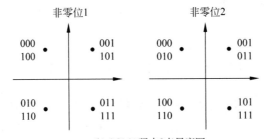

(b) SCMA码本8点星座图

图 9.40 SCMA 码本设计示例

【例 9.7】 图 9.41 中给出 6 个用户基于 SCMA 的上行链路传输示例,具体说明如下。

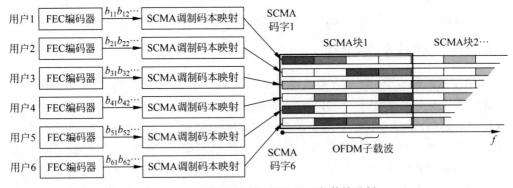

图 9.41 6 个用户基于 SCMA 的上行传输示例

用户 $i$ 使用 SCMA 层 $i$ 特定码本($i=1,2,\cdots,6$)。每个用户的信息比特流经过 FEC 编码器(例如,LDPC 编码器)编码之后,每个用户的编码比特根据其分配的码本映射到 SCMA 码字。SCMA 码字通过在长度为 SCMA 码字的 OFDMA 子载波上进一步组合,组成

SCMA 传输块。

其中,6 个用户复用 4 个 OFDMA 子载波(4 个单位资源),而在 LTE 正交系统下,4 个单位资源最多能承载 4 个数据流。因此在 SCMA 下,可带来超载增益为 $N/K = 150\%$($N$ 为数据流个数,$K$ 为复用资源块个数)。这是 SCMA 的一大优势,利用用户信号非正交叠加技术,使得 SCMA 系统比 LTE 在同样资源数下,可容纳更多的用户,以实现 $150\% \sim 300\%$ 的用户连接数提升,即网络总吞吐量 $150\% \sim 300\%$ 的提升。SCMA 带来的吞吐量增益如图 9.42 所示,根据可用 RB 数来等比计算 SCMA 可带来的连接数增益,当系统有 100 个资源块可用时,在超载系数为 $150\%$、$200\%$ 和 $300\%$ 时,相对于现有 LTE 系统,SCMA 系统可增加 50、100 和 200 个服务连接。同时,SCMA 利用多维调制技术和频域扩频分集技术,使得每个用户的链路传输质量也得到提升,相比 LTE 网络,在保持网络总吞吐率相同的情况下,单用户链路质量提升大约 5dB;而在保持每个用户吞吐量相同的情况下,单用户链路质量提升 2dB。

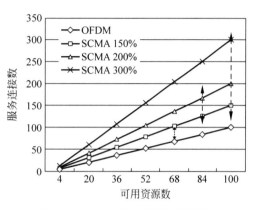

图 9.42　SCMA 带来的吞吐量增益

同时,基于稀疏模式的 SCMA 的码字设计使得发送码字对碰撞不敏感。在图 9.41 中,可以看到在每个 OFDMA 子载波中,最多只会有 3 个符号发生碰撞。例如,在 SCMA 块 1 中的第一个 OFDM 子载波上,来自用户 1、3、5 的符号会叠加在一起,对比非稀疏扩展模式下的极端情况,再如 6 个用户发生碰撞,潜在的碰撞用户数会减少一半。

在接收端通过使用迭代消息传递算法(Message Passing Algorithm,MPA),SCMA 码字的稀疏性使得实现近似最优检测成为可能。这种多层检测的低复杂度允许码字超载,即复用层的维数超过码字的维数,这也是 SCMA 可实现大规模连接的关键之一。

## 9.7.4　基于 SCMA 的非授权多址接入

作为非授权接入技术的一种,随机接入技术的发展几乎与蜂窝网络同步,从最早的 ALOHA 网络发展演化到现在各种类型的应用型网络,如无线局域网等。区别于蜂窝网络中对多用户接入的集中控制以实现最优化的资源分配,在随机接入网络中,多用户接入信道是通过分布式竞争的方式实现的。由于不需要集中控制设施,随机接入网络具有成本低廉、部署简单的优点,满足 mMTC 低成本且易于扩展的需求;更重要的是,mMTC 以小数据量、突发式业务为主的特征也与随机接入技术十分契合,因此随机接入技术自然成为了 MAC 子层最有竞争力的解决方案之一。然而传统随机接入在 mMTC 场景下存在"适应性不良"的问题。mMTC 场景下终端数目庞大,当大量终端同时接入时,节点间的激烈竞争会造成网络阻塞,网络性能显著降低。为解决此问题,一种基于 SCMA 的非授权随机接入技术被提出,其基本思想如图 9.43 所示。最基本的无线资源称为竞争传输单元(CTU),由竞争域(时间和频率资源)、SCMA 码本和导频序列构成。当终端有数据要传输时,它占用整个竞争域来传输一个 SCMA 层的码字。两个不同的 CTU 可共享同一个码本,但它们的导频序列是唯一的。由于终端在上行链路上具有统计上独立的随机信道,因此允许终端之间重用码本。因此,只有当两个终端具有相同的导频序列时,它们才会发生冲突。对于SCMA中常用的相干 MPA 检测,导频冲突导致接收机无法对冲突的终端数据进行解码。为了缓解导频冲突,SCMA 提供了大量具有高可靠性的链路:首先是由于之前讨论的稀疏码本设计带来的超载增益,其次是由于码本重用生成大量CTU,从而降低了冲突的可能性。如果发生导频冲突,可使用在传统随机接入中常用的退避算法等冲突解决程序来应对。

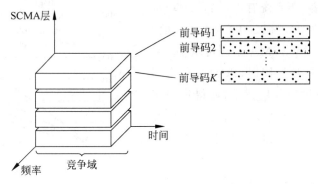

图 9.43　上行 SCMA 随机接入

　　为了适应动态变化,可以进一步根据终端数量和冲突统计信息调整竞争域的数量,从而调整 CTU。此外,SCMA 在码本的码字数量、码本数量、码字长度和码本的稀疏模式等方面提供可扩展性,其可以根据支持的用户数、用户的通信量、检测的复杂性、覆盖范围和链路的可靠性来半静态地配置。例如,具有更多非零元素的长度为 8 的较长码字可以提供更好的编码增益,因此可以提供更好的覆盖,而较稀疏的码字,例如具有 1 个或 2 个非零元素的长度为 4 的码字,可以允许进一步的超载,以实现大规模连接。

　　在接收端,一个高效的接收机需要具备以下能力。

　　(1) 在低复杂度和误检概率下,可对活跃用户进行盲检测。

　　(2) 在不具有 SCMA 码本信息的情况下,可对用户数据进行盲解码。图 9.44 给出了上行 SCMA 盲检测接收机的结构框图。该接收机主要由两个部分组成:一是活跃终端检测器,可缩小潜在活动终端列表;二是联合数据和码本检测(Joint Data and Active Codebook Detection,JMPA),可在不知道活跃用户码本的情况下,对活跃用户的数据进行解码。尽管 JMPA 能够从基站集中对活跃终端进行盲检测,但必须测试所有可能的潜在终端组合,其超高的复杂度使实际应用变得极其困难。此外,信道估计器还需要估计所有潜在终端的信道情况,其性能也会受到很大的影响。在此接收机结构中,活跃终端检测器可作为预滤波器,缩小潜在终端列表,以控制接收质量和复杂度。活跃终端检测器基于正在传输的前导码构建一个潜在活跃终端的短列表。信道估计器不需要对所有的潜在终端进行估计,只需要针对短列表中的终端进行信道估计。同样,JMPA 只在短列表中的终端上运行,因此其复杂性也会极大地降低。通过利用 JMPA 的软输出来更新输入到活动终端检测器中的先验存在概率,从而实现整个过程的迭代,提高检测性能。

　　基于基站的盲检测技术可以在解码 SCMA 叠加的多终端码字的同时,检测出 SCMA

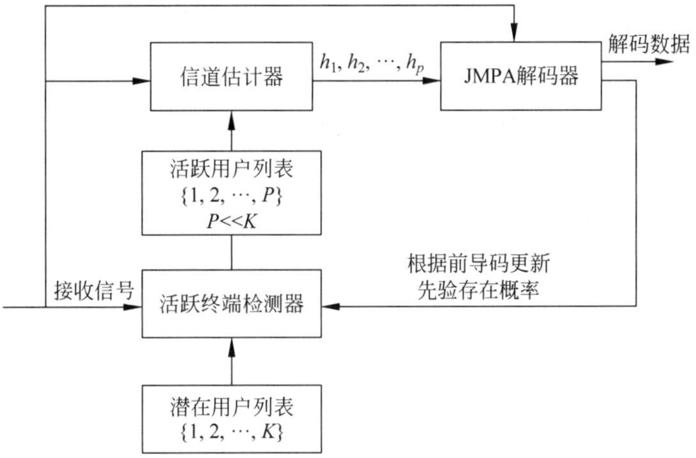

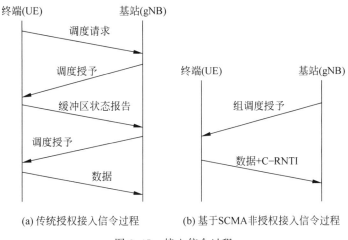

图 9.44　上行 SCMA 盲检测接收机结构

这个发射组中,哪些终端参与了发送,哪些没有。因此可以支持用户数动态变化的 SCMA 接入,而无须终端与基站进行任何信令交互,如图 9.45 所示。因此,基于 SCMA 的非授权多址接入可作为基于授权接入的重要补充,为小数据业务和大规模机器型通信业务提供高效、低开销接入。

(a) 传统授权接入信令过程　　(b) 基于SCMA非授权接入信令过程

图 9.45　接入信令过程

## 习题

1. 比较 5G 网络架构与 LTE 的不同。
2. 简述 5G 频率配置,说明毫米波射频技术的优缺点。
3. 简述 5G NR 多天线传输技术的特点。
4. 公共资源块与物理资源块之间的关系是什么?
5. 什么是 5G 三大应用场景? 有何特点?
6. 说明 5G 时域中的帧、半帧、时隙的关系。

7. 描述 5G 频率间隔（$\Delta f$）资源栅格（RG）、资源块（RB）、资源粒子（RE）的定义及其关系。

8. 简述 5G 核心网（5GC）与 LTE 核心网（EPC）的不同。

9. 简述 5G 网络的独立组网与非独立组网的不同。

10. 简述 5G 网络数据链路层的组成部分及各个部分的主要功能。

11. 简述非正交多址接入方式的基本特点。

12. 简述稀疏码多址接入的特点。

# 第 10 章

# 移动网络规划

移动网络建设之前,都要进行规划设计,其目的就是以较低的成本,获得最好的覆盖和最高的效益。本章从基础计算出发,介绍各种移动无线网络的有关规划,并侧重于:3G 的导频规划与小区覆盖计算,LTE 的小区参数规划与频率复用相关计算,5G 的各种栅格与频点计算。

## 10.1 基础计算

在通信网络规划设计中,交换设备容量、局间中继数量、无线信道数量等的计算以及网络规模的确定,主要依据的是用户业务量、服务质量指标等因素。本节介绍有关的计算方法。

### 10.1.1 话务理论

**1. 话务量**

话务量指在一特定时间内呼叫次数与每次呼叫平均占用时间的乘积。话务量又称话务负载或电话负载,它既用来表示电信设备承受的负载量,也用来表示用户对电信业务需求的程度。用户的电话呼叫完全是随机的,因此话务量是一种随机变量。它可定义为在时间 $T$ 内,用户终端 $i$ 流入交换系统的话务累加和,即

$$\sum_i n_i h_i$$

其中,$n_i$ 为在时间 $T$ 内由用户终端发出的呼叫数;$h_i$ 是由用户终端 $i$ 发出呼叫的平均占用时间。若用户数为 $N$,则 $i = 1 \sim N$,单位时间流入的话务量称为话务强度。话务强度为:

$$Y = \frac{\sum_i n_i h_i}{T} \tag{10.1}$$

通常将话务强度 $Y$ 简称为话务量,单位为爱尔兰(Erl)。假定所有终端在时间 $T$ 内发出的呼叫次数及每次呼叫的平均占用时间都是相同的(为 $n$ 和 $h$),则

$$Y = \frac{n}{T} h N \tag{10.2}$$

话务量等于每个用户终端呼叫次数与平均占用时间及用户终端数三者的乘积。话务量

反映了电话负荷的大小,与呼叫强度和呼叫保持时间有关。呼叫强度是单位时间内发生的呼叫次数,呼叫保持时间也就是呼叫持续时间。

例如,对某网络 1000 个用户抽样调查,其平均呼叫强度为 6 次/小时,呼叫保持时间为 (1/60)小时/次,则话务量为:

$$Y = \frac{n}{T} \times h \times N = 6 \times \frac{1}{60} \times 1000 = 100 \quad (\text{Erl})$$

再如,某局每个用户线的话务量为 0.05Erl,此时如果这个交换机有 10 000 个用户,则该交换机现有的话务量为 500Erl。

**2. 忙时试呼次数**

忙时试呼次数(Busy Hour Call Attempt,BHCA)是在 1 小时内系统能建立通话连接的绝对数量值,它反映了设备的软件和硬件的综合性能。BHCA 值也可体现为每秒建立呼叫数量(Call Attempts Per Second,CAPS),CAPS 乘以 3600 就是 BHCA。

BHCA 通常是指当交换机的处理机占有率达到上限的 75%～85% 时所处理的每小时呼叫次数。要根据 BHCA 指标确定一个移动交换机能够接入多少个用户,还必须知道每个用户的忙时呼次。如果每个用户平均每天呼叫次数为 $t$,则忙时呼次 $b$ 可表示为:

$$b = t \times k \tag{10.3}$$

其中,$k$ 称为集中系数,其值为 0.1～0.15。由此可得,交换机的容量为:

$$C = \frac{\text{BHCA}}{b} \tag{10.4}$$

【**例 10.1**】 某移动网络的话务统计数据为:MS→MS(移动台到移动台)呼叫占 60%,呼叫成功率为 50%;PSTN→MS(固定电话到移动台)呼叫占 35%,呼叫成功率为 75%;MS→PSTN(移动台到固定电话)呼叫占 5%,呼叫成功率为 75%。在移动台(MS)中,车载台占 10%,每用户每天平均成功呼叫次数为 4 次;手持机占 90%,每用户每天平均成功呼叫次数为 8 次。若移动交换机的 BHCA 值为 2 万,求可接入的移动用户总数。

根据式(10.3),取 $k=0.15$,可得平均每用户忙时成功呼次为:

$$b_s = (4 \times 10\% + 8 \times 90\%) \times 0.15 = 1.14(\text{次／用户})$$

由此,可算出平均每用户忙时呼叫次数(包含不成功的呼叫次数)为:

$$b = 1.14(60\% \times 1/0.5 + 35\% \times 1/0.75 + 5\% \times 1/0.75) = 1.976(\text{次／用户})$$

移动交换机 BHCA 值为 2 万,根据式(10.4),可得接入的移动用户总数为:

$$C = 20\,000/1.976 = 10\,121(\text{台})$$

**3. 呼损**

呼损率为呼叫失败的次数与总呼叫次数之百分比。例如,通常用户数总是大于信道数,当多个用户同时要求服务而信道数不够时,只能让一部分用户先通话,另一部分用户处于等待状态。后一部分用户因无空闲信道或其他原因而不能通话,即为呼叫失败,简称呼损。在一个通信系统中,造成呼叫失败的概率称为呼叫损失概率,简称呼损率。

呼损率也称为系统的服务等级(Grade of Service,GoS)或业务等级,服务质量指标指的是交换设备未能完成接续的电话呼叫业务量与用户发出的电话呼叫业务量之比。呼损率越低,服务质量越高。式(10.5)为著名的爱尔兰公式,可计算呼损 $E(M,Y)$。

$$E(M,Y) = \frac{\dfrac{Y^M}{M!}}{\displaystyle\sum_{i=0}^{M}\frac{Y^i}{i!}} \tag{10.5}$$

$E(M,Y)$ 为同时有 $M$ 个呼叫的概率,也即交换系统的 $M$ 条话路全部被占用的概率。$Y$ 为交换系统的话务量,当 $M$ 条话路全部被占用时,新到来的呼叫将被系统拒绝而损失掉。因此,系统全忙的概率即为呼叫损失的概率。

【例10.2】 一部交换机接 1000 个用户终端,每个用户的忙时话务量为 0.1Erl。该交换机能提供 123 条话路同时接收 123 个呼叫(内部时隙数),求该交换机的呼损和话路利用率。

因 $Y=0.1\times1000=100$Erl,$M=123$。将 $Y$ 和 $M$ 的值代入式(10.5),得呼损率为:
$$E(123,100)=0.3\%$$

因为有 0.3%(即 0.3Erl)的话务量损失掉,99.7%(即 99.7Erl)的话务量通过了该交换机内的 123 条话路,所以每一条话路负荷为 $99.7/123 \approx 0.8$Erl 话务量,即话路利用率为 80%。

表 10.1 是依据式(10.5)给出的一个爱尔兰呼损简表,也称为成爱尔兰-B(Erlang-B)表。只要知道 3 个参数 $Y$、$E$ 和 $M$ 中的任何两个,就可以从表中查到第 3 个参数。

**表 10.1　爱尔兰-B(呼损简表)**

| $E$ | 1% | 2% | 5% | 10% | 20% |
|-----|-----|-----|-----|-----|-----|
| $M$ | $Y$ | $Y$ | $Y$ | $Y$ | $Y$ |
| 1 | 0.0101 | 0.020 | 0.053 | 0.111 | 0.25 |
| 5 | 1.360 | 1.657 | 2.219 | 2.881 | 4.010 |
| 10 | 4.460 | 5.092 | 6.216 | 7.511 | 9.685 |
| 20 | 12.031 | 13.181 | 15.249 | 17.163 | 21.635 |

【例10.3】 已知每个用户的话务量为 0.02Erl,如果呼损率为 1%,现有 70 个用户,需共用的信道数为多少? 如果 1082 个用户共用 20 个信道,则呼损率是多少?

$Y=70\times0.02=1.4$Erl,$E=1\%$,查爱尔兰-B 表,得信道数为 $M=5$。

$Y=1082\times0.02=21.64$Erl,信道数 $M=20$,查爱尔兰-B 表,得呼损率为 $E=20\%$。

## 10.1.2　有关 dB 的计算

### 1. dB

dB 是一个无量纲的单位,用以表示输出与输入的比值,是一种相对值。例如,$P_o$ 为输出功率,$P_i$ 为输入功率,$G_p$ 为系统增益(或损耗),表示为:
$$G_p = 10\lg(P_o/P_i)\,(\text{dB})$$

如果某系统输出功率比输入功率大一倍,那么 $G_p=10\lg2=3$dB。也就是说,输出功率比输入功率大 3dB。

"3dB 法则"是指每增加或降低 3dB,意味着增加一倍或降低一半的功率:$-3$dB$=1/2\times$功率;$-6$dB$=1/4\times$功率;$3$dB$=2\times$功率;$6$dB$=4\times$功率。

### 2. dBm（或 dBw）

系统的输出或接收功率,用单位 dBW,dBm 表示,是一种绝对值。若以 $P_m=1mW$ 为基准值,将输出功率表示为:

$$G_m=10\lg(P_o/P_m)=10\lg(P_o/1)=10\lg P_o(dBm)$$

或者以 $P_m=1W$ 为基准值,将输出功率表示为:

$$G_m=10\lg(P_o/P_m)=10\lg(P_o/1)=10\lg P_o(dBW)$$

例如,$P_o=100mW$,$G_m=10\lg(P_o/P_m)=10\lg100=20dBm$。

例如,当某基站发射功率为 $P_o=40W$ 时,有:

$$G_m=10\lg(40W/1mW)=10\lg(40\ 000)=10\lg4+10\lg10+10\lg1000=46dBm$$

而当一个 dBm 减另外一个 dBm 时,得到的结果是 dB。例如,40dBm$-$0dBm$=$40dB。

### 3. dBi 和 dBd

dBi 和 dBd 是相对增益值,是指实际天线和理想天线在空间同一点处所产生信号的功率密度之比。其中 dBi 的参考基准为全方向性天线,dBd 的参考基准为偶极子。一般认为,表示同一个增益,用 dBi 表示比用 dBd 表示要大 2.15dB,即

$$G_{dBi}=G_{dBd}+2.15$$

例如,对于一面增益为 16dBd 的天线,其增益折算成单位为 dBi 时,为 18.15dBi。

## 10.2 CDMA 无线网规划

### 10.2.1 小区容量及相关计算

#### 1. 基站小区容量

多址干扰的大小决定了 CDMA 系统的容量。当系统用户数增加时,多址干扰相应增加,通信质量就会下降,当下降到允许的限度时,所能容纳的用户数即为系统容量。

CDMA 基站容量的计算与小区负载、语音激活因子、来自其他小区的干扰占本小区受到的总干扰的比例、解调所需要的 $E_b/N_0$（指单个比特的信号功率与噪声功率谱密度之比,即一个比特的信号功率与一个赫兹内的噪声功率之比）等有关。表 10.2 给出了 CDMA2000 系统基站小区容量的例子,可以看出,CDMA 系统 3 扇区基站（S111）容量大于全向基站（O1）容量的 3 倍。

表 10.2　CDMA2000 系统基站小区的容量

| 站型 | $E_b/N_o$ | 语音激活因子 | 设计负载 | 其他小区干扰占比 | 最大可同时使用的业务信道数 | GoS | Erl |
|---|---|---|---|---|---|---|---|
| O1 | 4.8 | 0.6 | 75% | 0.6 | 35 | 2% | 26.4 |
| S111 | 4.8 | 0.6 | 75% | 0.6 | 105 | 2% | 92.83 |

#### 2. 语音业务话务量计算

根据式(10.2),平均每个语音用户的话务量为:

$$E_{V,sub}=\frac{BHCA_{sub}\times CHT_{sub}}{3600} \tag{10.6}$$

其中,$E_{V,sub}$ 表示每个用户的平均话务量(对于每类语音用户来说),$BHCA_{sub}$ 表示各类语音用户的忙时呼叫次数,$CHT_{sub}$ 对应各类语音用户的平均呼叫保持时间。表 10.3 为给定典型参数后,根据式(10.6)计算的平均每个语音用户的话务量。

表 10.3 语音用户的忙时试呼次数、平均呼叫保持时间和相应的话务量

| 用 户 类 型 | $BHCA_{sub}$(次数) | $CHT_{sub}$(s) | $E_{V,sub}$(Erl) |
|---|---|---|---|
| IS-95 语音用户 | $BHCA_{8k,V}(1.2)$ | $CHT_{8k,V}(60)$ | $E_{8k,V}(0.02)$ |
| CDMA2000 1x 语音用户数 | $BHCA_{1x,V}(1.2)$ | $CHT_{1x,V}(60)$ | $E_{1x,V}(0.02)$ |
| CDMA2000 1x 语音和数据混合用户数 | $BHCA_{1x,DV}(1.2)$ | $CHT_{1x,DV}(60)$ | $E_{1x,DV}(0.02)$ |

### 3. 信道数计算

下面通过一个例题介绍如何根据已知区域用户的话务量来计算所需要的信道数。

【例 10.4】 已知系统需要支持的语音用户总数 $N_{voice}=2\times10^5$,需要支持的数据用户总数 $N_{data}=2\times10^4$,如果数据用户的忙时附着概率为 $P_{attach}=40\%$,系统的业务等级(呼损)GoS=0.1%,分别求出相应的语音和数据用户的信道数量。

通过查表 10.3 知,每个语音用户的平均话务量为 $E_{V,sub}=0.02Erl$,所以系统的语音用户总话务量为:

$$E_V = E_{V,sub} \times N_{voice} = 0.02 \times 2 \times 10^5 = 4000 \,(\text{Erl})$$

根据爱尔兰-B 表,可以得到语音用户所需的信道数量为:

$$V_{channel} = ErlB(E_V, GoS) = ErlB(4000, 0.1\%) = 4123 \,(\text{条})$$

假设每个数据用户的平均话务量为 $E_{D,sub}=0.0118Erl$,则系统的数据用户总话务量为:

$$E_D = E_{D,sub} \times N_{data} \times P_{attach} = 0.0118 \times 2 \times 10^4 \times 40\% = 94.4 (\text{Erl})$$

根据爱尔兰-B 表,可以得到数据用户所需的信道数量为:

$$D_{channel} = ErlB(E_D, GoS) = ErlB(94.4, 0.1\%) = 122 \,(\text{条})$$

### 4. 基站链路预算

这里以 WCDMA 为例,介绍上行链路预算。表 10.4 中给出的链路预算针对的是车内用户。其中,语音业务速率为 12.2kb/s,实时数据业务速率为 144kb/s,非实时数据业务速率为 384kb/s。

表 10.4 各种业务的链路预算参考(简表)

| 发射机(移动台)参数 | 12.2kb/s | 144kb/s | 384kb/s | 计算表示式 |
|---|---|---|---|---|
| 最大的移动台发射功率/W | 0.125 | 0.25 | 0.25 | |
| 最大的移动台发射功率/dBm | 21.0 | 24.0 | 24.0 | $a$ |
| 移动台天线增益/dBi | 0.0 | 2.0 | 2.0 | $b$ |
| 人体损耗/dB | 3.0 | 0.0 | 0.0 | $c$ |
| 等效全向辐射功率(EIRP)/dBm | 18.0 | 26.0 | 26.0 | $d=a+b-c$ |
| …… | …… | …… | …… | …… |
| 在小区范围内允许的传播损耗/dB | 141.9 | 133.8 | 139.9 | $u=q-r+s-t$ |

对于链路预算,可以采用已知传播模型,如 Okumura-Hata 或 Walfish-Ikegami 模型,计算出小区距离 $R$,再将表 10.4 中某一行以分贝为单位的最大允许传播损耗转换为以千米为单位的最大小区距离。

**【例 10.5】** 城市宏小区采用 Okumura-Hata 传播模型,基站天线高为 30m,车载移动台天线高为 1.5m,载波频率为 1950MHz,则可以得到:

$$L = 137.4 + 35.2 \lg R \tag{10.7}$$

其中,$L$ 是路径损耗(dB);$R$ 是距离(km)。

对城郊地区,设附加地区校正因子为 8dB,则得到路径损耗为:

$$L' = L - 8 = 129.4 + 35.2 \lg R \tag{10.8}$$

查表 10.4,速率为 12.2kb/s 的语音业务所对应的路径损耗为 141.9dB,根据式(10.8)可计算出在城郊地区的小区距离是 2.3km;而速率为 144kb/s 的数据业务的在室内路径损耗为 133.8dB,小区距离大约为 1.4km。一旦决定了小区距离 $R$,就能推导出基站扇区覆盖的面积。对于由全向天线覆盖的六边形小区,覆盖面积近似为 $2.6R^2$。

## 10.2.2  导频规划

### 1. 导频偏移量规划

CDMA 不同于传统的 FDMA 和 TDMA,在 FDMA 和 TDMA 中,可以利用电波信号的空间衰耗特性进行信道的载频频率复用,以扩大服务的用户数量并有效地解决无线频段受限问题。然而在 CDMA 的同一区群中,所有小区(或扇区)采用的是同一载频频率,不同的仅是小区的导频偏移量(相位),因此,需要采用导频偏移量规划来代替常规的频率规划。

1) 短 PN 码

PN 码即伪随机序列,m 序列是 PN 码中最重要、最基本的一种。在 CDMA 系统中,使用了两个不同长度的 m 序列,其中一个 m 序列由 42 个比特组成,称之为长 PN 码;另一个 m 序列则由 15 个比特组成,称之为短 PN 码。短 PN 码的时间偏置用来区分前向信道所属的不同基站扇区;长 PN 码的时间偏置则用来区分反向链路的不同信道。

短码由 15 级移位寄存器产生,序列周期是 $2^{15} - 1$,为了便于整除,插入一个全 0 状态后形成周期为 $2^{15} = 32\,768$chip 的 PN 序列。PN 码的每一个比特称为一个 PN 码片(chip),在不同的系统中其速率是不一样的,如 IS-95 系统的速率是 1.2288Mchip/s,一个 PN 码片持续的时间约是 $0.8138\mu s$。

由于 m 序列具有良好的自相关性能,因此,短码在 CDMA 系统中被用来区分不同的扇区。具体地说,短 PN 码在 CDMA 前向信道中被用作正交调制码,不同的扇区使用不同相位的短 PN 码作为正交调制码。移动台在解调时,由于短 PN 码具有较好的自相关性能,不同相位的短 PN 码相互正交,使得来自不同扇区的信号采用了不同相位的短 PN 码进行正交调制,只有使用代表特定扇区的某个相位的短 PN 码,才能解调出来自该基站扇区的信号。代表某个扇区的特定相位的短 PN 码称为该扇区的 PN,也就是经常提到的扇区的导频。

2) 相位偏移指数 $P_{PN}$

由于空间电波传播存在时延,并不是任何相位的短 PN 码都可以用作扇区的导频 PN,必须保证用作导频 PN 的不同短 PN 码间具有足够大的相位差,这样移动台才能正确区分。

为了留有足够多位的多径时延保护区,防止本小区(扇区)多径传播而引入时延(相位)模糊,相邻小区(扇区)间的导频偏移量也应留有足够的间隔,根据协议规定,取相位隔离(防护)度为 64 个码片。也就是从移位寄存器的 15 位全 0 相位开始算起,每隔 64 个码片才有一个 PN 码相位可以用作导频 PN,系统只使用相位是 64 整数倍的短 PN 码作为导频 PN。因此,不同的导频 PN 最多可以有 $2^{12}/2^6=512$ 个。每个导频可用一个序号表示,15 位全 0 相位的序号是 0,导频 PN 的短 PN 码的序号分别是 1,2,3,以此类推,最后一个短 PN 码的序号是 511。这个"序号",即导频序号可用 $P_{PN}$ 表示,$P_{PN}$ 称为导频 PN 相位偏置指数,有时也称导频 PN。

3) 偏移量增量值 Pilot-INC

在工程实践中,为了保证不同 $P_{PN}$ 之间具有足够的相位差,设置了一个系统参数 Pilot-INC,表示实际使用导频 PN 的最小序号差,也就是说,工程上使用的两个导频 PN 之间的最小相位差是 64×Pilot-INC 个 PN 码片,因此,可供使用的 $P_{PN}$ 最大数目变为 512/Pilot-INC。系统参数 Pilot-INC 决定了可用的 $P_{PN}$ 数目,其取值范围是 1～15。

从以上介绍可以看出,工程上实际可用的 $P_{PN}$ 数目也是有限制的,比如取 Pilot-INC=3,则可用的 $P_{PN}$ 仅 512/3≈170 个,这对于一个系统来说是远远不够的。为此,CDMA 系统采用了导频 PN 的复用。导频规划就是探讨导频 PN 的复用方法,并进行规划。导频规划时可将若干个基站组成一簇无线区,也称群区,在簇里每个基站被分配不同的 PN 码偏置值 Pilot-INC,在簇外可进行同 PN 码偏置值 Pilot-INC 的复用。

PN 码偏置规划时应依据以下原则:

(1) 相邻扇区不能分配邻近相位偏置的 PN 码,相位偏置的间隔要尽可能大一些;

(2) 不同群区的同相位偏置 PN 码复用时,复用基站间要有足够的地理隔离;

(3) 要预留一定数目的 PN 码,以备扩容使用;

(4) 应做好边界基站 PN 码规划的协调工作。

4) Pilot-INC 设置

确定 Pilot-INC 的取值,需要综合考虑 CDMA 系统建设的规模、每个基站所要覆盖的范围,有效导频集搜索窗的大小等因素,如果 Pilot-INC 值取得较大,使剩余导频集中的导频数目减少,有利于缩短导频搜索的时间,但可利用的导频数减少;如果 Pilot-INC 取值较小,相互间的间隔减小了,容易因空间距离上电波传播时延造成移动台无法正确区分不同的导频而进行错误解调,影响网络接续质量。站点的导频 PN 规划设置如下。

(1) 连续设置,同一个基站的 3 个扇区的导频 PN($P_{PN}$)分别为:$(3n+1)×$Pilot-INC、$(3n+2)×$Pilot-INC 和 $(3n+3)×$Pilot-INC。

(2) 同一个基站的 3 个导频 $P_{PN}$ 之间相差某个常数,各基站的对应扇区(如都是第一扇区)之间相差 $n$ 个 Pilot-INC。如 Pilot-INC=3 时,同一个站点 3 个扇区的 PN 偏置值分别设为 $n×$Pilot-INC、$n×$Pilot-INC+168 和 $n×$Pilot-INC+336。

无论采用哪一种 PN 设置方式,只要 Pilot-INC 确定,可以提供的导频 PN 资源就是一定的。如果 Pilot-INC 设置为 3,则可以提供的导频 PN 资源为 512/3≈170 个。假设站点为三扇区,则每组 PN 使用 3 个导频 PN($P_{PN}$),对于新建网络留出一半用作扩容,这样可以提供的导频 PN 组为 170/(3×2)≈28,也就是说,对于新建网络,每个复用集(群区)可以是 28 个站点;同理,如果 Pilot-INC 设置为 4,则可以提供的导频 PN 资源为 512/4=128 个,则每个复用集可以是 $128/(3\times2)\approx21$ 个站点。选定每个复用集的规模后,根据站点的相对位置和地形起伏分布情况,将所有站点划分到各复用集中,根据网络的规模可以划分为多个复用集。通常 PN 规划借助于无线规划软件来完成,软件可以在此基础上仿真得到此导频规划方案的导频污染分布,供规划设计人员调整优化。

**2. 导频规划主要参数**

使用导频偏移量规划时,一定要防止远端使用同一导频偏移量的小区(扇区)所引入的混淆,它主要靠距离等效偏移量足够大来保证。所谓距离等效偏移量,是指(在一定接收门限下)CDMA 中的码片(chip)周期及其在空中的等效距离。下面介绍导频规划主要参数。

1)码片周期 $T_1$ 与空间等效距离 $d$

IS-95 码片周期 $T_1$ 与空间等效距离 $d_1$ 表达式分别为

$$T_1=\frac{1}{1.2288\text{Mcps}}=0.8138\mu\text{s/chip}$$

$$d_1=T_1\times c(\text{光速})=0.8138\mu\text{s/chip}\times299\,792\text{km/s}=0.244\text{km/chip}$$

在这里,IS-95 系统的速率是 1.2288Mchip/s。

CDMA2000 3x 系统周期 $T_2$ 与空间等效距离 $d_2$ 为

$$T_2=\frac{1}{3.6842\text{Mcps}}=0.271\mu\text{s/chip}$$

$$d_2=T_2\times c(\text{光速})=0.271\mu\text{s/chip}\times299\,792\text{km/s}=0.0812\text{km/chip}$$

在这里,CDMA2000 3X 系统的速率是 3.6842Mchip/s。

WCDMA 系统周期 $T_3$ 与空间等效距离 $d_3$ 为

$$T_3=\frac{1}{3.84\text{Mcps}}=0.26\mu\text{s/chip}$$

$$d_3=T_3\times c(\text{光速})=0.26\mu\text{s/chip}\times299\,792\text{km/s}=0.779\text{km/chip}$$

在这里,WCDMA 系统的速率是 3.84Mchip/s。

2)偏移指数 $N_{\text{PN}}$ 与频点数 $N$

IS-95 PN 码设计中可用的相位偏移指数 $N_{\text{PN}}$ 为

$$N_{\text{PN}}=\frac{2^{15}}{2^6}=\frac{32\,678}{64}=512(\text{个})$$

因此,在每一个 IS-95 的频点(正常占 1.25MHz 带宽),最大可提供的基站(全向天线)或小区(3 扇区)的地址码数目为 512 个,也就是可以提供 512 个导频 PN。如果现在给定 25MHz 总带宽,再考虑 0.27MHz 的保护频带,则实际可使用的频点数 $N$ 为

$$N=\frac{25\text{MHz}}{1.25+0.27}\approx16(\text{个})$$

若不采用导频偏移量规划,理论上最大可提供的小区 PN 码数目 $K$ 为

$$K=N_{\text{PN}}\times N=512\times16=8192(\text{个})$$

可见,不使用导频偏移量规划,最多可使用的小区地址码数目(导频 PN)为 8192 个。若每一全小区可提供 30 个(理论上<55)码分用户,则不使导频规划最多可开通 245 760 个码分用户。

3) 频偏移指数 $N_{PN}$ 与偏移量增量值 Pilot-INC

导频偏移指数 $N_{PN}$ 及偏移量增量值 Pilot-INC 是导频偏移规划中引入的两个主要参数。导频偏移指数 $N_{PN}$ 即实际上可使用的小区数,相当于在 FDMA/TDMA 的频率规划中的蜂窝群中的小区(或扇区)数目。偏移量增量值 Pilot-INC 是一个相对量,它与 $N_{PN}$ 有如表 10.5 所示的对应关系。

表 10.5 $N_{PN}$ 与 Pilot-INC 的对应关系

| $N_{PN}$ | 512 | 256 | 170 | 128 | 102 | 85 | ... | 51 | ... |
|---|---|---|---|---|---|---|---|---|---|
| Pilot-INC | 1 | 2 | 3 | 4 | 5 | 6 | ... | 10 | ... |

4) 相位隔离度和等效空间距离 $D$

理论分析指出,两个小区导频间产生干扰的概率与蜂窝小区群中实际使用的小区(扇区)数目 $N_{PN}$ 有关。当取相位隔离度(防护度)为 64chip 时,小区间的等效空间距离 $D$ 为:

对于 IS-95 与 CDMA2000 1x

$$D_1 = 64 \times d_1 = 64 \times 0.244\text{km/chip} = 15.6\text{km}$$

对于 CDMA2000-3x

$$D_2 = 64 \times d_2 = 64 \times 0.0812\text{km/chip} = 5.19\text{km}$$

对于 WCDMA

$$D_3 = 64 \times d_3 = 64 \times 0.0779\text{km/chip} \approx 5\text{km}$$

【例 10.6】 若 Pilot-INC=10,实际所用的导频组数目为: $N_{PN}=512/10=51$ 个。每个导频组偏移量为: $64 \times \text{Pilot-INC}=64 \times 10=640\text{chip}$,如采用 IS-95 的 $d_1=0.244\text{km/chip}$,则它的等效空间距离为

$$D_1' = 640 \times 0.244\text{km/chip} = 156\text{km}$$

而 IS-95 的 $D_1=15.6\text{km}$,可见, $D_1'$ 远大于设计要求的小区间的等效空间距离。

5) 导频组数 $N$ 与区群结构规划

在实际工程中,应预留一些备用的导频偏移量以供一些特殊的基站(小区),如超高站使用,这样可使用的导频组数目 $N_{PN}$ 与实际在同一蜂窝区群中采用的导频组数 $N$ 是不一样的。将 51 个导频组划分为 3 个小组,如表 10.6 所示,每小组 17 个 PN 导频,取其中前 13 个使用,后 4 个为备用。这里

$$N = a^2 + ab + b^2 \tag{10.9}$$

表 10.6 51 个导频组的划分

| 第1小组 | 1 | 2 | 3 | 4 | 5 | 6 | 7 | 8 | 9 | 10 | 11 | 12 | 13 | 14 | 15 | 16 | 17 |
|---|---|---|---|---|---|---|---|---|---|---|---|---|---|---|---|---|---|
| 第2小组 | 18 | 19 | 20 | 21 | 22 | 23 | 24 | 25 | 26 | 27 | 28 | 29 | 30 | 31 | 32 | 33 | 34 |
| 第3小组 | 35 | 36 | 37 | 38 | 39 | 40 | 41 | 42 | 43 | 44 | 45 | 46 | 47 | 48 | 49 | 50 | 51 |

若 $a=3, b=1$,则 $N=13$,若采用全向天线,则仅采用第 1 小组即可,这时 $N=13$,后 4 个为备用。若采用 3 扇区天线,则 3 组都使用,仍使用每小组前 13 个导频,后 4 个备用。这时导频组划分为各小组对应的列为同一小区。如 1、18、35 为同一小区;2、19、36 为同一小区等,依次类推。

$N=13$ 所对应的小区覆盖的规划结构(以全向天线为例)如图 10.1 所示。其中，

$$D_{13} = \sqrt{3N}\,r = \sqrt{3\times13}\,r = \sqrt{39}\,r \approx 6r$$

$r$ 为小区半径，若取 $r=1\text{km}$，则有 $D_{13}$ 为 6km，它等效于 6/0.244≈25chip，可以看出，当激活导频搜索窗 srch-win 小于小区群间距离的一半（$D_{13}/2=25/2$，向下取整为 12chip）时，系统不会出现因导频偏移量规划而引入的导频间的干扰。

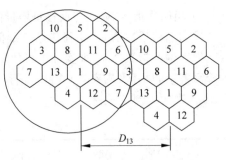

图 10.1　区群结构及小区结构图

# 10.3　LTE 无线网规划

## 10.3.1　LTE 无线网络规划概述

**1. 规划流程**

LTE 无线网络规划的流程如下。

（1）网络规划需求分析：LTE 网络提供宽带移动互联网业务、移动多媒体数据业务、基于 2/3G CS 域语音业务，以及全 IP 和 LTE 承载 VoIP 语音业务等。

（2）预规划：根据现场调研数据，结合电测结果，确定预规划站点。如果相邻的多个站点出现大的偏离，那么必须要对预规划方案作出调整。

（3）仿真分析：仿真输入如表 10.7 所示，设置参数进行仿真输出，输出仿真效果图和仿真的网络指标。然后进行仿真优化，分析仿真结果中的网络问题，再进行规划调整。

表 10.7　仿真分析(简表)

| 配　置　项 | 参　　数 |
|---|---|
| 站型 | 室外宏基站 |
| 频段 | 1427MHz～1447MHz |
| 带宽配置 | 20MHz |
| 频率规划 | 1×3×1 同频组网 |
| 子帧配比(UL：DL) | 1：3 |
| 导频功率 | 18.2dBm |
| … | … |
| 边缘覆盖概率 | 75% |
| 基站噪声系数 | 3.5dB |
| 传播模型 | 密集市区：Cost231-Hata(Dense urban)<br>一般市区：Cost231-Hata(urban) |

**2. 覆盖规划**

LTE 引入多天线技术后，无线网络存在多种传输模式、多种天线类型，传输模式和天线类型的选择对覆盖性能影响较大。TD-LTE 覆盖规划流程如图 10.2 所示。

频率复用系数越大，小区间干扰越小，则载干比(Carrier to Interference Ratio, CIR)可达到的极限越大，对应覆盖半径越大。典型情况下频率复用系数为 1，即同频组网时 CIR 极

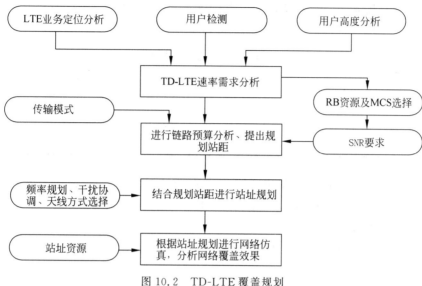

图 10.2 TD-LTE 覆盖规划

限最小。

小区间干扰影响 LTE 覆盖性能。由于 LTE 采用 OFDMA 技术,不同用户间子载波频率正交,所以同一小区内不同用户间的干扰几乎可以忽略,但 LTE 系统小区间的同频干扰依然存在,随着网络负荷增加,小区间干扰水平也会增加,使得用户 SINR(Signal to Interference plus Noise Ratio,信号与干扰加噪声比)值下降,传输速率也会相应降低,呈现一定的呼吸效应。对于速率的要求:小区边缘用户可达到 1Mb/s(下行)、250kb/s(上行)。

在如表 10.8 所示的传输模式中,TxD(Transmit Data,发送数据)对应于 RxD(Received Data,接收数据),DTE 通过 TxD 终端将串行数据发送到 DCE,并通过 RxD 接收从 DCE 发来的串行数据;MRT(Maximum Ratio Transmission,最大比传输)是 MIMO 系统中的一种预编码方式,通常配合接收端的 MRC(Max Ratio Combining,最大比合并)进行通信;BF(Beamforming,波束赋形)是一种下行多天线技术,包含两种模式:单流 BF 及双流 BF。表 10.8 主要是对 TD-LTE 与 TD-SCDMA 的各种覆盖环境进行了比较。

**表 10.8 TD-LTE 与 TD-SCDMA 覆盖比较**

| 覆盖环境 | TD-LTE | | | TD-SCDMA | |
|---|---|---|---|---|---|
| | 密集市区 | | | 密集市区 | |
| 链路方向 | 下行 | 上行 | 上行 | 下行 | 上行 |
| 边缘用户速率/(kb/s) | 64 | 64 | 64 | 64 | 64 |
| 发射功率/dBm | 46 | 23 | 23 | 34 | 24 |
| 基站天线数目 | 2 | 2 | 8 | 8 | 8 |
| 传输模式 | TxD | MRC | MRC | BF | BF |
| 工作频段/MHz | 2300～2400 | | | 2010～2025 | |
| 区域覆盖率 | 90% | | | 90% | |
| 基站高度/m | 35 | | | 35 | |
| 室外最大覆盖半径/m | 3510 | 540 | 1140 | 1220 | 1190 |

表 10.9 给出的是下行总功率需求。下行按照 20MHz 带宽,最大 46dBm 室外发射功率,且按照每个 RB(资源块)均分来考查覆盖性能。

表 10.9 下行总功率需求

| 带宽/(MHz) | 室内总功率需求/W | 室外总功率需求/W |
|---|---|---|
| 20 | 20 | 40 |
| 10 | 10 | 20 |
| 5 | 5 | 10 |

站址规划的一般经验是:密集市区,平均站距 500m 左右;站址密度不小于 5 个/平方千米;一般市区,平均站距 650m 左右;站址密度不小于 3 个/平方千米。

**3. 传播模型及其校正**

(1) LTE 无线网络室外宏基站采用 2.6GHz 频段(2575 ~ 2615MHz),可采用 COST231-Hata 模型:

$$L_u(dB) = 46.3 + 33.9 \lg f - 13.82 \lg H_b - \alpha(H_m) + (44.9 - 6.55 \lg H_b) \lg d + C_m$$

其中,$H_m$ 移动台天线有效高度,取值为 1~10m;

$\alpha(H_m)$ 为移动台天线高度修正因子,其中,

中小城市:$\alpha(H_m) = (1.1 \lg f - 0.7) H_m - (1.5 \lg f - 0.8)$;

大城市:$\alpha(H_m) = 3.2 (\lg 11.75 H_m)^2 - 4.97$;

$H_b$ 为基站天线有效高度;取值为 30~200m;

$f$ 为工作频率,取值为 2600MHz;

$d$ 为距离:取值 1~20km;

$C_m$ 为地形修正因子:需根据实际地形情况确定。

(2) 宏蜂窝标准传播模型可用于对系统规划所选用的传播模型进行校正。

$$L_{spm}(dB) = k_1 + k_2 \lg d + k_3 \lg H_{eff} + k_4 Diffraction + k_5 \lg H_{eff} \lg d + k_6 \lg H_{meff} + k_{CLUTTER}$$

式中:

$d$ 为基站与移动终端之间的距离,单位 m;

$H_{meff}$ 为移动终端的高度,单位 m;

$H_{eff}$ 为基站距离地面的有效天线高度,单位 m;

Diffraction 为绕射损耗,单位 dB;

$k_1$ 为参考点损耗常量,单位 dB。密集市区取 17.40,一般市区取 17;

$k_2$ 为地物坡度修正因子,单位 dB。密集市区取 46.13,一般市区取 46.13;

$k_3$ 为有效天线高度增益,单位 dB。密集市区取 5.83,一般市区取 5.83;

$k_4$ 为绕射修正因子,单位 dB。密集市区取 0,一般市区取 0;

$k_5$ 为奥村一哈塔乘性修正因子,单位 dB。密集市区取 −6.55,一般市区取 −6.55;

$k_6$ 为移动台天线高度修正因子,单位 dB。密集市区取 0,一般市区取 0;

$k_{CLUTTER}$ 为移动台所处的地物损耗,单位 dB。密集市区取 0,一般市区取 0。

## 10.3.2 承载能力规划

### 1. LTE 帧结构及计算

在 LTE 中,无论是 FDD 还是 TDD,它的时间基本单位都是采样周期 $T_s$,其值固定为

$$T_s = \frac{1}{15\,000 \times 2048} = 32.55(\text{ns})$$

式中,15 000 表示子载波的间隔,即 15kHz;2048 表示单位 Hz 的采样点数,因此采样率为 $15\,000 \times 2048 = 30\,720\,000$。

针对 TDD,无线帧、时隙和符号的关系如图 10.3 所示,每个无线帧的长度为 10ms,每个子帧长度等于 1ms。

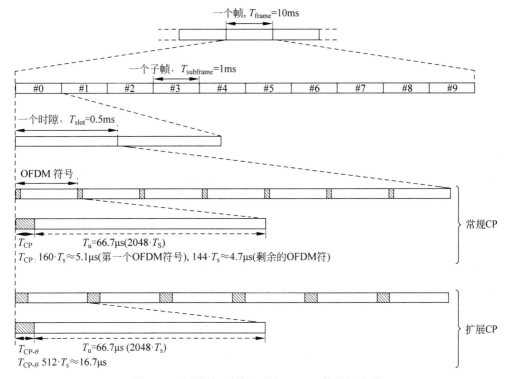

图 10.3 无线帧、时隙和对应 OFDM 符号的关系

除了特殊子帧,每个子帧由 2 个连续的时隙组成。特殊子帧固定在 1、6 号子帧,由 DwPTS(下行导频时隙)、GP(保护间隔的特殊时隙)和 UpPTS(上行导频时隙)组成。

若系统是 Normal CP 类型(常规循环前缀),则每个时隙包括 7 个 OFDM 符号,每个时隙第一个 OFDM 符号前部的 CP 长度是 $160T_s$,其他的 CP 长度是 $144T_s$,第一个符号长度不同的原因,是为了填满一个 0.5ms 的时隙。

若是 Extended CP 类型(扩展循环前缀),则每个时隙包括 6 个 OFDM 符号。每个 CP 的长度是 $512T_s$。

LTE 的每个时隙由包括 CP(循环前缀)在内的一定数量的 OFDM 符号组成。每个 OFDMA 符号除了 CP 之外的时间,称为有用的 OFDM 符号时间,时长为

$$T_u = 2048 \times T_s = 66.7\mu s$$

若是 Normal CP,除第一个符号外,每个 OFDM 符号占用的时长是 $2048 + 144 = 2192T_s$。对于 Extended CP 来说,每个 OFDM 符号的时长是 $2048 + 512 = 2560T_s$。传输速率的计算如下:

传输速率 = 1s 内的帧数 × 每帧传输的比特数 × 流数

= 1s 内的帧数 × (每帧传输的 RE × 调制阶次 × 编码率) × 流数

其中,1s 内的帧数:100;调制阶次:64QAM 为 6,16QAM 为 4,QPSK 为 2;流数:单流为 1,双流为 2;每帧传输的 RE 数:以 20MHz 带宽为 100 个 RB 计算。

每帧含 2 个特殊子帧,如选配置模式 7(10∶2∶2),即下行有 10 个 OFDM 符号,一个 OFDM 符号对应 12 个 RE,减去 PDCCH 和参考信号后,每个 RB 里包含 RE 的个数为:

子载波数 × OFDM 符号数 − PDCCH − 参考信号 = $12 \times 10 - 12 - 6 = 102$

这里,选取 PDCCH 和参考信号分别占用 12 个 RE 和 6 个 RE。

正常子帧,含有 14 个 OFDM 符号,减去 PDCCH 和参考信号后,每个 RB 含有 RE(资源粒子)的个数为:

$$12 \times 14 - 12 - 8 = 148$$

这里,选取 PDCCH 和参考信号分别占用 12 个 RE、8 个 RE。

如果上、下行,按 2∶6 配置,即为 DSUDDDSUDD,那么 10ms 内的下行 RE 个数为:

$$100 \times (148 \times 6 + 102 \times 2) = 109\,200$$

如果选用 64QAM,阶数为 6,每个 RE 内含有 6b,那么速率为:

$$v = 109\,200 \times 6b/10ms = 65.52 Mb/s$$

如果考虑信道编码为 CQI = 15,信道质量较好,采用 turbo 编码,码率最高可达 948/1024 = 0.925\,78,则相应的下行速率为:

$$V \approx 65.52 Mb/s \times 0.92 = 60.27 Mb/s$$

$V$ 就是在数据链路层、MAC 子层的速率,如果再往高层分析,减去约 8% 左右的各层协议栈包头开销,净荷速率大约为 55Mb/s。如果按双流,则为 110Mb/s。

采用 3 种特殊子帧配比模式,TD-LTE 的峰值下载速率对比,如表 10.10 所示。

表 10.10 不同特殊子帧配比模式下 TD-LTE 峰值速率对比表

| 条 件 | TD-LTE 理论峰值速率(20MHz 带宽,CAT4 终端) | | |
|---|---|---|---|
| 子帧配比(UL∶DL) | 1∶3 | 1∶3 | 1∶3 |
| CP 配置 | 常规 CP | 常规 CP | 常规 CP |
| 特殊子帧配置 | 3∶9∶2 | 9∶3∶2 | 6∶6∶2 |
| 下行峰值速率/(Mb/s) | 90.45 | 109.21 | 102.68 |
| 上行峰值速率/(Mb/s) | 10 | 10 | 10 |

可以看出,由于特殊子帧配置模式 6(9∶3∶2)承载 DwPTS 的符号数为 9 个,可以增加下行信令或数据的发送数量,能使 TD-LTE 的系统容量提高 13%～20%。

**2. GP 配置对覆盖的影响**

在 TD-LTE 中,循环前缀 CP(长度为 $T_{CP}$)、前导序列(Sequence)(长度为 $T_{SEQ}$)和保护间隔(Guard Time,GT),三者的关系如图 10.4 所示。物理随机接入信道(PRACH)时隙长度与随机接入前导码(Preamble)的差为 GT,前导码时长为 $T_{CP}+T_{SEQ}$,在进行前导码传输时,由于没有建立上行同步,需要在前导码之后,预留 GT 来避免对其他用户的干扰,GT 一般为最大传输时延($\tau$)的两倍。上下行转换点保护间隔 GT 将影响系统的最大覆盖距离,覆盖距离=$c\times$GP/2,$c$ 为光速。GT 需要支持的传输半径为小区半径的两倍。前导序列不同格式下,所支持小区的最大半径,如表 10.11 所示。

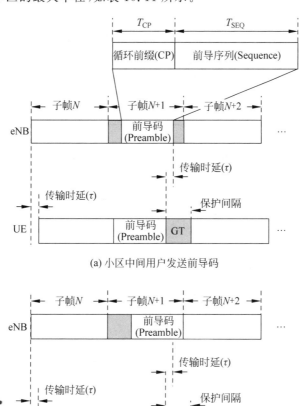

(a) 小区中间用户发送前导码

(b) 小区边缘用户发送前导码

图 10.4 GT 为 2 倍传输时延($\tau$)示意图

表 10.11 前导序列码不同格式下所支持小区的最大半径

| 格式 | 时间长度 | $T_{cp}$ | $T_{seq}$ | 保护间隔(GT) | 占用子帧数 | PRACH持续时间 | 支持最大半径 |
|---|---|---|---|---|---|---|---|
| 0 | 1ms | $3168\times T_s$ | $24\,576\times T_s$ | 96.9$\mu$s | 1 | 0.90ms | 14.53km |
| 1 | 2ms | $21\,024\times T_s$ | $24\,576\times T_s$ | 515.6$\mu$s | 2 | 1.48ms | 77.34km |
| 2 | 2ms | $6240\times T_s$ | $2\times24\,576\times T_s$ | 196.9$\mu$s | 2 | 1.80ms | 29.53km |

从表 10.11 中可以看出,格式 0 持续 1ms,占用 1 个子帧,最大小区半径 14.53km,所以它最适用于小、中型的小区。而格式 1 适用于大型的小区;格式 2 适用于中型小区。

TD-LTE 的 GT 典型长度为 2 个 OFDM 符号,对应约 142$\mu$s,理论上可以隔绝 42km 外的干扰,如将干扰小区的 GT 配置为 9 个 OFDM 符号长度,则可以隔绝 192km 以外的干扰。另外,RB 配置对下行覆盖的影响,主要表现在 EIRP(有效全向发射功率)的变化与 RB 数量成正比:RB 配置增多,EIRP 增大,增加覆盖半径;下行信道底噪声与 RB 数量成正比,即 RB 配置增多,下行信道底噪声抬升。

**3. 干扰影响**

为了减少干扰对覆盖的影响,由表 10.12 可以看出,对于干扰随机化,TD-LTE 比 TD-SCDMA 规划模式要好,并且 TD-LTE 的 ID 资源充足;在抗干扰技术方面,TD-LTE 不管是调制方式,还是编码都采用自适应的方式,使调制和编码的效率更好;在功率控制上,TD-LTE 使用上行功率控制,下行功率分配,对于功率的控制更加严格、有效。

表 10.12    TD-LTE 与 TD-SCDMA 干扰解决措施的差异

| 干 扰 措 施 | TD-SCDMA(R4) | TD-LTE |
|---|---|---|
| 干扰随机化 | 扰码规划、码资源少 | 小区 ID 规划、ID 资源充足 |
| 抗干扰技术 | 扩频编码 | 自适应调制、自适应编码率 |
| 功率控制 | 上下行使用开环、闭环 | 上行功率控制,下行功率分配,开环 |
| 天线传输 | 上下行波束赋形 | 上行 IRC(干扰拟制合并);下行波束赋形,发送分集 |
| 频率规划 | 多载波同频 | 同频、异频 |
| 邻区干扰消除 | 联合检测,同频优化 | 小区间干扰协调 ICIC |

由表 10.13 可以看出,对于室外频率的规划,异频组网的优势远高于同频组网,比如:小区间干扰弱,边缘性能优良,抑制干扰容易等。

表 10.13    TD-LTE 室内外频率规划

| 规 划 影 响 | 同 频 组 网 | 异 频 组 网 |
|---|---|---|
| 频率利用率 | 高 | 低 |
| 小区间干扰 | 强 | 弱 |
| 边缘性能 | 差 | 良 |
| 抑制干扰 | 困难 | 容易 |

## 10.3.3    小区参数规划

LTE 小区参数规划包括小区 ID 规划、邻区规划、频率规划、PCI 规划(Physical Cell ID,物理小区 ID)、跟踪区(Tracking Area,TA)规划和随机接入(PRACH)的 ZC 序列规划。

**1. 小区 CGI 规划**

CGI(Cell Global Identifier,小区全球标识)是全球无线网络小区的唯一标识,如图 10.5 所示。LTE 小区网内编号(CELL ID)由两部分组成:20b 的基站 ID(eNB ID)和 8b 的小区 ID(Cell ID)。基站的编号 eNB ID 在 LTE 网内是唯一的,因此由基站编号和小区 ID 号组成的 CELL ID 在 LTE 全网内也是唯一的。LTE 的小区全球标识记为 ECGI。

图 10.5 LTE 的小区全球标识组成

其中,移动网络号(PLMN ID)是由移动国家编码(Mobile Country Code,MCC)和移动网络编码(Mobile Network Code,MNC)组成的,即用来在全球范围内唯一标识一个网络。MCC 是移动用户所属国家代号,占 3 位数字,如中国的 MCC 为 460;MNC 用于设别移动网编码,占 2 或 3 位数字,如中国移动的网络编码(MNC)为 00。

在上面的小区标识号中,有的运营商在编号时还在末尾加入一位载频数量的信息,网内的小区标识号 CELL ID 可以表示为:

$$CELL\ ID = eNB\ ID + Cell\ ID(第几小区) + 载频数量$$

【例 10.7】 说明 LTE 某小区标识号(CELL ID)"12342"代表的意思。

表示该小区的 eNB ID 为 123,处在第 4 小区,小区配置的载频数量共 2 个。

一旦修改小区 ID,就需要去激活所属基站下的所有小区、修改所有邻接关系。先修改基站 ID,再修改该基站下的小区 ID,小区 ID 修改完成后,需要重新启动相关基站。

**2. 邻区规划**

邻区规划的基本原则是在覆盖交叠程度较大、有较多用户发生移动的相邻小区间相互配置邻区。LTE 邻区关系分为双向邻区、单向邻区。一般场景下,地理位置上直接相邻的小区,或者覆盖范围交叠面积较大的小区,都要互设为双向邻区;在一些特殊的场景下,如高速单向链型覆盖场景等,可能需要配置单向邻区,即希望终端用户从 A 小区切换到 B 小区,却不希望终端用户从 B 小区切换回 A 小区。

邻区关系可以分为同频邻区、异频邻区、异系统邻区。LTE 系统的最大邻区数目是有限制的,不支持过多的邻区配置,一般情况下邻区配置数目都是 32 个。进行邻区规划的时候,要避免覆盖上互不相关的小区配置为邻区。对于密集城区,由于站间距比较近(300～800m),应配置较多的邻区,而对于站间距大,邻区数目少的区域,要避免漏配。

在建网初期,优先做同频小区的邻区规划。在建网后期的扩容过程中,网络可能采用不同频点,则需要考虑异频邻区规划。在话务热点区域,可能在宏小区的基础上叠加了异频的微小区或微微小区,在这种情况下,需要将宏小区配置为微小区的异频邻区。LTE 邻区规划和 2G、3G 邻区规划有以下 3 点不同之处。

(1) 跨系统邻区规划更加复杂。在一些场景中,需要考虑与 GSM、WCDMA 等多个异系统间进行邻区规划。一个 LTE 小区通常配置最多 3 个异系统邻区,通过设置不同的切换参数,保证覆盖的连续性。

(2) 支持网络自动邻区规划。LTE 具备自组织网络(Self Organization Network,SON)特性,实现了 ANR(Auto Neighbor Relation,自动邻区规划)功能。

(3) 基于频点的切换测量。切换测量基于频点而不是基于邻区列表,UE 在切换测量过程中,根据配置所指示的频点完成测量任务,对测量结果进行处理,找到满足切换要求的频点所对应的候选小区列表,然后将该候选小区列表发给网络;一个频点可对应多个小区,由网络根据移动性参数设置的判决条件,选择小区并发起切换。

根据数据源的不同,LTE 邻区规划分为 4 种方法:基于已有无线制式邻区关系进行规划;基于 LTE 覆盖预测的邻区规划;基于路测数据的邻区规划;基于全网实际数据的邻区规划。

### 3. PCI 规划

在 LTE 中,物理层通过物理小区 ID(Physical Cell Identities,PCI)来区分不同的小区,PCI 的作用是在小区搜索过程中,方便终端区分不同小区的无线信号,类似于 WCDMA/TD-SCDMA 中扰码的作用。

在终端接收到的来自多个小区的无线信号中,不能有相同的 PCI,否则会形成干扰。同一 PCI 可以在不同小区使用,但必须间隔足够的距离,这个距离就是 PCI 的复用距离。PCI 与 CGI 的区别如表 10.14 所示。

表 10.14　PCI 与 CGI 的区别

| 比　较　项 | PCI | CGI |
| --- | --- | --- |
| 作用 | 终端和无线接入网之间,区别不同小区 | 网络侧,区别不同基站的小区 |
| 包含内容 | 同步过程使用的不同序列 | 国家、网络、基站、小区 |
| 编号数量 | $168 \times 3 = 504$ | 不限数 |
| 是否复用 | 间隔一定距离,可以复用 | 全球唯一,不可以复用 |

PCI 主要用于终端和无线接入网间区别不同的小区,对应同步过程使用的不同序列,分组 ID 对应二进制 M 序列,组内 ID 对应的是长度为 62 的频域 Zaddoff-Chu(ZC 序列);PCI 可以与一定距离外的其他小区的 PCI 相同。

LTE 总共有 504 个物理小区 ID,称为一个 PCI 组,它们被分成 168 个分组,记为 $N(1)_{ID}$,取值范围是 $0 \sim 167$(整数)。每个分组又包括 3 个不同的组内 ID 标识,记为 $N(2)_{ID}$,取值范围是 $0 \sim 2$(整数)。因此,物理小区 PCI,记为 $Ncell_{ID}$,可以通过下面的公式计算得到:

$$PCI = Ncell_{ID} = 3 \times N(1)_{ID} + N(2)_{ID} \tag{10.10}$$

【例 10.8】　某 LTE 站点为标准 3 扇区配置,$N(1)_{ID} = 27$,求每个扇区的 PCI 及对应组内 ID。

一个站点为一个 PCI 分组,正好有 3 个 PCI 可供分配,根据式(10.10),3 个扇区的 PCI 和对应组内 ID 为:

扇区 0　$PCI = N0_{ID} = 3 \times 27 + 0 = 81$;组内 ID 标识为 $N(2)_{ID} = 0$

扇区 1　$PCI = N1_{ID} = 3 \times 27 + 1 = 82$;组内 ID 标识为 $N(2)_{ID} = 1$

扇区 2　$PCI = N2_{ID} = 3 \times 27 + 2 = 83$;组内 ID 标识为 $N(2)_{ID} = 2$

PCI 规划的目的就是在 LTE 组网中为每个小区分配一个物理小区标识,尽可能多地复用有限数量的 PCI,同时避免 PCI 复用距离过小而产生同 PCI 之间的相互干扰。LTE 的 PCI 数目有 504 个,而 TD-SCDMA 的扰码数量仅有 128 个,所以 LTE 的 PCI 规划比 TD-SCDMA 的扰码规划要容易;WCDMA 扰码资源更加丰富,无须扰码规划。与 WCDMA 相比,LTE 的 PCI 规划要困难一些。

PCI 规划过程中需遵循的原则:尽量避免给存在覆盖交叠的相邻小区分配相关性较高的 PCI,避免分配相同的 PCI。实际操作的时候,一般要确保相同 PCI 的小区复用距离大于

5 倍的小区覆盖半径;避免和某一个小区相邻的两个小区分配相同的 PCI;尽量避免组内 ID 相同的 PCI 分配在相邻的小区。

如前所述,组内 ID 号有 3 种取值:0、1、2。PCI 编号与 3 相除取余(PCI Mod 3)的值就是组内 ID。组内 ID 号相同,那么 LTE 导频符号在频域上出现的位置就相同,互相干扰的可能性就增大。这就要求组内 ID 相同的 PCI 不能分配在相邻的两个小区上,可以从图 10.6 中看出组内 ID 与 PCI 的关系。

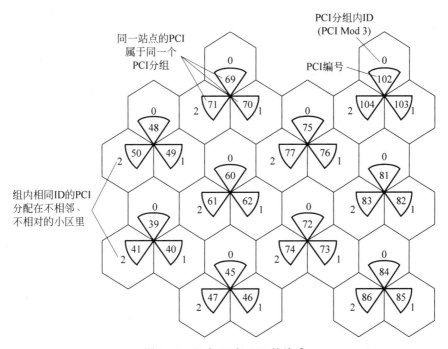

图 10.6 组内 ID 与 PCI 的关系

为了便于规划,同一站点分配的 PC1 应该属于同一个 PCI 组,相邻站点的 PCI 分配在不同的 PCI 组内。在一般情况下,LTE 站点为标准 3 扇区配置,一个 PCI 分组正好也有 3 个 PCI 号可供分配。但在一些特殊场景下,存在一些非标准配置站点,如一个站点有 4~6 个扇区。这样,一个 PCI 分组的 PCI 号就不够了,需要两个 PCI 分组,多余的 PCI 码会自动作为预留码。

实际规划过程中采取基于覆盖预测的 PCI 规划法,只需明确站点的相对位置、站型配置、小区的经纬度这些简单的网络拓扑信息就可以进行 PCI 规划。

**4. 频率规划**

频率规划的目的有两个:降低同频干扰;提升频谱使用效率。通过频率规划,让使用相同频点的小区离开一定的距离,以降低同频信号的相互干扰。频率规划后同频小区间隔的距离就是频率复用距离。在频率复用距离范围以内,需要使用不同频点。

1)频谱分配

TD-LTE 频谱:中国移动共 130MHz,分别为 1880~1900MHz、2320~2370MHz、2575~2635MHz;中国联通共 40MHz,分别为 2300~2320MHz、2555~2575MHz;中国电信共 40MHz,分别为 2370~2390MHz、2635~2655MHz。

　　FDD-LTE 频谱：中国电信：Band3(上行 1765～1780MHz/下行 1860～1875MHz)，共 30MHz；Band1(上行 1920～1940MHz/下行 2110～2130MHz)，共 40MHz；

　　中国联通：Band3(上行 1755～1765MHz/下行 1850～1860MHz，上行 1745～1765MHz/下行 1840～1860MHz)，共 20MHz。

　　2) 频率复用

　　决定 LTE 频率规划的是 OFDM 和 ICIC 两大技术。其中 OFDM 通过构造正交子载波技术，保证各信道之间互不影响，由于频率偏移或相位偏移造成的各信道子载波间的干扰可通过加 CP 降至最低，小区内干扰可以忽略不计。所以 LTE 支持频率复用因子为 1 的同频组网方式，也就是网络覆盖范围内所有的小区使用相同的频率工作。这样，位于小区边缘的用户，很容易受到其他小区的干扰，导致吞吐率降低，业务质量受影响。LTE 致力于改善小区边缘用户的体验，增强小区边缘的性能，为此引入了小区间干扰协调技术(ICIC)。

　　按理想情况来规划，LTE 网络每个 eNB 覆盖 3 个蜂窝小区，则可以形成十二边形的组网方案。如图 10.7(a)所示的灰色部分。每个基站小区与相邻基站小区的互通仅需要 3 条 X2 链路即可，每个 eNB 四周可有 6 个相邻 eNB。非理想状态下，相邻 eNB 的数量在 10 个左右。

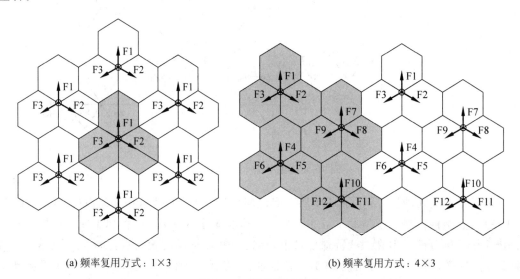

(a) 频率复用方式：1×3　　　　　　　　　(b) 频率复用方式：4×3

图 10.7　频率复用方式

　　在同一无线制式下，同频复用距离越大，同频干扰越小。但是频点资源往往是有限的，不允许无限制地增大同频复用距离。

　　在一定的覆盖范围内，频率复用距离越小，频谱使用效率越高，重复使用的频点数目就是频率复用系数。在整网内使用同一个频率，频率复用系数即为 1，如 WCDMA、CDMA2000 等都支持同频组网，即频率复用系数是 1。如果无线网络内有 3 个频点不断重复使用，频率复用系数就是 3，以此类推。频率复用方式还可以用基站数目和频点数目相乘的形式来表示，这里的基站数目本质上就是不能使用相同频点的范围，频点数目则是每个基站使用的不同频点个数。例如，频率复用方式为 1×3，频率复用系数为 3，表示所有基站可以使用相同频点，每个基站有 3 个不同频点，如图 10.7(a)所示，至少需要 3 个频点资源才能允许 1×3 的频率组网方式。

再如,频率复用方式为 4×3,频率复用系数为 12,表示不能使用相同频点的基站数目是 4,每个基站有 3 个不同频点。如图 10.7(b)所示,至少需要 12 个频点资源才能允许 4×3 的频率复用方式。

LTE 信道带宽可变,频点数量有限,LTE 频道宽度有 6 类,即 1.4MHz、3MHz、5MHz、10MHz、15MHz 和 20MHz。可用频点个数不仅依赖于总的频率资源,而且依赖于信道带宽的选择。在频率资源一定的情况下,频点个数与所选的信道带宽有关。

【例 10.9】 假设某运营商 TD-LTE 网络拥有 70MHz 的频率资源,其频点数应如何规划?

信道带宽的选择主要由运营商在考虑自己的频率资源的前提下,根据用户的业务量需求确定。如某人口密集区域,单用户没有高带宽的业务需求,就选择频带宽度为 1.4MHz,则频点数为 50(70/1.4),频道号为 1～50。选择频点个数与所选信道带宽的关系如表 10.15 所示,可根据业务量需求进行选择。

表 10.15　信道带宽与频点个数的关系

| 信道带宽/MHz | 频 点 号 | 频 点 数 |
| --- | --- | --- |
| 1.4 | 1～50 | 50 |
| 3 | 1～23 | 23 |
| 5 | 1～14 | 14 |
| 10 | 1～7 | 7 |
| 15 | 1～4 | 4 |
| 20 | 1～3 | 3 |

LTE 频率复用方式主要有 3 种: 1×1、1×3 和 SFR(Soft Frequency Reuse,频率软复用,即 1×1 加 ICIC)。

1×1 频率复用方式,就是覆盖范围内的所有小区使用一个相同的频点组网,频率复用系数为 1,适用于信道带宽较大、频率资源比较紧张、载波配置较大的场景。

1×3 频率复用方式,是以一个基站为频率复用单位,一个基站分为 3 个小区,每个小区使用不同的频点,在单载波配置的情况下,全网使用 3 个频点。这种方式比 1×1 复用方式小区间干扰小,覆盖能力强,边缘用户速率也可以得到保证;但缺点是频谱利用率低,在基站载波配置增多的时候,频点资源可能不足。这种方式适用于频点资源丰富、基站载波配置较低的场景,或频带不连续而不能使用单频点组网的情况。

SFR 频率复用方式,是在 1×1 的频率复用方式上加上了小区间干扰协调技术(ICIC),在中心区域的频率复用系数为 1,在边缘区域的复用系数大于 1,保证相邻小区的边缘频率不同。这种方式既保证了比较高的频谱利用率,同时又降低了边缘的干扰,对于城区高话务的连续覆盖场景,优先选用这种频率复用方式。

3) 频点计算

以下介绍实际频率对应频点的计算。3GPP 协议中规定: TD-LTE 的频点编号从 36 000 开始。式(10.11)为下行频点计算公式。

$$F_{\text{DL}} = F_{\text{DL-low}} + 0.1(N_{\text{DL}} - N_{\text{Offs-DL}}) \tag{10.11}$$

其中，

$F_{DL}$ 为下行频点，代表频段内的中心起始频率，或称载波中心频率（MHz）；

$F_{DL\text{-}low}$ 代表对应下行频段的最低频点，也称为频段内的起始频点或偏置频点；

$N_{Offs\text{-}DL}$ 代表对应下行频段的最低频点号，也称为频段内的起始频点号或偏置频点号；

$N_{DL}$ 代表绝对下行频点号 EARFCN（E-UTRA Absolute Radio Frequency Channel Number，LTE 绝对频点号）；

上行频点计算公式各项参数内容与式（10.11）类似，将各参数右下标的下行（DL）改为上行（UL）即可，如式（10.12）所示。

$$F_{UL} = F_{UL\text{-}low} + 0.1(N_{UL} - N_{Offs\text{-}UL}) \tag{10.12}$$

LTE 频点的中心频率由 EARFCN 来确定。在 LTE 系统中，FDD 双工方式的 EARFCN 为 0～35 999，而且下行频点与上行频点的 EARFCN 并不相同；TDD 双工方式的 EARFCN 为 36 000～65 531。

LTE 频点通常需要根据使用的 band 号和对应的起始频点查表计算。

**【例 10.10】** 已知 Band5，EARFCN 为 2452，求下行频点。该频段属于哪一种双工方式的 LTE？如果带宽为 20MHz 带宽，共有几个频点？

查表 10.16 得：$N_{Offs\text{-}DL}$ 为 2400；$F_{DL\text{-}low}$ 为 869，根据式（10.11），计算如下

$$F_{DL} = F_{DL\text{-}low} + 0.1(N_{DL} - N_{Offs\text{-}DL})$$
$$= 869 + 0.1 \times (2452 - 2400)$$
$$= 874\text{MHz}$$

查表 10.17 Band5 对应的双工方式为 FDD，所以此 LTE 系统为 FDD-LTE 制式。

查表 10.17 Band5 下行频段（DL）为 869～894MHz，所以 $F_{DL}$ 距离下行频率的带宽为

$$\Delta F = F_{DL} - F_{DL\text{-}low} = 874 - 869 = 5\text{MHz}，即信道带宽为$$
$$2 \times \Delta F = 2 \times 5 = 10\text{MHz}$$

由于每隔 10MHz 带宽为一个频点，则共有 2(20/10) 个频点。

**表 10.16　各频段对应频点及其频点号（简表）**

| 频段号 (Band) | 下 行 链 路 | | | 上 行 链 路 | | |
|---|---|---|---|---|---|---|
| | 下行起始频点 $F_{DL\text{-}low}$/MHz | 下行起始频点号 $N_{Offs\text{-}DL}$ | 下行频点号 $N_{DL}$ 范围 | 上行起始频点 $F_{UL\text{-}low}$/MHz | 上行起始频点号 $N_{Offs\text{-}UL}$ | 上行频点号 $N_{UL}$ 范围 |
| 1 | 2110 | 0 | 0～599 | 1920 | 18 000 | 18 000～18 599 |
| 2 | 1930 | 600 | 600～1199 | 1850 | 18 600 | 18 600～19 199 |
| 3 | 1805 | 1200 | 1200～1949 | 1710 | 19 200 | 19 200～19 949 |
| 4 | 2110 | 1950 | 1950～2399 | 1710 | 19 950 | 19 950～20 399 |
| 5 | 869 | 2400 | 2400～2649 | 824 | 20 400 | 20 400～20 649 |
| … | … | … | … | … | … | … |
| 33 | 1900 | 36 000 | 36 000～36 199 | 1900 | 36 000 | 36 000～36 199 |
| 34 | 2010 | 36 200 | 36 200～36 349 | 2010 | 36 200 | 36 200～36 349 |
| 35 | 1850 | 36 350 | 36 350～36 949 | 1850 | 36 350 | 36 350～36 949 |
| 36 | 1930 | 36 950 | 36 950～37 549 | 1930 | 36 950 | 36 950～37 549 |
| 37 | 1910 | 37 550 | 37 550～37 749 | 1910 | 37 550 | 37 550～37 749 |

表 10.17　FDD/TDD 支持频段(简表)

| 频段号(Band) | 上行(UL) /MHz | 下行(DL) /MHz | 带宽(DL/UL) /MHz | 区域 | 双工方式 |
|---|---|---|---|---|---|
| 1 | 1920～1980 | 2110～2170 | 60 | Global | FDD |
| 2 | 1850～1910 | 1930～1990 | 60 | NAM | |
| 3 | 1710～1785 | 1805～1880 | 75 | Global | |
| 4 | 1710～1755 | 2110～2155 | 45 | NAM | |
| 5 | 824～849 | 869～894 | 25 | NAM | |
| ... | ... | ... | ... | ... | |
| 33 | 1900～1920 | | 20 | EMEA | TDD |
| 34 | 2010～2025 | | 15 | EMEA | |
| 35 | 1850～1910 | | 60 | NAM | |
| 36 | 1930～1990 | | 60 | NAM | |
| 37 | 1910～1930 | | 20 | NAM | |

LTE 主要分 3 个频段: D(室外)、E(室内)、F(室外)。

E 频段: $Freq = 2300 + 0.1 \times (EARFCN - 38\,650)$;

D 频段: $Freq = 2570 + 0.1 \times (EARFCN - 37\,750)$;

F 频段: $Freq = 1800 + 0.1 \times (EARFCN - 38\,250)$;

其中,Freq 代表载波中心频率(MHz);2300、2570 和 1880 代表各频段内的中心起始频率;38 650、37 750、38 250 代表各频段内的起始 EARFCN(频点)。

在室外场景,应该避免同频小区天线干扰,尽量利用小区之间的地形、地貌、建筑的阻挡,使同频小区在空间上形成隔离。室内覆盖同一水平层面如需设置多个小区时,相邻小区间通常采用异频组网。在局部盲点和局部热点,可以使用带宽较小(如 10MHz,而不是 20MHz)的频点进行补盲。

**5. TA 规划**

TA(Tracking Area 跟踪区)是 LTE 核心网发送寻呼消息的区域,TAC(Tracking Area Code,跟踪区码)是小区归属的跟踪区域编号。一个跟踪区域可以涵盖一个或多个小区。当 UE 处于空闲状态时,核心网能够知道 UE 所在的跟踪区,当处于空闲状态的 UE 需要被寻呼时,能在 UE 所注册的跟踪区内的所有小区进行寻呼。TA 属于小区级的配置,多个小区可以配置相同的 TA,且一个小区只能属于一个 TA。由 PLMN 和 TAC 组成 LTE 的 TAI(Tracking Area Identity,跟踪区标识)为:

$$TAI = PLMN + TAC \tag{10.13}$$

多个 TA 组成一个 TA 列表,同时分配给一个 UE,UE 在该 TA 列表(TA List)内移动时不需要执行 TA 更新,以减少与网络的交互频次;当 UE 进入不在其所注册的 TA 列表中的新 TA 区域时,需要执行 TA 更新,MME 给 UE 重新分配一组 TA,新分配的 TA 也可包含原有 TA 列表中的一些 TA。

跟踪区 TA 的大小取决于两点:寻呼负荷和位置更新的信令开销。寻呼负荷指在 TA 范围内,核心网发送寻呼消息的数量。跟踪区域 TA 越大,区域内的用户数就越多,寻呼负荷就越大。如果寻呼负荷超过了 MME 的最大负荷能力,就会导致寻呼拥塞问题;区域边缘用户的位置更新(Tracking Area Update,TAU)信令开销决定了跟踪区的最小范围。终端在移动过程中,发生所属跟踪区的变化,就会通过位置更新消息向网络报告自己的位置。如果跟踪区域 TA 太小,终端就需要频繁地发出位置更新消息,不断告知网络自己新的位置,导致过多的位置更新信令开销。TA 区域规划与网络的寻呼相关,需要均衡寻呼负荷及信令开销。一方面确保寻呼信道容量不超负荷;另一方面降低位置更新信令开销。

从实际 TA 规划的经验来看,基站数目在 100 个左右的小城市只规划一个 TA 就足够了,但是很多大中城市,基站数目多达数百或数千个,这时需要根据寻呼容量需求和信令开销情况进行权衡,通常 100～200 个基站划分为一个 TA。TA 边界的划分要遵循以下原则:

- 同一跟踪区边界内的封闭区域应该是一块地理上连续覆盖的区域。不连续覆盖的区域应该避免使用同一个跟踪区号 TAC;
- 如在城乡结合部,将跟踪区的边界放在话务密度低的外围区域,而不能放在话务密集的生活区和交通干道上;
- 一个 TA 只属于一个 MME,避免产生跨 MME 的寻呼操作;
- LTE 后期扩容后,可能引入多个频段。如果寻呼容量允许时,划分一个 TA 便可。如果一定要划分两个以上的跟踪区,则可以按频段来区别不同的 TA,如图 10.8(a) 所示。同时通过重选和切换参数的设置,使终端尽量只停留在一个频段的小区内,避免过多的双频段间的信令开销。按频段划分 TA,无须更改初期建设规划好的 TA,扩容方便快速。随着话务量的增加,频段间的切换、重选导致的位置更新越来越频繁,需重新按地理位置,利用地物隔离的方法划分跟踪区,如图 10.8(b) 所示,可以减少位置更新的信令开销,但需要修改扩容前的跟踪区划分。

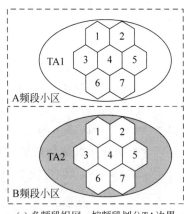
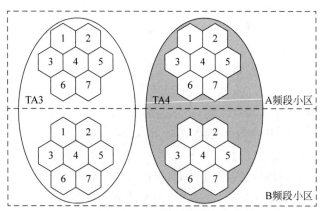

(a) 多频段组网,按频段划分TA边界　　　　　　　(b) 多频段组网,按地理位置划分TA边界

图 10.8　TA 边界的划分

### 6. ZC 根序列规划

ZC 序列具有非常好的自相关性和很低的互相关性,这种性能可以被用来产生同步信号,用于时间和频率的相关传送。LTE 系统就是采用了 ZC 序列作为同步的训练序列。ZC 根序列规划目的是为小区分配 ZC 根序列索引以保证相邻小区使用该索引生成的前导序列不同,从而降低相邻小区使用相同的前导序列而产生的相互干扰。

随机接入(PRACH)前导就是把 ZC 序列作为根序列,通过循环移位 $N_{cs}$(Cyclic Shift)生成的。PRACH 是用户在初始连接、建立、切换等过程中,快速实现上行同步的过程。在 FDD-LTE 模式下,序列长度为 838,PRACH 中子载波的间隔为 1.25kHz,循环移位参数取值共有 16 种。每个小区分配的前导根序列索引最多为 64 个,小区内的 UE 使用的前导序列可以随机选择,也可以由 eNB 分配。在网络侧配置小区可供分配的 ZC 根序列的索引号(Root Sequence Index)为 0～837,对根序列按一定的规则循环移位,生成相应的 PRACH 前导序列。由于 PRACH 上行传输的不同步以及不同的传输延迟,相应的循环移位之间需要有足够的间隔,并非所有的循环移位都能够作为正交序列使用。在 ZC 根序列规划时,首先预留一部分索引号(如 800～837),以便给一些特殊场景如高速小区,补盲、补热小区等分配;其余索引号(如 0～799)可以使用规划软件自动分配。

ZC 根序列索引分配应该遵循以下几个原则:

(1) 优先分配高速小区对应的 ZC 根序列索引,预先将根序列号 816～837 分配给高速小区;

(2) 对中低速小区分配对应的 ZC 根序列,分配逻辑根序列号:0～815;

(3) 当 ZC 根序列索引使用完后,应对 ZC 根序列索引的使用进行复用,复用规则为当两个小区之间的距离超过一定范围时,两个小区可以复用同一个 ZC 根序列索引。

一个小区需要 64 个前导码,每个前导都由 ZC 根序列经过移位得到,由于一个 ZC 根序列经过循环移位可能得不到 64 个前导码,所以一个小区可能需要多个 ZC 根序列。

如果将小区半径变大,循环移位 $N_{cs}$ 也将变大,导致循环移位次数 $C_v$ 取值个数变小,即:一个根序列可生成的前导的个数变少,造成小区所需要的 ZC 根序列增多,可能与周边其他小区的根序列相同导致干扰产生。循环移位次数 $C_v$ 可以用下式表示。

$$C_v = N_{zc}/N_{cs}(向下取整) \tag{10.14}$$

式中,$N_{cs}$ 为移位的位数;$N_{zc}$ 为根序列长度。基站为 UE 发送的前导是基于根序列循环移位运算后得到的。如一个根序列长度 $N_{zc}$ 为 839,每次可以移位的位数为 $N_{cs}$,那么一个根序列可以循环移位的次数为 $C_v = 839/N_{cs}$。而 $N_{cs}$ 可以通过下面的关系式得到:

$$N_{cs} \times T_s \geqslant T_{RTD} + \tau_{max} + T_{AdSch} \tag{10.15}$$

其中,

$T_s$:前导序列采样间隔。如对于前导码格式 0,$T_s = 800/83(\mu s)$;

$T_{RTD}$:小区最大 RTD 时延,它和小区半径 Radius(km)的关系为:$T_{RTD} = 6.67 \times$ Radius$(\mu s)$

$\tau_{max}$:最大多径时延扩展,取值为 $5\mu s$;

$T_{AdSch}$:向前搜索的时间长度,由下行同步误差决定,下行同步误差最大为 $2\mu s$。

可根据小区半径决定 $N_{cs}$ 的取值,如按小区接入半径为 10km 来考虑,$N_{cs}$ 取值为 78,则

$$C_v = N_{zc}/N_{cs} = 839/78 \approx 10(向下取整)$$

这意味着每个索引可产生 10 个前导序列,而前面提到的 64 个前导码就需要 7 个根序列索引。然后根据可用的根序列索引,在所有小区之间进行分配,原理类似于 PCI 分配方法。

## 10.4　5G 无线网规划

### 10.4.1　频率资源规划

**1. 频段范围划分**

5G 的频段有两个范围标志：FR1 和 FR2。FR1 频谱也称 Sub6（或 Sub-6GHz），它的优点就是覆盖面积大，传输距离远。FR2 频谱波长大部分都是毫米级别，也称毫米波（millimeter wave），毫米波传输速度更快，容量更大。表 10.18 为 5G NR 频段号及对应的双工模式；图 10.9 给出了 FT1、FT2 的频率范围。

**表 10.18　5G NR 频段号及对应的双工模式（简表）**

| NR 频段号 | 上行频段<br>基站接收/UE 发射 | 下行频段<br>基站发射/UE 接收 | 双 工 模 式 |
|---|---|---|---|
| n1 | 1920～1980MHz | 2110～2170MHz | FDD |
| n2 | 1850～1910MHz | 1930～1990MHz | FDD |
| n3 | 1710～1785MHz | 1805～1880MHz | FDD |
| n5 | 824～849MHz | 869～894MHz | FDD |
| n7 | 2500～2570MHz | 2620～2690MHz | FDD |
| n8 | 880～915MHz | 925～960MHz | FDD |
| n20 | 832～862MHz | 791～821MHz | FDD |
| n28 | 703～748MHz | 758～803MHz | FDD |
| n38 | 2570～2620MHz | 2570～2620MHz | TDD |
| n41 | 2496～2690MHz | 2496～2690MHz | TDD |
| n78 | 3300～3800MHz | 3300～3800MHz | TDD |
| n83 | 703～748MHz | N/A | SUL |
| n84 | 1920～1980MHz | N/A | SUL |

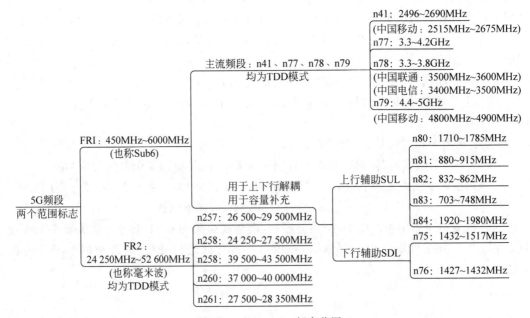

图 10.9　FR1、FR2 频率范围

1) 5G新空口(NR)频段号

5G新空口(NR)频段号用"n×"或"N×"表示,表10.18给出了部分NR频段号。如n78对应的上行频段为3300～3800MHz,带宽为500MHz;下行频段为3300～3800MHz,带宽为500MHz,因为它是TDD模式,所以上下行频段都相同。

2) FR1:450MHz～6000MHz

上下行解耦定义了新的频谱配对方式,使下行数据在C-Band(4～8GHz)传输,而上行数据在Sub-3G(如1.8GHz)传输,从而提升了上行覆盖。如果没有单独的Sub-3G频谱资源供5G使用,可以通过LTE和FDD NR上行频谱的共享特性来获取Sub-3G频谱资源。

- 主流频段:n41、n77、n78、n79,均为TDD频段;
- 上行辅助SUL,用于上下行解耦:n80、n81、n82、n83、n84;
- 下行辅助SDL,用于容量补充:n75、n76。

3) FR2:24250～52600MHz

毫米波定义的频段包含:n257、n258(后增)、n260、n261,都是TDD模式,最大小区带宽支持400MHz,后续的协议版本可能会升级到800MHz。具体频段范围在图10.9中已给出。

4) 我国运营商划分的5G频段

中国移动:2515～2675MHz,带宽为160MHz,频段号为n41;4800～4900MHz,带宽为100MHz,频段号为n79;

中国联通:3500～3600MHz,带宽为100MHz,频段号为n78;

中国电信:3400～3500MHz,带宽为100MHz,频段号为n78;

可以看出中国联通和中国电信合用资源n78,但使用频段范围不同。此外,中国广电频段号为n28。

**2. 小区带宽定义**

5G取消了5MHz以下的小区带宽,大带宽是5G的典型特征。20MHz以下带宽定义,主要是满足既有频谱演进需求。表10.19和表10.20分别给出了FR1、FR2小区带宽范围定义,可以看出不同NR频段号所支持的子载波间隔(SCS)和信道频段宽度,如中国移动、中国电信占用的n41频段,若采用载波间隔为15kHz,其信道频段宽度可以是10MHz、15MHz、20MHz、40MHz和50MHz。

**表10.19 5G小区带宽范围定义-FR1(简表)**

| NR Band | SCS /kHz | UE信道带宽 | | | | | | | | | | |
|---------|----------|------|-------|-------|-------|-------|-------|-------|-------|-------|-------|--------|
| | | 5MHz | 10MHz | 15MHz | 20MHz | 25MHz | 30MHz | 40MHz | 50MHz | 60MHz | 80MHz | 100MHz |
| n1 | 15 | Yes | Yes | Yes | Yes | | | | | | | |
| | 30 | | Yes | Yes | Yes | | | | | | | |
| | 60 | | Yes | Yes | Yes | | | | | | | |
| n41 | 15 | | Yes | Yes | Yes | | | Yes | Yes | | | |
| | 30 | | Yes | Yes | Yes | | | Yes | Yes | Yes | Yes | Yes |
| | 60 | | Yes | Yes | Yes | | | Yes | Yes | Yes | Yes | Yes |
| n78 | 15 | | Yes | Yes | Yes | | Yes | Yes | Yes | | | |
| | 30 | | Yes | Yes | Yes | | Yes | Yes | Yes | Yes | Yes | Yes |
| | 60 | | Yes | Yes | Yes | | Yes | Yes | Yes | Yes | Yes | Yes |

**表 10.20  5G 小区带宽范围定义-FR2**

| NR Band | SCS /kHz | UE 信道带宽 | | | |
|---|---|---|---|---|---|
| | | 50MHz | 100MHz | 200MHz | 400MHz |
| n257 | 60 | Yes | Yes | Yes | Yes |
| | 120 | Yes | Yes | Yes | Yes |
| n258 | 60 | Yes | Yes | Yes | Yes |
| | 120 | Yes | Yes | Yes | Yes |
| n260 | 60 | Yes | Yes | Yes | Yes |
| | 120 | Yes | Yes | Yes | Yes |

## 10.4.2  栅格及有关计算

### 1. 全局频率栅格

3GPP 定义了全局频率栅格(Global Raster),用 $\Delta F_{\text{Global}}$ 表示,以 $\Delta F_{\text{Global}}$ 为单位可以划分频点 $F_{\text{REF}}$ 和频点号 $N_{\text{REF}}$。$\Delta F_{\text{Global}}$ 在不同频率范围内的取值见表 10.21,频段越高,频率栅格越大。通过频点 NR-ARFCN(NR Absolute Radio Frequency Channel Number,NR 绝对射频频率信道编号)可得出以下关系式。

$$F_{\text{REF}} - F_{\text{REF-offs}} = \Delta F_{\text{Global}}(N_{\text{REF}} - N_{\text{REF-offs}}) \tag{10.16}$$

其中,

$N_{\text{REF}}$:射频中心频点号,其值等于 NR-ARFCN;

$F_{\text{REF}}$:射频中心频点,单位为 MHz,在具体计算时要统一单位为 kHz;

$N_{\text{REF-offs}}$:频点偏置,从 0 编号算起到该射频段的偏差值;

$F_{\text{REF-offs}}$:频率偏置,从 0MHz 算起到该射频段的偏差值;计算时要统一单位为 kHz;

$\Delta F_{\text{Global}}$:全局频率栅格,单位为 kHz。

通常频点值都以 NR-ARFCN 数值间接表示,一般在 RRC 消息中传递的都是 $N_{\text{REF}}$ 这个信道编号,表 10.21 给出了频点的范围,如果想要知道具体代表的频率值,需要通过公式(10.16)中的频率 $F_{\text{REF}}$ 进行计算。关于表 10.21 给出各频段范围对应参数的具体应用在后面介绍。

**表 10.21  $F_{\text{REF}}/\Delta F_{\text{Global}}/F_{\text{REF-offs}}/N_{\text{REF-offs}}/N_{\text{REF}}$ 对应表**

| 频率($F_{\text{REF}}$) 范围/MHz | 频率栅格/kHz ($\Delta F_{\text{Global}}$) | 频率偏置/MHz ($F_{\text{REF-offs}}$) | 频点偏置 ($N_{\text{REF-offs}}$) | 频点($N_{\text{REF}}$)范围 |
|---|---|---|---|---|
| 0~3000(Sub-3G) | 5 | 0 | 0 | 0~599 999 |
| 3000~24 250(C-BAND) | 15 | 3000 | 600 000 | 600 000~2 016 666 |
| 24 250~100 000(毫米波) | 60 | 24 250 | 2 016 667 | 2 016 667~3 279 167 |

需要注意的是,在实际组网中,中心频点的取值并不是连续的。如果通过公式计算出来的频点号不是整数,那么需要根据信道栅格(channel raster)进行取整计算。表 10.22 给出了 FR1 频点范围,表 10.23 给出了 FR2 频点范围。在表中可以查到每个操作频段适用的 NR-ARFCN 频点范围,以及各频点范围内的步长(step size),表中的 $\Delta F_{\text{Raster}}$ 为信道栅格,通过它可以得到 $\Delta F_{\text{Global}}$。

表 10.22 全局频率栅格-R1(简表)

| NR 频段号 | $\Delta F_{Raster}$ | 上 行 链 路 | 下 行 链 路 |
|---|---|---|---|
| | [kHz] | $N_{REF}$ 范围 | $N_{REF}$ 范围 |
| | | 起始号-步长-末尾号 | 起始号-步长-末尾号 |
| n1 | 100kHz | 384 000-<20>-396 000 | 422 000-<20>-434 000 |
| n2 | 100kHz | 370 000-<20>-382 000 | 386 000-<20>-398 000 |
| n3 | 100kHz | 342 000-<20>-357 000 | 361 000-<20>-376 000 |
| n5 | 100kHz | 164 800-<20>-169 800 | 173 800-<20>-178 800 |
| n7 | 15kHz | 500 001-<3>-513 999 | 524 001-<3>-537 999 |
| n8 | 100kHz | 176 000-<20>-78 300 | 185 000-<20>-192 000 |
| n20 | 100kHz | 166 400-<20>-172 400 | 158 200-<20>-164 200 |
| n28 | 100kHz | 140 600-<20>-149 600 | 151 600-<20>-160 600 |
| n38 | 15kHz | 514 002-<3>-523 998 | 514 002-<3>-523 998 |
| n41 | 15kHz | 499 200-<3>-537 999 | 499 200-<3>-537 999 |
| …… | | | |
| n83 | 100kHz | 140 600-<20>-149 600 | N/A |
| n84 | 100kHz | 384 000-<20>-396 000 | N/A |

表 10.23 全局频率栅格-R2(简表)

| NR 频段号 | $\Delta F_{Raster}$ | 上行链路和下行链路 |
|---|---|---|
| | [kHz] | $N_{REF}$ 范围 |
| | | 起始号-步长-末尾号 |
| n257 | 60kHz | 2 054 167-<1>-2 104 166 |
| n258 | 60kHz | 2 016 667-<1>-2 070 833 |
| n260 | 60kHz | 2 229 167-<1>-2 279 166 |

**2. 信道栅格**

5G 信道栅格用来规范小区载波的中心频段的取值,以指示空口信道的频域位置,进行资源映射,也就是 RE 和 RB 的映射,小区实际的频点位置必须要满足信道栅格的映射。信道栅格可以理解为载波的中心频点可选位置,其大小为 1 个或多个全局频率栅格(global raster),它和具体的频段相关,常见频段的信道栅格定义如表 10.24 所示。

表 10.24 常见频段的 Channel Raster 定义

| NR | $\Delta F_{Raster}$ |
|---|---|
| n77 | 15/30 |
| n78 | 15/30 |
| n79 | 15/30 |

信道栅格是射频参考频率(RF Reference Frequency)的子集,对每个频段(band)来说,中心频点不能随意选,需要按照一定起点和步长选取,具体可用的信道栅格见表 10.22 和表 10.23,频率间隔计算公式如下。

$$\Delta F_{Raster} = \Delta F_{Global} \times 步长 \qquad (10.17)$$

其中，$\Delta F_{Raster}$ 为间隔粒度，大于或等于 $\Delta F_{Global}$，比如对 n41，如果步长为 3，那么换算出对应的频率间隔是 $\Delta F_{Raster} = 3 \times \Delta F_{Global} = 3 \times 5 = 15 \text{kHz}$；如果步长是 6，那么换算出对应的频率间隔是 $\Delta F_{Raster} = 6 \times \Delta F_{Global} = 6 \times 5 = 30 \text{kHz}$。

**【例 10.11】** 举例说明如何按一定的起点和步长选取中心频率。

例如，n41，见表 10.22，频点范围为 499 200～537 999，步长为 3；再查表 10.21，$\Delta F_{Global}$ 为 5kHz，换算为对应的频率步长是：

$$3 \times \Delta F_{Global} = 3 \times 5 = 15 (\text{kHz})$$

n41 的频率范围为 499 200×5kHz～537 999×5kHz = 2 496 000kHz～2 690 000kHz，即，中心频率就在这个范围，按 15kHz 的步长选取即可。

表 10.25 给出了信道栅格与资源粒子(RE)的映射，在 9.2.2 节中介绍过：资源粒子索引 $k = N_{RB}^\mu \cdot N_{SC}^{RB} - 1$，表示子载波位置，每个子载波对应一个 RE。在表中可以看出整个载波的中心信道频率位置和 RB 总数 $N_{RB}$ 是有关系的，当 RB 数量 $N_{RB}$ 为偶数时，表示中心频点 $n_{PRB}$（Physical Resource Block number，物理资源块数）对应 RB 的子载波 0；当 RB 数量 $N_{RB}$ 为奇数时，表示中心频点 $n_{PRB}$ 对应 RB 的子载波 6，也就是比小区频率的绝对中心向上偏移了半个子载波。如 RB 总数为 $N_{RB} = 273$ 个，为奇数，中心频点对应的 RB 是 273/2 向下取整为 136，即 RB136（从 0 编号），子载波 6（从 0 编号），也就是中心频点在 RB136 的子载波 6。

**表 10.25  信道栅格与资源粒子映射**

| | $N_{RB}$ 为偶数 | $N_{RB}$ 为奇数 |
|---|---|---|
| 资源粒子索引 $k$ | 0 | 6 |
| 物理资源块数 $n_{PRB}$ | $n_{PRB} = \left\lceil \dfrac{N_{RB}}{2} \right\rceil$ | $n_{PRB} = \left\lceil \dfrac{N_{RB}}{2} \right\rceil$ |

### 3. 同步栅格

同步栅格(synchronization raster)是 5G 网络中出现的概念，可以理解为 SSB（同步信号块）的中心频点位置，其目的在于加快终端扫描 SSB 所在的频率位置，UE 在开机时首先需要搜索 SSB。由于 NR 小区带宽比传统的移动小区大得多，按照信道栅格去盲检，会使得 UE 接入速度慢而耗电。5G 定义了同步栅格，UE 就会按照该步长进行小区 SSB 搜索。在最初 UE 不知道自己频点的情况下，需要按照一定的步长盲检其支持的频段内的所有频点。同步栅格的搜索步长与频率有关，例如，系统确定 Sub3-G 频段扫描的搜索步长为 1.2MHz；C-Band 为 1.44MHz；毫米波为 17.28MHz。

以 n41 频段为例，100MHz 带宽的载波，其 SCS（Sub-Carrier Space，子载波间隔）为 30kHz，有 273 个 RB。可采用 Sub3-G 频段的搜索步长 1.2MHz 去扫描，即每次扫描为：$1.2 \times 10^3 / 30 = 40$ 个 SCS，共需要扫描 (273×12)/40 = 82 次，就能完成整个载波的搜索。

若采用信道栅格扫描，n41 的信道栅格 $\Delta F_{Raster} = 15 \text{kHz}$，则需要扫描 (273×12×30)/15 = 6552 次才能完成。显然，采用同步栅格非常有利于加快 UE 同步的速度。

同步栅格也不是 SSB 块的绝对的中心(1/2 处)，SSB 块有 20 个 RB，共计 20×12 = 240 个子载波；绝对频率的 SSB 对应于第 10 个 RB（从 0 编号）的第 0 号子载波的中心，也就是和绝对的中心向上偏了半个子载波。

在 5G 中，SSB 的中心和载频的中心是不需要重合的，SSB 的中心就是表 10.26 中的

$SS_{REF}$,是按一定规律步进的,SSB 中心频率一般通过 GSCN(全球同步信道号)间接表示,以方便消息传递。

**4. 全球同步信道号**

全球同步信道号(Global Synchronization Channel Number,GSCN)用于定义 SSB 的频域位置。GSCN 通过同步栅格表示 SSB 的中心频点号,可以获得 SSB 的频域位置。在实际下发的测量配置消息中,gNB 会将 GSCN 转换成标准的频点号下发。每一个 GSCN 对应一个 SSB 的频域位置 $SS_{REF}$,$SS_{REF}$ 表示 SSB 的 RB10 的第 0 个子载波的起始频率。GSCN 按照频域增序进行编号。下面将对表 10.26 给出的 GSCN 计算方法举例说明。

**表 10.26 GSCN 计算方法**

| 频率范围/MHz | $SS_{REF}$(SSB 频域位置) | GSCN | GSCN 范围 |
|---|---|---|---|
| 0～3000 (Sub-3G) | $N \times 1200\text{kHz} + M \times 50\text{kHz}$, $N=1$：2499,$M \in \{1,3,5\}$ | $3N+(M-3)/2$ | 2～7498 |
| 3000～24 250 (C-BAND) | $3000\text{MHz} + N \times 1.44\text{MHz}$, $N=0$：14756 | $7499+N$ | 7499～22 255 |
| 24 250～100 000 (毫米波) | $24\,250.08\text{MHz} + N \times 17.28\text{MHz}$, $N=0$：4383 | $22\,256+N$ | 22 256～26 639 |

**【例 10.12】** 在 0～3GHz 频段内,当 $N=1$ 时,$M \in \{1,3,5\}$,GSCN 编号为 $3N+(M-3)/2=\{2,3,4\}$,所以:

编号为 2 的 GSCN,其 SSB 频域位置为 $1 \times 1200\text{kHz} + 1 \times 50\text{kHz} = 1250\text{kHz}$;

编号为 3 的 GSCN,其 SSB 频域位置为 $1 \times 1200\text{kHz} + 3 \times 50\text{kHz} = 1350\text{kHz}$;

编号为 4 的 GSCN,其 SSB 频域位置为 $1 \times 1200\text{kHz} + 5 \times 50\text{kHz} = 1450\text{kHz}$。

当 $N=2$ 时,$M \in \{1,3,5\}$,GSCN 为 $\{5,6,7\}$,所以编号为 5、6 和 7 的 SSB 频域位置分别为 2450kHz、2550kHz 和 2650kHz。以此类推,当 $N$ 确定时,就会得出 $M$ 的 3 个值对应的一组(3 个)频率。在 Sub-3G 的默认配置下,优先使用 $M=3$。在 GSCN 计算中,$N$ 要取整数,这样使得 GSCN 不与中心频点重合。

在定义了 GSCN 后,由于 NR-ARFCN 的频域位置是绝对的,GSCN 的频域位置也是绝对的,所以对于用 NR-ARFCN 范围划分的每个操作频带内的 GSCN 也就固定了,如表 10.27 所示,表中同时指示该操作频带内 SSB 的子载波间隔和时域模式(pattern)。有了这些 GSCN,终端就可以在这些频域的位置来搜索 SSB 了。

**表 10.27 NR 操作频带/SSB 子载波间隔/SSB 时域模式/GSCN 范围及步长(简表)**

| 频 段 号 | SS 子载波间隔 | SS 时域模式 | Range of GSCN 范围及步长 (起始步-步长-末尾步) |
|---|---|---|---|
| n1 | 15kHz | Case A | 5279-<1>-5419 |
| n2 | 15kHz | Case A | 4829-<1>-4969 |
| n3 | 15kHz | Case A | 4517-<1>-4693 |
| n5 | 15kHz | Case A | 2177-<1>-2230 |
| n5 | 30kHz | Case B | 2183-<1>-2224 |
| n7 | 15kHz | Case A | 6554-<1>-6718 |

续表

| 频 段 号 | SS 子载波间隔 | SS 时域模式 | Range of GSCN 范围及步长<br>（起始步-步长-末尾步） |
|---|---|---|---|
| n8 | 15kHz | Case A | 2318-＜1＞-2395 |
| n12 | 15kHz | Case A | 1828-＜1＞-1858 |
| n20 | 15kHz | Case A | 1982-＜1＞-2047 |
| n25 | 15kHz | Case A | 4829-＜1＞-4981 |
| n28 | 15kHz | Case A | 1901-＜1＞-2002 |
| n34 | 15kHz | Case A | 5030-＜1＞-5056 |
| n38 | 15kHz | Case A | 6431-＜1＞-6544 |
| n39 | 15kHz | Case A | 4706-＜1＞-4795 |
| n40 | 15kHz | Case A | 5756-＜1＞-5995 |
| n41 | 15kHz | Case A | 6246-＜3＞-6717 |
| | 30kHz | Case C | 6252-＜3＞-6714 |
| n50 | 15kHz | Case A | 3584-＜1＞-3787 |

### 5. PointA

根据公共参考点定义的 PointA（Absolute Frequency PointA），是第 0 个 RB（RB0）的第 0 个子载波的中心频点。以下给出与 PointA 相关的几个参数。

offsetToPointA：表示 SSB 最低 RB 的最低子载波与 pointA 之间的频域偏移，偏移单位为 RB。需要注意的是，在这里频域偏移不是以真实的子载波间隔来计算的，对于 FR1，假设子载波间隔为 15kHz；对于 FR2，假设子载波间隔为 60kHz。

$k_{SSB}$：PointA 与 SSB 的 RB0 的 0 号子载波相差的 RB 数量，不一定是整数个 RB，可能还会相差几个子载波，$k_{SSB}$ 就表示相差的子载波数量。这里也是假设子载波间隔为固定值，FR1 为 15kHz，FR2 为 60kHz。$k_{SSB}$ 的低 4 比特由高层参数 ssb-SubcarrierOffset 给出。

PointA 与 SSB 的 RB0 的 0 号子载波相差的频率，等于

$$offsetToPointA \times 15 \times 12 + k_{SSB} \times 15$$

absoluteFrequencySSB 和 SSB 的 RB0 的 0 号子载波相差的频率，等于

$$10 \times 12 \times subCarrierSpacingCommon（公共子载波间隔）$$

### 6. SSB

SSB（Synchronization Signal and PBCH Block，同步信号和 PBCH 块）由主同步信号（Primary Synchronization Signals，PSS）、辅同步信号（Secondary Synchronization Signals，SSS）和物理广播信道（Physical Broadcast CHannel，PBCH）3 部分共同组成。SSB 时域共占用 4 个 OFDM 符号，频域共占用 240 个子载波（即 20 个 RB），编号为 0～239，如图 10.10 所示。PSS 位于符号 0 的中间 127 个子载波；SSS 位于符号 2 的中间 127 个子载波；为了保护 PSS、SSS，它们的两端分别有不同的子载波 Set0；PBCH 位于符号 1～3，其中符号 1、3 占 0～239 的所有子载波，符号 2 占用除去 SSS 占用子载波及保护 SSS 的子载波 Set0 以外

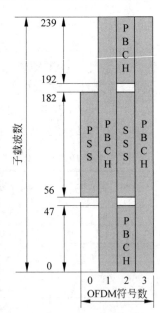

图 10.10 SSB 结构

的所有子载波。

### 10.4.3 频点计算

**1. 从配置消息到分析计算**

**【例10.13】** RRC 配置消息如图 10.11 所示,根据相关配置,结合 10.4.2 节介绍的内容,可以完成以下内容的分析计算:载波宽度、载波中心频点、SSB 的中心频点号、SSB 块的中心频率、载波的中心频点号、PointA 和 SSB 的相对位置关系和保护带宽等。

1) 计算载波

图 10.11　RRC 配置消息

carrierBandwidth=273,说明载波中有 273 个 RB(资源块);

subcarrierSpacing = 30kHz,说明每个子载波带宽为 30kHz,已知每个 RB 有 12 个子载波,所以,可以得出载波宽度为:$273 \times 12 \times 30\text{kHz} = 98.280\text{MHz}$,即 100MHz。

可以看到,100MHz 的带宽并未完全占满,两边分别留有保护带宽(guard band)。

2) 载波的中心频率

absoluteFrequencyPointA=503 172,表示公共参考点 A 的频点数,这个参考点对应的是 273 个 RB 的第 0 个 RB,也就是 RB0 的第 0 号子载波的中心点,而不是其边沿(edge)。查表 10.21 得知,频率栅格 $\Delta F_{\text{Global}}$ 为 5kHz,则 RB0 的第 0 号子载波的中心频率为:
$$\text{absoluteFrequencyPointA} \times \Delta F_{\text{Global}} = 503\,172 \times 5\text{kHz} = 2\,515\,860\text{kHz}$$

3) SSB 块的中心频率

absoluteFrequencySSB=504 990,表示 SSB 块的中心频点数,SSB 块的中心频点位置为:
$$\text{absoluteFrequencySSB} \times \Delta F_{\text{Global}} = 504\,990 \times 5\text{kHz} = 2\,524\,950\text{kHz}$$

也就是 SSB 中心频点位于 2 524 950kHz 处,但它不是 SSB 块的绝对的中心(1/2 处),由于 SSB 块含 20 个 RB,则子载波数为 $20 \times 12 = 240$,因此 SSB 中心频点对应于第 10 个 RB(从 0 开始编号)的第 0 号子载波的中心,也就是与绝对的中心偏了半个子载波,为 $30/2 = 15\text{kHz}$。

4) 载波的中心频点

接着再找一下整个载波的中心频点在哪里,其与 RB 总数有关。本例中 RB 总数是 273 个,为奇数,中心频点对应的 RB 是 273/2 向下取整,即 RB136(从 0 开始编号),6 号子载波(从 0 开始编号),见表 10.25。也就是中心频点在 RB136 的 6 号子载波的中心。值得注意的是,该中心频点不是在子载波边沿,所以也不在 273 个 RB 的绝对中心(1/2 处),而是偏移了半个子载波,但确是整个 100MHz 的绝对中心。

中心频点具体频率值的计算,可以以 PointA(503 172)为参考点,计算出 RB0 的第 0 号子载波中心频率(2 515 860kHz)再加上 RB136 的 6 号子载波,即
$$2\,515\,860\text{kHz} + 136 \times 12 \times 30\text{kHz} + 6 \times 30\text{kHz} = 2\,565\,000\text{kHz}$$

注意:在这里载波的中心频率和中心频点,指的位置有所不同。

5）PointA 和 SSB 的相对位置关系

在 SA(5G 独立组网)里面，PointA 和 SSB 的相对位置关系有另外一套参数确定。本例中，通过以下方法计算。SSB 中心频率和 PointA 相差：

$$2\,524\,950\text{kHz} - 2\,515\,860\text{kHz} = 9090\text{kHz}$$

由于前面讲过 SSB 频域共占用 20 个 RB，SSB 的 0 号 RB 的 0 号子载波和 PointA 相差：

$$9090 - (20/2) \times 12 \times 30\text{kHz} = 5490\text{kHz}$$

换算成子载波为 15kHz 的 RB 数量：

$$5490/(12 \times 15) = 30.5$$

取整后为 30 个 RB，也就是 offsetToPointA—30RB。相差的子载波数：

$$K_{\text{ssb}} = (5490\text{kHz} - 30 \times 12 \times 15\text{kHz})/15\text{kHz} = 6$$

6）保护带宽(guard band)

前面提到 273 个 RB 载波宽度为 273RB×12×30kHz＝98.280MHz，并没有完全占满 100MHz 带宽，因为两边需要留出保护带宽，究竟两边的保护带宽是多少呢？（注意单位变换）

前面得出载波的中心频点为 2 565 000kHz，则载波的下边沿是：

$$2\,565\,000\text{kHz} - 100\text{MHz}/2 = 2\,515\,000\text{kHz}$$

PointA 的值为 2 515 860kHz，PointA 所在子载波的下边沿是：

$$2\,515\,860\text{kHz} - 30\text{kHz}/2 = 2\,515\,845\text{kHz}$$

所以下边沿的保护带宽：

$$\text{guard band} = 2\,515\,845\text{kHz} - 2\,515\,000\text{kHz} = 845\text{kHz}$$

上边沿的保护带宽：

$$\text{guard band} = 100\text{MHz} - 98.280\text{MHz} - 845\text{kHz} \approx 875\text{kHz}$$

**2. 中心频点和 SSB 计算实例**

【例 10.14】 如果使用的频率为 3500～3600MHz，那么对应的 NR-ARFCN 和 SSB 是多少？

首先计算出 3500～3600MHz 中带宽为 100MHz 的中心频点为

$$F_{\text{REF}} = 3500 + 100/2 = 3550(\text{MHz})$$

根据频点号计算公式，3550MHz 对应的频点号 $N_{\text{REF}}$：

$$N_{\text{REF}} = N_{\text{REF-offs}} + (F_{\text{REF}} - F_{\text{REF-offs}})/\Delta F_{\text{Global}}$$
$$= 600\,000 + (3550 - 3000)/(15 \times 10^{-3})$$
$$= 636\,666.667$$

其中，

$N_{\text{REF-offs}}$（频点偏置）：600 000（查表 10.21）；

$F_{\text{REF-offs}}$（频率偏置）：3000MHz（查表 10.21）；

$\Delta F_{\text{Global}}$（频率栅格）：15kHz（查表 10.21）。

由于 $N_{\text{REF}}$ 必须是整数且为偶数，所以取最近偶整数得到 $N_{\text{REF}} = 636\,666$，这就是 5G 的绝对频点号 NR-ARFCN。

根据频点 $N_{\text{REF}}$（NR-ARFCN 绝对频点），真实的小区中心频率值为 $F'_{\text{REF}}$：

$$F'_{\text{REF}} = F_{\text{REF-offs}} + \Delta F_{\text{Global}}(N_{\text{REF}} - N_{\text{REF-offs}})$$
$$= 3000 + 15 \times 10^{-3} \times (636\ 666 - 600\ 000)$$
$$= 3549.99\text{MHz}$$

其中，

$N_{\text{REF}}$（中心频点）：636 666。

$N_{\text{REF-offs}}$（频点偏置）：600 000。

$F_{\text{REF-offs}}$（频率偏置）：3000MHz。

$\Delta F_{\text{Global}}$（频率栅格）：15kHz。

查询表 10.28，SCS 子载波为 30kHz 时，100MHz 带宽最多 273 个 RB。

**表 10.28 最大频带配置 RB 数**

| SCS /kHz | 5MHz $N_{\text{RB}}$ | 10MHz $N_{\text{RB}}$ | 15MHz $N_{\text{RB}}$ | 20MHz $N_{\text{RB}}$ | 25MHz $N_{\text{RB}}$ | 30MHz $N_{\text{RB}}$ | 40MHz $N_{\text{RB}}$ | 50MHz $N_{\text{RB}}$ | 60MHz $N_{\text{RB}}$ | 80MHz $N_{\text{RB}}$ | 90MHz $N_{\text{RB}}$ | 100MHz $N_{\text{RB}}$ |
|---|---|---|---|---|---|---|---|---|---|---|---|---|
| 15 | 25 | 52 | 79 | 106 | 133 | 160 | 216 | 270 | N/A | N/A | N/A | N/A |
| 30 | 11 | 24 | 38 | 51 | 65 | 78 | 106 | 133 | 160 | 217 | 245 | 273 |
| 60 | N/A | 11 | 18 | 24 | 31 | 38 | 51 | 65 | 79 | 107 | 121 | 135 |

如果通过公式计算出来的频点号不是整数，那么需要根据信道栅格进行取整计算。

上面计算得到的 5G 的绝对频点号 NR-ARFCN（636 666），应该是从 636 654 开始至 636 666，频点偏置 $N_{\text{REF-offs}}$ 为 15，如图 10.12(a) 所示。

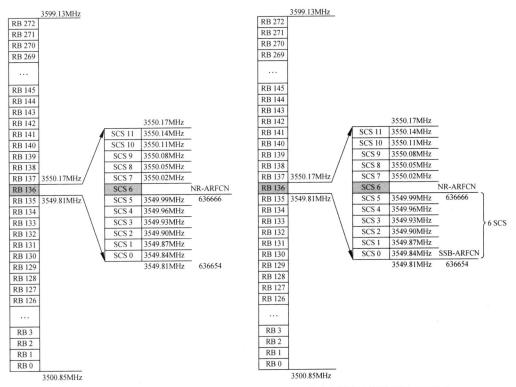

(a) 绝对频点号位置(NR-ARFCN)　　　　　　(b) 中心频率点位置(SSB-ARFCN)

图 10.12 绝对频点号和中心频率点位置

同时考虑载波之间最小保护带宽的要求如表 10.29 所示,该 636 666 频点能保证频带两侧都能预留超过 845kHz 的频率做避免干扰的保护间隔。

**表 10.29　最小保护带宽(FR1)**

| SCS /kHz | 5MHz | 10MHz | 15MHz | 20MHz | 25MHz | 30MHz | 40MHz | 50MHz | 60MHz | 70MHz | 80MHz | 90MHz | 100MHz |
|---|---|---|---|---|---|---|---|---|---|---|---|---|---|
| 15 | 242.5 | 312.5 | 382.5 | 452.5 | 522.5 | 592.5 | 552.5 | 692.5 | NA | NA | NA | NA | NA |
| 30 | 505 | 665 | 645 | 305 | 785 | 945 | 905 | 1045 | 825 | 965 | 925 | 885 | 845 |
| 60 | NA | 1010 | 990 | 1330 | 1310 | 1290 | 1610 | 1570 | 1530 | 1490 | 1450 | 1410 | 1370 |

如果频带 RB 个数为偶数,则 SSB 频点与小区中心频点相同,如果频带 RB 个数为奇数,SSB 频点号比小区中心频点号少 $(6 \times SCS)/\Delta F_{Global}$。对于 100MHz SCS30kHz 场景,携带 273 个 RB 时,如果小区中心频点号为 636 666,则 SSB 频点号应为 $636\,666 - (6 \times 30)/15 = 636\,654$,具体如图 10.12(b)所示。也就是说此场景中 RB136 中 SCS6 子载波起始频点为小区中心频点,而 SCS0 子载波起始频点为 SSB 频点,所以中间相差 6 个子载波。

## 10.4.4　系统容量(速率)计算

系统容量计算公式如下:

$$T = B \times \eta \times N \tag{10.18}$$

其中,$T$(Total capacity):传输速率,单位为 Mb/s;$B$(Bandwidth):小区带宽,单位为 MHz;$N$(Numbers of area):为小区数量;$\eta$:频谱效率,单位为 Mb/s/MHz。

系统容量的提高,不外乎式(10.18)中 3 个参数的提升。

(1)提升频谱:用更高频率的频谱,如频谱从 900MHz 提升到 28GHz,波长越短,传输速率也就越快,频谱效率 $\eta$ 就会得到提升。可以利用更短的波长,以达到更快的传输速率。但波长并非越短越好,波长越短穿透力也会越差,传送的距离也会越短。这样,基站的密度就必须增加。

(2)提升宽带:如 20MHz 宽带就可以提供 4 倍于 5MHz 带宽的速率,而更高频区段,能提供的宽带也就越高,在毫米波的区段,甚至能提供 100MHz 的宽带。将来在 Sub6 的高频区宽带希望能提升到 100MHz 以上,而 6GHz 以上的频段,其希望宽带至少在 800MHz 以上。

(3)提升小区数量:这里指的小区数量,是将频宽这个参数所涵盖的范围,切割为多个小区块,分别传送。目前主流是通过 CA(Carrier Aggregation,载波聚合)来提升小区数量,即将多个小区块的频段做聚合(Aggregation),达到数倍的速率。就像是把好几根小水管绑在一起,变成一根大水管,5G 就是使用了 5 个 20MHz 的小区做聚合。

增加小区数量和提升带宽两种方式,都意味着要付出更高的成本。所以,运营商更喜欢通过提升频谱效率 $\eta$ 的方式来提升容量。考虑到校验纠错、编码方式等都接近达到香农极限,最有效的办法就是多天线技术了,于是高阶 MIMO 和大规模 MIMO 这种复杂的天线系统成为了 5G 的首选。

## 习题

1. 简单说明何为话务量、BHCA 和呼损。
2. dB 和 dBm 有哪些区别？举例说明。
3. 无线信道数量是如何计算的？举例说明。
4. 为什么要进行网络规划？
5. 举例说明 LTE 频点数是如何规划的。
6. 简述 LTE 无线帧、时隙和对应 OFDM 符号的关系。
7. 概述 5G 全局栅格、信道栅格、同步栅格和全球同步信道号的概念及相关计算公式。
8. 根据本章所介绍的内容，参考有关规划设计资料，完成一篇有关移动网规划的概论。

# 图书资源支持

感谢您一直以来对清华大学出版社图书的支持和爱护。为了配合本书的使用，本书提供配套的资源，有需求的读者请扫描下方的"书圈"微信公众号二维码，在图书专区下载，也可以拨打电话或发送电子邮件咨询。

如果您在使用本书的过程中遇到了什么问题，或者有相关图书出版计划，也请您发邮件告诉我们，以便我们更好地为您服务。

**我们的联系方式：**

教学资源·教学样书·新书信息

地　　址：北京市海淀区双清路学研大厦 A 座 714

邮　　编：100084

人工智能科学与技术
人工智能|电子通信|自动控制

电　　话：010-83470236　010-83470237

资源下载：http://www.tup.com.cn

客服邮箱：tupjsj@vip.163.com

QQ：2301891038（请写明您的单位和姓名）

资料下载·样书申请

书圈

**用微信扫一扫右边的二维码，即可关注清华大学出版社公众号。**